現代物理学叢書

量子力学

河原林研著

岩波書店

現代物理学叢書について

小社は先年,物理学の全体像を把握し次世代への展望を拓くことを意図し,第一級の物理学者の絶大な協力のもとに,岩波講座「現代の物理学」(全 21 巻)を 2 度にわたって刊行いたしました.幸い,多くの読者の厚いご支持をいただき,その後も数多くの巻についてさらに再刊を望む声が寄せられています.そこで,このご要望にお応えするための新しいシリーズとして,「現代物理学叢書」を刊行いたします.このシリーズには,読者のご要望に応じながら,岩波講座「現代の物理学」の各巻を順次できるかぎり収めてまいります.装丁は新たにしましたが,内容は基本的に岩波講座の第 2 次刊行のものと同一です.本シリーズによって貴重な書物群が末永く読みつがれることを願ってやみません.

量子力学

まえがき

　この本は，大学理工系学部の後半，あるいは大学院修士課程で，量子力学を本格的に学ぼうとする人たちを対象に，量子力学の基礎的な事柄に重点をおいて解説したものである．同時に，本講座の他の巻で展開されている量子物理学の内容を理解するための入門書をも兼ねている．読者に必要な予備知識としては，初等的な解析力学，Maxwellの電磁気学，および入門コースとしての初等量子物理などを一応念頭においている．しかし，これからはじめて量子力学を学ぼうという読者も，第1章の内容さえすこし他の教科書で補えば，後の章を理解するのにそれほど困難はないはずである．このような人たちのために参考文献を巻末に示しておいた．

　量子力学が，原子や分子の世界を記述する体系としてはじめて確立されたのは，今世紀はじめの四半世紀のことで，いまから70年ほど前のことである．以来，量子力学の発展はまことにめざましく，その適用される範囲も，クォークやハドロンなど素粒子の極微の世界から，磁性，超伝導，超流動など物質の示す多彩な性質の解明，それに星の進化や宇宙の起源など，現代物理学のほとんどすべての分野に及んでいる．単に物理学の分野だけではない．化学，工学，分子生物学などの分野においても，物質のミクロな性質を理解するため，量子力学は必須の道具となっている．20世紀もあとわずか数年を残すのみとなっ

たが，これまでの物理学の進展を顧みるとき，今世紀は量子力学の世紀であったと断言してもそれほど間違いではないと思う．

このように円熟期をむかえた量子力学も，適用分野が広がるにつれ，その基礎的な事柄に関して，つねに新しい観点から問い直される面もでてくるのが現状である．かつては単なる思考実験としてしか考えられなかったような実験が，先端技術の進歩によって測定可能になり，このような実験が実際に行なわれた結果，これまでの量子力学の基礎に関する論争に決着のついた例も少なくない．また，初期宇宙の量子力学のように，波動関数の意味やその確率解釈について改めて考え直す必要に迫られている分野もある．このような過程を経ながら，量子力学自身もまたその内容に関して絶えず発展しつづけているといえる．

上に述べたように，今日では量子力学の適用される範囲は広大であり，量子力学のごく基礎的な事柄に限っても，1冊の本でその全貌を概観することが不可能なことは明らかである．このような事情を反映してか，最近は特徴のある量子力学の教科書が数多く出版されるようになった．量子力学の学び方もまた，多様化する時代を迎えようとしているのであろうか．

これまでは，量子力学を学ぶのに，まず，熱平衡にある放射のスペクトル分布を求める際に明らかになった古典物理学の破綻と，エネルギー量子仮説によるPlanckの放射公式の導出に始まり，ついで，Einsteinの光量子説，Bohrの水素原子模型，de Broglieによる量子化条件等，いわゆる前期量子論について学んだ後，ようやく量子力学の基礎法則であるHeisenberg方程式，あるいはSchrödinger方程式に入るというのが一般的なやり方だった．これはそれなりに理由のあることで，ある程度歴史的経緯に沿って，深刻だった古典物理学の破綻がどのように克服されていったかを読者が学ぶ過程を通じて，量子力学の枠組みとそこで用いられる考え方やいろいろな概念，とりわけ波動関数とその確率解釈について正しい理解を得るのが，量子力学を理解する自然な方法であると考えられたからである．朝永の教科書「量子力学 I, II」はこのような観点から書かれた名著として知られている．ただ，この方法の難点の1つは，古典物理学についてかなり深い素養が読者に要求され，したがってそのた

め準備に時間のかかることである.

　一方,これに対して,はじめから量子力学の基礎法則について学ぶ方法もある.Diracの教科書は,その精神に沿って書かれた典型的な本である.このアプローチでは,読者は古典物理学についての知識をそれほど必要としない.しかし,その代わり,量子力学に対する強い好奇心が要求される.前提とされる知識の主なものは,線形代数と波動方程式の取扱い等である.量子力学がすでにいろいろな分野で応用されている現状を考えると,この方法はより現代的と思われる.本書では,量子物理学の一応の知識をもった読者を想定しているので,その内容は後者の方法に沿った構成になっている.

　まず,第1章で,量子力学を構成している枠組みを中心に,そこで用いられる基礎的な概念とそれらの物理的意味について簡潔に説明する.この部分はNewton力学でいえば,物体の運動を記述するのに必要な概念,たとえば質点の速度や加速度等の概念を導入する運動学に相当する部分である.また,この章の内容はまた次章以降への序論も兼ねている.第2章以降から第8章までが本書の中心部分である.ここで取りあげた内容はいずれも量子力学の教科書としてはごく標準的な項目である.しかし,量子力学の本の中味も,時代と共にその重点の置き方や取り上げる題材が自然に変化していく.本書にいくらかでも新鮮味があるとすれば,それはこれらの項目を著者の好みに合わせて強弱をつけてまとめ直し,例題に多少の工夫を加えたことぐらいであろうか.中には,いまでは時代物になってしまったと思われるものも含まれているが,基礎的と思われるものは,省略しないで取り上げることにした.また,各章にはいくつかの定理とその証明をあたえたが,これらは,数学における「定理と証明」としてではなく,物理の立場からみて重要な事柄をまとめて表わし,かつ説明を加えたものとして受け取ってほしい.

　なお,標準的な教科書に必ず含まれている項目で,本書では省略されているものが多い.例えば,散乱の取扱い等がその一例である.これはもっぱら著者の怠慢のせいである.はじめは,散乱の理論のほか,Dirac方程式,観測の理論等についての項目を加える予定だったが,これらは時間とページ数の関係で

割愛せざるをえなくなった．この結果，量子力学の教科書としては，はなはだバランスを欠いた構成になってしまったが，巻末に参考文献をいくつかあげておいたので，読者がそれらを参考に，欠けている部分を補っていただければ幸いである．

　本書の執筆にあたって，大貫義郎氏(名古屋女子大学)と，江沢洋氏(学習院大学)は，草稿を通読されて全体の構成から細部にわたるまで，多くの有益なご意見をくださった．外村彰氏(日立製作所基礎研究所)からは，第5章の図5-6，図5-7の写真を提供していただいた．これらの方々に厚く感謝の意を表する次第である．なお，2次元系のスピンと統計に関連して，配位空間の位相と統計について考察した章(第7章)を設けたが，この章の後半部分は，東京大学大学院生大林聡之君の修士論文「分数統計の位相的側面とその物性に対する場の理論的考察」を参考にさせてもらった．また，妻河原林俊子には一読者の立場から草稿に目を通して文章の推敲に協力してもらった．ここに記して謝意を表したい．

　最後になったが，岩波書店編集部は終始著者を励まして原稿の整理にあたられ，本書をまとめる重要な役割を果たされた．心からお礼を申し上げる．

1993年5月

河原林　研

追記

　このたび「現代物理学叢書」の一冊として刊行されることになったが，本書の内容は，いくつかの誤植を訂正したほかは，第二次刊行のものと同じである．新しい世紀を迎え，本書が読者の量子力学への理解を少しでも深める一助になれば幸いである．

2001年2月

著者

目次

まえがき

1 基礎的なことがら ‥‥‥‥‥‥ 1
- 1-1 量子力学的対象　1
- 1-2 状態と物理量　5
- 1-3 位置と運動量　17
- 1-4 測定　22
- 1-5 不確定性関係　23

2 運動法則 ‥‥‥‥‥‥‥‥‥ 30
- 2-1 Schrödinger 描像——状態の時間発展　30
- 2-2 Heisenberg 描像　34
- 2-3 定常状態　38
- 2-4 古典系への移行 I——WKB 近似　41
- 2-5 Feynman 核　51
- 2-6 調和振動子　56
- 2-7 経路積分　63
- 2-8 古典系への移行 II——経路積分による準古典近似　78

3 角運動量 ・・・・・・・・・・・・・・・・・・・ 84

- 3-1 空間回転と角運動量　84
- 3-2 角運動量の固有状態と固有値　88
- 3-3 軌道角運動量　93
- 3-4 スピン角運動量　99
- 3-5 スピンの歳差運動——磁気共鳴　104
- 3-6 スピンの2価性——中性子干渉実験　109
- 3-7 角運動量の合成　111
- 3-8 Bell の不等式——スピン相関と EPR 現象　115
- 3-9 密度行列　122

4 対称性 ・・・・・・・・・・・・・・・・・・・ 127

- 4-1 対称性と保存量　128
- 4-2 対称性の表現 I ——Wigner の定理　135
- 4-3 対称性の表現 II ——並進対称　140
- 4-4 空間反転　149
- 4-5 時間反転　153

5 ゲージ対称性 ・・・・・・・・・・・・・・・ 160

- 5-1 ゲージ変換　160
- 5-2 Aharonov-Bohm 効果　165
- 5-3 磁束の量子化　180
- 5-4 モノポール　183
- 5-5 幾何学的位相　196

6 同種粒子 ・・・・・・・・・・・・・・・・・・ 208

- 6-1 粒子の同一性と置換対称性　209
- 6-2 スピンと統計　213

7 配位空間の位相と統計 ・・・・・・・・・・224

- 7-1 配位空間と波動関数の1価性　224
- 7-2 多重連結な配位空間と経路積分　227
- 7-3 同種粒子の配位空間と統計　231
- 7-4 エニオン——2次元系のスピンと統計　236

8 近似法 ・・・・・・・・・・・・・・・・254

- 8-1 摂動論 I ——定常的な場合　255
- 8-2 摂動論 II ——非定常な場合　265
- 8-3 変分法　270
- 8-4 非摂動的方法　272

補章 I　Coulomb 場の中のエネルギー準位と $O(4)$ 対称性 ・・・・・・・277

- HI-1　エネルギー準位と波動関数　277
- HI-2　縮退の構造——$O(4)$ 対称性　282

補章 II　補足説明 ・・・・・・・・・286

- HII-1　時間とエネルギーとの不確定性関係再論　286
- HII-2　無限に高いポテンシャルの壁再訪　290

付録 ・・・・・・・・・・・・・・・・・・293

- A　Wigner の定理　293
- B　射線表現とベクトル表現の同値性　297
- C　Bargmann の定理　299
- D　3体スピン相関と EPR 現象——GHZ モデル　300

参考書・文献　305

第2次刊行に際して　309

索　引　311

1

基礎的なことがら

量子力学をマスターするためには，量子力学に固有な考え方，基本となっている概念，およびそれらの相互の関係について正しい理解が必要である．本章では，量子力学の枠組を形成しているいくつかの基礎概念と，それらの物理的意味について説明する．これは，次章以降の内容を理解するために必要な予備知識を読者に提供すると同時に，それらの章において展開されている具体的な事柄を量子力学の体系の中に正しく位置づける作業をいくらかでも容易にするためである．

1-1 量子力学的対象

量子力学を特徴づける基本定数は作用の次元をもつ $\hbar$ である．$\hbar$ は Planck 定数 h を 2π で割ったものとして定義され，数値的に

$$\hbar = 1.05457266(63) \times 10^{-34} \quad \text{J·s}$$

という値をとる．

　この $\hbar$ の値は日常われわれの体験する物理現象に関する作用の値に比べると非常に小さい．このため，マクロな現象を記述する際には，$\hbar$ が有限な値で

あるために生ずる効果, すなわち量子効果は無視できることが多い. 後で述べるように, 定数 $\hbar$ を量子力学を特徴づけるパラメータとみなし, $\hbar \to 0$ の極限を考えると, この極限で量子力学は古典力学に帰着することが示される. したがって, $\hbar$ の無視できるマクロな対象は, 古典系として取り扱うことができる. 一方, 量子効果は例外をのぞき, $\hbar$ の無視できないエネルギーの領域, すなわち, 原子や分子の運動のようにミクロな現象において最も普遍的に, かつ顕著に現われる. 量子力学がミクロの世界を記述する理論であるといわれる所以はここにある. しかし, これは相対的な表現であって, 量子力学そのものにミクロな現象とマクロな現象のスケールを区別するパラメータは含まれていないことに注意しなければならない. 状況によっては量子効果がマクロな現象として顕著に現われることもある. 磁性をはじめ, 超伝導や超流動などの現象はその典型的な例である. このような現象に対してはマクロな対象物であっても古典系としての取扱いはゆるされず, 量子力学によらなければ正しい理解を得ることはできない.

しかし, 量子力学の対象としては, このような現象は例外的で, やはり光子(photon)の振舞いや電子(electron)の運動, それに原子, 分子の構造といったものが量子力学の対象として典型的である. これらの対象の示す振舞いが古典物理学で長い間馴れ親しんだ粒子や波動といった概念では理解できないことがわかり, これが量子力学誕生のきっかけになったことはよく知られている.

量子力学の対象となる粒子の示す粒子性と波動性の例として, 光のレーザーパルスを用いた次のような実験を考えてみよう(図1-1)*.

図1-1において, 左上水平方向から, レーザーパルス光を入射させる. 入射光は点 A で半透明鏡 M_1 により 2 つのチャンネル I, II に分けられた後, 右下点 D でふたたび合流して検出器 C_1, C_2 へ導かれる. 入射光の強度は十分弱く, 1 パルスの入射光に 1 個の光子が含まれる程度とする. また, 光ファイバーの

---

* 以下に述べる実験は, 提案された当時は単なる思考実験(Gedankenexperiment)の 1 つにすぎないものだった. しかし, 今日では実際に実験することが可能になっている. 量子力学の基礎に関する実験の再評価が最近高まっているが, その背景には, このような実験を可能にした先端技術の進歩があることを忘れてはならない.

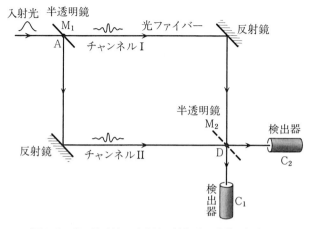

図 1-1　光の粒子性と波動性を検証する実験の概念図.

「光路長」はパルス幅より十分長くなるようにとってあるものとする*.

　まず,光の波動性を検証する(実験 W).このため,点 D に半透明鏡 M_2(図 1-1 の破線)をセットする.この場合,検出器 C_1 に入る光は,M_2 を透過したチャンネル I の光と M_1 と M_2 で 2 回反射されたチャンネル II の光である.この 2 つの光は,位相が逆になるように光路長を調節することにより,互いに打ち消し合って,検出器 C_1 では信号が発生しないようにすることができる.

　一方,このとき検出器 C_2 に入る光を考えると,チャンネル I,II からくる光は両方とも半透明鏡 M_1 または M_2 で一度反射されるだけなので,それらは同位相になって互いに強め合い,C_2 において入射光と同じ強度の信号を発生させる.もちろん,光路長を再調整することにより,逆の場合,すなわち,C_1 に入射光と同じ強度の信号が記録され,C_2 では信号が発生しない場合も実現できる.いずれの場合も,入射光はチャンネル I と II の両方のルートを同時に通ったのち検出器 C_1, C_2 に入って,「干渉効果」による信号を発生させているわけで,これは明らかに光が波動であることを示す実験といえる.また,こ

---

　*　実験で実際に用いられたレーザー光は,波長 5320 Å,パルス幅約 5 cm の偏光レーザーパルスで,毎秒 30 パルスずつ M_1 へ送られた.これに対して光ファイバーの「光路長」は約 5 m である.

の実験が通常のダブルスリットを用いた光の干渉実験と同じ内容のものであることも明らかであろう.

次に,光の粒子性を示す実験を行なう(実験P).この実験では,実験Wにおいて点Dにセットされていた半透明鏡M_2を単に取りのぞくだけである.この場合,検出器C_1とC_2は,M_1を通過後の入射光がチャンネルIを通ったか,あるいはチャンネルIIを通ったかをそれぞれ検証する役目を担っている[*].はじめに注意したように,実験で用いられたのは,1パルスあたり,光子数1個あるいは1個以下という弱い強度のレーザー光である.入射光のパルスを1つ送るたびにC_1あるいはC_2のいずれかにおいて,入射光と同じ強度の信号が発生する.C_1が信号を発すれば,光はチャンネルIを通ったことになり,C_2に信号が発生すれば光はチャンネルIIを通ったことを意味する.C_1とC_2とに同時に信号が発生することはない.これは,チャンネルIとIIを同時に通り干渉を示す波動と異なり,<u>チャンネルIあるいはチャンネルIIのいずれか1つのルートしか通りえない</u>光の粒子としての性質を示すものである.

光は最初,点Aを通過した後,検出器C_1あるいはC_2に入るまでの間,波動としてチャンネルIとチャンネルIIのルートを同時に通るのであろうか,あるいは粒子としてチャンネルI,あるいはチャンネルIIのいずれか1つのルートを通るのだろうか.古典論では,光が波動であれば前者に,光が粒子であれば後者に,その可能性は二者択一的に決まっている.そしてこのことは,点Dに半透明鏡M_2をセットして実験Wを行なうか,あるいはM_2を取りのぞいて実験Pを行なうかといった測定方法とは無関係なはずである.

そこで,入射光が点Aを通過した(ことを確認した)後で,点Dで半透明鏡M_2をセットしたり(実験W),あるいはセットしなかったり(実験P)して測定を行なった.これを**遅延選択実験**(delayed choice experiment)という.入射光が点Aを通過した後,点Dに到着するまでに要する時間は約100 ns(1 ns $= 10^{-9}$ s)である.この間に半透明鏡M_2をセットしたり,しなかったりする

---

[*] 従来のダブルスリット実験において,スリットの背後で光がどちらのスリットを通過したかを測定する場合がこれに相当する.

必要がある．nsの精度でこのような操作を可能にしたのが最近の先端技術の進歩である．もし，光が測定操作に無関係に，粒子としてチャンネルIかチャンネルIIのいずれか1つのルートしか通らないのなら，この遅延実験において，M_2をセットした実験Wのときに期待される干渉効果は観測されないであろう．また，光が波動としてチャンネルIとチャンネルIIを同時に通るなら，M_2をセットしない実験Pにおいて，検出器C_1, C_2に同時信号が発生する．いずれにしても，古典論にもとづく描像が正しければ，遅延選択実験はこれまでの単独の実験Wや実験Pと異なる結果を与えるはずである．

この遅延選択実験の重要性はWeizsäckerやWheelerによって示唆され，後にAlleyとWaltherのグループによって実験が行なわれた*．その結果，測定操作と無関係に光が波動か粒子かのいずれかであるという二者択一の論理は否定されることになった．遅延選択を行なってもそれは測定結果に何の変化ももたらさなかったからである**．こうして，レーザー光は測定方法によってツブツブの粒子のようにもみえるし，また干渉をひき起こす波動としても振舞うことが再確認されたのである．

量子力学の対象となるのはこのように粒子性と波動性という相矛盾する性質をあわせもつ「量子的粒子」である．そして，量子力学はここに述べたような現象に対して，論理的整合性のある首尾一貫した説明を与えるような体系でなければならない．

1-2　状態と物理量

状態(state)という概念は，量子力学における最も基本的な概念の1つである．電子がある与えられたポテンシャルVの中で運動している系を考えてみよう．

---

* T. Hellmuth, H. Walther, A. Zajonc and W. Schleich: Phys. Rev. **A35** (1987) 2532.
  C. O. Alley, O. G. Jakubowicz and W. C. Wickes: *Proc. 2nd Int. Symp. Foundations of Quantum Mechanics, Tokyo* (1986) pp. 36-52.
** もちろん，各々の選択を行なっている時間を考慮して，発生した信号数を再規格する(renormalize)必要はある．

古典論では，ある時刻 t における系の状態は，その時刻での電子の位置と運動量の値——測定値——によって一意的にきまる．すなわち，系のある時刻の状態はその時刻での電子の占める位相空間上の1点で表わすことができる．

しかし，量子力学的状態はそうではない．粒子の位置と運動量は，$\hbar$ が無視できないような精度では同時に確定値をとりえないからである（Heisenbergの不確定性原理，後述）．量子力学においては，ある時刻における状態には，抽象的ではあるが，複素ベクトル空間，すなわち **Hilbert 空間**の規格化された1つのベクトルが対応すると考える．（正確な定義については，例えば巻末文献[1-6]参照．）このベクトルを $|\phi\rangle$ と表わし，状態ベクトル $|\phi\rangle$，あるいは単に状態 $|\phi\rangle$ という．そして系の量子的な情報はすべて，この $|\phi\rangle$ に含まれているとする．

任意の2つの状態 $|\psi\rangle$ と $|\phi\rangle$ に対しては，ベクトルの和として状態の**重ね合わせの原理**（principle of superposition）が成り立つ．すなわち

$$|\varphi\rangle = |\psi\rangle + |\phi\rangle \tag{1.1}$$

もまた1つの状態に対応する．

状態 $|\phi\rangle$ に複素 c 数 α をかけることができる．しかし，$|\phi\rangle$ と $\alpha|\phi\rangle$ は同じ物理状態を表わしているとする．したがって，1つの物理状態にはベクトルの集合 $\{\alpha|\phi\rangle;\ \alpha\in C\}$ が1対1に対応する（4-2節参照）．

一方，物理量はこのベクトル空間において状態ベクトル $|\phi\rangle$ に作用する**線形演算子**（linear operator）として表現される．量子力学においては，物理量そのものと，その表現としての演算子，およびその物理量を測定して得られる測定値とを区別して取り扱うことに注意しよう．物理量はまた**オブザーバブル**（observable）ともよばれる．物理量 O を演算子として $\hat{O}$ と表わすと

$$|\psi'\rangle = \hat{O}|\phi\rangle \tag{1.2}$$

は，状態ベクトル $|\phi\rangle$ に $\hat{O}$ を作用させた結果得られる新しい状態ベクトルを表わす．ただし本書では以下，演算子であることを特にことわらずに，単に物理量 $\hat{O}$ とかくことがある．

a) ブラ(bra)空間とケット(ket)空間

状態 $|\phi\rangle$ がベクトルとして表わされる Hilbert 空間は，ベクトルの**内積**(inner product)と**ノルム**(norm)が定義されており，かつ**完備**(complete)な空間である．しかし，本書では物理で用いる記法として，Dirac に従ってこの空間を**ケット(ベクトル)空間**とよぶことにしよう(巻末文献[1-1]参照)．状態 $|\phi\rangle$ はケット空間の 1 つのベクトルとして表わされる．これを**ケットベクトル** $|\phi\rangle$，あるいは単に**ケット** $|\phi\rangle$ という．さらに，内積を定義するために**共役空間**(dual space)を導入し，これを**ブラ(ベクトル)空間**とよぶ．ブラ空間のベクトルで，ケット $|\phi\rangle$ に対応するベクトルを $\langle\phi|$ と表わし，**ブラ(ベクトル)** $\langle\phi|$，あるいは単に**ブラ** $\langle\phi|$ という．

任意のケットの対 $|\phi\rangle$ と $|\phi\rangle$ に対して，以下の条件をみたす複素数を対応させて**内積**を定義し，これを $\langle\phi|\phi\rangle$ と表わす．内積 $\langle\phi|\phi\rangle$ のみたすべき条件は

$$\langle\phi|\phi\rangle = \langle\phi|\phi\rangle^* \tag{1.3}$$

$$\langle\varphi|[\alpha|\psi\rangle+\beta|\phi\rangle] = \alpha\langle\varphi|\psi\rangle+\beta\langle\varphi|\phi\rangle \tag{1.4}$$

である．ここで * は複素共役を意味する．また，α, β は任意の複素数である．

ベクトル $|\phi\rangle$ のノルムの 2 乗は内積 $\langle\phi|\phi\rangle$ で定義され，**正定値**であるとする．すなわち，

$$\langle\phi|\phi\rangle \geqq 0 \tag{1.5}$$

が成り立つ．ただし，等号はゼロベクトル $|\phi\rangle=0$ を意味する．

内積を正定値に限ることは，量子力学の確率解釈を可能にするために必要である．これについては後に述べる．

2 つのケット $|\psi\rangle$ と $|\phi\rangle$ に対してその内積がゼロのとき，すなわち

$$\langle\psi|\phi\rangle = \langle\phi|\psi\rangle^* = 0 \tag{1.6}$$

が成り立つとき，$|\psi\rangle$ と $|\phi\rangle$ は互いに**直交する**という．

ノルムがゼロでない任意の状態 $|\phi\rangle$ に対して状態 $|\phi\rangle_N$ を

$$|\phi\rangle_N = \frac{1}{\sqrt{\langle\phi|\phi\rangle}}|\phi\rangle \tag{1.7}$$

と定義すると，$|\phi\rangle_N$ のノルムは

$$_N\langle\phi|\phi\rangle_N = 1 \tag{1.8}$$

となる．$|\phi\rangle_N$ を状態 $|\phi\rangle$ の**規格化された状態**(normalized state)という．仮定により，$|\phi\rangle$ と $|\phi\rangle_N$ は同じ物理状態を表わしている．以下混乱の恐れがない場合は，添字 N を省略する．

b) 物理量と固有値

すでに述べたように，物理量 O にはケット空間の線形演算子 $\hat{O}$ が対応する．すなわち，

$$\hat{O}[\alpha|\psi\rangle+\beta|\phi\rangle] = \alpha\hat{O}|\psi\rangle+\beta\hat{O}|\phi\rangle \tag{1.9}$$

一方，$\hat{O}$ はブラベクトル $\langle\psi|$ に右から作用し，あらたなブラベクトル $\langle\psi|\hat{O}$ をつくる．特に $\hat{O}|\psi\rangle$ に共役なブラベクトルを $\langle\psi|\hat{O}^\dagger$ と表わして，$\hat{O}^\dagger$ を定義する．$\hat{O}^\dagger$ を $\hat{O}$ の **Hermite 共役演算子**とよぶ．$\hat{O}^\dagger = \hat{O}$ のとき，演算子 $\hat{O}$ を **Hermite 演算子**，あるいは単に **Hermite** であるという*．

一般に，(1.3)から

$$\langle\phi|\hat{O}|\psi\rangle = \langle\phi|[\hat{O}|\psi\rangle] = [\langle\psi|\hat{O}^\dagger]|\phi\rangle^*$$
$$= \langle\psi|\hat{O}^\dagger|\phi\rangle^* \tag{1.10}$$

が成り立つので，Hermite 演算子 $\hat{O}$ に対しては，次の関係式が得られる．

$$\langle\phi|\hat{O}|\psi\rangle = \langle\psi|\hat{O}|\phi\rangle^* \tag{1.11}$$

Hermite 演算子は量子力学において特別な意味をもっている．物理量，すなわち，オブザーバブルは Hermite 演算子によって表現されると考えられるからである．その根拠となるのが次の定理である．

定理 1.1 Hermite 演算子の固有値は実数である．また，異なる固有値に属する 2 つの固有ケットは互いに直交する．

[証明] Hermite 演算子 $\hat{O}$ に対する固有値方程式を

---

* Hermite 性には演算子の定義域が密接に関係している．具体的な問題では，おうおうにして演算子の Hermite 性が自明でない場合に遭遇するが，このようなときは，演算子の定義域について特に注意を払う必要がある．巻末文献[1-6]参照．

$$\hat{O}|\phi_n\rangle = o_n|\phi_n\rangle \tag{1.12}$$

とする．ただし，$|\phi_n\rangle$は$\hat{O}$の**固有状態**（eigenstate）あるいは**固有ケット**（eigenket）とよばれ，o_nはその**固有値**を表わす．ここで，$|\phi_n\rangle$はゼロベクトルでないので，そのノルムは正と考えてよい．固有値は**離散的**（discrete）な場合もあり，連続な場合もある．さしあたり，離散的であるとする．nはその固有値を指定する添字である．また，同じ固有値に属する独立な固有ケットがいくつか存在するとき，その固有値に関して状態は**縮退**（degenerate）しているという．まず，$\hat{O}$は Hermite なので，

$$\langle\phi_m|\hat{O} = o_m^*\langle\phi_m| \tag{1.13}$$

が成り立つ．一方，(1.12)，(1.13)から，任意のm, nに対して

$$\langle\phi_m|\hat{O}|\phi_n\rangle = o_n\langle\phi_m|\phi_n\rangle \tag{1.14}$$
$$= o_m^*\langle\phi_m|\phi_n\rangle \tag{1.15}$$

が成り立つ．

ここで，特に$m = n$とおくと，$\langle\phi_n|\phi_n\rangle > 0$なので，(1.14)，(1.15)を比べて$o_n = o_n^*$が得られる．また，$o_n \neq o_m$のとき，$\langle\phi_n|\phi_m\rangle = 0$も明らかである．∎

一般に量子力学では，<u>ある物理量を測定して得られる測定値は，その物理量を表わす演算子の固有値のいずれかに限られる</u>と仮定する．固有値が離散的であるときには，その物理量の測定値もまた離散的なとびとびの値に限られる．古典力学にない量子力学の特徴が最も顕著にあらわれるのがこのケースである．測定値は当然実数なので，固有値も実数，したがって物理量であるオブザーバブルは Hermite 演算子で表わされなければならない．

以上により，オブザーバブル$\hat{O}$の固有値は常に実数で，その規格化された固有ケットは，これをあらためて$|\phi_n\rangle$と表わすことにすると，縮退のない場合つねに

$$\langle\phi_n|\phi_m\rangle = \delta_{nm} \tag{1.16}$$

が成り立つことがわかる．縮退のある場合も，縮退しているケット達の適当な1次結合をとり，(1.16)のように直交化することができる．

条件(1.16)をみたす固有ケットの集合$\{|\phi_n\rangle\}$は**正規直交系**（orthonormal system)とよばれる.ここで,任意の物理的な状態 $|\psi\rangle$ は $\hat{O}$ の固有ケットの集合である正規直交系 $\{|\phi_n\rangle\}$ によって,つねに

$$|\psi\rangle = \sum_n c_n |\phi_n\rangle \qquad (1.17)$$

のように展開できると仮定する.これも量子力学の確率解釈を支える基本要請の1つである.(1.17)をみとめると展開係数 c_n は(1.16)を用いて

$$c_n = \langle \phi_n | \psi \rangle \qquad (1.18)$$

と求められる.(1.18)を(1.17)に代入すると

$$|\psi\rangle = \sum_n |\phi_n\rangle\langle\phi_n|\psi\rangle \qquad (1.19)$$

が得られる.$|\psi\rangle$ は任意の状態ベクトルなので,これはまた

$$\sum_n |\phi_n\rangle\langle\phi_n| = 1 \qquad (1.20)$$

が成り立つことを意味している.ただし,(1.20)の右辺 1 は恒等演算子を表わす.(1.20)は正規直交系 $\{|\phi_n\rangle\}$ が**完備**(complete)であることを表わす式である.

特に,規格化された状態 $|\psi\rangle$ に対して,展開係数 c_n は(1.18),(1.20)から

$$\sum_n |c_n|^2 = \sum_n \langle\psi|\phi_n\rangle\langle\phi_n|\psi\rangle$$
$$= \langle\psi|\psi\rangle = 1 \qquad (1.21)$$

をみたす.

c) 行列表示

ある物理量 $\hat{A}$ の固有値 a_n に属する固有ケットを $|a_n\rangle$ と表わすことにしよう.$\{|a_n\rangle\}$ は完備正規直交系であるとする.すると,任意の物理量 $\hat{O}$ は

$$\hat{O} = \sum_{m,n} |a_m\rangle\langle a_m|\hat{O}|a_n\rangle\langle a_n| \qquad (1.22)$$

と表わすことができる.

ここで $\hat{O}_{nm} \equiv \langle a_n|\hat{O}|a_m\rangle$ を物理量 $\hat{O}$ の**行列要素**とみなし,$\hat{A}$ の固有ケット

$|a_n\rangle$ による $\hat{O}$ の行列表示という．特に，$\hat{O} \equiv \hat{A}$ のときは $\hat{A}_{nm} = a_n \delta_{nm}$ となり，行列は対角行列になる．一般に，物理量 $\hat{O}$ はある固有ケットの完備正規直交系で展開したときの行列要素 $\hat{O}_{nm}$ をもつ行列とみなすことができる*．このとき，その行列を**対角化**(diagonalization)する操作は，$\hat{O}$ の固有値方程式(1.12)を解くこと，すなわち $\hat{O}$ の完備な固有ケットを求めることと同等である．

$\hat{A}$ とは別の物理量 $\hat{B}$ の固有値 b_n に属する固有ケット $|b_n\rangle$ の集合で $\hat{O}$ を行列表示することもできる．すなわち，

$$\hat{O} = \sum_{m,n} |b_m\rangle\langle b_m|\hat{O}|b_n\rangle\langle b_n| \tag{1.23}$$

このとき，$\hat{O}$ の行列としての2通りの表示，$\langle a_n|\hat{O}|a_m\rangle$ と $\langle b_n|\hat{O}|b_m\rangle$ の間には

$$\hat{O}_b = \hat{U}\hat{O}_a\hat{U}^\dagger \tag{1.24}$$

という関係がある．ただし，$\hat{A}$ の固有ケットによる表示(A 表示という)を $\hat{O}_a$，$\hat{B}$ の固有ケットによる表示(B 表示という)を $\hat{O}_b$ とした．U は行列要素が

$$\hat{U}_{nm} = \langle b_n|a_m\rangle \tag{1.25}$$

で定義される行列で，異なる基底(固有ケット)を結ぶ**変換行列**を表わす．$\hat{U}$ はユニタリー行列である．

$$(\hat{U}^\dagger\hat{U})_{nm} = \sum_l \langle a_n|b_l\rangle\langle b_l|a_m\rangle = \delta_{nm} \tag{1.26}$$

が成り立つからである**．

逆に，ユニタリー行列 $\hat{U}$ で結ばれる2つの行列，$\hat{O}$ と $\hat{U}\hat{O}\hat{U}^\dagger$ は同じ固有値を共有し，物理的に同等である．

最後に，行列としての物理量 $\hat{O}$ の対角成分の和を $\mathrm{Tr}(\hat{O})$ と表わすと

---

* 物理量を行列と同定し，新力学を提唱したのは Born, Heisenberg, Jordan の3人組である．1925年のことで，彼等の理論は行列力学とよばれた．歴史的経緯については，巻末文献[1-2]第1巻参照．
** このあたりは有限次元のベクトル空間を念頭において議論をすすめている．しかし，無限次元空間(連続固有値の場合も含む)のときにも，ある制限のもとで拡張できることが知られている．巻末文献[1-6]参照．

$$\mathrm{Tr}(\hat{O}) = \sum_n \langle a_n | \hat{O} | a_n \rangle \tag{1.27}$$

と書ける．$\mathrm{Tr}(\hat{O})$ は行列表示の仕方，すなわち基底としての固有ケットの集合 $\{|a_n\rangle\}$ のえらび方によらない．

d) 物理量の共立性（compatibility）

2つの物理量 $\hat{O}_1, \hat{O}_2$ を考える．古典論とちがって，量子論では $\hat{O}_1$ と $\hat{O}_2$ は演算子で表わされるので，その積を考えるときは，演算子を作用させる順序が大切である．一般に，$\hat{O}_1 \cdot \hat{O}_2 \neq \hat{O}_2 \cdot \hat{O}_1$ である．そこで，積

$$[\hat{O}_1, \hat{O}_2] \equiv \hat{O}_1 \cdot \hat{O}_2 - \hat{O}_2 \cdot \hat{O}_1 \tag{1.28}$$

を導入し，$\hat{O}_1$ と $\hat{O}_2$ の**交換子**（commutator），あるいは**交換関係**（commutation relation）とよぶ．交換子がゼロになる2つの物理量（$\hat{O}_1$ と $\hat{O}_2$）は互いに**交換可能**（commutable），あるいは単に互いに**可換**であるという．また，互いに可換な物理量はまた互いに**共立する**（compatible），可換でないときは**共立しない**（incompatible）という．

互いに共立する2つの物理量に対しては，次の定理が成り立つ．

定理 1.2 互いに共立する2つの物理量，$\hat{A}, \hat{B}$ は固有ケットを共有する．共通の固有ケットを $|a_n, b_m\rangle$ と表わすと

$$\hat{A}|a_n, b_m\rangle = a_n |a_n, b_m\rangle \tag{1.29}$$
$$\hat{B}|a_n, b_m\rangle = b_m |a_n, b_m\rangle \tag{1.30}$$

が成り立つ．ただし，固有ケット $|a_n, b_m\rangle$ は固有値 a_n あるいは b_m に縮退のない場合は，そのいずれか1つが指定されれば，それで一意的に指定される．

［証明］ はじめに $\hat{A}$ の固有値に縮退のない場合を考える．$\hat{A}$ の固有値方程式(1.29)の両辺に左から $\hat{B}$ を作用させ，$\hat{A}$ と $\hat{B}$ が可換であることを用いると，$\hat{B}|a_n, b_m\rangle$ はやはり $\hat{A}$ の固有値 a_n に属する固有ケットであることがわかる．縮退はないと仮定したので，その固有ケットは $|a_n, b_m\rangle$ にほかならない．す

なわち $|a_n, b_m\rangle$ はまた $\hat{B}$ の固有ケットでもある。$\hat{B}$ の固有値を b_m とすると，(1.30)が成り立つ。

次に縮退のある場合を考えよう。固有値 a_n に関して N 重の縮退があるとし，

$$\hat{A}|a_n^{(s)}\rangle = a_n|a_n^{(s)}\rangle \quad (s=1,2,\cdots,N) \tag{1.31}$$

と表わす。N 個の固有ケット $|a_n^{(s)}\rangle$ は互いに規格直交化されているものとする。(1.31)の両辺に $\hat{B}$ を作用させ，$\hat{A}$ と $\hat{B}$ が可換であることを用いると，$\hat{B}|a_n^{(s)}\rangle$ は $\hat{A}$ の固有値 a_n に属する固有ケットであることがわかる。ここまでは縮退のない場合と事情は変わらない。しかし，縮退のない場合と異なり，$\hat{B}|a_n^{(s)}\rangle$ は一般に縮退している N 個の固有ケット達の重ね合わせであらわされなければならない。すなわち

$$\hat{B}|a_n^{(s)}\rangle = \sum_{s'} c_{ss'}|a_n^{(s')}\rangle \tag{1.32}$$

が成り立つ。展開係数 $c_{ss'}$ は $N \times N$ の Hermite 行列である。なぜなら，(1.32)の両辺に $\langle a_n^{(s')}|$ を作用させると

$$c_{s's} = \langle a_n^{(s')}|\hat{B}|a_n^{(s)}\rangle \tag{1.33}$$

が得られるが，$\hat{B}$ は Hermite 演算子なので，$c_{s's} = c_{ss'}{}^*$ が成り立つからである。一方，Hermite 行列はユニタリー行列 U によって対角化できる。すなわち

$$U_{s's}b^{(s)} = \sum_{s''} c_{s's''}U_{s''s} \tag{1.34}$$

ただし，対角化された行列の対角要素を $b^{(s)}$ とした。

そこで

$$|\tilde{a}_n^{(s)}\rangle = \sum_{s'} U_{ss'}|a_n^{(s')}\rangle \tag{1.35}$$

とおくと，

$$\begin{aligned}\hat{B}|\tilde{a}_n^{(s)}\rangle &= \sum_{s'} U_{ss'}\hat{B}|a_n^{(s')}\rangle \\ &= \sum_{s'}\sum_{s''} U_{ss'}c_{s's''}|a_n^{(s'')}\rangle \\ &= b^{(s)}|\tilde{a}_n^{(s)}\rangle \quad (s=1,2,\cdots,N)\end{aligned} \tag{1.36}$$

が得られる.ただし,(1.32),(1.34)を用いた.

(1.36)は$|\tilde{a}_n^{(s)}\rangle$が$\hat{B}$の固有値$b^{(s)}$に属する固有ケットであることを示している.すなわち,$|\tilde{a}_n^{(s)}\rangle$は$\hat{A}$の固有値$a_n$に属する固有ケットであると同時に,$\hat{B}$の固有値$b^{(s)}$に属する固有ケットである.これを具体的に表わしたのが(1.29),(1.30)であった. ∎

固有ケット$|a_n, b_m\rangle$を$\hat{A}$と$\hat{B}$の**同時固有ケット**という.

例として角運動量$\hat{\boldsymbol{J}}$を考えてみよう.第3章に説明するように,角運動量の3つの成分$\hat{J}_x, \hat{J}_y, \hat{J}_z$はどの2つも互いに共立しない物理量である.しかし,$\hat{J}^2 \equiv \hat{J}_x^2 + \hat{J}_y^2 + \hat{J}_z^2$と$\hat{J}_z$は互いに可換,すなわち共立する.一方,$\hat{J}^2$の固有値$j(j+1)\hbar^2$に属する固有ケットは$2j+1$重に縮退している.したがって,角運動量の状態を完全に指定するのには,この縮退した状態を指定する必要がある.このために,互いに共立する$\hat{J}^2$と$\hat{J}_z$の同時固有ケットがえらばれるのが普通である.$\hat{J}_z$の固有値は$m\hbar$($m = -j, -j+1, \cdots, +j$)で,このmの値により$2j+1$個の縮退状態を区別できるからである.$\hat{J}^2$と$\hat{J}_z$の同時固有ケット$|j, m\rangle$によって角運動量の固有状態は一意的に指定される.

以上の考察を,いくつかの共立する物理量が存在する場合に適用することは容易である.一般に,互いに共立するいくつかの物理量$\hat{A}, \hat{B}, \hat{C}, \cdots$があったとき,これらの物理量の同時固有ケットが存在する.1つ1つの物理量の固有値に縮退のある場合に,いくつかの物理量の同時固有ケットを考えることで,縮退のある状態を一意的に指定することができる.このような物理量の集合を,**観測量の最大の組**(maximum set of commuting observables)という.$\hat{J}^2$と$\hat{J}_z$は角運動量の最大の組の一例である.

e)　物理量に対する確率

物理量$\hat{O}$の固有値o_nに属する固有ケットを$|\phi_n\rangle$とする.任意の規格化された状態$|\psi\rangle$は,同じく規格化された固有ケットの集合$\{|\phi_n\rangle\}$によって

$$|\psi\rangle = \sum_n c_n |\phi_n\rangle, \quad c_n = \langle \psi | \phi_n \rangle \tag{1.37}$$

と展開される.これについてはb項で述べた(式(1.17)).展開係数c_nは以下

に述べる理由で**確率振幅**(probability amplitude)とよばれている*.

系の状態が$|\psi\rangle$で表わされるとき，この状態において物理量Oを測定してo_nという値の得られる確率**は

$$P(o_n) \equiv |c_n|^2 = |\langle\psi|\phi_n\rangle|^2 \qquad (1.38)$$

であるとする．これは量子力学において数学的な形式と物理とを結ぶ最も基本的な仮定である．これまで，ある力学系の状態を考え，その状態を$|\psi\rangle$で表現してきたが，この状態である物理量Oを測定したとき，量子力学では，系がどのように理想的な状態であっても1回の測定でOの測定値を100％の確実さで予言することはできない．予言できるのは同一の系に対して何度も同じ測定をくり返したとき，測定値としてo_nという値が得られる確率である．また，確率という以上，1つの力学系であっても，系の同じ状態をいくつも考え，測定を繰り返し行なえることが，その物理的前提になっていることはいうまでもない．また，$\hat{O}$の固有ケットの完備性から導かれる(1.21)の関係は

$$\sum_n P(o_n) = 1 \qquad (1.39)$$

を意味するので，Oの測定を行なえば，$\hat{O}$の固有値のいずれかの値が必ず測定されることを保証している．

系の状態が$\hat{O}$の固有状態の1つ$|\phi_{n_0}\rangle$にあったとしよう．このときは，(1.16)から$|c_{n_0}|^2 = 1$, $c_n = 0$ ($n \neq n_0$)となる．したがって，この状態においてOの測定を行なえば，理想的な測定の場合，100％の確率で必ずo_{n_0}という測定値が得られることになる．もちろん，測定値には必ず測定誤差がつきまとう．しかし，この誤差は理想的な測定においては，原理的にいくらでも小さくすることができる．

一般に，状態$|\psi\rangle$において物理量Oの測定を行なったとき，その**期待値**(expectation value)を

---

* **遷移確率振幅**(transition probability amplitude)，あるいは単に**遷移振幅**ともいう．第8章参照．
** **遷移確率**(transition probability)ともいう．連続固有値の場合は確率密度を考えればよい．

$$\langle \hat{O} \rangle \equiv \langle \psi | \hat{O} | \psi \rangle \tag{1.40}$$

と表わす．(1.37),(1.12),(1.16),および(1.38)を用いると，(1.40)は

$$\langle \hat{O} \rangle = \sum_n o_n P(o_n) \tag{1.41}$$

となり，測定値に対する確率論的な期待値と一致していることがわかる．

次に互いに共立する物理量 O_1 と O_2 とを測定する場合について考えてみよう．定理 1.2 によりこのとき，$\hat{O}_1$ と $\hat{O}_2$ の同時固有ケットが存在する．

固有値 o_{1m}, o_{2n} の同時固有状態を $|o_{1m}, o_{2n}\rangle$ と表わす．まず，$|o_{1m}, o_{2n}\rangle$ に縮退はない，すなわち，$\hat{O}_1$ と $\hat{O}_2$ が観測量の最大の組であると仮定しよう．系の状態 $|\psi\rangle$ をこの同時固有ケットで展開すると

$$|\psi\rangle = \sum_{m,n} c_{mn} |o_{1m}, o_{2n}\rangle \tag{1.42}$$

が得られる．

この状態において，物理量 O_1 と O_2 の測定を行なったとして，O_1 に対して測定値 o_{1m}，かつ，O_2 に対して測定値 o_{2n} の得られる確率は

$$P(o_{1m}, o_{2n}) = |c_{mn}|^2 \tag{1.43}$$

であるとする．

この仮定は，前に述べた仮定(1.38)と矛盾しない．$\hat{O}_1$ の固有ケットに縮退がなければ，その固有ケット $|o_{1m}\rangle$ は同時に $\hat{O}_2$ の固有ケットにもなっている．$\hat{O}_2$ のその固有値を o_{2n} とすると，$\hat{O}_1$ が o_{1m} をとる確率は $\hat{O}_1$ が o_{1m} をとり，かつ $\hat{O}_2$ が o_{2n} をとる確率に等しい．一方，このとき同時固有ケット $|o_{1m}, o_{2n}\rangle$ は，実は $|o_{1m}\rangle$ にほかならないので，(1.42)の展開係数 c_{mn} と(1.37)の展開係数 c_m は一致する．すなわち，この場合，仮定(1.43)は仮定(1.38)に帰着する．$\hat{O}_1$ に縮退があるときも，その縮退が $\hat{O}_2$ の固有値によって完全に指定される場合は，ここに述べたことでよい．もし，$\hat{O}_1, \hat{O}_2$ の同時固有状態に縮退があれば，さらに共立するいくつかの物理量 $O_3, O_4, \cdots$ をもってきて，観測量の最大の組 $(o_1, o_2, \cdots, o_M)$ を用意し，その同時固有ケットを $|o_{1m}, o_{2n}, \cdots, o_{Ms}\rangle$ とする．$|o_{1m}, o_{2n}, \cdots, o_{Ms}\rangle$ にはもはや縮退はない．そこで系の状態 $|\psi\rangle$ をこの同時固有

ケットで展開して

$$|\psi\rangle = \sum_{m,n,\cdots,s} c_{mn\cdots s} |o_{1m}, o_{2n}, \cdots, o_{Ms}\rangle \tag{1.44}$$

と表わす．

このとき，与えられた系の状態 $|\psi\rangle$ において，物理量 $O_1, O_2, \cdots, O_M$ を測定し，それぞれ測定値 $o_{1m}, o_{2n}, \cdots, o_{Ms}$ の得られる確率は

$$P(o_{1m}, o_{2n}, \cdots, o_{Ms}) = |c_{mn\cdots s}|^2 \tag{1.45}$$

である．ここで物理量 $O_1, O_2, \cdots$ を測定する順序は問題にならない．

1-3 位置と運動量

粒子の位置を表わすベクトル演算子 $\hat{\boldsymbol{x}}$ と，運動量を表わすベクトル演算子 $\hat{\boldsymbol{p}}$ は，量子力学において特別な役割を果たしている．粒子の運動する空間が3次元 Euclid 空間 E^3 で，その系の状態の時間発展を記述するハミルトニアン $\hat{H}$ が $\hat{\boldsymbol{x}}$ と $\hat{\boldsymbol{p}}$ の関数として表わされることが多いからである．

$\hat{\boldsymbol{x}}$ の固有ケットを $|\boldsymbol{x}\rangle$ で表わすと

$$\hat{\boldsymbol{x}} |\boldsymbol{x}\rangle = \boldsymbol{x} |\boldsymbol{x}\rangle \tag{1.46}$$

が成り立つ．ただし，固有値 $\boldsymbol{x}$ は，粒子が位置座標 $\boldsymbol{x}$ に見出されるときの，その座標値を表わす．$\boldsymbol{x}$ の各成分は連続値（$\boldsymbol{x} \in \boldsymbol{R}^3$）をとる．また，(1.46)では，$\hat{\boldsymbol{x}}$ の各成分が互いに共立していることを前提にしている．すなわち，

$$[\hat{x}_i, \hat{x}_j] = 0 \quad (i, j = x, y, z) \tag{1.47}^*$$

異なる座標値 $\boldsymbol{x}$ に属する $\hat{\boldsymbol{x}}$ の固有ケットは互いに直交する（定理1.1）．$\boldsymbol{x}$ は連続値をとるので，固有ケット $|\boldsymbol{x}\rangle$ の規格化は Dirac のデルタ関数を用いて

$$\langle \boldsymbol{x}' | \boldsymbol{x} \rangle = \delta(x'-x)\delta(y'-y)\delta(z'-z)$$
$$\equiv \delta^3(\boldsymbol{x}'-\boldsymbol{x}) \tag{1.48}$$

とする．完備性の条件(1.20)は

---

* 以下，混乱のない限り，状況に応じて，$i, j = x, y, z$ としたり，$i, j = 1, 2, 3$ としたりする．他意はない．

$$\int d^3x |\bm{x}\rangle\langle\bm{x}| = 1 \tag{1.49}$$

である.

状態 $|\psi\rangle$ を固有ケット $|\bm{x}\rangle$ で展開すると

$$|\psi\rangle = \int d^3x |\bm{x}\rangle\langle\bm{x}|\psi\rangle \tag{1.50}$$

が得られる.

展開係数 $\langle\bm{x}|\psi\rangle$ を系の**波動関数**(wave function)とよび,$\langle\bm{x}|\psi\rangle \equiv \phi(\bm{x})$ と表わす*.1-2 節 e 項で述べたことをいまの場合に適用すると,状態 $|\psi\rangle$ において粒子の位置の測定を行なったとき,その粒子が $\bm{x}$,$\bm{x}+d\bm{x}$ の間に見出される確率密度**は

$$\begin{aligned}\mathcal{P}(\bm{x}) &= |\langle\bm{x}|\psi\rangle|^2 \\ &= |\phi(\bm{x})|^2\end{aligned} \tag{1.51}$$

で与えられることになる.もちろん,

$$\int d^3x \mathcal{P}(\bm{x}) = \int d^3x |\phi(\bm{x})|^2 = 1 \tag{1.52}$$

である.

系のすべての情報は波動関数 $\phi(\bm{x})$ に含まれているが,(1.52)はその波動関数 $\phi(\bm{x})$ に物理的意味を与える基礎となっている.

たとえば,物理量 O の期待値は(1.40)で与えられるが,これは(1.49)から波動関数 $\phi(\bm{x})$ を用いて

$$\begin{aligned}\langle\hat{O}\rangle &= \langle\psi|\hat{O}|\psi\rangle \\ &= \iint d^3x' d^3x \langle\psi|\bm{x}'\rangle\langle\bm{x}'|\hat{O}|\bm{x}\rangle\langle\bm{x}|\psi\rangle \\ &= \iint d^3x' d^3x \phi^*(\bm{x}')\hat{O}(\bm{x}',\bm{x})\phi(\bm{x})\end{aligned} \tag{1.53}$$

---

* $\phi(\bm{x})$ は $\hat{\bm{x}}$ を対角化した表示($\bm{x}$ **表示**)の波動関数ともよばれる.第 2 章(2.14)式参照.
** $\bm{x}$ を中心とした微小体積 $dV \equiv d^3x$ に粒子の見出される確率 P は $\mathcal{P}(\bm{x})\cdot dV$.

と表わせる．ただし，$\bm{x}$ 表示による $\hat{O}$ の行列要素を $\hat{O}(\bm{x}', \bm{x})$ とした．特に $\hat{O}$ が対角行列 $\hat{O}(\bm{x}', \bm{x}) \equiv \hat{O}(\bm{x})\delta^3(\bm{x}'-\bm{x})$ のときは，(1.53)は(1.51)から

$$\langle \hat{O} \rangle = \int d^3\bm{x} |\psi(\bm{x})|^2 \hat{O}(\bm{x})$$

$$= \int d^3\bm{x} \mathcal{P}(\bm{x}) \hat{O}(\bm{x}) \quad (1.54)$$

と書ける．(1.54)の物理的意味は明らかであろう．

なお，完備性(1.49)をみたす $|\bm{x}\rangle$ によって定義される波動関数 $\psi(\bm{x})$ は固有値 $\bm{x}$ で一意的に指定される $\bm{x}$ の1価関数である．波動関数の1価性については第7章でふたたび考察する．

運動量 $\hat{\bm{p}}$ の固有ケットを $|\bm{p}\rangle$ と表わす．$|\bm{p}\rangle$ について

$$\hat{\bm{p}}|\bm{p}\rangle = \bm{p}|\bm{p}\rangle \quad (1.55)$$

が成り立つ．ただし，固有値 $\bm{p}$ は，粒子の運動量の測定を行なって得られる測定値を表わし，特に制限を置かなければ，連続値($\bm{p} \in \bm{R}^3$)をとる．(1.55)において，位置 $\hat{\bm{x}}$ の各成分の間に成り立つ(1.47)と同様の関係

$$[\hat{p}_i, \hat{p}_j] = 0 \quad (i, j = x, y, z) \quad (1.56)$$

が成り立つとした．この関係式の物理的根拠について第4章であらためて考察する．

$\hat{\bm{p}}$ の固有ケット $|\bm{p}\rangle$ の規格化は

$$\langle \bm{p}'|\bm{p} \rangle = \delta^3(\bm{p}'-\bm{p}) \quad (1.57)$$

で，完備性の条件は

$$\int d^3\bm{p} |\bm{p}\rangle\langle \bm{p}| = 1 \quad (1.58)$$

であることは，位置の演算子 $\hat{\bm{x}}$ の場合(1.48)，(1.49)と同様である．

(1.48)と(1.58)から

$$\int d^3\bm{p} \langle \bm{x}'|\bm{p}\rangle\langle \bm{p}|\bm{x}\rangle = \delta^3(\bm{x}'-\bm{x}) \quad (1.59)$$

が成り立つ．

量子力学において運動量 $\boldsymbol{p}$ に課せられた要請の1つは，$\hat{\boldsymbol{p}}$ が空間座標 $\boldsymbol{x}$ の**微小並進の生成子**であるということである．（並進の表現については第4章参照．）

微小な並進 $\varDelta\boldsymbol{x}$ に対応する演算子を $\hat{U}(\varDelta\boldsymbol{x})$ とすると，

$$\hat{U}(\varDelta\boldsymbol{x})|\boldsymbol{x}\rangle = |\boldsymbol{x}+\varDelta\boldsymbol{x}\rangle$$
$$= |\boldsymbol{x}\rangle + \varDelta\boldsymbol{x}\cdot\nabla|\boldsymbol{x}\rangle \qquad (1.60)$$

が成り立つ．

ここで

$$\hat{U}(\varDelta\boldsymbol{x}) \equiv 1 - i\frac{1}{\hbar}\varDelta\boldsymbol{x}\cdot\hat{\boldsymbol{p}} \qquad (1.61)$$

とおいて，微小並進 $\varDelta\boldsymbol{x}$ の生成子としての運動量 $\hat{\boldsymbol{p}}$ を導入する．(1.61)を(1.60)の左辺に代入し，ブラ空間の関係に読み直すと，任意の状態 $|\psi\rangle$ に対して

$$\langle\boldsymbol{x}|\hat{\boldsymbol{p}}|\psi\rangle = -i\hbar\nabla_x\langle\boldsymbol{x}|\psi\rangle \qquad (1.62)$$

の成り立つことがわかる．ただし，$\nabla_x \equiv (\partial/\partial x, \partial/\partial y, \partial/\partial z)$ は波動関数 $\langle\boldsymbol{x}|\psi\rangle \equiv \psi(\boldsymbol{x})$ に作用するベクトル微分演算子を表わす．あるいは $|\boldsymbol{x}\rangle$ の完全性(1.49)を用いて

$$\hat{\boldsymbol{p}}|\psi\rangle = \int d^3\boldsymbol{x}\,|\boldsymbol{x}\rangle(-i\hbar\nabla_x)\langle\boldsymbol{x}|\psi\rangle \qquad (1.63)$$

と表わしてもよい．これは $\boldsymbol{x}$ 表示において，運動量が $\hat{\boldsymbol{p}} = -i\hbar\nabla_x$ と表現されることを意味している．このことから，また，$\hat{\boldsymbol{x}}$ と $\hat{\boldsymbol{p}}$ の間の交換関係

$$[\hat{x}_i, \hat{p}_j] = i\hbar\delta_{ij} \qquad (i,j=1,2,3) \qquad (1.64)$$

が導かれる．

(1.47), (1.56), (1.64)を $\hat{\boldsymbol{x}}$ と $\hat{\boldsymbol{p}}$ の**正準交換関係**(canonical commutation relations)という．逆に上に述べた $\hat{\boldsymbol{x}}$ と $\hat{\boldsymbol{p}}$ の間の正準交換関係を Dirac に従って量子力学の基本要請として導入し，運動量 $\hat{\boldsymbol{p}}$ が座標 $\boldsymbol{x}$ の並進の生成子になることを示すこともできる．(1.64)はまた，**量子化条件**(quantization condition)とよばれている．

(1.62)において特に $|\psi\rangle \equiv |\boldsymbol{p}\rangle$ とおくと,

$$\langle \boldsymbol{x}|\hat{\boldsymbol{p}}|\boldsymbol{p}\rangle = \boldsymbol{p}\langle \boldsymbol{x}|\boldsymbol{p}\rangle = -i\hbar \nabla_x \langle \boldsymbol{x}|\boldsymbol{p}\rangle \tag{1.65}$$

が成り立つ. (1.59)および(1.65)から

$$\langle \boldsymbol{x}|\boldsymbol{p}\rangle = \left(\frac{1}{2\pi\hbar}\right)^{\frac{3}{2}} e^{i\frac{\boldsymbol{x}\cdot\boldsymbol{p}}{\hbar}} \tag{1.66}$$

が得られる. (1.66)は $\boldsymbol{x}$ 表示と $\hat{\boldsymbol{p}}$ を対角化した $\boldsymbol{p}$ 表示を結ぶ変換行列(1.25)であり, **変換関数**(transformation function)とよばれることがある. 変換関数を用いると $\boldsymbol{p}$ 表示における波動関数 $\psi(\boldsymbol{p}) \equiv \langle \boldsymbol{p}|\psi\rangle$ が次のようにして得られる.

$$\begin{aligned}\psi(\boldsymbol{p}) &= \int d^3\boldsymbol{x} \langle \boldsymbol{p}|\boldsymbol{x}\rangle \langle \boldsymbol{x}|\psi\rangle \\ &= \left(\frac{1}{2\pi\hbar}\right)^{\frac{3}{2}} \int d^3\boldsymbol{x}\, e^{-i\frac{\boldsymbol{p}\cdot\boldsymbol{x}}{\hbar}} \psi(\boldsymbol{x})\end{aligned} \tag{1.67}$$

また, $\boldsymbol{p}$ 表示における演算子 $\hat{\boldsymbol{x}}$ は

$$\begin{aligned}\hat{\boldsymbol{x}}|\psi\rangle &= \int d^3\boldsymbol{p} \int d^3\boldsymbol{x} |\boldsymbol{p}\rangle \langle \boldsymbol{p}|\boldsymbol{x}\rangle \langle \boldsymbol{x}|\hat{\boldsymbol{x}}|\psi\rangle \\ &= \int d^3\boldsymbol{p}|\boldsymbol{p}\rangle (+i\hbar \nabla_p) \langle \boldsymbol{p}|\psi\rangle\end{aligned} \tag{1.68}$$

から

$$\hat{\boldsymbol{x}} = i\hbar \nabla_p \tag{1.69}$$

と表わせる. ただし, $\nabla_p \equiv (\partial/\partial p_x, \partial/\partial p_y, \partial/\partial p_z)$.

ここで, 運動量 $\boldsymbol{p}$ と波数ベクトル $\boldsymbol{k}$, およびエネルギー E と角振動数 ω との間に成り立つ **Einstein-de Broglie** の関係式

$$\boldsymbol{p} = \hbar \boldsymbol{k}, \quad E = \hbar \omega \tag{1.70}$$

を用いると, (1.67)から $\boldsymbol{p}$ 表示の波動関数 $\psi(\boldsymbol{p})$ は $\boldsymbol{x}$ 表示の波動関数 $\psi(\boldsymbol{x})$ のFourier 変換になっていることがわかる.

1-4 測定

系のある状態 $|\psi\rangle$ において，物理量 O の測定を行なったとする．測定の結果，測定値として o_n の得られる確率が (1.38) で与えられることはすでに述べた．

いま，O の測定を行なって，測定値 o_n が得られたとして，測定後，その状態に対して直ちにもういちど同じ測定をくり返したとしよう．このとき，もし測定が理想的なものであれば，O の測定値としては確実にふたたび同じ値 o_n が得られると考えられる．物理量 O の測定の具体的な例としては，粒子の位置 $\boldsymbol{x}$，あるいは運動量 $\boldsymbol{p}$ の測定を思いうかべるとよい．ただし 2 回目の測定を行なう時刻は 1 回目の測定の完了した時刻に十分に近いことが必要である．このことは，測定によって o_n の得られた直後の系の状態はもはや $|\psi\rangle$ ではなく，$\hat{O}$ の固有ケット $|o_n\rangle$ になっていることを示唆している．すなわち，O を測定して o_n という測定値が得られたとき，その直後の状態は

$$|\psi\rangle \quad \xrightarrow{\substack{O\text{ の測定} \\ (\text{測定値 } o_n)}} \quad |o_n\rangle \tag{1.71}$$

$$\text{測定前} \qquad\qquad\qquad\qquad \text{測定直後}$$

と変化すると考えられる．

このような状態の変化は，測定という操作を行なってはじめて現われるものである．量子力学では測定値として o_n の得られる確率のみが予言可能なのだから，測定に伴う状態の変化を，理論によってあらかじめ計算しておくことはできない．この意味で，測定に伴う状態の変化は制御不可能な変化であり，非因果的である．(1.71) のこのような変化は，測定による**状態の収縮**(reduction of state)，あるいは**波束の収縮**(reduction of wave packet)とよばれている．

例外は，状態が $\hat{O}$ の固有ケットの 1 つ $|o_n\rangle$ になっているときである．このときは，測定を行なえば必ず測定値 o_n が得られる．すなわち，測定によって状態は $|o_n\rangle \to |o_n\rangle$ となって，同じ固有ケット $|o_n\rangle$ にとどまっている．

互いに共立する物理量 O_1 と O_2 の測定を行なう場合には，O_1 を測定して測

定値 o_{1m} を，O_2 を測定して測定値 o_{2n} を得たとき，測定直後の状態は，$\hat{O}_1$ と $\hat{O}_2$ の同時固有状態 $|o_{1m}, o_{2n}\rangle$ に変わる．この場合，状態の収縮は O_1 と O_2 のどちらの測定をさきに行なうかに関係しないことも，これまでの説明で明らかであろう．

測定操作に伴う状態あるいは波束の収縮は，量子力学における確率の干渉効果がどのように現われるか(あるいは消えるか)を決める重要な要請になっている．

量子力学の体系がミクロ世界の自然法則を記述する論理的に完結した体系であれば，測定過程もまたその体系の一部として含まれなければならない．測定器系は通常マクロな系であり，測定値の記録，読み取り等はマクロな変数として古典物理学の適用範囲において行なわれる．しかし，測定の対象となる(ミクロな)系と測定器系，およびその間の相互作用を含めた全体を1つの量子系として取り扱うことは，原理的に常に可能である．量子力学に基づいて，実際の測定過程において，どのような操作に対応して状態の収縮が起こるのか(あるいは起こらないのか)が明らかにされる必要がある．このような試みは**観測の理論**とよばれている*．

1-5 不確定性関係

系の状態 $|\psi\rangle$ における物理量 O_1 の期待値 $\langle\hat{O}_1\rangle$ は(1.41)で与えられる．そこで，あらたに演算子

$$\Delta\hat{O}_1 \equiv \hat{O}_1 - \langle\hat{O}_1\rangle \tag{1.72}$$

を定義する．定義により $\Delta\hat{O}_1$ の期待値はゼロである．そこで，$(\Delta\hat{O}_1)^2$ の期待値を求めてみると，

---

* 量子力学における観測の理論には，von Neumann 以来の長い歴史があり，現在も研究が続けられている分野である．町田茂・並木美喜雄："量子力学における観測の理論 I・II"，科学 **50**(1980) 759, **51**(1981) 36; "量子力学における観測の理論"，新編物理学選集 **69**(日本物理学会, 1978)等を参照．また，最近の発展については，例えば，*Proceedings of the 3rd International symposium; Foundations of Quantum Mechanics in the light of new technology* (The Physical Society of Japan, 1989)をみると「現場」の雰囲気がわかる．

$$\langle(\varDelta\hat{O}_1)^2\rangle = \langle\hat{O}_1{}^2 - 2\hat{O}_1\langle\hat{O}_1\rangle + \langle\hat{O}_1\rangle^2\rangle = \langle\hat{O}_1{}^2\rangle - \langle\hat{O}_1\rangle^2 \qquad (1.73)$$

がえられる．(1.73)を O_1 の**分散**(dispersion)という．

分散は O_1 の測定値の平均値のまわりのばらつきの大きさの目安を与える．状態が $\hat{O}_1$ の固有状態の1つであれば，分散はもちろんゼロになっている．

分散に関しては次の定理が成り立つ．

定理 1.3 任意の状態 $|\psi\rangle$ に対し，2つの物理量 O_1 と O_2 の分散の積に関して，次の不等式が成り立つ．

$$\langle(\varDelta\hat{O}_1)^2\rangle \cdot \langle(\varDelta\hat{O}_2)^2\rangle \geqq \frac{1}{4}|\langle[\hat{O}_1, \hat{O}_2]\rangle|^2 \qquad (1.74)$$

［証明］ まず，系の状態 $|\psi\rangle$ に $\varDelta\hat{O}_1, \varDelta\hat{O}_2$ を作用させて得られる2つの状態

$$|\varDelta O_1\rangle \equiv \varDelta\hat{O}_1|\psi\rangle \qquad (1.75)$$

$$|\varDelta O_2\rangle \equiv \varDelta\hat{O}_2|\psi\rangle \qquad (1.76)$$

と考えると，これらの状態に対して，不等式

$$\langle\varDelta O_1|\varDelta O_1\rangle \cdot \langle\varDelta O_2|\varDelta O_2\rangle \geqq |\langle\varDelta O_1|\varDelta O_2\rangle|^2 \qquad (1.77)$$

が成り立つ．(1.77)は2つの"ベクトル" $|\varDelta O_1\rangle$ と $|\varDelta O_2\rangle$ に対する **Schwarz の不等式**とよばれる．ここで，(1.75), (1.76)と $\varDelta\hat{O}_1, \varDelta\hat{O}_2$ が Hermite 演算子であることに注意すると，(1.77)はまた，

$$\langle(\varDelta\hat{O}_1)^2\rangle \cdot \langle(\varDelta\hat{O}_2)^2\rangle \geqq |\langle\varDelta\hat{O}_1 \cdot \varDelta\hat{O}_2\rangle|^2 \qquad (1.78)$$

と表わせる．

一方，$\varDelta\hat{O}_1$ と $\varDelta\hat{O}_2$ の積の期待値は

$$\begin{aligned}\langle\varDelta\hat{O}_1 \cdot \varDelta\hat{O}_2\rangle &= \frac{1}{2}\langle[\varDelta\hat{O}_1, \varDelta\hat{O}_2]\rangle + \frac{1}{2}\langle\{\varDelta\hat{O}_1, \varDelta\hat{O}_2\}\rangle \\ &= \frac{1}{2}\langle[\hat{O}_1, \hat{O}_2]\rangle + \frac{1}{2}\langle\{\varDelta\hat{O}_1, \varDelta\hat{O}_2\}\rangle \end{aligned} \qquad (1.79)$$

と表すことができる．ただし，$[\hat{A}, \hat{B}] \equiv \hat{A} \cdot \hat{B} - \hat{B} \cdot \hat{A}$, $\{\hat{A}, \hat{B}\} \equiv \hat{A} \cdot \hat{B} + \hat{B} \cdot \hat{A}$ である．ここで

$$\langle[\hat{O}_1, \hat{O}_2]\rangle^* = \langle[\hat{O}_1, \hat{O}_2]^\dagger\rangle = -\langle[\hat{O}_1, \hat{O}_2]\rangle \tag{1.80}$$

が成り立つので，(1.79)の右辺の第1項は，実は純虚数であることがわかる．同様にして，第2項は実数であることが示せる．したがって，不等式(1.78)において，右辺を $\langle \varDelta\hat{O}_1 \cdot \varDelta\hat{O}_2 \rangle$ の虚数部の2乗

$$\frac{1}{4}|\langle[\hat{O}_1, \hat{O}_2]\rangle|^2$$

でおきかえてさしつかえない．それが(1.74)である．■

O_1 と O_2 が共立する物理量であるとき，(1.74)の右辺はゼロになり，分散の積について自明な式となる．しかし，O_1 と O_2 が互いに共立しないときは，(1.74)の右辺は正の有限な量となり，$\hat{O}_1$ の分散と $\hat{O}_2$ の分散の積に関して下限があることを意味する．特に，$\hat{O}_1 = \hat{x}$, $\hat{O}_2 = \hat{p}_x$ とすると，正準交換関係(1.64)，すなわち $[\hat{x}, \hat{p}_x] = i\hbar$ が成り立つので，

$$\langle(\varDelta\hat{x})^2\rangle \cdot \langle(\varDelta\hat{p}_x)^2\rangle \geqq \frac{1}{4}\hbar^2 \tag{1.81}$$

という結果が得られる．

(1.81)はHeisenbergの**不確定性関係**(uncertainty relation)として知られている．

Heisenbergの不確定性関係の意味するところは，粒子の位置と運動量の同時測定の精度に関して，原理的な制約があるということである．この不等式はまた次のような考察からも得られる．1次元の系の粒子の運動について考えてみよう．系の波動関数を $\varphi(x)$ とし，簡単のため，$\varphi(x)$ は x の実関数で，その関数形が**波束**(wave packet)とよばれる図1-2(a)に示されるような形で与えられているとする．ここで，粒子の位置を測定して平均値 x_0 をえたとすると，(1.54)より

$$\langle\hat{x}\rangle = \int_{-\infty}^{\infty} dx \varphi(x)^2 \cdot x = x_0 \tag{1.82}$$

が成り立つ．波動関数の2乗 $|\varphi(x)|^2$ は，粒子を x と $x + \varDelta x$ の間に見出す確率密度であったから((1.51)式)，平均値 x_0 は波束の中心に近い値になると考

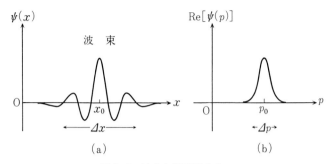

図 1-2 波束と運動量分布.

えられる.また,分散 $\langle(\varDelta\hat{x})^2\rangle$ の平方根 $\sqrt{\langle(\varDelta\hat{x})^2\rangle}$ を $\varDelta x$ で表わすと,$\varDelta x$ は x_0 のまわりの波束の広がりの程度を表わしている.図 1-2(a) にはこれらの様子が示されている.

次に運動量の測定を考えよう.運動量 p の平均値 p_0 に関しては,(1.82) と同様にして

$$\langle\hat{p}\rangle = \int_{-\infty}^{\infty} dx\psi(x)\hat{p}\psi(x) = p_0 \tag{1.83}$$

が成り立つ.一方,(1.83) はまた p 表示の波動関数

$$\psi(p) \equiv \langle p|\psi\rangle = \frac{1}{2\pi\hbar}\int_{-\infty}^{\infty} dx e^{-i\frac{px}{\hbar}}\psi(x) \tag{1.84}$$

を用いて((1.67)をみよ),

$$\langle\hat{p}\rangle = \int_{-\infty}^{\infty} dp|\psi(p)|^2 p = p_0 \tag{1.85}$$

とも表わせる.$|\psi(p)|^2$ は粒子の運動量の測定値が p と $p+\varDelta p$ の間の値をとる確率密度を表わしている.また,1-3 節でも注意したことだが,$\psi(p)$ は de Broglie の式 $p=\hbar k$ により $\psi(x)$ を Fourier 変換したものになっていることが (1.84) からもわかる.$\psi(p)$(の実部)の定性的な様子を図 1-2(b) に示したが,この図はまたそのまま $\psi(x)$ を Fourier 変換した成分を波数 k に対して表わしたものになっている.この読みかえによって,運動量の測定に関する平均値とその分散はまた波束の Fourier 変換成分の k についての平均値と分散を表わ

していることになる．一方，広がり Δx をもつ波束の波数 k についての平均値を k_0，そのまわりの広がりを Δk とすると，Δx と Δk との間に

$$\Delta x \cdot \Delta k \gtrsim 1 \tag{1.86}$$

という関係が一般に成り立つことが知られている*．

そこで，運動量と波数との間に成り立つ Einstein-de Broglie の関係(1.70)を用いて，広がり Δk を，運動量の広がり $\dfrac{\Delta p}{\hbar}$ に対応させると，(1.86)はまた

$$\Delta x \cdot \Delta p \gtrsim \hbar \tag{1.87}$$

となる．これは(数因子をのぞいて) Heisenberg の不確定性関係にほかならない．

系のエネルギー E の測定に関する不確定さ(測定値のばらつき，あるいはエネルギー準位の準位幅等)を ΔE，系に固有の時間変化の程度を Δt とすると，

$$\Delta E \cdot \Delta t \gtrsim \hbar \tag{1.88}$$

という関係が成り立つことが知られている**．量子力学では，時刻 t は系の状態を指定する実の c 数パラメータで，物理量を表わす演算子とは考えない．したがって，位置と運動量の間の不確定性関係(1.81)のように，定理 1.3 からの帰結として(1.88)を導くことはできない．しかし，波束の広がり Δx と波数の広がり Δk との関係から(1.87)を導いたように，次のようにして(1.88)を正当化することができる．

系の状態 $|\psi\rangle$ の時間発展，あるいは波動関数 $\psi(x,t)$ の時間発展については次章以降で取り扱うことにするが，ここでは空間的に広がった波動関数 $\psi(x,t)$ の任意の 1 点 x_1 を固定し，$\psi(x_1,t)$ の時間 t の変化に着目しよう．$\psi(x_1,t)$ は時間的にある広がり Δt をもつとする．たとえば，図 1-3(a)には，$\psi(x_1,t)$ が時間 t について矩形パルス状の形をしている場合が示されている．ここで，Δt はパルス幅を表わしている．物理的には，このような波動関数は時刻 $t=0$ を中心に時間幅 Δt の間に粒子が位置 x_1 を通過する系を表わしている．波動関数 $\psi(x_1,t)$ の時間 t に関する Fourier 変換を $\psi(x_1,\omega)$ と表わそう．ただし，ω は

---

* 寺沢徳雄：振動と波動(岩波全書，1984) 212 ページ．
** もうすこし厳密な導き方については，補章 II-1 を参照．

角振動数である．図1-3(b)に矩形パルス状の $\psi(x_1, t)$ に対応する $\psi(x_1, \omega)$ の概略図を示した．このとき，$\psi(x_1, t)$ の時間についての広がり Δt と，$\psi(x_1, \omega)$ の ω についての広がり $\Delta\omega$ の間には，(1.86)と同様の関係

$$\Delta\omega \cdot \Delta t \gtrsim 1 \tag{1.89}$$

が成り立つ．

ここでEinstein-de Broglieの関係式(1.70)を用いて，(1.89)の $\Delta\omega$ を系のエネルギー準位の不確定さ ΔE に読みかえる．それが(1.88)である．

最後に，不確定性関係(1.81)が等号になるのはどのような場合だろうか．その波動関数を求めておこう．

定理1.3の不等式で等号が成り立つためには，次の2条件がみたされる必要があった．すなわち，

条件(1)　Schwarzの不等式が等式になる．

条件(2)　期待値 $\langle \Delta\hat{x} \cdot \Delta\hat{p} \rangle$ が純虚数になる．

条件(1)がみたされるのは2つの状態「ベクトル」$\Delta\hat{x}|\phi\rangle$ と $\Delta\hat{p}|\phi\rangle$ が互いに「平行」になる場合で，

$$\Delta\hat{x}|\phi\rangle = \alpha \Delta\hat{p}|\phi\rangle \tag{1.90}$$

が成り立つ．ただし $\Delta\hat{x} \equiv \hat{x} - \langle\hat{x}\rangle$, $\Delta\hat{p} \equiv \hat{p} - \langle\hat{p}\rangle$ で，α はc数を表わす．(1.90)の両辺に左からブラ $\langle x|$ を作用させ，(1.62)を用いると，波動関数 $\langle x|\phi\rangle \equiv \phi(x)$ のみたすべき方程式

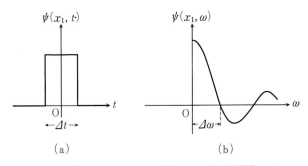

図1-3　時間 t について，矩形パルス状波動関数(a)とそのFourier変換(b)．$\Delta\omega \cdot \Delta t \cong 2\pi$ が成り立つ．

$$\frac{d\varphi(x)}{dx} = \frac{i}{\hbar}\left\{\langle \hat{p}\rangle + \frac{1}{\alpha}(x-\langle \hat{x}\rangle)\right\}\varphi(x) \tag{1.91}$$

が得られる．(1.91)の解は容易に求められる．すなわち，

$$\varphi(x) = N\exp\left[\frac{i}{2\hbar\alpha}(x-\langle \hat{x}\rangle)^2 + \frac{i}{\hbar}\langle \hat{p}\rangle x\right] \tag{1.92}$$

がその解である．ただし，N は規格化定数．

一方，条件(2)は，(1.90)を用いて

$$\left(\frac{1}{\alpha}+\frac{1}{\alpha^*}\right)\langle(\varDelta \hat{x})^2\rangle = 0 \tag{1.93}$$

と表わせるので，α は純虚数でなければならない．

そこで，(1.92)の $\varphi(x)$ が規格化可能な波動関数になるように

$$\alpha = -i\gamma \qquad (\gamma>0) \tag{1.94}$$

とおく．(1.94)を(1.92)に代入し，規格化定数 N を求めると

$$N = \left(\frac{1}{\pi\hbar\gamma}\right)^{-\frac{1}{4}} \tag{1.95}$$

が得られる．

また，(1.95)を用いて，波動関数(1.92)の分散 $(\varDelta \hat{x})^2$ を求めると，

$$\langle(\varDelta \hat{x})^2\rangle = \frac{\hbar\gamma}{2} \equiv (\varDelta x)^2 \tag{1.96}$$

となる．(1.95),(1.96)を(1.92)に代入して

$$\varphi(x) = [2\pi(\varDelta x)^2]^{-\frac{1}{4}}\exp\left[-\frac{(x-\langle \hat{x}\rangle)^2}{4(\varDelta x)^2} + i\frac{\langle \hat{p}\rangle}{\hbar}x\right] \tag{1.97}$$

が得られる．波動関数(1.97)は空間的に平均値 $\langle \hat{x}\rangle$ のまわりに分散 $(\varDelta x)^2$ をもつGauss分布をしながら，運動量 $\langle \hat{p}\rangle$ で進行する波を表わしている．これは**最小不確定波束**(minimal uncertainty wave packet)とよばれる．

2 運動法則

量子系の時間発展,すなわちダイナミックスに関する法則は古典系における Newton の運動法則に相当する.この章では,系の時間発展を決定する基礎法則について,いくつかの異なった定式化を与え,それらの特徴について説明する.

2-1 Schrödinger 描像――状態の時間発展

1-2 節で述べたように,ある量子系が与えられたとき,時刻 t におけるその系の可能な情報は,すべて状態ベクトル $|\psi(t)\rangle$ に含まれている.時間の経過とともに,系の状態ベクトル $|\psi(t)\rangle$ も変化していくと考えられるが,その時間発展の仕方を決めるのが,量子力学のダイナミックスに関する基礎法則,すなわち,**Schrödinger 方程式**である.

ある時刻 t_0 における系の状態ベクトルを $|\psi(t_0)\rangle$ とし,任意の時刻 t における状態ベクトルを $|\psi(t)\rangle$ とする.ここで,これら 2 つの状態ベクトル $|\psi(t_0)\rangle$ と $|\psi(t)\rangle$ とを結ぶ演算子 $\hat{U}(t, t_0)$ を導入して

$$|\psi(t)\rangle = \hat{U}(t, t_0)|\psi(t_0)\rangle \tag{2.1}$$

と表わす.ただし,$\hat{U}(t_0, t_0) = 1$である.

 演算子$\hat{U}(t, t_0)$は系の**時間推進の演算子**(time evolution operator)とよばれている.時刻t_0における系の状態が与えられたとき,$\hat{U}$によってその後の時刻$t\ (>t_0)$の系の状態が一意的に決定されるからである.

 さらに,系の時間発展の過程で,状態ベクトル$|\psi(t)\rangle$のノルムは変わらないとしよう.これは1-2節e項で述べたように,物理量の測定に関する確率解釈が任意の時刻において可能であるために必要な仮定である.$|\psi(t)\rangle$のノルムがtによらず一定であるために時間推進の演算子$\hat{U}(t, t_0)$がみたすべき条件は,(2.1)から

$$\hat{U}^\dagger(t, t_0)\hat{U}(t, t_0) = 1 \tag{2.2}$$

である.すなわち,演算子$\hat{U}$はユニタリーである.

 時間推進の演算子$\hat{U}$がみたすべき一般的性質としては,ユニタリー条件(2.2)のほかに,次の結合則がある.

$$\hat{U}(t, t_1)\hat{U}(t_1, t_0) = \hat{U}(t, t_0) \qquad (t_0 < t_1 < t) \tag{2.3}$$

 結合則(2.3)は,系のt_0からtへの時間発展を考えたとき,その発展は中間の任意の時刻t_1への時間発展を経由して行なわれたものと同等であることを表わしており,以下に述べるように,$\hat{U}(t, t_0)$自身を決定する方程式を導く条件になっている.

 (2.1)において,特に微小時間の変化$t = t_0 + \delta t$の場合を考えよう.このとき,

$$\hat{U}(t_0 + \delta t, t_0) = \hat{U}(t_0, t_0) + \delta t \cdot \left.\frac{\partial \hat{U}(t, t_0)}{\partial t}\right|_{t = t_0} \tag{2.4}$$

$$\equiv 1 - \frac{i}{\hbar}\delta t \cdot \hat{H}(t_0) \tag{2.5}$$

として,演算子$\hat{H}$を導入する.$\hat{H}$はエネルギーの次元をもつ演算子で,系の**ハミルトニアン**(Hamiltonian)とよばれる.$\hat{U}(t, t_0)$はユニタリーなので,$\hat{H}$はHermiteである.また,$\hat{H}$は一般に時刻tに依存する.(2.5)を(2.1)に代入すると

$$|\psi(t_0 + \delta t)\rangle = |\psi(t_0)\rangle - i\frac{\delta t}{\hbar}\hat{H}|\psi(t_0)\rangle \tag{2.6}$$

となる．これから状態ベクトル $|\varphi(t)\rangle$ の時間発展をきめる方程式

$$i\hbar\frac{\partial}{\partial t}|\varphi(t)\rangle = \hat{H}|\varphi(t)\rangle \qquad (2.7)$$

が得られる．(2.7)は **Schrödinger の運動方程式**とよばれ，系のダイナミックスを決定する基礎方程式である．

ハミルトニアン $\hat{H}$ はまた，状態ベクトル $|\varphi(t)\rangle$ の無限小の時間推進に関する生成子(generator)ということもできる．これは古典系において，ハミルトン関数が正準力学変数の時間変化に対する無限小(正準)変換の母関数であったことに対応している*．ハミルトニアン $\hat{H}$ を与えることはそれによって系の時間的発展がきまることを意味するので，$\hat{H}$ は量子系の情報を決定する最も重要な演算子であるといえる．

また，(2.3)において，$t \to t+\delta t$, $t_1 \to t$ とおきかえ，(2.5)を用いると

$$\left(1 - \frac{i}{\hbar}\delta t \hat{H}\right)\hat{U}(t, t_0) = \hat{U}(t+\delta t, t_0) \qquad (2.8)$$

が得られる．微分方程式の形で表わすと，これは

$$i\hbar\frac{\partial}{\partial t}\hat{U}(t, t_0) = \hat{H}\hat{U}(t, t_0) \qquad (2.9)$$

と書ける．初期条件は $\hat{U}(t_0, t_0) = 1$ である．(2.9)は $\hat{U}$ に対する Schrödinger 方程式と呼ばれ，状態ベクトル $|\varphi(t)\rangle$ に対する Schrödinger の運動方程式 (2.7) と等価な方程式である．

ハミルトニアン $\hat{H}$ が時間 t をあらわに含まない場合**，初期条件 $\hat{U}(t_0, t_0)=1$ をみたす Schrödinger 方程式(2.9)の解が

$$\hat{U}(t, t_0) = \exp\left[-i\left\{\frac{\hat{H}(t-t_0)}{\hbar}\right\}\right] \qquad (2.10)$$

であることは容易に確かめられる．

一方，$\hat{H}$ が時間に依存する場合には，一般に異なる時刻の $\hat{H}(t_1)$ と $\hat{H}(t_2)$

---

* 伏見康治：古典力学(岩波書店，1976) 215 ページ参照．
** 孤立系，あるいは一定外場の中におかれている系がこれに相当する．

が互いに交換しないので，異なる時刻の $\hat{H}(t)$ の順序を指定しなければならない．このときは，式(2.9)の代りに，これと同等な積分方程式

$$\hat{U}(t,t_0) = 1 - \frac{i}{\hbar}\int_{t_0}^{t} H(t')\hat{U}(t',t_0)dt' \tag{2.11}$$

が成り立つことに注意し，$\hat{U}(t,t_0)$ を逐次的に $\hat{H}$ のベキに展開する．その解は形式的に

$$\hat{U}(t,t_0) = 1 + \sum_{n=1}^{\infty}\left(\frac{-i}{\hbar}\right)^n \int_{t_0}^{t} dt_1 \int_{t_0}^{t_1} dt_2 \cdots \int_{t_0}^{t_{n-1}} dt_n \hat{H}(t_1)\hat{H}(t_2)\cdots\hat{H}(t_n) \tag{2.12}$$

のように表わすことができる．(2.12)が実際，(2.9)の解になっていることは直接 t で微分してみるとわかる．異なる時刻のハミルトニアンが互いに可換，すなわち $[\hat{H}(t_1),\hat{H}(t_2)]=0$ ($t_1 \neq t_2$) の場合には，(2.12)は

$$\hat{U}(t,t_0) = 1 + \sum_{n=1}^{\infty}\left(\frac{-i}{\hbar}\right)^n \frac{1}{n!}\int_{t_0}^{t} dt_1 \int_{t_0}^{t} dt_2 \cdots \int_{t_0}^{t} dt_n \hat{H}(t_1)\hat{H}(t_2)\cdots\hat{H}(t_n)$$

$$= \exp\left\{-\frac{i}{\hbar}\int_{t_0}^{t}\hat{H}(t')dt'\right\} \tag{2.13}$$

と表わせる．

位置の演算子 $\hat{\boldsymbol{x}}$ を対角化した表示で，時刻 t における**波動関数**(wave function) $\psi(\boldsymbol{x},t)$ を

$$\psi(\boldsymbol{x},t) \equiv \langle \boldsymbol{x}|\psi(t)\rangle \tag{2.14}$$

と定義する．ここで $|\boldsymbol{x}\rangle$ は粒子の位置を表わす演算子 $\hat{\boldsymbol{x}}$ の固有ケット(1.46)である．波動関数 $\psi(\boldsymbol{x},t)$ の従う方程式を求めよう．

Schrödinger方程式(2.7)の両辺に左から $\langle \boldsymbol{x}|$ を作用させると

$$i\hbar\frac{\partial}{\partial t}\langle \boldsymbol{x}|\psi(t)\rangle = \langle \boldsymbol{x}|\hat{H}|\psi(t)\rangle \tag{2.15}$$

が得られる．ハミルトニアン $\hat{H}$ が

$$\hat{H} = \frac{1}{2m}\hat{\boldsymbol{p}}^2 + \hat{V}(\hat{\boldsymbol{x}}) \tag{2.16}$$

であるとしよう．x 表示では，運動量 $\hat{\boldsymbol{p}}$ は (1.62) のように表わされるので，(2.15) の右辺は

$$\begin{aligned}\langle \boldsymbol{x}|\hat{H}|\phi(t)\rangle &= \left\langle \boldsymbol{x}\left|\frac{1}{2m}\hat{\boldsymbol{p}}^2\right|\phi(t)\right\rangle + \langle \boldsymbol{x}|\hat{V}(\hat{\boldsymbol{x}})|\phi(t)\rangle \\ &= -\frac{\hbar^2}{2m}\nabla^2\langle \boldsymbol{x}|\phi(t)\rangle + V(\boldsymbol{x})\langle \boldsymbol{x}|\phi(t)\rangle \\ &= \left[-\frac{\hbar^2}{2m}\nabla^2 + V(\boldsymbol{x})\right]\phi(\boldsymbol{x},t) \end{aligned} \quad (2.17)$$

と書ける．$\phi(\boldsymbol{x},t)$ の満たす方程式は，したがって，

$$i\hbar\frac{\partial}{\partial t}\phi(\boldsymbol{x},t) = \left[-\frac{\hbar^2}{2m}\nabla^2 + V(\boldsymbol{x})\right]\phi(\boldsymbol{x},t) \quad (2.18)$$

となる．これもまた (1 粒子の) Schrödinger 方程式とよばれる．歴史的には，はじめ (2.18) は波動方程式として 1926 年に Schrödinger によって提唱され，量子力学の定式化の 1 つの方法となった*．Schrödinger 方程式 (2.18) は線形な波動方程式の一種なので，その解法には波動方程式に関する数理物理で開発されたさまざまな方法を適用することができる．

この節でわれわれは，系の状態が (2.1) に従って時間発展し，それに対して，物理量としての演算子は時間によらないとした．量子力学のこの記述法は **Schrödinger 描像**による定式化とよばれている．

2-2 Heisenberg 描像

前節で述べた Schrödinger 描像では，系の状態ベクトルは Schrödinger の運動方程式 (2.7) に従って時間発展する．これはいわば「固定座標系」を用いて状態の運動を記述していることに相当する．これに対して状態と共に「動く座標系」を用いて系を記述することもできる．これは **Heisenberg 描像**とよばれる．

---

* Heisenberg の提唱した行列力学に対して波動力学とよばれた．巻末文献 [1-2] 第 1 巻参照．

Schrödinger 描像の状態ベクトルおよび演算子を,それぞれ $|\phi(t)\rangle_S$, $\hat{O}^S$ と表わすことにしよう.これに対して,Heisenberg 描像の状態ベクトルおよび演算子を,それぞれ

$$|\phi\rangle_H \equiv U^\dagger(t, t_0)|\phi(t)\rangle_S \tag{2.19}$$

$$\hat{O}^H(t) \equiv U^\dagger(t, t_0)\hat{O}^S U(t, t_0) \tag{2.20}$$

で定義する*.ただし,$t = t_0$ では Schrödinger 描像の状態ベクトル,および演算子と Heisenberg 描像の状態ベクトルおよび演算子は互いに一致するとした.すなわち,$|\phi\rangle_H = |\phi(t_0)\rangle_S$, $\hat{O}^H(t_0) = \hat{O}^S$ である.

任意の物理量 $\hat{O}$ に対する期待値は,(2.19),(2.20)を用いて,

$$\langle \phi(t)|\hat{O}^S|\phi(t)\rangle_S = {}_H\langle\phi|U^\dagger(t, t_0)\hat{O}^S U(t, t_0)|\phi\rangle_H$$
$$= \langle\phi|\hat{O}^H(t)|\phi\rangle_H \tag{2.21}$$

となるので,Schrödinger 描像による期待値と Heisenberg 描像による期待値はつねに等しいことがわかる.したがって,物理的には2つの描像は互いに等価である.

Heisenberg 描像においては,状態 $|\phi\rangle_H$ は時間的に一定である.すなわち,

$$\frac{d}{dt}|\phi\rangle_H = \frac{\partial}{\partial t}U^\dagger(t, t_0)|\phi(t)\rangle_S + U^\dagger(t, t_0)\frac{\partial}{\partial t}|\phi(t)\rangle_S$$
$$= -\frac{1}{i\hbar}\hat{U}^\dagger(t, t_0)\hat{H}^S|\phi(t)\rangle_S + \frac{1}{i\hbar}U^\dagger(t, t_0)\hat{H}^S|\phi(t)\rangle_S$$
$$= 0 \tag{2.22}$$

一方,Heisenberg 描像の演算子 $\hat{O}^H(t)$ は Schrödinger 描像の演算子 $\hat{O}^S$ と異なり,一般に時間に依存する.

$$i\hbar\frac{d}{dt}\hat{O}^H(t) = i\hbar\frac{\partial \hat{U}^\dagger}{\partial t}(t, t_0)\hat{O}^S\hat{U}(t, t_0) + \hat{U}^\dagger(t, t_0)\hat{O}^S i\hbar\frac{\partial \hat{U}}{\partial t}(t, t_0)$$
$$= -\hat{U}^\dagger(t, t_0)\hat{H}^S\hat{O}^S\hat{U}(t, t_0) + \hat{U}^\dagger(t, t_0)\hat{O}^S\hat{H}^S\hat{U}(t, t_0)$$
$$= [\hat{O}^H(t), \hat{H}^H] \tag{2.23}$$

ただし,ハミルトニアン $\hat{H}$ は $\hat{U}$ と可換なので,$\hat{H}^S = \hat{H}^H$ となることを利用し

---

* これらの添字は,以下の章では混乱を生じる恐れのない場合は省略する.

た.(2.23)は **Heisenberg の運動方程式**とよばれている.

 Heisenberg 描像で物理量を表わす演算子が時間的に変化することは,古典力学で物理量が運動方程式に従って変化していくという描像に一致する.実際,Heisenberg の運動方程式(2.23)を古典力学において,正準変数 q_r, p_r ($r=1, 2, \cdots, f$) およびその関数としての物理量 $O(p,q)$ の従う方程式と比較すると,以下の対応が成り立つ(表2-1).

 ある力学系が与えられたとき,それを量子系として定式化する手順は一般に**量子化**(quantization)とよばれる.その標準的な方法は次の通りである.まず古典系として,正準変数 q, p と Hamilton 関数 H が与えられているとする(表2-1 の古典力学の欄参照).ただし,表2-1 の記号 $\{f, g\}_{\text{P.B.}}$ は **Poisson 括弧**とよばれ,q と p の関数 f, g に対して

$$\{f, g\}_{\text{P.B.}} = \sum_r \left(\frac{\partial f}{\partial q_r} \frac{\partial g}{\partial p_r} - \frac{\partial f}{\partial p_r} \frac{\partial g}{\partial q_r} \right) \tag{2.24}$$

で定義されている.Poisson 括弧は量子系では交換関係に対応する式である.実際,Poisson 括弧も,交換関係も,2つの物理量 f, g の入れ換えに対して反対称であり,かつそれぞれ **Jacobi の恒等式**

$$\{f, \{g, h\}\}_{\text{P.B.}} + \{g, \{h, f\}\}_{\text{P.B.}} + \{h, \{f, g\}\}_{\text{P.B.}} = 0 \tag{2.25}$$

$$[\hat{f}, [\hat{g}, \hat{h}]] + [\hat{g}, [\hat{h}, \hat{f}]] + [\hat{h}, [\hat{f}, \hat{g}]] = 0 \tag{2.26}$$

をみたす.これらの恒等式と運動方程式を用いると,正準関係は古典力学においても量子力学においても,<u>任意の時刻において成り立つ関係式</u>であることが示される.

 系を量子化するには,古典系の正準変数 q, p および Hamilton 関数を表2-1に従って量子系の演算子 $\hat{q}, \hat{p}$ とハミルトニアン $\hat{H}$ とをそれぞれ対応させる.その際,古典系の Poisson 括弧で表わされている正準関係は量子系の(正準)交換関係におきかえる.この過程で $\hbar$ が導入され,量子化は完了する.この方法は**演算子形式による正準量子化の方法**とよばれている.

 一般に,与えられた1つの古典系に対して,いつも1つの量子系がユニークに対応するとは限らない.演算子として $\hat{q}$ や $\hat{p}$ は互いに可換でないので,古典

表 2-1　古典系と量子系の運動方程式の比較

	古典力学 （正準形式）	量子力学 （Heisenberg 描像）
正準変数	$q_r(t), p_r(t)\quad(r=1,2,\cdots,f)$	$\hat{q}_r(t), \hat{p}_r(t)\quad(r=1,2,\cdots,f)$
正準関係	$\{q_r, p_s\}_{\mathrm{P.B.}} = \delta_{rs}$	$\dfrac{1}{i\hbar}[\hat{q}_r, \hat{p}_s] = \delta_{rs}$
	$\{q_r, q_s\}_{\mathrm{P.B.}} = \{p_r, p_s\}_{\mathrm{P.B.}} = 0$ $(r,s=1,2,\cdots,f)$	$[\hat{q}_r, \hat{q}_s] = [\hat{p}_r, \hat{p}_s] = 0$ $(r,s=1,2,\cdots,f)$
運動方程式	Hamilton 関数 $H(q,p)$	ハミルトニアン $\hat{H}(\hat{q},\hat{p})$
	$\dot{q}_r = \{q_r, H(q,p)\}_{\mathrm{P.B.}}$	$\dot{\hat{q}}_r = \dfrac{1}{i\hbar}[\hat{q}_r, \hat{H}(\hat{q},\hat{p})]$
	$\dot{p}_r = \{p_r, H(q,p)\}_{\mathrm{P.B.}}$	$\dot{\hat{p}}_r = \dfrac{1}{i\hbar}[\hat{p}_r, \hat{H}(\hat{q},\hat{p})]$
一般式	$\dot{O}(q,p) = \{O, H(q,p)\}_{\mathrm{P.B.}}$	$\dot{\hat{O}} = \dfrac{1}{i\hbar}[\hat{O}, \hat{H}(\hat{q},\hat{p})]$

系の Hamilton 関数 $H(q,p)$ が与えられても，対応する量子系のハミルトニアン $\hat{H}(\hat{q},\hat{p})$ に $\hat{q}$ と $\hat{p}$ の積の形があらわれる場合には，それらの積の順序をどのように与えるかによって異なった $\hat{H}$ が得られるからである．これは**演算子順序**（operator ordering）の問題といわれ，非線形な系や曲がった空間内の系を量子化しようとするときにしばしば現われる．

量子化のもう 1 つの問題点は正準変数 q, p の選び方である．古典力学では 1 組の正準変数 q, p から別の 1 組の正準変数 Q, P へ**正準変換**（canonical transformation）

$$Q = Q(q,p)$$
$$P = P(q,p) \tag{2.27}$$

によって移っても Poisson 括弧はそのまま保たれ，運動方程式の形は変わらない．それゆえ，2 組の変数 (q,p) と (Q,P) は同等の資格で同じ力学系を記述できる．これに対して，量子力学ではこれに対応する演算子 $\hat{q}, \hat{p}$ と $\hat{Q}, \hat{P}$ を結ぶ変換はユニタリー変換で与えられる．実際，新しい演算子 $\hat{Q}, \hat{P}$ がユニタリー演算子 $\hat{V}$ を用いて

$$\hat{Q} = \hat{V}^{\dagger} \hat{q} \hat{V}$$
$$\hat{P} = \hat{V}^{\dagger} \hat{p} \hat{V} \tag{2.28}$$

のように $\hat{q}, \hat{p}$ と結ばれていれば，交換関係はそのまま保存され，量子系として，両者は互いにユニタリー同値な系を記述する．問題は正準変換(2.27)に対応してユニタリー変換(2.28)が1対1に対応するかどうかであるが，$\hat{q}$ と $\hat{p}$ が非可換のため対応は必ずしも1対1とはいえない．1つの量子系に対しては，$\hbar \to 0$ の極限として1つの古典系が対応する．しかし，逆は一般に成り立たない．

Heisenberg 描像で演算子 $\hat{x}(t)$ を対角化する表示をとると

$$\hat{x}(t)|x,t\rangle = x(t)|x,t\rangle \tag{2.29}$$

が成り立つ．ここで，$|x,t\rangle$ は $\hat{x}(t)$ の固有ケットである．(2.20)を用い，(2.29)をこれに対応する Schrödinger 描像の固有値方程式(1.46)と比較すると，

$$|x,t\rangle = U^\dagger(t,t_0)|x\rangle \tag{2.30}$$

となることがわかる．$|x,t\rangle$ は Hilbert 空間上で動く座標系とみなすことができる．また，波動関数(2.14)は(2.30)をつかって

$$\begin{aligned}\psi(x,t) &\equiv \langle x|\phi(t)\rangle_S \\ &= \langle x|U(t,t_0)|\phi\rangle_H \\ &= \langle x,t|\phi\rangle_H\end{aligned} \tag{2.31}$$

と表わすこともできる．

2-3 定常状態

孤立系のハミルトニアン $\hat{H}$ の固有ケットを $|\phi_n\rangle$，そのエネルギー固有値を E_n とする．すなわち，

$$\hat{H}|\phi_n\rangle = E_n|\phi_n\rangle \tag{2.32}$$

エネルギー固有値 E_n の集合 $\{E_n\}$ を系のエネルギー準位，あるいは系のエネルギースペクトルという．$\{E_n\}$ の下限，すなわち最低のエネルギー固有値 E_0 をもつ状態を**基底状態**(ground state)，あるいは単に**真空状態**(vacuum state)という．基底状態が存在することはその系が安定であることを意味する．

エネルギーが確定値をとる状態 $|\phi_n\rangle$ は**エネルギーの固有状態**(energy eigenstate)であるが，この状態はまた系の**定常状態**とよばれる．その理由は

次の通りである．まず，定常状態の時間発展を考えよう．$\hat{H}$ は時間 t によらないとした（孤立系）ので，時間推進の演算子 $\hat{U}$ は(2.10)の形に書ける．したがって，(2.1), (2.32)を用いて

$$|\psi_n\rangle_t = \hat{U}(t, t_0)|\psi_n\rangle_0$$
$$= \exp\left[-i\frac{E_n}{\hbar}(t-t_0)\right]|\psi_n\rangle_0 \qquad (2.33)$$

が得られる．ただし，時刻 t_0 における状態を $|\psi_n\rangle_0$ とした．

$\hat{H}$ は $\hat{U}$ と可換である．それゆえ，定常状態 $|\psi_n\rangle_t$ は時間が経過しても，単に角振動数 $\omega_n \equiv E_n/\hbar$ で振動する位相因子のちがいだけで，同じエネルギー E_n の固有状態に留まっていることがわかる．

また，任意の物理量 $\hat{O}$ に対する期待値は

$$\langle\psi_n|\hat{O}|\psi_n\rangle_t = \langle\psi_n|\hat{O}|\psi_n\rangle_0 \qquad (2.34)$$

となって，時間によらず一定である．

ここで，ハミルトニアン $\hat{H}$ と可換な別の物理量 $\hat{G}$ が存在したとしよう．すなわち，

$$[\hat{G}, \hat{H}] = 0 \qquad (2.35)$$

$\hat{G}$ は $\hat{H}$ と可換なのでまた $\hat{U}$ とも可換である．したがって，ある時刻 t_0 で固有値 g' に属する $\hat{G}$ の固有状態 $|g', t_0\rangle$ は，時間が経過しても同じ固有値 g' の状態に留まる．このことは

$$\hat{G}[\hat{U}(t, t_0)|g', t_0\rangle] = \hat{U}(t, t_0)\hat{G}|g', t_0\rangle$$
$$= g'[\hat{U}(t, t_0)|g', t_0\rangle] \qquad (2.36)$$

から明らかである．

$\hat{G}$ の固有状態が時間的に変わらないということは，$\hat{G}$ が系の**保存量**を表わす演算子であることを意味している．

ここで，$\hat{G}$ と $\hat{H}$ の規格化された同時固有ケット $|\psi_n, g'\rangle$ を導入しよう（1-2節参照）．

$$\hat{G}|\psi_n, g'\rangle = g'|\psi_n, g'\rangle \qquad (2.37)$$
$$\hat{H}|\psi_n, g'\rangle = E_n|\psi_n, g'\rangle \qquad (2.38)$$

時刻 t_0 において，系の任意の状態ベクトル $|\phi(t_0)\rangle$ を $\hat{G}$ と $\hat{H}$ の同時固有ケットで展開して

$$|\psi(t_0)\rangle = \sum_{n,g'} c_{ng'}(t_0)|\psi_n, g'\rangle \qquad (2.39)$$

とおく．$c_{ng'}(t_0) = \langle \psi_n, g'|\phi(t_0)\rangle$ である．

このとき，異なった時刻 t における状態 $|\phi(t)\rangle$ は，(2.39)から

$$\begin{aligned}|\phi(t)\rangle &= \hat{U}(t,t_0)|\phi(t_0)\rangle \\ &= \sum_{n,g'} c_{ng'}(t_0)\hat{U}(t,t_0)|\psi_n, g'\rangle \\ &= \sum_{n,g'} c_{ng'}(t_0)\exp\left[-i\frac{E_n}{\hbar}(t-t_0)\right]|\psi_n, g'\rangle \end{aligned} \qquad (2.40)$$

と表わせる．ただし，(2.40)の最後の式へ移るところで，(2.33)を用いた．

$c_{ng'}(t_0)$ は時刻 t_0 における状態ベクトル $|\phi(t_0)\rangle$ を $\hat{G}$ と $\hat{H}$ の同時固有ケット $|\psi_n, g'\rangle$ で展開した展開係数であった．(2.40)から，時刻 t における展開係数

$$\begin{aligned}c_{ng'}(t) &\equiv \langle \psi_n, g'|\phi(t)\rangle \\ &= c_{ng'}(t_0)\exp\left[-i\frac{E_n}{\hbar}(t-t_0)\right]\end{aligned} \qquad (2.41)$$

が得られる．

特に状態ベクトルが時刻 t_0 において $\hat{G}$ のある特定の固有値 g'_0 に属する固有ケット $|\psi_n, g'_0\rangle$ であったとしよう($c_{ng'}(t_0) = \delta_{g'g'_0}$)．このとき(2.41)より

$$c_{ng'}(t) = \delta_{g'g'}\exp\left[-i\frac{E_n}{\hbar}(t-t_0)\right] \qquad (2.42)$$

となり，状態は時間が経過しても時間的に振動するだけで，$\hat{G}$ の同じ固有状態に留まっていることを示している．

なお，異なった $\hat{G}$ の固有値 g', g'' に対応する状態が $\hat{H}$ の同じエネルギー固有値 E_n に属しているとき，この定常状態のエネルギー準位は**縮退**(degenerate)しているという．互いに可換でない2つの物理量 $\hat{F}, \hat{G}$ ($[\hat{F}, \hat{G}] \neq 0$)が存在して，$\hat{F}$ も $\hat{G}$ も $\hat{H}$ と可換な場合，系のエネルギー準位は一般に縮退することを次のようにして示すことができる．

例えば，$\hat{G}$ の固有状態 $|\phi_n, g'\rangle$ に $\hat{F}$ を作用させた状態 $\hat{F}|\phi_n, g'\rangle$ は $\hat{F}$ が $\hat{G}$ と可換でないので，一般にはもとの状態 $|\phi_n, g'\rangle$ と異なる．しかし，

$$\hat{H}\hat{F}|\phi_n, g'\rangle = \hat{F}\hat{H}|\phi_n, g'\rangle$$
$$= E_n \hat{F}|\phi_n, g'\rangle \qquad (2.43)$$

が成り立つので，同じエネルギー準位 E_n に属する状態である．すなわち，$|\phi_n, g'\rangle$ と $\hat{F}|\phi_n, g'\rangle$ は縮退した2つの状態である．具体的な例をあげよう．$\hat{F}=\hat{J}_x$, $\hat{G}=\hat{J}_y$ ととる．ここで $\hat{J}_x(\hat{J}_y)$ は角運動量の $x(y)$ 成分を表わす演算子である．系が回転対称であるとすると，

$$[\hat{J}_x, \hat{H}] = [\hat{J}_y, \hat{H}] = 0 \qquad (2.44)$$

が成り立つ．しかし，$[\hat{J}_x, \hat{J}_y] \neq 0$ である．このような系には角運動量の大きさ $j(\neq 0)$ の状態に実際，$2j+1$ 個の準位の縮退があることが知られている（第3章参照）．

なお，ハミルトニアン $\hat{H}$ と可換な物理量が $\hat{G}$ のほかにいくつかある場合には，その中で互いに可換なセットを取り出して，それらを同時に対角化する表示，すなわちそれらの演算子の同時固有ケット（固有値はそれぞれ異なる）に対して，ここで述べた議論が適用できる．

2-4　古典系への移行 I ──WKB近似

ある量子系がどのような状況の下で古典系へ移行するかを調べよう．簡単のために系のハミルトニアンは

$$\hat{H} = \frac{1}{2m}\hat{\boldsymbol{p}}^2 + \hat{V}(\boldsymbol{x}) \qquad (2.45)$$

であるとする．

a）Ehrenfest の定理

Heisenberg 描像をとり，正準交換関係(1.64)を用いると，$\hat{\boldsymbol{x}}$ や $\hat{\boldsymbol{p}}$ に対する Heisenberg の運動方程式(2.23)は

$$\frac{d\hat{\boldsymbol{x}}}{dt} = \frac{1}{i\hbar}[\hat{\boldsymbol{x}}, \hat{H}] = \frac{1}{m}\hat{\boldsymbol{p}} \tag{2.46}$$

$$\frac{d\hat{\boldsymbol{p}}}{dt} = \frac{1}{i\hbar}[\hat{\boldsymbol{p}}, \hat{H}] = -\nabla V(\hat{\boldsymbol{x}}) \tag{2.47}$$

となる*. (2.46)の両辺を t で微分し, (2.47)を用いて $\hat{\boldsymbol{p}}$ を消去すると,

$$m\frac{d^2\hat{\boldsymbol{x}}}{dt^2} = -\nabla V(\hat{\boldsymbol{x}}) \tag{2.48}$$

が得られる. さらに, Heisenberg 描像の状態 $|\psi\rangle_\mathrm{H}$ で(2.48)の両辺の期待値をとると, 位置の期待値 $\langle\hat{\boldsymbol{x}}\rangle$ に対する方程式

$$m\frac{d^2}{dt^2}\langle\hat{\boldsymbol{x}}\rangle = -\langle\nabla V(\hat{\boldsymbol{x}})\rangle \tag{2.49}$$

が得られる. これは **Ehrenfest の定理** として知られている.

式(2.49)は一見すると $\hbar$ をあらわに含まず, 粒子の位置の期待値の描く軌道が Newton の運動方程式に従うことを示しているようにみえる. しかし, そうではない. 右辺は $\nabla V(\hat{\boldsymbol{x}})$ の期待値であって, $\nabla V(\langle\hat{\boldsymbol{x}}\rangle)$ ではないことに注意してほしい. (2.49)の期待値を求める際の状態, あるいは波動関数の中に, $\hbar$ はかくれているのである. これをみるために $\boldsymbol{x}$ 表示をとり, ポテンシャル $\hat{V}(\boldsymbol{x})$ を $\langle\hat{\boldsymbol{x}}\rangle$ のまわりに Taylor 展開すると

$$\begin{aligned}\nabla_k V(\hat{\boldsymbol{x}}) = {}& \nabla_k V(\langle\hat{\boldsymbol{x}}\rangle) + \sum_{i=1}^{3}(\hat{\boldsymbol{x}} - \langle\hat{\boldsymbol{x}}\rangle)_i \cdot \nabla_i \nabla_k V(\langle\hat{\boldsymbol{x}}\rangle) \\ & + \frac{1}{2}\sum_{i,j=1}^{3}(\hat{\boldsymbol{x}} - \langle\boldsymbol{x}\rangle)_i(\hat{\boldsymbol{x}} - \langle\boldsymbol{x}\rangle)_j \nabla_i \nabla_j \nabla_k V(\langle\hat{\boldsymbol{x}}\rangle) + \cdots \\ & \qquad\qquad\qquad\qquad\qquad (k=1,2,3) \end{aligned} \tag{2.50}$$

が得られる. これを(2.49)の右辺に代入すると

$$m\frac{d^2}{dt^2}\langle\hat{\boldsymbol{x}}\rangle = -\nabla V(\langle\hat{\boldsymbol{x}}\rangle) + \frac{1}{2}\sum_{i,j=1}^{3}\varDelta_{ij}\nabla_i\nabla_j\nabla V(\langle\hat{\boldsymbol{x}}\rangle) + \cdots \tag{2.51}$$

となる. ただし,

$$\varDelta_{ij} \equiv \langle\hat{\boldsymbol{x}}_i\hat{\boldsymbol{x}}_j\rangle - \langle\hat{\boldsymbol{x}}_i\rangle\langle\hat{\boldsymbol{x}}_j\rangle \tag{2.52}$$

---

* $\nabla V(\hat{\boldsymbol{x}})$ は $\nabla V(\boldsymbol{x})|_{\boldsymbol{x}=\hat{\boldsymbol{x}}}$ を表わす. 以下の式も同様.

は一般に，粒子の位置の期待値$\langle\hat{x}\rangle$のまわりの波束の広がり，すなわち波動関数の広がりの大きさの2乗に比例する量で，ここに$\hbar$の効果が含まれている．(2.51)の第1項は粒子の古典軌道をきめるNewton力を表わし，第2項以下が量子効果を表わしていることになる．

波束の広がりの程度をλとすると，古典系への移行は(2.51)の第2項が第1項に比べて無視できる条件，すなわち

$$|\nabla V| \gg \lambda^2 |\nabla^2 \nabla V| \tag{2.53}$$

がみたされる場合に実現する．不等式(2.53)は波束の広がりの範囲でポテンシャルVがゆるやかに変化している領域でみたされる．

1次元の運動を考えてみよう．ポテンシャル$V(x)$の中を運動する粒子の波束の広がりとしては，**de Broglie 波長**

$$\lambda(x) \equiv 2\pi\hbar/p(x) = \frac{2\pi\hbar}{\sqrt{2m(E-V(x))}} \tag{2.54}$$

をとるのが自然である．このとき，条件(2.53)は

$$\left|\frac{dV(x)}{dx}\right| \gg \left|\frac{4\pi^2\hbar^2}{2m(E-V(x))}\frac{d^3V}{dx^3}\right| \tag{2.55}$$

と書ける．(2.55)をみるとポテンシャルVが特別な形でないかぎり，$E \cong V(x_0)$となる回帰点x_0（turning point）の付近では古典近似が成り立たなくなることがわかる．

b) WKB 近似

量子系から古典系への極限移行を波動光学から幾何光学への移行というアナロジーに基づいて考察することもできる．まず，Schrödinger 表示の波動関数$\psi(\boldsymbol{x},t)$を

$$\psi(\boldsymbol{x},t) = Ae^{\frac{i}{\hbar}S(\boldsymbol{x},t)} \tag{2.56}$$

とおく．Aは規格化定数である．$S(\boldsymbol{x},t)$の実部はψの位相を表わし，一般に波動の**アイコナール**（eikonal）とよばれる量に対応する．(2.56)をSchrödinger方程式(2.18)に代入すると，$S(\boldsymbol{x},t)$に対する非線形な次の式が得られる．

$$-\frac{\partial S}{\partial t} = \frac{1}{2m}(\nabla S)^2 + V - \frac{i\hbar}{2m}\nabla^2 S \qquad (2.57)$$

ここで$\hbar$を小さなパラメータとみなして，$\hbar$のベキ級数の展開の形で上の方程式を解くことを考える．

$$S = S^{(0)} + \frac{\hbar}{i}S^{(1)} + \left(\frac{\hbar}{i}\right)^2 S^{(2)} + \cdots \qquad (2.58)$$

とおき，(2.57)へ代入して$\hbar$のベキを比較すると

$$(\hbar)^0: \quad -\frac{\partial S^{(0)}}{\partial t} = \frac{1}{2m}(\nabla S^{(0)})^2 + V \qquad (2.59)$$

$$(\hbar)^1: \quad -\frac{\partial S^{(1)}}{\partial t} = \frac{1}{m}\nabla S^{(0)} \cdot \nabla S^{(1)} + \frac{1}{2m}\nabla^2 S^{(0)} \qquad (2.60)$$

....

という実係数の連立方程式が得られる．(2.58)の展開で，$\hbar$の1次までとる近似を**準古典近似**(semi-classical approximation)，あるいは**WKB近似**(Wentzel-Kramers-Brillouin approximation)という．このうち，(2.59)は$\hbar \to 0$の極限の主要項$S^{(0)}$をきめる式で，古典力学において作用関数のみたす**Hamilton-Jacobiの方程式**と一致する[*]．波動関数の位相は古典系への移行に際して，古典的な作用関数S^{cl}に近づくことがわかる．すなわち，適当な初期条件[**]の下で

$$S(\boldsymbol{x},t) \xrightarrow[\hbar \to 0]{} S^{(0)}(\boldsymbol{x},t) = S^{\mathrm{cl}}(\boldsymbol{x},t) \qquad (2.61)$$

が成り立つ．ただし，

$$S^{\mathrm{cl}}(\boldsymbol{x},t) = \int_{t_0}^{t} L(\boldsymbol{x}^{\mathrm{cl}}(\tau), \dot{\boldsymbol{x}}^{\mathrm{cl}}(\tau)) d\tau \qquad (2.62)$$

で，$\boldsymbol{x}^{\mathrm{cl}}(\tau)$は時刻$t$に点$\boldsymbol{x}$を通る粒子の古典軌道を表わす．実際，この場合には，よく知られているように

---

[*] ランダウ，リフシッツ：力学(増訂第3版)(東京図書，1983)187ページ参照．
[**] 式(2.62)以下参照．

2-4 古典系への移行 I ——WKB近似

$$\frac{\partial S^{\text{cl}}}{\partial t} = -H(\boldsymbol{x}, \boldsymbol{p}), \quad \boldsymbol{p} = \nabla S^{\text{cl}} \tag{2.63}$$

が成り立つので，$S^{\text{cl}}(\boldsymbol{x}, t)$ のみたすべき Hamilton-Jacobi の方程式

$$-\frac{\partial S^{\text{cl}}}{\partial t} = H(\boldsymbol{x}, \nabla S^{\text{cl}}) \tag{2.64}$$

が得られる．これは $S^{(0)}$ のみたす方程式(2.59)にほかならない．

一方，$\hbar$ の1次の項 $S^{(1)}$ をきめる方程式(2.60)に対しては次のような物理的意味を与えることができる．時刻 t に粒子を $\boldsymbol{x}$ に見出す確率密度 $\mathcal{P}(\boldsymbol{x}, t)$ は

$$\mathcal{P}(\boldsymbol{x}, t) = \psi^*(\boldsymbol{x}, t)\psi(\boldsymbol{x}, t) \tag{2.65}$$

$$\cong |A|^2 e^{2S^{(1)}(\boldsymbol{x}, t)} \tag{2.66}$$

である．(2.66)を時間 t や座標 $\boldsymbol{x}$ で微分すると

$$\frac{\partial \mathcal{P}}{\partial t} = 2\frac{\partial S^{(1)}}{\partial t}\mathcal{P}, \quad \nabla \mathcal{P} = 2\nabla S^{(1)}\mathcal{P} \tag{2.67}$$

が成り立つ．ここで(2.63)から，$m\boldsymbol{v} = \boldsymbol{p} = \nabla S^{\text{cl}} = \nabla S^{(0)}$ が粒子の流れを表わすことに注意すると，方程式(2.60)は

$$-\frac{\partial \mathcal{P}}{\partial t} = \boldsymbol{v} \cdot \nabla \mathcal{P} + \mathcal{P}\nabla \cdot \boldsymbol{v} = \nabla(\boldsymbol{v}\mathcal{P}) \tag{2.68}$$

と書ける．$\boldsymbol{v}\mathcal{P}$ を確率の流れの密度と解釈すると，これは**連続の方程式**(continuity equation)を意味している．

$S^{(0)}$ がきまると，(2.60)を解いて $S^{(1)}$ が求まり，波動関数 ψ は規格化因子を別にして近似的に

$$\psi_{\text{WKB}}(\boldsymbol{x}, t) \cong \rho(\boldsymbol{x}, t)\exp\left[\frac{i}{\hbar}S^{\text{cl}}(\boldsymbol{x}, t)\right] \tag{2.69}$$

と表わすことができる．ただし，$S^{(1)} \equiv \ln \rho$ とした．ρ は**前因子**(prefactor)とよばれる．

特に運動が定常の場合($H = E$)には

$$S^{\text{cl}}(\boldsymbol{x}, t) = S_0(\boldsymbol{x}) - Et \tag{2.70}$$

とおくことができる．$S_0(\boldsymbol{x})$ は **Hamilton の主関数**(principal function)とよ

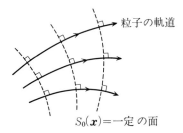

図 2-1 アイコナール S_0 と粒子の軌道.

$S_0(\boldsymbol{x})=$ 一定 の面

ばれる．この場合，Hamilton-Jacobi の方程式は

$$E = \frac{1}{2m}(\nabla S_0)^2 + V(\boldsymbol{x}) \tag{2.71}$$

となり，ρ は $\boldsymbol{x}$ のみの関数 $\rho(\boldsymbol{x})$ となる．

(2.63), (2.70)から，

$$\boldsymbol{p}(\boldsymbol{x}) = \nabla S_0(\boldsymbol{x}) \tag{2.72}$$

となるので，粒子は $S_0(\boldsymbol{x})=$ 一定 の面につねに垂直方向の軌道に従うことになる（図 2-1）．$S_0(\boldsymbol{x})$ が波動のアイコナールに対応することはすでに述べたが，(2.72)はアイコナールの描像では波数ベクトル $\boldsymbol{k}(\boldsymbol{x})$ が ∇S_0 に比例することを表わしている．

ここで，ふたたび 1 次元の運動について考えてみよう．Hamilton-Jacobi の式(2.71)はこの場合ただちに積分できて，$E>V(x)$ のとき

$$S_0(x) = \pm \int^x \sqrt{2m(E-V(x'))}\,dx' \qquad (E>V(x))$$

$$\equiv \pm \int^x p(x')dx', \quad p(x) \equiv \sqrt{2m(E-V(x))} \tag{2.73}$$

となる．これから

$$S^{(0)}(x,t) = S^{\mathrm{cl}}(x,t) = \pm \int^x p(x')dx' - Et \tag{2.74}$$

が得られる．また，$E<V(x)$ のときは，(2.73)で

$$p(x) \to i\kappa(x), \quad \kappa(x) \equiv \sqrt{2m(V(x)-E)} \tag{2.73}'$$

とおきかえればよい．

一方，ρ が x のみの関数であることに注意すると，ρ をきめる式(2.60)は，

$$\frac{dS^{(1)}}{dx} = -\frac{1}{2}\left(\frac{d^2S^{(0)}}{dx^2} \Big/ \frac{dS^{(0)}}{dx}\right) = -\frac{1}{2}\frac{d}{dx}\left[\ln\left(\frac{dS^{(0)}}{dx}\right)\right] \qquad (2.75)$$

となるので，

$$S^{(1)}(x) = -\frac{1}{2}\ln p(x) + \text{const.} \qquad (2.76)$$

が得られる．

(2.73), (2.73)′, (2.76)から，WKB近似の波動関数

$$\psi_{\text{WKB}}(x,t) =$$

$$\begin{cases} \dfrac{1}{\sqrt[4]{2m(E-V(x))}}\left[C_1 e^{\frac{i}{\hbar}\int^x \sqrt{2m(E-V(x'))}\,dx'} + C_2 e^{-\frac{i}{\hbar}\int^x \sqrt{2m(E-V(x'))}\,dx'}\right]e^{-\frac{i}{\hbar}Et} \\ \hfill (E>V(x)) \qquad (2.77) \\ \dfrac{1}{\sqrt[4]{2m(V(x)-E)}}\left[D_1 e^{\frac{1}{\hbar}\int^x \sqrt{2m(V(x')-E)}\,dx'} + D_2 e^{-\frac{1}{\hbar}\int^x \sqrt{2m(V(x')-E)}\,dx'}\right]e^{-\frac{i}{\hbar}Et} \\ \hfill (E<V(x)) \qquad (2.78) \end{cases}$$

が得られる．C_1, C_2, D_1, D_2 は境界条件に応じてきまる定数である．

適用条件と接続公式

WKB近似の成り立つ条件は，(2.58)から

$$\left|\frac{\hbar S^{(1)}}{S^{(0)}}\right| \ll 1 \qquad (2.79)$$

である．より直観的な条件は，$S^{(0)}, \hbar S^{(1)}$ の x についての微係数の比

$$\left|\frac{\hbar S'^{(1)}}{S'^{(0)}}\right| = \left|\frac{\hbar p'(x)}{2p^2(x)}\right| \ll 1 \qquad (2.80)$$

である．(2.80)は de Broglie 波長 $\lambda \equiv 2\pi\hbar/p$ を用いて

$$\frac{\lambda}{4\pi}\cdot\frac{1}{p}\left|\frac{dp}{dx}\right| \ll 1 \qquad (2.81)$$

と表わせる．これは，de Broglie 波長 λ 程度の範囲にわたって，運動量の変化率が小さい領域で WKB 近似が成り立つことを示している．

古典的な運動の回帰点 x_0 ($E=V(x_0)$) に粒子が近づくと $p(x) \to 0$，したがっ

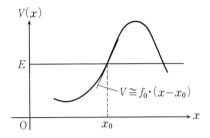

図 2-2 WKB 近似における回帰点 x_0 での接続. $x \cong x_0$ の近傍で $V(x) \cong f_0 \cdot (x-x_0)$ と近似する.

て $\lambda \to \infty$ となって,条件(2.81)は成り立たなくなる(図 2-2).

そこで,x_0 からはなれた領域の両側でのみ WKB の波動関数(2.77), (2.78)を用い,x_0 の付近では,ポテンシャル $V(x)$ を $x-x_0$ のベキに展開して近似し,これを厳密に解くことを考える.特に $V(x)-E=f_0 \cdot (x-x_0)$ ($f_0 \equiv dV/dx|_{x=x_0}$)とすると,波動方程式の解は次数 1/3 の Bessel 関数で表わすことができる*.これらの解の漸近形($x \to x_0$, $x \to \pm\infty$)を WKB の 2 つの領域の解とそれぞれなめらかに接続するようにすると,接続公式(表 2-2)が得られる.次に接続公式を適用する際に注意すべき点を述べておく.

表 2-2 WKB 近似の接続公式

	接続の仕方		ポテンシャル
I	$V(x)<E$ $\dfrac{2}{\sqrt{p(x)}}\cos\left[\displaystyle\int_x^{x_1} p(x')\dfrac{dx'}{\hbar} - \dfrac{\pi}{4}\right] \leftrightarrow \dfrac{1}{\sqrt{\kappa(x)}}\exp\left[-\displaystyle\int_{x_1}^x \kappa(x')\dfrac{dx'}{\hbar}\right]$ $\dfrac{1}{\sqrt{p(x)}}\sin\left[\displaystyle\int_x^{x_1} p(x')\dfrac{dx'}{\hbar} - \dfrac{\pi}{4}\right] \leftrightarrow \dfrac{-1}{\sqrt{\kappa(x)}}\exp\left[+\displaystyle\int_{x_1}^x \kappa(x')\dfrac{dx'}{\hbar}\right]$	$V(x)>E$	回帰点 x_1
II	$V(x)>E$ $\dfrac{1}{\sqrt{\kappa(x)}}\exp\left[-\displaystyle\int_x^{x_2} \kappa(x')\dfrac{dx'}{\hbar}\right] \leftrightarrow \dfrac{-2}{\sqrt{p(x)}}\cos\left[\displaystyle\int_{x_2}^x p(x')\dfrac{dx'}{\hbar} - \dfrac{\pi}{4}\right]$ $\dfrac{1}{\sqrt{\kappa(x)}}\exp\left[+\displaystyle\int_x^{x_2} \kappa(x')\dfrac{dx'}{\hbar}\right] \leftrightarrow \dfrac{-1}{\sqrt{p(x)}}\sin\left[\displaystyle\int_{x_2}^x p(x')\dfrac{dx'}{\hbar} - \dfrac{\pi}{4}\right]$	$V(x)<E$	回帰点 x_2

$p(x) \equiv \sqrt{2m(E-V(x))}\ (E>V(x))$, $\kappa(x) \equiv \sqrt{2m(V(x)-E)}\ (E<V(x))$

---

* L. Schiff: *Quantum Mechanics, 3rd ed.* (McGraw Hill, 1968) p. 268.

(i) 公式の導き方からも明らかなように,エネルギー E が高くなり回帰点がポテンシャルの頂点に近くなると,回帰点の近傍の「直線近似」が成り立たなくなる.このような場合は表 2-2 の公式はそのままでは適用できない.

(ii) 接続公式は,波動関数(指数関数)が増大する方向へ安全に接続できる.反対方向への接続は WKB 近似の小さな誤差が接続を通して拡大される可能性があるからである.この区別を表 2-2 において黒太の矢印で示してある.

トンネル効果

図 2-3 のようなポテンシャル障壁(potential barrier)のある系において,左から右方向へエネルギー E の粒子を入射させる.古典力学では粒子は回帰点 x_1 ($E=V(x_1)$)で完全にはね返されるが,量子力学的には粒子がポテンシャル障壁をすり抜けて右側の領域へしみ出してくる確率が存在する.この現象は**トンネル効果**(tunnel effect)とよばれ,原子核の α 崩壊や Josephson 効果など,ミクロな世界で実際に観測されている.トンネル効果の確率を WKB 近似で計算してみよう.

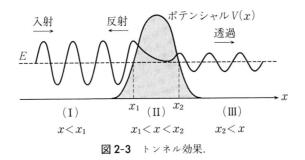

図 2-3　トンネル効果.

図 2-3 において,エネルギー E の粒子を左から入射すると,一部はポテンシャル壁によって反射される.この領域($x<x_1$)を領域(I)とする.入射粒子の一部はポテンシャル壁を通り抜けて右側の領域(III)($x>x_2$)に達する.その中間のポテンシャルの山の領域($x_1<x<x_2$)を領域(II)とする.ただし,$E=V(x_1)=V(x_2)$ である.

まず,領域(III)では,波動関数は**透過波**(transmitted wave)に相当する

$$\psi_{(\mathrm{III})} = \frac{C}{\sqrt{p(x)}} \exp\left[+i\left(\int_{x_2}^{x} p(x')\frac{dx'}{\hbar} - \frac{\pi}{4} \right) \right] \quad (2.82)$$

の形に書けることに注意する．ただし，$p(x) \equiv \sqrt{2m(E-V(x))}$ であり，共通の時間因子 $\exp(-\frac{i}{\hbar}Et)$ は省略した．(2.82)の位相のうち，因子 $-\pi/4$ は接続公式を用いるために便宜上導入したものである．この因子は定数 C の位相にくり込むことができるので，こうしても一般性は失われない．$\psi_{(\mathrm{III})}$ を実数部と虚数部に分けて

$$\psi_{(\mathrm{III})} = \frac{C}{\sqrt{p(x)}} \left[\cos\left(\int_{x_2}^{x} p(x')\frac{dx'}{\hbar} - \frac{\pi}{4} \right) + i \sin\left(\int_{x_2}^{x} p(x')\frac{dx'}{\hbar} - \frac{\pi}{4} \right) \right] \quad (2.83)$$

と表わし，接続公式IIを適用すると，領域(II)の波動関数

$$\psi_{(\mathrm{II})} = \frac{C}{\sqrt{\kappa(x)}} \left[\frac{1}{2} \exp\left(-\int_{x}^{x_2} \kappa(x')dx' \right) - i \exp\left(\int_{x}^{x_2} \kappa(x')dx' \right) \right] \quad (2.84)$$

が得られる．$\kappa \equiv \sqrt{2m(V(x)-E)}$ である．次に $\psi_{(\mathrm{II})}$ と領域(I)の波動関数の接続を考える．このために $\psi_{(\mathrm{II})}$ を次のように変形する．

$$\psi_{(\mathrm{II})} = \frac{C}{\sqrt{\kappa(x)}} \left[\frac{1}{2} \exp\left(-\int_{x_1}^{x_2} \kappa(x')\frac{dx'}{\hbar} \right) \exp\left(+\int_{x_1}^{x} \kappa(x')\frac{dx'}{\hbar} \right) \right.$$
$$\left. - i \exp\left(+\int_{x_1}^{x_2} \kappa(x')\frac{dx'}{\hbar} \right) \exp\left(-\int_{x_1}^{x} \kappa(x')\frac{dx'}{\hbar} \right) \right] \quad (2.85)$$

(2.85)に接続公式Iを適用すると，領域(I)の波動関数

$$\psi_{(\mathrm{I})} = -\frac{C}{\sqrt{p(x)}} \left[\frac{1}{2} \exp\left(-\int_{x_1}^{x_2} \kappa(x')\frac{dx'}{\hbar} \right) \sin\left(\int_{x}^{x_1} p(x')\frac{dx'}{\hbar} - \frac{\pi}{4} \right) \right.$$
$$\left. + 2i \exp\left(+\int_{x_1}^{x_2} \kappa(x')\frac{dx'}{\hbar} \right) \cos\left(\int_{x}^{x_1} p(x')\frac{dx'}{\hbar} - \frac{\pi}{4} \right) \right] \quad (2.86)$$

$$= -\frac{iC}{\sqrt{p(x)}} \left[\left\{ \exp\left(\int_{x_1}^{x_2} \kappa(x')\frac{dx'}{\hbar} \right) + \frac{1}{4} \exp\left(-\int_{x_1}^{x_2} \kappa(x')\frac{dx'}{\hbar} \right) \right\} \exp\left\{ +i\left(\int_{x_1}^{x} p(x')\frac{dx'}{\hbar} + \frac{\pi}{4} \right) \right\} \right.$$
$$\left. + \left\{ \exp\left(\int_{x_1}^{x_2} \kappa(x') \right) - \frac{1}{4} \exp\left(-\int_{x_1}^{x_2} \kappa(x') \right) \right\} \exp\left\{ -i\left(\int_{x_1}^{x} p(x')\frac{dx'}{\hbar} + \frac{\pi}{4} \right) \right\} \right]$$
$$\equiv \psi_\mathrm{I} + \psi_\mathrm{R} \quad (2.87)$$

が得られる．(2.87)の第1項は入射粒子，第2項は反射した粒子の波動関数

$\psi_{\mathrm{I}}, \psi_{\mathrm{R}}$ をそれぞれ表わしている．領域(I),(III)では粒子の運動量が等しいことに注意して，(2.83),(2.87)から，トンネル効果を表わす**透過率**

$$T(E) \equiv \left|\frac{\psi_{(\mathrm{III})}}{\psi_{\mathrm{I}}}\right|^2 = \frac{1}{\left\{\exp\left[\int_{x_1}^{x_2}\kappa(x')\frac{dx'}{\hbar}\right] + \frac{1}{4}\exp\left[-\int_{x_1}^{x_2}\kappa(x')\frac{dx'}{\hbar}\right]\right\}^2} \quad (2.88)$$

が得られる．WKB近似の成り立つ条件(i)はまた

$$\int_{x_1}^{x_2}\kappa(x')\frac{dx'}{\hbar} \gg 1 \quad (2.89)$$

と表わせるので，(2.88)の分母の第2項は無視できる．こうしてWKB近似におけるトンネル効果の公式

$$T(E) \cong \exp\left[-\frac{2}{\hbar}\int_{x_1}^{x_2}\sqrt{2m(V(x')-E)}\,dx'\right] \quad (2.90)$$

が得られる．

公式(2.90)は準古典近似で得られたものであるが，$\hbar$ のベキ級数に展開できない形をしている．これはトンネル効果が純粋に量子力学的効果であることを示している．なお，8-4節でふたたびトンネル効果について別の見地から議論する．

2-5 Feynman 核

時刻 t_0 に位置 $\boldsymbol{x}_0$ を占めていた粒子を時刻 $t(>t_0)$ に位置 $\boldsymbol{x}$ に見出す遷移確率振幅 $K(\boldsymbol{x},t\,;\boldsymbol{x}_0,t_0)$ を，(2.30)を用いて

$$\begin{aligned} K(\boldsymbol{x},t\,;\boldsymbol{x}_0,t_0) &\equiv \langle \boldsymbol{x},t|\boldsymbol{x}_0,t_0\rangle \\ &= \langle \boldsymbol{x}|\hat{U}(t,t_0)|\boldsymbol{x}_0\rangle \end{aligned} \quad (2.91)$$

と定義する．(2.91)は **Feynman 核**(Feynman kernel)，あるいは単に**伝搬関数**(propagator)とよばれている．

時刻 t_0 における波動関数 $\psi(\boldsymbol{x},t_0)$ が与えられているとき，任意の時刻 t の波動関数 $\psi(\boldsymbol{x},t)$ は

$$\psi(\boldsymbol{x},t) = \langle \boldsymbol{x}|\hat{U}(t,t_0)|\psi(t_0)\rangle \qquad (2.92)$$

$$= \int d^3\boldsymbol{x}' \langle \boldsymbol{x}|\hat{U}(t,t_0)|\boldsymbol{x}'\rangle\langle \boldsymbol{x}'|\psi(t_0)\rangle \qquad (2.93)$$

$$= \int d^3\boldsymbol{x}' K(\boldsymbol{x},t\,;\,\boldsymbol{x}',t_0)\psi(\boldsymbol{x}',t_0) \qquad (2.94)$$

と表わすことができる.したがって,Feynman 核 K を求めることは波動関数を求めることと同値である.(2.94)は Feynman 核の最も基本的な性質の1つであるが,このほかに Feynman 核 K の重要な性質をまとめると次のようになる.

(i) $K(\boldsymbol{x},t\,;\,\boldsymbol{x}_0,t_0)$ は Schrödinger 方程式(2.18)をみたす.すなわち,

$$\left[\frac{-\hbar^2}{2m}\nabla^2 + V(\boldsymbol{x}) - i\hbar\frac{\partial}{\partial t}\right]K(\boldsymbol{x},t\,;\,\boldsymbol{x}_0,t_0) = 0 \qquad (t>t_0) \quad (2.95)$$

ただし,$t>t_0$ で,$t_0, \boldsymbol{x}_0$ は固定されているとする.(2.95)は $\hat{U}(t,t_0)$ のみたす Schrödinger 方程式(2.9)と(2.16)を用いて容易に示すことができる.

(ii) $t\to t_0$ の極限で

$$\lim_{t\to t_0} K(\boldsymbol{x},t\,;\,\boldsymbol{x}_0,t_0) = \delta^3(\boldsymbol{x}-\boldsymbol{x}_0) \qquad (2.96)$$

これは(1.48)と $\hat{U}(t_0,t_0)=1$ から明らかである.

(iii) $\hat{U}$ の結合則(2.3)を用いると,$t>t_1>t_0$ に対して,

$$K(\boldsymbol{x},t\,;\,\boldsymbol{x}_0,t_0) = \langle \boldsymbol{x}|\hat{U}(t,t_1)\hat{U}(t_1,t_0)|\boldsymbol{x}_0\rangle$$

$$= \int d\boldsymbol{x}_1 \langle \boldsymbol{x}|\hat{U}(t,t_1)|\boldsymbol{x}_1\rangle\langle \boldsymbol{x}_1|\hat{U}(t_1,t_0)|\boldsymbol{x}_0\rangle$$

$$= \int d\boldsymbol{x}_1 K(\boldsymbol{x},t\,;\,\boldsymbol{x}_1,t_1)K(\boldsymbol{x}_1,t_1\,;\,\boldsymbol{x}_0,t_0) \qquad (t>t_1>t_0)$$
$$(2.97)$$

が得られる.

一般に,任意の $t>t_N>t_{N-1}>\cdots>t_1>t_0$ に対して,

$$K(\boldsymbol{x},t\,;\,\boldsymbol{x}_0,t_0) = \int d\boldsymbol{x}_1 \int d\boldsymbol{x}_2 \cdots \int d\boldsymbol{x}_N K(\boldsymbol{x},t\,;\,\boldsymbol{x}_N,t_N)$$
$$\times K(\boldsymbol{x}_N,t_N\,;\,\boldsymbol{x}_{N-1},t_{N-1})\cdots K(\boldsymbol{x}_1,t_1\,;\,\boldsymbol{x}_0,t_0) \qquad (2.98)$$

が成り立つ.

(iv) $t > t_0$ に対して,

$$\int d^3 x' K(\boldsymbol{x}, t\,;\, \boldsymbol{x}', t_0) K^*(\boldsymbol{x}', t\,;\, \boldsymbol{x}_0, t_0) = \delta^3(\boldsymbol{x} - \boldsymbol{x}_0) \qquad (2.99)$$

が成り立つ. これは時間推進演算子 $\hat{U}$ のユニタリー性(2.2)を反映したものである.

(v) ハミルトニアンが時間をあらわに含まない系に対しては, (2.10)から,

$$K(\boldsymbol{x}, t\,;\, \boldsymbol{x}_0, t_0) = \left\langle \boldsymbol{x} \left| \exp\left[-i\frac{\hat{H}(t-t_0)}{\hbar} \right] \right| \boldsymbol{x}_0 \right\rangle \qquad (2.100)$$

が得られる. これから $K(\boldsymbol{x}, t\,;\, \boldsymbol{x}_0, t_0)$ は $t - t_0$ の関数であることがわかる. また, $\hat{H}$ のエネルギー E_n に属する固有ケットを $|n\rangle$ とすると, (2.100)は

$$\begin{aligned} K(\boldsymbol{x}, t\,;\, \boldsymbol{x}_0, t_0) &= \sum_n \langle \boldsymbol{x} | n \rangle \langle n | \boldsymbol{x}_0 \rangle e^{-i\frac{E_n(t-t_0)}{\hbar}} \\ &= \sum_n \psi_n(\boldsymbol{x}) \psi_n^*(\boldsymbol{x}_0) e^{-i\frac{E_n(t-t_0)}{\hbar}} \end{aligned} \qquad (2.101)$$

と表わせる. ただし, $\psi_n(\boldsymbol{x}) = \langle \boldsymbol{x} | n \rangle$ はエネルギー準位 E_n の固有関数である.

(vi) ここで, 虚時間を導入し, $t = i\tau$ ($\tau > 0$) とおく. (2.100)から

$$\begin{aligned} K(\boldsymbol{x}, \tau\,;\, \boldsymbol{x}_0, \tau_0) &\equiv \left\langle \boldsymbol{x} \left| \exp\left[-\frac{\hat{H}(\tau - \tau_0)}{\hbar} \right] \right| \boldsymbol{x}_0 \right\rangle \\ &= \sum_n \psi_n(\boldsymbol{x}) \psi_n^*(\boldsymbol{x}_0) e^{-\frac{E_n(\tau - \tau_0)}{\hbar}} \end{aligned} \qquad (2.102)$$

が成り立つ. (2.102)の右辺をみると, $E_n \geqq 0$ なので, $\tau - \tau_0 \to +\infty$ の極限では, 最低エネルギー準位の基底状態が主要な項として残ることがわかる. すなわち,

$$K(\boldsymbol{x}, \tau\,;\, \boldsymbol{x}_0, \tau_0) \xrightarrow[\tau - \tau_0 \to +\infty]{} \psi_0(\boldsymbol{x}) \psi_0^*(\boldsymbol{x}_0) e^{-\frac{E_0(\tau - \tau_0)}{\hbar}} \qquad (2.103)$$

まとめると, Feynman核 $K(\boldsymbol{x}, t\,;\, \boldsymbol{x}_0, t_0)$ の時間 t を虚時間 $\tau (\equiv -it)$ へ解析接続して, $\tau - \tau_0 \to +\infty$ の漸近形を求めると, 基底状態のエネルギー E_0 とその波動関数がわかる. この方法は **Euclid化の方法**とよばれている.

(vii) Euclid 化された Feynman 核(2.102)において,特に $x_0=x$, $\tau_0=0$ とおき,x について積分すると

$$Z(\tau) \equiv \int d^3x K(x,\tau\,;\,x,0)$$
$$= \sum_n e^{-\frac{E_n\tau}{\hbar}} \qquad (2.104)$$

が得られる.(2.103),(2.104)から,基底状態のエネルギー E_0 は

$$E_0 = -\lim_{\tau\to+\infty} \frac{\hbar}{\tau} \ln \int d^3x K(x,\tau\,;\,x,0) \qquad (2.105)$$
$$= -\lim_{\tau\to+\infty} \frac{\hbar}{\tau} \ln \mathrm{Tr}\Big(\exp\Big[-\frac{\tau}{\hbar}\hat{H}\Big]\Big) \qquad (2.106)$$

で与えられる.これは **Feynman-Kac の公式**とよばれることがある.

また,

$$\frac{\tau}{\hbar} \longleftrightarrow \beta \equiv \frac{1}{kT} \qquad (2.107)$$

という置き換えをすると,(2.104)は統計力学の温度 T における1粒子の**分配関数**(partition function)になっている.

x 表示における Schrödinger 方程式(2.18)は波動方程式の形をしているので,波動方程式に対する Green 関数に相当するものを導入しておくと便利なことが多い.

演算子としての **Green 関数**を

$$\hat{G}(t,t_0) \equiv \theta(t-t_0)\hat{U}(t,t_0) \qquad (2.108)$$

と定義する*.x 表示の Green 関数は Feynman 核 K を用いて

$$G(x,t\,;\,x_0,t_0) \equiv \langle x|\hat{G}(t,t_0)|x_0\rangle$$
$$= \theta(t-t_0)K(x,t\,;\,x_0,t_0) \qquad (2.109)$$

と表わすことができる.$\hat{G}$ のみたす方程式は,(2.9),(2.108)から

---

* 遅延 Green 関数(retarded Green's function)とよばれる.このほか,先進 Green 関数(advanced Green's function),因果的 Green 関数(causal Green's function)などが用いられる.巻末文献[2-2]参照.

$$\left[\hat{H} - i\hbar\frac{\partial}{\partial t}\right]\hat{G}(t, t_0) = -i\hbar\delta(t-t_0) \tag{2.110}$$

である．また，$G(\boldsymbol{x}, t ; \boldsymbol{x}_0, t_0)$ のみたす方程式が

$$\left[\hat{H}(\boldsymbol{x}, -i\hbar\nabla) - i\hbar\frac{\partial}{\partial t}\right]G(\boldsymbol{x}, t ; \boldsymbol{x}_0, t_0) = -i\hbar\delta^3(\boldsymbol{x}-\boldsymbol{x}_0)\delta(t-t_0) \tag{2.111}$$

であることも容易に導くことができる．

式(2.111)は Green 関数を定義する方程式であり，このことはまた(2.109)に与えた G が正しい Green 関数(の1つ)になっていることを示している．逆に方程式(2.111)を与えられた境界条件の下で解くために，目的に応じていろいろなタイプの Green 関数が導入されている．

自由粒子の Feynman 核

自由粒子に対する Feynman 核を例題として求めよう．ハミルトニアンは

$$\hat{H}_0 = \frac{1}{2m}\hat{\boldsymbol{p}}^2 \tag{2.112}$$

である．

時間推進の演算子 $\hat{U}(t-t_0)$ を運動量の固有状態 $|\boldsymbol{p}\rangle$ に作用させ，(2.112)を用いると

$$\hat{U}(t-t_0)|\boldsymbol{p}\rangle = \exp\left[-i\frac{(t-t_0)}{\hbar}\hat{H}_0\right]|\boldsymbol{p}\rangle = \exp\left[-i\frac{(t-t_0)}{\hbar}\frac{\boldsymbol{p}^2}{2m}\right]|\boldsymbol{p}\rangle \tag{2.113}$$

が得られる．

Feynman 核は(2.91)から

$$K(\boldsymbol{x}, t ; \boldsymbol{x}_0, t_0) = \langle \boldsymbol{x}|\hat{U}(t-t_0)|\boldsymbol{x}_0\rangle = \int d^3p \langle \boldsymbol{x}|\hat{U}(t-t_0)|\boldsymbol{p}\rangle\langle\boldsymbol{p}|\boldsymbol{x}_0\rangle$$

$$= \left(\frac{1}{2\pi\hbar}\right)^3 \int d^3p \, e^{i\frac{(\boldsymbol{x}-\boldsymbol{x}_0)\cdot\boldsymbol{p}}{\hbar}} \exp\left[-i\frac{(t-t_0)}{\hbar}\frac{\boldsymbol{p}^2}{2m}\right] \tag{2.114}$$

と表わせる．ただし，(2.114)の最後の式へ移る際に，式(2.113)と変換関数 $\langle\boldsymbol{x}|\boldsymbol{p}\rangle$ についての表式(1.66)を用いた．

(2.114)の積分は変数を

$$p \to p - \frac{m}{t-t_0}(x-x_0)$$

とシフトさせ，完全平方の形にして求めることができる．こうして自由粒子のFeynman核

$$K(x,t\,;\,x_0,t_0) = \left[\frac{m}{2\pi i\hbar(t-t_0)}\right]^{3/2} \exp\left[i\frac{m(x-x_0)^2}{2\hbar(t-t_0)}\right] \quad (2.115)$$

が得られる．(2.115)はまた

$$K(x,t\,;\,x_0,t_0) = \left(\frac{1}{2\pi i\hbar}\right)^{3/2} \left[\det\left(-\frac{\partial^2 S^{\mathrm{cl}}}{\partial x^i \partial x_0^j}\right)\right]^{1/2} \exp\left[\frac{i}{\hbar}S^{\mathrm{cl}}(x,t\,;\,x_0,t)\right] \quad (2.116)$$

と表わすこともできることに注意しておこう．ただし，

$$S^{\mathrm{cl}}(x,t\,;\,x_0,t_0) \equiv \int_{t_0}^t \frac{1}{2}m\dot{x}^{\mathrm{cl}}(\tau)d\tau \quad (2.117)$$

は，直線軌道

$$x^{\mathrm{cl}}(\tau) \equiv x_0 + \frac{\tau-t_0}{t-t_0}(x-x_0) \quad (2.118)$$

を(2.117)に代入して得られる作用関数で，

$$S^{\mathrm{cl}}(x,t\,;\,x_0,t_0) = \frac{m(x-x_0)^2}{2(t-t_0)} \quad (2.119)$$

$$\left(\frac{\partial^2 S^{\mathrm{cl}}}{\partial x^i \partial x_0^j}\right) = -\delta_{ij}\left(\frac{m}{t-t_0}\right) \quad (i,j=1,2,3) \quad (2.120)$$

であることは容易に確かめられる．

2-6 調和振動子

調和振動子(harmonic oscillator)の系は量子力学において特別な地位を占めている．微小変位するさまざまな系，光の吸収，放出過程など，広い応用面をも

つのみならず，場の量子化に関する基礎的手法をも提供するからである．以下，主な事柄について説明しよう．

1次元調和振動子の系を考えよう．正準変数を $\hat{q}$，その共役運動量を $\hat{p}$ とする．ハミルトニアンは

$$\hat{H} = \frac{1}{2m}\hat{p}^2 + \frac{1}{2}m\omega^2\hat{q}^2 \tag{2.121}$$

と表わせる．ここで，m は質量，ω は角振動数を表わすパラメータである．

$\hat{q}(t)$ と $\hat{p}(t)$ に対する Heisenberg の運動方程式は，それぞれ

$$i\hbar\dot{\hat{q}}(t) = [\hat{q}, \hat{H}] = \frac{i\hbar}{m}\hat{p}(t) \tag{2.122}$$

$$i\hbar\dot{\hat{p}}(t) = [\hat{p}, \hat{H}] = -i\hbar m\omega^2 \hat{q}(t) \tag{2.123}$$

と表わされる．ここで，

$$\hat{a} = \sqrt{\frac{m\omega}{2\hbar}}\left(\hat{q} + i\frac{1}{m\omega}\hat{p}\right), \quad \hat{a}^\dagger = \sqrt{\frac{m\omega}{2\hbar}}\left(\hat{q} - i\frac{1}{m\omega}\hat{p}\right) \tag{2.124}$$

とおく．$\hat{a}, \hat{a}^\dagger$ は無次元の演算子である．

(2.122), (2.123)から，$\hat{a}(t), \hat{a}^\dagger(t)$ のみたす方程式

$$\dot{\hat{a}} = -i\omega\hat{a}, \quad \dot{\hat{a}}^\dagger = i\omega\hat{a}^\dagger \tag{2.125}$$

が得られる．(2.125)の解は

$$\hat{a}(t) = \hat{a}(0)e^{-i\omega t}, \quad \hat{a}^\dagger(t) = \hat{a}^\dagger(0)e^{i\omega t} \tag{2.126}$$

である．ただし，$\hat{a}(0)$ ($\hat{a}^\dagger(0)$) は $t=0$ の値で，Schrödinger 表示の演算子 $\hat{a}_S$ ($\hat{a}_S^\dagger$) と一致するとする．(2.126)を(2.124)へ代入して

$$\hat{q}(t) = \sqrt{\frac{2\hbar}{m\omega}} \cdot \frac{1}{2}(\hat{a}(t) + \hat{a}^\dagger(t)) = \hat{q}(0)\cos\omega t + \frac{1}{m\omega}\hat{p}(0)\sin\omega t \tag{2.127}$$

$$\hat{p}(t) = \sqrt{2\hbar m\omega} \cdot \frac{1}{2i}(\hat{a}(t) - \hat{a}^\dagger(t)) = m\omega\hat{q}(0)\sin\omega t + \hat{p}(0)\cos\omega t \tag{2.128}$$

が得られる．

$\hat{a}$ と $\hat{a}^\dagger$ の交換関係は

$$[\hat{a}, \hat{a}^\dagger] = \frac{m\omega}{2\hbar}\left[\hat{q} + i\frac{1}{m\omega}\hat{p}, \hat{q} - i\frac{1}{m\omega}\hat{p}\right] = 1 \qquad (2.129)$$

である.

一方, $\hat{a}^\dagger$ と $\hat{a}$ の積 $\hat{a}^\dagger\hat{a}$ を(2.124)を用いて計算してみると, ハミルトニアン $\hat{H}$ は

$$\hat{H} = \hbar\omega\left(\hat{a}^\dagger\hat{a} + \frac{1}{2}\right) \qquad (2.130)$$

と書ける.

調和振動子の系は, 正準変数 $\hat{q}, \hat{p}$ を用いたハミルトニアン(2.121), あるいは, 交換関係(2.129)に従う変数 $\hat{a}, \hat{a}^\dagger$ を用いたハミルトニアン(2.130)のいずれかで記述される.

ここで, **Hermite 演算子**

$$\hat{N} \equiv \hat{a}^\dagger\hat{a} \qquad (2.131)$$

を導入し, その固有値 n に属する規格化された固有ケットを $|n\rangle$ と表わすことにしよう. $\hat{N}$ を**粒子数演算子**(number operator)という. $\hat{N}$ は正定値演算子である. なぜなら, $n = \langle n|\hat{N}|n\rangle = (\langle n|\hat{a}^\dagger)(\hat{a}|n\rangle) \geqq 0$. それゆえ, n は負でない実数である. すなわち,

$$\hat{N}|n\rangle = n|n\rangle, \quad \langle n|n\rangle = 1 \quad (n \geqq 0) \qquad (2.132)$$

一方, 交換関係(2.129)から

$$[\hat{N}, \hat{a}] = -\hat{a}, \quad [N, \hat{a}^\dagger] = \hat{a}^\dagger \qquad (2.133)$$

が成り立つので,

$$N\hat{a}^\dagger|n\rangle = \{\hat{a}^\dagger N + [N, \hat{a}^\dagger]\}|n\rangle = (n+1)\hat{a}^\dagger|n\rangle \qquad (2.134)$$

が得られる. 同様にして,

$$N\hat{a}|n\rangle = \{\hat{a}N + [N, \hat{a}]\}|n\rangle = (n-1)\hat{a}|n\rangle \qquad (2.135)$$

が成り立つ.

(2.134), (2.135)は状態ベクトル $\hat{a}^\dagger|n\rangle, \hat{a}|n\rangle$ がそれぞれ固有ケット $|n+1\rangle$, $|n-1\rangle$ に比例していることを表わしている. 次に, それぞれのノルムを計算

する.

$$\langle n|\hat{a}\hat{a}^\dagger|n\rangle = \langle n|(\hat{N}+1)|n\rangle = n+1 \qquad (2.136)$$

$$\langle n|\hat{a}^\dagger\hat{a}|n\rangle = \langle n|\hat{N}|n\rangle = n \qquad (2.137)$$

これから, 固有ベクトル $|n\rangle$ の位相を選んで,

$$\hat{a}^\dagger|n\rangle = \sqrt{n+1}\,|n+1\rangle \qquad (2.138)$$

$$\hat{a}|n\rangle = \sqrt{n}\,|n-1\rangle \qquad (2.139)$$

と表わすことができる.

演算子 $\hat{a}^\dagger$ を**生成演算子**(creation operator), $\hat{a}$ を**消滅演算子**(annihilation operator)という. (2.138), (2.139)の性質をそれぞれ反映した命名である.

これまで, n は負でない任意の実数であるとしてきたが, 実はゼロまたは正の整数値に限られることが次のようにしてわかる. (2.139)を用いて, 任意の状態 $|n\rangle$ に消滅演算子 $\hat{a}$ を $n+1$ 回以上作用させると, 負の固有値をもつ状態が得られるが, これは $\hat{N}$ が正定値演算子であるという事実に反する. この矛盾は一般に $0 \leq n' < 1$ の状態 $|n'\rangle$ に対して, $\hat{a}|n'\rangle$ がゼロベクトルであれば回避できる. (2.139)により, これは $n'=0$ の場合のみ可能である. q.e.d.

結局, $\hat{N}$ を対角化する表示で, ハミルトニアン(2.130)も同時に対角化され,

$$E_n = \hbar\omega\left(n+\frac{1}{2}\right) \qquad (n=0,1,2,\cdots) \qquad (2.140)$$

という調和振動子系のエネルギースペクトルが得られた. 基底状態 $n=0$ のエネルギー $\frac{1}{2}\hbar\omega$ は**ゼロ点振動**のエネルギーとよばれる.

次にエネルギーの固有関数 $\langle q|n\rangle$ を求めよう.

基底状態は $|0\rangle$ である. その波動関数 $\langle q|0\rangle \equiv \psi_0(q)$ は, 次のようにして求められる. まず,

$$\begin{aligned}\langle q|\hat{a}|0\rangle &= \sqrt{\frac{m\omega}{2\hbar}}\left\langle q\left|\hat{q}+i\frac{1}{m\omega}\hat{p}\right|0\right\rangle \\ &= \frac{1}{\sqrt{2m\hbar\omega}}\left(\hbar\frac{d}{dq}+m\omega q\right)\langle q|0\rangle = 0 \qquad (2.141)\end{aligned}$$

から, $\psi_0(q)$ のみたす方程式は

である. これから,

$$\left[\frac{d}{dq}+\frac{m\omega}{\hbar}q\right]\psi_0(q) = 0 \qquad (2.142)$$

$$\xi \equiv \left[\frac{m\omega}{\hbar}\right]^{\frac{1}{2}} q \qquad (2.143)$$

とおいて, 規格化された波動関数

$$\psi_0(q) = \left[\frac{m\omega}{\pi\hbar}\right]^{\frac{1}{4}} e^{-\xi^2/2} \qquad (2.144)$$

が得られる. ただし, $\sqrt{\hbar/m\omega}$ は長さの次元をもつパラメータ, ξ は無次元量の変数である.

一般に固有値 $E_n = \hbar\omega\left(n+\frac{1}{2}\right)$ に属する励起状態の波動関数 $\langle q|n\rangle \equiv \psi_n(q)$ は

$$|n\rangle = \left(\frac{1}{n!}\right)^{1/2} (\hat{a}^\dagger)^n |0\rangle \qquad (n=1, 2, \cdots) \qquad (2.145)$$

から, (2.124)を用いて

$$\begin{aligned}\psi_n(q) &= \left(\frac{1}{n!}\right)^{1/2} \left(\frac{m\omega}{2\hbar}\right)^{n/2} \left\langle q \left|\left(\hat{q}-i\frac{1}{m\omega}\hat{p}\right)^n\right| 0\right\rangle \\ &= \left[\frac{1}{n!}\left(\frac{1}{2m\hbar\omega}\right)^n\right]^{1/2} (-1)^n \left(\hbar\frac{d}{dq}-m\omega q\right)^n \langle q|0\rangle \\ &= \left[\frac{1}{n!2^n}\right]^{1/2} \left(\frac{m\omega}{\pi\hbar}\right)^{1/4} \left(\xi-\frac{d}{d\xi}\right)^n e^{-\xi^2/2}\end{aligned} \qquad (2.146)$$

となる.

(2.146)はまた

$$\psi_n(q) = \left[\frac{1}{n!2^n}\right]^{1/2} \left(\frac{m\omega}{\pi\hbar}\right)^{1/4} e^{-\xi^2/2} H_n(\xi) \qquad (2.147)$$

と表わすことができる. ただし, $H_n(\xi)$ は **Hermite 多項式**とよばれる ξ について n 次の多項式で,

$$H_n(\xi) \equiv (-1)^n e^{\xi^2} \frac{d^n}{d\xi^n} e^{-\xi^2} \qquad (2.148)$$

で定義される. いくつかの具体例をあげると,

$$H_0(\xi) = 1, \quad H_1(\xi) = 2\xi, \quad H_2(\xi) = 4\xi^2 - 2 \qquad (2.149)$$
$$H_3(\xi) = 8\xi^3 - 12\xi$$

である. Hermite 多項式のみたす直交性は

$$\int_{-\infty}^{\infty} d\xi H_n(\xi) H_m(\xi) e^{-\xi^2} = \sqrt{\pi} 2^n n! \delta_{nm} \qquad (2.150)$$

で，この条件によって(2.147)の波動関数は正しく規格化されている．

基底状態 $|0\rangle$ に対しては，(2.124)から明らかなように，

$$\langle 0|\hat{q}|0\rangle = \langle 0|\hat{p}|0\rangle = 0 \qquad (2.151)$$

すなわち，基底状態での $\hat{q}$ および $\hat{p}$ の期待値はゼロである．ここで，次のユニタリー演算子

$$\hat{U}[q_0, p_0] \equiv e^{i(p_0 \hat{q} - q_0 \hat{p})/\hbar} \qquad (2.152)$$

を導入しよう．ここで，公式

$$e^{\hat{A}} \hat{B} e^{-\hat{A}} = \hat{B} + [\hat{A}, \hat{B}] + \frac{1}{2}[\hat{A}, [\hat{A}, \hat{B}]] + \cdots \qquad (2.153)$$

を用いると，

$$\hat{U}\hat{q}\hat{U}^{-1} = \hat{q} - q_0 \qquad (2.154)$$
$$\hat{U}\hat{p}\hat{U}^{-1} = \hat{p} - p_0 \qquad (2.155)$$

が得られる． $\hat{U}[q_0, p_0]$ は $\hat{q}$ および $\hat{p}$ をそれぞれ c 数 q_0, p_0 だけシフトさせる演算子であることがわかる．

一方，ハミルトニアン(2.130)と(2.154),(2.155)から

$$0 = \hat{U}[q_0, p_0]\left(\hat{H} - \frac{1}{2}\hbar\omega\right)|0\rangle = \hat{U}\left(\hat{H} - \frac{1}{2}\hbar\omega\right)\hat{U}^{-1}\hat{U}|0\rangle \qquad (2.156)$$

$$= \left[\frac{1}{2m}(\hat{p} - p_0)^2 + \frac{1}{2}m\omega^2(\hat{q} - q_0)^2 - \frac{1}{2}\hbar\omega\right]\hat{U}[q_0, p_0]|0\rangle \qquad (2.157)$$

が成り立つ．したがって，基底状態 $|0\rangle$ に $\hat{U}$ を作用させた状態

$$|q_0, p_0\rangle \equiv \hat{U}[q_0, p_0]|0\rangle \qquad (2.158)$$

は， $\hat{H}$ の中の $\hat{p}$ と $\hat{q}$ をそれぞれ p_0 および q_0 だけシフトさせたハミルトニアンの基底状態になっている．また，状態 $|q_0, p_0\rangle$ に対しては

$$\langle q_0, p_0 | \hat{q} | q_0, p_0 \rangle = q_0 \tag{2.159}$$

$$\langle q_0, p_0 | \hat{p} | q_0, p_0 \rangle = p_0 \tag{2.160}$$

が成り立つ. $|q_0, p_0\rangle$ は**コヒーレント状態**(coherent state)とよばれている.

コヒーレント状態の特徴は次の通りである.

(ⅰ) ユニタリー演算子 $\hat{U}[q_0, p_0]$ は(2.124)を用いて, $\hat{a}$ と $\hat{a}^\dagger$ で表わすことができる. 結果は

$$\hat{U}[q_0, p_0] = e^{z\hat{a}^\dagger - z^*\hat{a}} \tag{2.161}$$

$$= e^{-|z|^2/2} e^{z\hat{a}^\dagger} e^{-z^*\hat{a}} \tag{2.162}$$

ただし, $z \equiv \sqrt{\dfrac{m\omega}{2\hbar}} \left(q_0 + i \dfrac{1}{m\omega} p_0 \right)$.

ここで, (2.161)から(2.162)へ移る際に **Campbell-Baker-Hausdorff の公式**

$$e^{\hat{A}+\hat{B}} = e^{-\frac{1}{2}[\hat{A},\hat{B}]} e^{\hat{A}} e^{\hat{B}} \tag{2.163}$$

を用いた. ただし, この公式は $[\hat{A}, \hat{B}]$ が $\hat{A}$ および $\hat{B}$ と可換な場合に成り立つ.

(2.162)を用いると, コヒーレント状態はまた

$$\begin{aligned}
|q_0, p_0\rangle &= U[q_0, p_0]|0\rangle \\
&= e^{-|z|^2/2} e^{z\hat{a}^\dagger} e^{-z^*\hat{a}} |0\rangle \\
&= e^{-|z|^2/2} \sum_{n=0}^{\infty} \frac{z^n}{n!} (\hat{a}^\dagger)^n |0\rangle \\
&= e^{-|z|^2/2} \sum_{n=0}^{\infty} \frac{z^n}{\sqrt{n!}} |n\rangle \\
&\equiv |z\rangle
\end{aligned} \tag{2.164}$$

と表わすことができる.

(ⅱ) コヒーレント状態は消滅演算子 $\hat{a}$ の固有状態である.

実際, (2.164)から

$$\begin{aligned}
\hat{a}|z\rangle &= e^{-|z|^2/2} \sum_{n=0}^{\infty} \frac{z^n}{\sqrt{n!}} \hat{a}|n\rangle \\
&= e^{-|z|^2/2} \sum_{n=1}^{\infty} \frac{z^n}{\sqrt{n!}} \sqrt{n} |n-1\rangle \\
&= z|z\rangle
\end{aligned} \tag{2.165}$$

が成り立つ.

（ⅲ）コヒーレント状態(2.165)がどのような物理的状態を表わしているかを調べよう. まず, (2.165)を $\hat{p}, \hat{q}$ で表わすと

$$\sqrt{\frac{m\omega}{2\hbar}}\Big(\hat{q}+i\frac{1}{m\omega}\hat{p}\Big)|z\rangle = \sqrt{\frac{m\omega}{2\hbar}}\Big(q_0+i\frac{1}{m\omega}p_0\Big)|z\rangle \quad (2.166)$$

したがって,

$$(\hat{q}-q_0)|z\rangle = -i\frac{1}{m\omega}(\hat{p}-p_0)|z\rangle \quad (2.167)$$

が成り立つ. q_0, p_0 はそれぞれ $\hat{q}$ と $\hat{p}$ のコヒーレント状態の期待値であった((2.159), (2.160)式). そこで 1-5 節の条件(1)(1.90)および条件(2)を思い出すと, (2.167)は $\hat{q}$ と $\hat{p}$ についての Heisenberg の不確定性関係が等号(最小)になる条件そのものになっている.

したがって, コヒーレント状態は最小不確定波束の状態((1.97)参照)になっていることがわかる. このことはまた, コヒーレント状態が古典的な状態に最も近い量子状態であることを意味している. 量子化された光——光子——はいろいろな振動数 ω の調和振動子の集りとして記述されることが知られているが, 光のコヒーレント状態はレーザー光などの記述法として量子光学の分野で用いられており, その応用範囲は広い. （花村榮一：量子光学（本講座第 8 巻）参照.）

2-7 経路積分

量子力学の記述方法のうち, Schrödinger 描像に基づく方法と Heisenberg 描像に基づく方法については, 2-1 節, 2-2 節においてすでに述べた. この節では第 3 の方法として, **経路積分**(path integral)による記述方法を説明する（よりくわしい説明については巻末文献[2-3]参照）. これは最初 Dirac によって提案され, Feynman によって開発されたものである.

まず, 自由度 1 の系の Feynman 核 $K(x, t ; x_0, t_0)$ を考えよう. 多自由度系

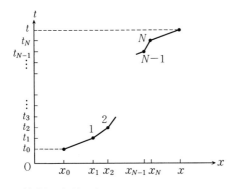

図 2-4　$N+1$ 等分割された時間間隔(縦軸)と粒子の経路.

への拡張は容易である．ハミルトニアンは(2.16)と同じ構造の

$$\hat{H} = \frac{1}{2m}\hat{p}^2 + \hat{V}(x) \equiv T(\hat{p}) + \hat{V}(x) \tag{2.168}$$

であると仮定しよう．

いま Feynman 核の表現(2.98)において時間間隔 $t-t_0$ を図 2-4 のように N 等分し，$\varepsilon \equiv t_N - t_{N-1} = (t-t_0)/(N+1)$ とおく．

微小時間間隔 ε の Feynman 核 $K(x_j, t_j ; x_{j-1}, t_{j-1})$ $(j=1,2,\cdots,N+1)$ は

$$K(x_j, t_j ; x_{j-1}, t_{j-1}) = \langle x_j | e^{-\frac{i\varepsilon}{\hbar}\hat{H}} | x_{j-1} \rangle \tag{2.169}$$

と表わせる．ただし，$x_{N+1}=x, t_{N+1}=t$．一方，ハミルトニアン $\hat{H}$ が(2.168)の形のときは

$$\begin{aligned} e^{-i\frac{\varepsilon}{\hbar}\hat{H}} &= e^{-i\frac{\varepsilon}{\hbar}(\hat{T}+\hat{V})} \\ &\cong e^{-i\frac{\varepsilon}{\hbar}\hat{T}} e^{-i\frac{\varepsilon}{\hbar}\hat{V}}(1+O(\varepsilon^2)) \end{aligned} \tag{2.170}$$

が成り立つので，ε が十分小さく $O(\varepsilon^2)$ の項からの寄与が無視できる場合には，(2.169)は

$$K(x_j, t_j ; x_{j-1}, t_{j-1}) \cong \langle x_j | e^{-\frac{i\varepsilon}{\hbar}\hat{T}} e^{-\frac{i\varepsilon}{\hbar}\hat{V}} | x_{j-1} \rangle \tag{2.171}$$

$$= \int_{-\infty}^{\infty} dp_j \langle x_j | e^{-\frac{i\varepsilon}{\hbar}\hat{T}} | p_j \rangle \langle p_j | e^{-\frac{i\varepsilon}{\hbar}\hat{V}} | x_{j-1} \rangle \tag{2.172}$$

$$= \int_{-\infty}^{\infty} \frac{dp_j}{2\pi\hbar} e^{ip_j(x_j - x_{j-1})/\hbar - i\varepsilon H_j/\hbar} \tag{2.173}$$

と表わすことができる. ただし, H_j は c 数変数 p_j, x_{j-1} で与えられた Hamilton 関数

$$H_j = \frac{1}{2m}p_j{}^2 + V(x_{j-1}) \qquad (2.174)$$

である. また, (2.172)と(2.173)では, 運動量 $\hat{p}_j$ の固有ケット $|p_j\rangle$ の完備性(1.58)とその固有関数 $\langle x|p\rangle$ (1.66)を用いた.

ここで1つ注意をしておく. (2.171)の右辺で $\hat{T}$ と $\hat{V}$ の順序を入れ換えて,

$$K(x_j, t_j ; x_{j-1}, t_{j-1}) \cong \langle x_j|e^{-\frac{i\varepsilon}{\hbar}\hat{V}}e^{-\frac{i\varepsilon}{\hbar}\hat{T}}|x_{j-1}\rangle \qquad (2.175)$$

と表わすこともできる. (2.171)の代りに(2.175)を用いて(2.172)から(2.173)への変形を実行すると, (2.174)のポテンシャル V の引数 x_{j-1} が x_j になった Hamilton 関数 H_j が得られる. (2.171)と(2.175)の違いは, (2.170)の展開式の $O(\varepsilon^2)$ の項の差によるもので, 最終的に $\varepsilon \to 0$ ($N \to \infty$) の極限では無視できると期待される[*].

有限時間間隔の Feynman 核は(2.98)に(2.173)を代入して(ふたたび ε^2 のオーダーの項は無視できるとして),

$$K(x, t ; x_0, t_0) \cong \int_{-\infty}^{\infty} dx_1 \cdots dx_N \int_{-\infty}^{\infty} \left(\frac{dp_1}{2\pi\hbar}\right) \cdots \left(\frac{dp_{N+1}}{2\pi\hbar}\right) e^{\frac{i}{\hbar}S_N} \qquad (2.176)$$

が得られる. ただし,

$$S_N = \sum_{j=1}^{N+1} [p_j(x_j - x_{j-1}) - \varepsilon H_j] \qquad (2.177)$$

と定義し, $x_{N+1} = x$ とおいた.

最後に, $\varepsilon \to 0$ ($N \to \infty$) の連続極限をとる. このとき, 極限で(2.176)の右辺が実際左辺に等しいことを保証するのが次の **Trotter の積公式**である. 公式は限られた範囲のポテンシャル $\hat{V}$ に対して成り立つことが示される[**].

---

[*] 力学系によっては常に無視できるとは限らない. (2.174)の H_j において, $V(x_{j-1})$ の代りに $V((x_{j-1}+x_j)/2)$ とおきかえる操作を中点処方(midpoint method)とよぶ. この処方に対応する $\hat{H}$ の $\hat{p}$ と $\hat{x}$ の並び方は Weyl 順序とよばれる. くわしくは, 巻末文献[2-2], [2-3]参照.

[**] L.S.Schulman: *Techniques and Application of Path Integration* (Wiley-Interscience, 1981)p.9参照.

$$e^{-i\frac{t-t_0}{\hbar}(\hat{T}+\hat{V})} \equiv \left(e^{-i\frac{\varepsilon}{\hbar}(\hat{T}+\hat{V})}\right)^{N+1}$$
$$= \lim_{N\to\infty}\left(e^{-i\frac{\varepsilon}{\hbar}\hat{T}}e^{-i\frac{\varepsilon}{\hbar}\hat{V}}\right)^{N+1} \quad (2.178)$$

ただし，$\varepsilon \equiv \dfrac{t-t_0}{N+1}$.

一方，連続極限で，(2.177)を

$$\lim_{N\to\infty} S_N \equiv S[x(\tau), p(\tau)] \quad (2.179)$$
$$= \int_{t_0}^{t} d\tau [p(\tau)\dot{x}(\tau) - H(p(\tau), x(\tau))] \quad (2.180)$$

と表わす．ただし，$x(t_0)=x_0$, $x(t)=x$ で，(2.179)では作用 S が与えられた $x(\tau), p(\tau)$ の汎関数として定義されている．

連続極限で(2.176)の積分は無限多重積分になるが，その積分測度を

$$\int_{x(t_0)=x_0}^{x(t)=x} \mathcal{D}[x] \int \mathcal{D}\left[\frac{p}{2\pi\hbar}\right] \equiv \lim_{N\to\infty} \int_{-\infty}^{\infty} dx_1 \cdots dx_N \int_{-\infty}^{\infty}\left(\frac{dp_1}{2\pi\hbar}\right)\cdots\left(\frac{dp_{N+1}}{2\pi\hbar}\right)$$
$$(2.181)$$

と表わす．

(2.180), (2.181)を用いると，公式(2.178)の成り立つ範囲で，Feynman 核 $K(x,t\,;\,x_0,t_0)$ に対する新しい(第3の)表示

$$K(x,t\,;\,x_0,t_0) = \int_{x(t_0)=x_0}^{x(t)=x} \mathcal{D}[x(\tau)] \int \mathcal{D}\left[\frac{p(\tau)}{2\pi\hbar}\right] e^{\frac{i}{\hbar}S[x(\tau),p(\tau)]}$$
$$(2.182)$$

が得られる．(2.182)は**位相空間における経路積分表示**(path integral representation in phase space)とよばれている．

$x(\tau), p(\tau)$ $(t_0 \leq \tau \leq t)$ は位相空間内において粒子の x_0 から x への経路——軌道——を表わしている．1つの経路 $(x(\tau), p(\tau))$ をきめると，(2.180)によって，作用 S がその経路の汎関数として定まる．積分(2.182)は $x(t_0)=x_0$ と $x(t)=x$ を結ぶあらゆる経路について $\exp(iS/\hbar)$ の重みをつけて足し上げることによって，Feynman 核，すなわち量子力学的な伝搬関数が得られることを主張している．

特に $\hat{H}$ が(2.16)のような場合には，$p(\tau)$ についての積分を実行することは容易である．

まず，(2.173)において p_j についての積分を実行すると，

$$K(x_j, t_j\,;\, x_{j-1}, t_{j-1}) = \int_{-\infty}^{\infty} \frac{dp_j}{(2\pi\hbar)} e^{\frac{i}{\hbar}p_j(x_j-x_{j-1}) - i\frac{\varepsilon}{\hbar}\left(\frac{1}{2m}p_j^2 + V(x_{j-1})\right)}$$

$$= \int_{-\infty}^{\infty} \frac{dp_j}{(2\pi\hbar)} e^{-\frac{i\varepsilon}{2m\hbar}\left[p_j - \frac{m}{\varepsilon}(x_j-x_{j-1})\right]^2 + \frac{i}{\hbar}\left[\frac{1}{2}m\varepsilon\left(\frac{x_j-x_{j-1}}{\varepsilon}\right)^2 - \varepsilon V(x_{j-1})\right]}$$

$$= \sqrt{\frac{m}{2\pi\hbar i\varepsilon}} e^{\frac{i\varepsilon}{\hbar}\left[\frac{1}{2}m\left(\frac{x_j-x_{j-1}}{\varepsilon}\right)^2 - V(x_{j-1})\right]} \quad (2.183)$$

が得られる．

これを(2.98)に代入すると

$$K(x, t\,;\, x_0, t_0) \cong \left[\frac{m}{2\pi\hbar i\varepsilon}\right]^{\frac{N+1}{2}} \int_{-\infty}^{\infty} dx_1 dx_2 \cdots dx_N e^{\frac{i}{\hbar}S_N} \quad (2.184)$$

ただし，

$$S_N = \varepsilon \sum_{j=1}^{N+1} \left[\frac{1}{2}m\left(\frac{x_j - x_{j-1}}{\varepsilon}\right)^2 - V(x_{j-1})\right] \quad (2.185)$$

$$x_{N+1} = x$$

という表式が得られる．

連続極限をとり，(2.184)を

$$K(x, t\,;\, x_0, t_0) = \int_{x(t_0)=x_0}^{x(t)=x} \mathcal{D}[x(\tau)] e^{\frac{i}{\hbar}S[x(\tau), \dot{x}(\tau)]} \quad (2.186)$$

と表わす．ここで，

$$S[x(\tau), \dot{x}(\tau)] = \int_{t_0}^{t} d\tau \left[\frac{1}{2}m\dot{x}^2(\tau) - V(x(\tau))\right]$$

$$\equiv \int_{t_0}^{t} d\tau L(x(\tau), \dot{x}(\tau)) \quad (2.187)$$

は Lagrange 形式で表わされた作用で，$L(x, \dot{x})$ はラグランジアンを表わす．$x(t_0)=x_0$, $x(t)=x$ である．

また，積分の測度は

$$\mathcal{D}[x(\tau)] = \lim_{N \to \infty} \left(\frac{m}{2\pi\hbar i\varepsilon}\right)^{\frac{N+1}{2}} dx_1 dx_2 \cdots dx_N \qquad (2.188)$$

で定義される．

(2.186)は**配位空間における経路積分表示**，あるいは **Feynman の経路積分表示**とよばれている．特にハミルトニアン $\hat{H}$ が(2.16)の構造のときは，導出方法から明らかな通り，(2.186)は位相空間における経路積分表示(2.182)と等価な表示である．(2.186)は，粒子のあらゆる可能な経路 $x(\tau)$ について加え合わせる(sum over histories)という物理的な描像にもとづいて，伝搬関数を表現したものである．

調和振動子

例題として調和振動子の Feynman 核を経路積分の方法で求めてみよう．調和振動子のラグランジアンは

$$L = \frac{1}{2} m\dot{x}^2 - \frac{1}{2} m\omega^2 x^2 \qquad (2.189)$$

で与えられる．

(2.189)の積分を実行するために

$$x(\tau) = x^{\mathrm{cl}}(\tau) + y(\tau) \qquad (2.190)$$

とおいて，積分変数を $x(\tau)$ から $y(\tau)$ に変換する．ただし，$x^{\mathrm{cl}}(\tau)$ は

$$\left.\frac{\delta S}{\delta x(\tau)}\right|_{x=x^{\mathrm{cl}}(\tau)} = m(\ddot{x}^{\mathrm{cl}}(\tau) + \omega^2 x^{\mathrm{cl}}(\tau)) = 0 \qquad (2.191)$$

をみたす古典軌道で，境界条件は

$$x^{\mathrm{cl}}(t_0) = x_0, \qquad x^{\mathrm{cl}}(t) = x \qquad (2.192)$$

とする．(2.190)から，$y(\tau)$ のみたす境界条件は

$$y(t_0) = y(t) = 0 \qquad (2.193)$$

であることがわかる．

(2.190)を作用(2.187)に代入して，(2.191)の条件を用いると

$$S[x(\tau), \dot{x}(\tau)] = S[x^{\mathrm{cl}}(\tau), \dot{x}^{\mathrm{cl}}(\tau)] + S[y(\tau), \dot{y}(\tau)] \qquad (2.194)$$

が得られる．ただし，ここで，

$$S[x^{\mathrm{cl}}(\tau), \dot{x}^{\mathrm{cl}}(\tau)] = \int_{t_0}^{t} \left[\frac{1}{2} m \{\dot{x}^{\mathrm{cl}}(\tau)\}^2 - \frac{1}{2} m\omega^2 \{x^{\mathrm{cl}}(\tau)\}^2 \right] d\tau$$
$$\equiv S^{\mathrm{cl}}(x, t\,;\,x_0, t_0) \tag{2.195}$$

$$S[y(\tau), \dot{y}(\tau)] = \int_{t_0}^{t} \left[\frac{1}{2} m\dot{y}^2(\tau) - \frac{1}{2} m\omega^2 y^2(\tau) \right] d\tau \tag{2.196}$$

である．(2.194)で $y(\tau)$ ($\dot{y}(\tau)$) の1次の項が現われないのは，$x^{\mathrm{cl}}(\tau)$ が(2.191)をみたすからである．

$S^{\mathrm{cl}}(x, t\,;\,x_0, t_0)$ を計算しよう．まず，境界条件(2.192)をみたす古典解 $\ddot{x}^{\mathrm{cl}}(\tau) + \omega^2 x^{\mathrm{cl}}(\tau) = 0$ が

$$x^{\mathrm{cl}}(\tau) = \frac{x \sin \omega(\tau - t_0) + x_0 \sin \omega(t - \tau)}{\sin \omega(t - t_0)} \tag{2.197}$$

であることはすぐに確かめられる．ただし，$\omega(t-t_0) \neq n\pi$ を仮定した．一方，(2.195)の右辺を部分積分して

$$S^{\mathrm{cl}}(x, t\,;\,x_0, t_0) = \int_{t_0}^{t} \left[-\frac{1}{2} (m\ddot{x}^{\mathrm{cl}}(\tau) + m\omega^2 x^{\mathrm{cl}}(\tau)) x^{\mathrm{cl}}(\tau) \right] d\tau$$
$$+ \frac{1}{2} m x^{\mathrm{cl}}(\tau) \dot{x}^{\mathrm{cl}}(\tau) \Big|_{t_0}^{t} \tag{2.198}$$

と変形する．第1項は運動方程式(2.191)によってゼロになる．したがって

$$S^{\mathrm{cl}}(x, t\,;\,x_0, t_0) = \frac{1}{2} m \left[x^{\mathrm{cl}}(t) \dot{x}^{\mathrm{cl}}(t) - x^{\mathrm{cl}}(t_0) \dot{x}^{\mathrm{cl}}(t_0) \right] \tag{2.199}$$

となる．

ここで，(2.197)の $x^{\mathrm{cl}}(\tau)$ を微分すると

$$\dot{x}^{\mathrm{cl}}(\tau) = \omega \frac{x \cos \omega(\tau - t_0) - x_0 \cos \omega(t - \tau)}{\sin \omega(t - t_0)} \tag{2.200}$$

が得られるので，(2.197)，(2.200)を(2.199)の右辺へ代入し，整理すると

$$S^{\mathrm{cl}}(x, t\,;\,x_0, t_0) = \frac{m\omega}{2 \sin \omega(t - t_0)} [(x^2 + x_0^2) \cos \omega(t - t_0) - 2xx_0]$$
$$\tag{2.201}$$

が得られる．

さて，(2.190)から

$$\mathcal{D}[x(\tau)] = \mathcal{D}[y(\tau)] \tag{2.202}$$

が成り立つので，(2.194)を(2.186)に代入し，(2.193)に注意すると

$$K(x,t\,;\,x_0,t_0) = K(0,t\,;\,0,t_0)e^{\frac{i}{\hbar}S^{\text{cl}}(x,t\,;\,x_0,t_0)} \tag{2.203}$$

という表式が得られる．ただし，

$$K(0,t\,;\,0,t_0) = \int \mathcal{D}[y(\tau)]e^{\frac{i}{\hbar}S[y(\tau),\dot{y}(\tau)]} \tag{2.204}$$

である．変数 $y(\tau)$ は古典解のまわりの**量子的ゆらぎ**(quantum fluctuation)をあらわしており，(2.204)はFeynman核にその効果を与える式である．条件(2.193)のため，$K(0,t\,;\,0,t_0)$ は時刻 t と t_0 のみに依存する．

(2.204)を具体的に計算するためには，あらためて経路積分の定義式(2.184)，(2.185)にもどらなければならない．すなわち，

$$K(0,t\,;\,0,t_0) = \lim_{N\to\infty}\left(\frac{m}{2\pi\hbar i\varepsilon}\right)^{\frac{N+1}{2}} \int dy_1\cdots dy_N e^{\frac{i}{\hbar}S_N[y]}. \tag{2.205}$$

$$S_N[y] = \varepsilon\sum_{j=1}^{N+1}\left[\frac{1}{2}m\left(\frac{y_j - y_{j-1}}{\varepsilon}\right)^2 - \frac{1}{2}m\omega^2 y_{j-1}^2\right] \tag{2.206}$$

ただし，$y_0 = y_{N+1} = 0$．

ここで計算の見通しをよくするために N 成分のベクトル

$${}^t\boldsymbol{y} \equiv (y_1, y_2, \cdots, y_N) \tag{2.207}$$

を導入する．ただし ${}^t\boldsymbol{y}$ は $\boldsymbol{y}$ の転置ベクトルを表わす．ベクトル $\boldsymbol{y}$ を用いると，(2.206)の $S_N[y]$ は

$$\frac{i}{\hbar}S_N[y] = i\,{}^t\boldsymbol{y}\sigma\boldsymbol{y} \tag{2.208}$$

と書ける．ただし，σ はつぎの $N\times N$ の実対称行列である．

$$\sigma \equiv \frac{m}{2\hbar\varepsilon} \begin{bmatrix} 2 & -1 & & & & \\ -1 & 2 & -1 & & \mathbf{0} & \\ & -1 & 2 & & & \\ & & & 2 & -1 & \\ & \mathbf{0} & & & & -1 \\ & & & & -1 & 2 \end{bmatrix} - \frac{m\omega^2\varepsilon}{2\hbar} \begin{bmatrix} 1 & 0 & & & & \\ 0 & 1 & & & \mathbf{0} & \\ & & & & & \\ & & & & 1 & 0 \\ & \mathbf{0} & & & 0 & 1 \end{bmatrix}$$

(2.209)

実対称行列は実直交行列 T で対角化され，その固有値はすべて実数である；

$$\sigma = T^{-1}\sigma_\mathrm{D} T \qquad ({}^t T T = \mathbf{1}) \tag{2.210}$$

ただし，$\mathbf{1}$ は単位行列，σ_D は対角行列で，$(\sigma_\mathrm{D})_{jj} \equiv \sigma_j$ は実数である．

ここで，変数 $\boldsymbol{y}$ を $\boldsymbol{y}' \equiv T\boldsymbol{y}$ と変換すると，${}^t\boldsymbol{y}\sigma\boldsymbol{y} = {}^t\boldsymbol{y}'\sigma_\mathrm{D}\boldsymbol{y}'$ となる．一方，変数変換 $\boldsymbol{y} \to \boldsymbol{y}'$ のヤコビアンは1である（$\det T = 1$）．したがって，

$$\int dy_1 \cdots dy_n e^{\frac{i}{\hbar}S_N[y]} = \int dy_1' \cdots dy_N' \exp\left[i\sum_{j=1}^N y_j'\sigma_j y_j'\right]$$

$$= \prod_{j=1}^N \left[\frac{i\pi}{\sigma_j}\right]^{\frac{1}{2}} = \frac{(i\pi)^{N/2}}{\sqrt{\det\sigma}} \tag{2.211}$$

が得られる．ここで $\sigma_j \neq 0$ $(j=1,2,\cdots,N)$ と仮定し，解析接続によって Gauss 積分を評価した．(2.205), (2.211) から

$$K(0, t \,; 0, t_0) = \lim_{N\to\infty} \left[\left(\frac{m}{2\pi i\hbar\varepsilon}\right)^{N+1} \frac{(i\pi)^N}{\det\sigma}\right]^{\frac{1}{2}} \tag{2.212}$$

$$= \lim_{N\to\infty} \left[\left(\frac{m}{2\pi i\hbar}\right) \cdot \frac{1}{\varepsilon} \cdot \left(\frac{m}{2\hbar\varepsilon}\right)^N \frac{1}{\det\sigma}\right]^{\frac{1}{2}} \tag{2.213}$$

$$= \lim_{N\to\infty} \left[\left(\frac{m}{2\pi i\hbar}\right) \frac{1}{\varepsilon} \frac{1}{\det\rho_N}\right]^{\frac{1}{2}} \tag{2.214}$$

ただし，ρ_N は $N \times N$ の行列

$$\rho_N = \begin{bmatrix} 2-\omega^2\varepsilon^2 & -1 & & & & \\ -1 & 2-\omega^2\varepsilon^2 & -1 & & \mathbf{0} & \\ & -1 & & & & \\ & & & 2-\omega^2\varepsilon^2 & -1 & \\ & \mathbf{0} & & -1 & 2-\omega^2\varepsilon^2 & \end{bmatrix} \tag{2.215}$$

を表わす.

ここで，一般に(2.215)の形の $j\times j$ の行列を ρ_j と定義すると，次の漸化式が成り立つことがわかる．

$$\det \rho_{j+1} = (2-\omega^2\varepsilon^2)\det \rho_j - \det \rho_{j-1} \quad (j=1,2,\cdots,N-1) \quad (2.216)$$

ただし，$\rho_0=1$ とする．(2.216)はまた

$$\left[\frac{\det \rho_{j+1}-\det \rho_j}{\varepsilon} - \frac{\det \rho_j - \det \rho_{j-1}}{\varepsilon}\right] + \omega^2\varepsilon \det \rho_j = 0 \quad (2.217)$$

と表わせる．そこで，$\tau \equiv t_0+j\varepsilon$ とおき，

$$f(\tau) \equiv \varepsilon \det \rho_j \quad (2.218)$$

と定義すると，$\varepsilon \to 0$ ($N\to\infty$) の極限で(2.217)は $f(\tau)$ に対する微分方程式

$$\frac{d^2f}{d\tau^2} + \omega^2 f(\tau) = 0 \quad (t_0 \leqq \tau \leqq t) \quad (2.219)$$

に帰着する．$f(\tau)$ のみたすべき初期条件は

$$f(t_0) = \lim_{\varepsilon \to 0} \varepsilon \rho_0 = 0 \quad (2.220)$$

$$\left.\frac{df}{d\tau}\right|_{\tau=t_0} = \lim_{\varepsilon \to 0}\varepsilon\left(\frac{\rho_1-\rho_0}{\varepsilon}\right) = \lim_{\varepsilon \to 0}[2-\omega^2\varepsilon^2-1] = 1 \quad (2.221)$$

である．これらの初期条件をみたす(2.219)の解は容易に求められて，

$$f(\tau) = \frac{\sin \omega(\tau-t_0)}{\omega} \quad (2.222)$$

となる．

一方，$f(\tau)$ の定義式(2.218)にもどって考えると

$$\lim_{N\to\infty}(\varepsilon \det \rho_N) = f(t) \quad (2.223)$$

であることがわかる．これを(2.214)に代入し，(2.222)を用いると，

$$K(0,t;0,t_0) = \left[\frac{m}{2\pi i\hbar}\frac{\omega}{\sin \omega(t-t_0)}\right]^{\frac{1}{2}} \quad (2.224)$$

が得られる．

以上をまとめて，最終的に

$$K(x,t\,;\,x_0,t_0) = \sqrt{\frac{m\omega}{2\pi i\hbar\sin\omega(t-t_0)}} \cdot e^{\frac{i}{\hbar}S^{\mathrm{cl}}(x,t\,;\,x_0,t_0)} \quad (2.225)$$

が得られる．ただし，$S^{\mathrm{cl}}(x,t\,;\,x_0,t_0)$ は古典軌道に対する作用で，(2.201)で与えられている．

3次元等方調和振動子への拡張は容易である．結果だけを書いておくと，

$$K(\boldsymbol{x},t\,;\,\boldsymbol{x}_0,t_0) = \left[\frac{m\omega}{2\pi i\hbar\sin\omega(t-t_0)}\right]^{\frac{3}{2}} e^{\frac{i}{\hbar}S^{\mathrm{cl}}(\boldsymbol{x},t\,;\,\boldsymbol{x}_0,t_0)} \quad (2.226)$$

ただし，

$$S^{\mathrm{cl}}(\boldsymbol{x},t\,;\,\boldsymbol{x}_0,t_0) = \frac{m\omega}{2\sin\omega(t-t_0)}\left[(\boldsymbol{x}^2+\boldsymbol{x}_0^2)\cos\omega(t-t_0) - 2\boldsymbol{x}\cdot\boldsymbol{x}_0\right] \quad (2.227)$$

である．

なお，(2.225)で $\omega\to 0$ の極限をとると自由粒子の Feynman 核が得られる．それは2-5節に求めた Feynman 核(2.115)に当然のことながら一致している．

最後に，調和振動子の古典軌道に対する作用(2.201)を用いると，自由粒子の Feynman 核に対する表示(2.116)と全く同じ表示が，調和振動子の Feynman 核に対しても成り立つことに注意しておこう*．

無限に高いポテンシャルの壁

時刻 t_0 に x_0 を出発した粒子が時刻 t に x に達する古典軌道 $x^{\mathrm{cl}}(\tau)$ は1つだけある場合が多い．しかし，配位空間の構造によっては2つ，あるいはそれ以上（無限に）存在する場合がある．最も簡単な例題として，図2-5に示したように，$x<0$ の領域に無限に高いポテンシャルのそびえる系を考えてみよう（巻末文献[2-5] p. 212）．この系では P_0 から P に至る古典軌道としては P_0 から直接 P に至る直接経路(I)のほかに，一度ポテンシャルの壁で反射されて P に至る跳ね返り経路(II)が存在する．

この系の Feynman 核に対する経路積分表示がどうなるかを調べてみよう．

---

* 83ページ参照．

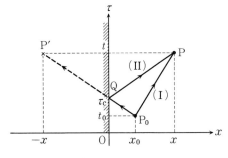

図 2-5 無限に高いポテンシャルの壁($x=0$)と粒子の古典軌道.

ポテンシャルとしては

$$V(x) = \begin{cases} 0 & (x \geqq 0) \\ \infty & (x < 0) \end{cases} \qquad (2.228)$$

を仮定する.

ポテンシャル V (2.228)の存在によって粒子の配位空間は半直線($0 \leqq x < \infty$)に制限される.したがって $\hat{x}$ の固有ケット $|x\rangle$ の完備性と直交性は,それぞれ

$$\int_0^\infty dx |x\rangle\langle x| = 1 \qquad (2.229)$$

$$\langle x|x'\rangle = \delta(x-x') \qquad (x, x' \geqq 0) \qquad (2.230)$$

となる.

一方,波動関数 $\psi(x)$ はつねに境界条件 $\psi(0)=0$ をみたさなければならない.このため,自由粒子の波動関数は

$$\langle x|\psi_p\rangle = \psi_p(x) = \sqrt{\frac{2}{\pi\hbar}} \sin\frac{px}{\hbar} \qquad (2.231)$$

と表わされる.ただし $\hat{p}|\psi_p\rangle = p|\psi_p\rangle$ で,p は運動量の大きさ($p \geqq 0$)を表わす.

状態 $|\psi_p\rangle$ の完備性と直交性は,それぞれ

$$\int_0^\infty dp |\psi_p\rangle\langle \psi_p| = 1 \qquad (2.232)$$

$$\langle \psi_p|\psi_{p'}\rangle = \delta(p-p') \qquad (p, p' \geqq 0) \qquad (2.233)$$

である.

$x \geqq 0$ では，自由粒子のハミルトニアンなので，Feynman 核は

$$\langle x, t | x_0, t_0 \rangle = \langle x | e^{-\frac{i}{\hbar} \frac{\hat{p}^2}{2m}(t-t_0)} | x_0 \rangle \tag{2.234}$$

$$= \int_0^\infty dp \langle x | \psi_p \rangle \langle \psi_p | x_0 \rangle e^{-i \frac{p^2(t-t_0)}{2m\hbar}}$$

$$= \frac{2}{\pi\hbar} \int_0^\infty dp \sin\frac{xp}{\hbar} \sin\frac{x_0 p}{\hbar} e^{-i \frac{p^2(t-t_0)}{2m\hbar}} \tag{2.235}$$

と表わすことができる．

(2.235)はさらに，波動関数 $\psi_p(x)$ を進行波 $\exp(\pm ipx/\hbar)$ の和に分解し，積分区間を $-\infty < p < +\infty$ に拡張して

$$\langle x, t | x_0, t_0 \rangle = \int_{-\infty}^\infty \frac{dp}{2\pi\hbar} \left[e^{i\frac{p}{\hbar}(x-x_0) - i\frac{p^2(t-t_0)}{2m\hbar}} - e^{i\frac{p}{\hbar}(x+x_0) - i\frac{p^2(t-t_0)}{2m\hbar}} \right] \tag{2.236}$$

と変形できる．ここで(2.236)を(2.114)と比較すると，求める Feynman 核

$$\langle x, t | x_0, t_0 \rangle = \left[\frac{m}{2\pi i \hbar (t-t_0)} \right]^{\frac{1}{2}} \left[\exp\left\{ \frac{im(x-x_0)^2}{2\hbar(t-t_0)} \right\} - \exp\left\{ \frac{im(x+x_0)^2}{2\hbar(t-t_0)} \right\} \right] \tag{2.237}$$

が得られる．（あるいは，(2.236)で直接 p 積分を実行してもよい．）

(2.237)において，第1項が図 2-5 の直接経路(I)に対応し，第2項がポテンシャルの壁でのはね返り経路(II)に対応していることが次のようにしてわかる．

まず，経路(I), (II)の軌道が，それぞれ

$$x_{\mathrm{I}}(\tau) = x_0 + \frac{\tau - t_0}{t - t_0}(x - x_0) \qquad (t_0 \leqq \tau \leqq t) \tag{2.238}$$

$$x_{\mathrm{II}}(\tau) = \begin{cases} x_0 - \dfrac{\tau - t_0}{t - t_0}(x + x_0) & (t_0 \leqq \tau \leqq \tau_{\mathrm{c}}) \\ -x_0 + \dfrac{\tau - t_0}{t - t_0}(x + x_0) & (\tau_{\mathrm{c}} \leqq \tau \leqq t) \end{cases} \tag{2.239}$$

と表わせることに注意しよう．ただし，τ_{c} は軌道 $x_{\mathrm{II}}(\tau)$ が点 Q に達する時刻で，$\tau_{\mathrm{c}} = (xt_0 + x_0 t)/(x_0 + x)$ である．(2.238), (2.239)をそれぞれ自由粒子の

作用に代入すると，対応する古典作用は，それぞれ

$$S_\mathrm{I}^{\mathrm{cl}}(x,t\,;\,x_0,t_0) = \frac{m(x-x_0)^2}{2(t-t_0)} \tag{2.240}$$

$$S_\mathrm{II}^{\mathrm{cl}}(x,t\,;\,x_0,t_0) = \frac{m(x+x_0)^2}{2(t-t_0)} \tag{2.241}$$

となる．これを(2.237)の表式と比較して，

$$\langle x,t|x_0,t_0\rangle = \left[\frac{m}{2\pi i\hbar(t-t_0)}\right]^{\frac{1}{2}} \left[e^{\frac{i}{\hbar}S_\mathrm{I}^{\mathrm{cl}}(x,t\,;\,x_0,t_0)} - e^{\frac{i}{\hbar}S_\mathrm{II}^{\mathrm{cl}}(x,t\,;\,x_0,t_0)}\right] \tag{2.242}$$

が得られる．$S_\mathrm{II}^{\mathrm{cl}}$ はまた，点 P_0 から点 P の鏡映点 P′ への古典経路に対する作用と考えることもできる．第2項の寄与が和でなく，位相 π が付加されて差になっているのが目新しい点である．

以上の結果を Feynman の経路積分の方法で再現するには，(2.236)で p 積分の領域を拡大したように，配位空間 x の領域も形式的に $-\infty < x < +\infty$ に広げるのが便利である．それには次のようにすればよい．

微小時間間隔 ε の Feynman 核は，(2.235)からもわかるように

$$\begin{aligned}\langle x_j,t_j|x_{j-1},t_{j-1}\rangle &= \langle x_j|e^{-\frac{i\varepsilon}{\hbar}\hat{H}_0}|x_{j-1}\rangle \\ &= \frac{2}{\pi\hbar}\int_0^\infty dp_j \sin\left(\frac{x_j p_j}{\hbar}\right)\sin\left(\frac{x_{j-1}p_j}{\hbar}\right)e^{-\frac{i\varepsilon p_j^2}{2m\hbar}} \quad (j=1,2,\cdots,N)\end{aligned} \tag{2.243}$$

と書ける．ただし，$\varepsilon \equiv t_j - t_{j-1}$．ここで $x_j\,(j=1,\cdots,N)$ の変域を形式的に $-\infty < x_j < +\infty$ まで広げて，(2.243)を

$$\begin{aligned}\langle x_j,t_j|x_{j-1},t_{j-1}\rangle = \int_{-\infty}^\infty \frac{dp_j}{2\pi\hbar}\Big\{&e^{\frac{i}{\hbar}p_j(x_j-x_{j-1})+i\pi(\theta(-x_j)-\theta(-x_{j-1}))} \\ &+e^{\frac{i}{\hbar}p_j(x_j+x_{j-1})+i\pi(\theta(x_j)-\theta(-x_{j-1}))}\Big\}e^{-\frac{i\varepsilon p_j^2}{2m\hbar}}\end{aligned} \tag{2.244}$$

のように表わしておく．ただし，

$$\theta(x) = \begin{cases} 0 & (x<0) \\ 1 & (x>0) \end{cases}$$

(2.244)を経路積分公式(2.176)に代入すると

$$\langle x, t | x_0, t_0 \rangle = \lim_{N \to \infty} \int_0^\infty dx_1 \cdots dx_N \int_{-\infty}^\infty \frac{dp_1}{2\pi\hbar} \cdots \frac{dp_{N+1}}{2\pi\hbar}$$
$$\times \prod_{j=1}^{N+1} \left[e^{\frac{i}{\hbar} p_j(x_j - x_{j-1}) + i\pi(\theta(-x_j) - \theta(-x_{j-1}))} \right.$$
$$\left. + e^{\frac{i}{\hbar} p_j(x_j + x_{j-1}) + i\pi(\theta(x_j) - \theta(-x_{j-1}))} \right] e^{-\frac{i\varepsilon}{2m\hbar} p_j^2} \quad (2.245)$$

が得られる.ただし,$x_{N+1}=x$.ここで x_j $(j=1,2,\cdots,N)$ の積分領域を $-\infty < x_j < \infty$ に変え,(2.245)の積をまとめ直して*

$$\langle x, t | x_0, t_0 \rangle = \lim_{N \to \infty} \int_{-\infty}^\infty dx_1 \cdots dx_N \int_{-\infty}^\infty \frac{dp_1}{2\pi\hbar} \cdots \frac{dp_{N+1}}{2\pi\hbar} \left[e^{\frac{i}{\hbar} S_N^{\mathrm{I}}} + e^{\frac{i}{\hbar} S_N^{\mathrm{II}}} \right]$$
$$(2.246)$$

$$S_N^{\mathrm{I}} = \sum_{j=1}^{N+1} p_j(x_j - x_{j-1}) + \hbar\pi(\theta(-x_j) - \theta(-x_{j-1})) - \varepsilon \frac{p_j^2}{2m} \quad (x_{N+1} = x)$$
$$(2.247)$$

$$S_N^{\mathrm{II}} = S_N^{\mathrm{I}} \quad (x_{N+1} = -x) \quad (2.248)$$

と表わすことができる.ただし,(2.248)の S_N^{II} は(2.247)の S_N^{I} で $x_{N+1}=-x$ (<0) とおいたものである.

$N \to \infty$ の極限で(2.246)が,さきに求めた(2.237)に帰着することは,実際 p_j $(j=1,2,\cdots,N+1)$ 積分を実行して確かめることができる.なお,同じ極限で作用 S_N^{I} は

$$\lim_{N \to \infty} S_N^{\mathrm{I}} = \int_{t_0}^t \left[p(\tau) \dot{x}(\tau) - \frac{1}{2m} p^2(\tau) + \pi\hbar \dot{\theta}(-x(\tau)) \right] d\tau \quad (2.249)$$

と書ける.ただし,$x(t_0)=x_0$, $x(t)=x$.(2.249)の第3項は全微分で表わされているので,積分の境界値にのみ依存する位相的(topological)な項である.この項はまた

---

* (2.245)の [ ] の中の指数関数の和は,各 j ごとに x_j の積分区間を $-\infty < x_j < +\infty$ に変更して1つの項にまとめられることに注意.例外は $j=N+1$ のときで,それが(2.246)の第2項になっている.

$$\int_{t_0}^{t} \pi\hbar\dot{\theta}(-x(\tau))d\tau = -\pi\hbar \int_{t_0}^{t} \dot{x}(\tau)\delta(x(\tau))d\tau \qquad (2.250)$$

と表わせる.

したがって，求める配位空間の経路積分表示は，図 2-5 において，P_0 から P への Feynman 核と，点 P の $x=0$ 軸についての鏡映点 P′ への Feynman 核の和，すなわち

$$\langle x,t|x_0,t_0\rangle = \int_{x(t_0)=x_0}^{x(t)=x} \mathcal{D}[x(\tau)] e^{\frac{i}{\hbar}S[x(\tau),\dot{x}(\tau)]} + \int_{x(t_0)=x_0}^{x(t)=-x} \mathcal{D}[x(\tau)] e^{\frac{i}{\hbar}S[x(\tau),\dot{x}(\tau)]}$$
$$(2.251)$$

とで与えられることになる. ただし，作用 S は

$$S[x(\tau),\dot{x}(\tau)] = \int_{t_0}^{t} \left[\frac{1}{2}m\dot{x}^2(\tau) - \pi\hbar\dot{x}(\tau)\delta(x(\tau))\right]d\tau \qquad (2.252)$$

である. (2.252) の第 2 項は粒子の経路が $x=0$ をよこぎるたびに π だけの位相を Feynman 核に付加し，これが (2.242) の第 2 項が和でなく差となる効果を生んでいる*. この項が $\hbar$ に比例していることに注目しておこう.

2-8 古典系への移行 II ―― 経路積分による準古典近似

経路積分表示によると，粒子のあらゆる可能な経路からの寄与を位相 $S/\hbar$ で重ね合わせると，量子力学的 Feynman 核が得られる. このうち位相 $S/\hbar$ の値が大きい経路では，互いに少ししか離れていない 2 つの経路からの寄与は，一般に「足し上げ」の操作の際はげしく振動して打ち消し合う. このような観点からすると，$\hbar\to 0$ ($S/\hbar\to\infty$) の極限操作，すなわち量子系から古典系への移行に際して，作用 S の停留値

$$\delta S[x,\dot{x}]\Big|_{x=x^{\mathrm{cl}}(\tau)} = 0 \qquad (2.253)$$

を与える古典軌道 $x^{\mathrm{cl}}(\tau)$ が主要な寄与を与える経路として選ばれることは，極めて自然である. こうして 2-4 節の WKB 近似において波動関数の位相が

---

* 後述 (7-2 節) する LDS の定理 (229 ページ) との関係については，補章 II-2 節を参照.

(2.69)となることは経路積分の方法で単純明快に理解することができる．

次に Feynman 核 $K(x, t\,;\,x_0, t_0)$ の WKB 近似の表示を経路積分の方法で求めてみよう．

ラグランジアンは

$$L = \frac{1}{2}m\dot{x}^2 - V(x) \qquad (2.254)$$

とする．調和振動子の場合と同様

$$x(\tau) = x^{\mathrm{cl}}(\tau) + y(\tau) \qquad (2.255)$$

とおき，変数を $x(\tau)$ から $y(\tau)$ に変換する．ただし，$x^{\mathrm{cl}}(t_0)=x_0$, $x^{\mathrm{cl}}(t)=x$ である．次に，$x(\tau)$ を $x^{\mathrm{cl}}(\tau)$ のまわりに展開して

$$S[x, \dot{x}] \cong S[x^{\mathrm{cl}}, \dot{x}^{\mathrm{cl}}] + \frac{1}{2}\int_{t_0}^{t}d\tau d\tau' \left.\frac{\delta^2 S}{\delta x(\tau)\delta x(\tau')}\right|_{x=x^{\mathrm{cl}}} y(\tau)y(\tau') \qquad (2.256)$$

と近似する（WKB 近似）．

(2.256)の第 2 項が量子補正を表わす．この第 2 項をラグランジアン(2.254)を用いて計算すると

$$\frac{1}{2}\int_{t_0}^{t}d\tau d\tau' \left.\frac{\delta^2 S}{\delta x(\tau)\delta x(\tau')}\right|_{x=x^{\mathrm{cl}}(\tau)} y(\tau)y(\tau')$$
$$= \int_{t_0}^{t}d\tau\left[\frac{1}{2}m\dot{y}^2(\tau) - \frac{1}{2}V''(x^{\mathrm{cl}}(\tau))y^2(\tau)\right] \qquad (2.257)$$

が得られる．ただし，(2.255)から $y(t_0)=y(t)=0$ で，$V'' \equiv d^2V(x)/dx^2$．

(2.256), (2.257)を経路積分の公式(2.186)に代入すると

$$K(x, t\,;\,x_0, t_0) \cong \tilde{K}(0, t\,;\,0, t_0)e^{\frac{i}{\hbar}S^{\mathrm{cl}}(x,t\,;\,x_0,t_0)} \qquad (2.258)$$

と表わすことができる．ただし，$x=x^{\mathrm{cl}}(t)$, $x_0=x^{\mathrm{cl}}(t_0)$ で，

$$S^{\mathrm{cl}}(x, t\,;\,x_0, t_0) = \int_{t_0}^{t}\left[\frac{1}{2}m\{\dot{x}^{\mathrm{cl}}(\tau)\}^2 - V(x^{\mathrm{cl}}(\tau))\right]d\tau \qquad (2.259)$$

および

80 ◆ 2 運動法則

$$\tilde{K}(0,t\,;\,0,t_0) = \int \mathcal{D}[y(\tau)] e^{\frac{i}{\hbar}\tilde{S}[y(\tau),\dot{y}(\tau)]} \quad (2.260)$$

である．ここで

$$\tilde{S}[y(\tau),\dot{y}(\tau)] \equiv \int_{t_0}^{t} \left[\frac{1}{2}m\dot{y}^2(\tau) - \frac{1}{2}V''(x^{\mathrm{cl}}(\tau))y^2(\tau)\right]d\tau \quad (2.261)$$

は(2.257)の右辺に一致する．(2.260)の $\tilde{K}(0,t\,;\,0,t_0)$ はWKB近似の波動関数の前因子(prefactor)に相当するものである．

(2.261)を(2.196)と比較してみると，$\Omega^2(\tau) \equiv V''(x^{\mathrm{cl}}(\tau))/m \leftrightarrow \omega^2$ のおきかえで両者は同じ量を表わしていることがわかる．ただし $\Omega(\tau)$ は一般に τ に依存することに注意しよう．そこで，調和振動子の場合に $K(0,t\,;\,0,t_0)$ を求めた(2.205)から(2.219)へ至る計算の手続きをくり返すと，調和振動子の $f(\tau)$ に相当する関数 $\tilde{f}(\tau)$ のみたす微分方程式

$$\left[m\frac{d^2}{d\tau^2} + V''(x^{\mathrm{cl}}(\tau))\right]\tilde{f}(\tau) = 0 \quad (t_0 \leqq \tau \leqq t) \quad (2.262)$$

が得られる．初期条件は

$$\tilde{f}(t_0) = 0 \quad (2.263)$$

$$\dot{\tilde{f}}(t_0) = 1 \quad (2.264)$$

である．$\tilde{f}(\tau)$ を用いると，

$$\tilde{K}(0,t\,;\,0,t_0) = \left[\frac{m}{2\pi i\hbar \tilde{f}(t)}\right]^{\frac{1}{2}} \quad (2.265)$$

が得られる．

次に，(2.262)の解で，初期条件(2.263)，(2.264)をみたす $\tilde{f}(\tau)$ は古典解 $x^{\mathrm{cl}}(\tau)$ を用いて，

$$\tilde{f}(\tau) = \dot{x}^{\mathrm{cl}}(\tau)\dot{x}^{\mathrm{cl}}(t_0)\int_{t_0}^{\tau} \frac{d\tau'}{[\dot{x}^{\mathrm{cl}}(\tau')]^2} \quad (2.266)$$

と表わすことができることを示そう．まず，(2.266)が初期条件(2.263)，(2.264)をみたしていることは明らかであろう．さらに，

$$m\frac{d^2\tilde{f}}{d\tau^2} + V''(x^{\mathrm{cl}})\tilde{f} = \left[m\ddot{x}^{\mathrm{cl}}(\tau) + V''(x^{\mathrm{cl}}(\tau))\dot{x}^{\mathrm{cl}}(\tau)\right]\dot{x}^{\mathrm{cl}}(t_0)\int_{t_0}^{\tau}\frac{d\tau'}{[x^{\mathrm{cl}}(\tau')]^2}$$

$$= \frac{d}{d\tau}\left[m\ddot{x}^{\mathrm{cl}}(\tau) + V'(x^{\mathrm{cl}}(\tau))\right]\dot{x}^{\mathrm{cl}}(t_0)\int_{t_0}^{\tau}\frac{d\tau'}{[x^{\mathrm{cl}}(\tau')]^2}$$

$$= 0 \tag{2.267}$$

となって，実際(2.262)の解になっている．

(2.266)の $\tilde{f}(\tau)$ はまた，作用 S^{cl} (2.259) を用いると

$$\tilde{f}(t) = m\left(-\frac{\partial^2 S^{\mathrm{cl}}(x, t\,;\, x_0, t_0)}{\partial x \partial x_0}\right)^{-1} \tag{2.268}$$

と表わせることが次のようにして示せる．

まず，$x^{\mathrm{cl}}(\tau)$ に対する運動方程式を積分すると，エネルギー保存則

$$E = \frac{1}{2}m[\dot{x}^{\mathrm{cl}}(\tau)]^2 + V(x^{\mathrm{cl}}) \tag{2.269}$$

が得られる．また，軌道に沿った運動量に対しては

$$p(x^{\mathrm{cl}}(\tau)) = \sqrt{2m(E - V(x^{\mathrm{cl}}(\tau)))} = m\dot{x}^{\mathrm{cl}}(\tau) \tag{2.270}$$

が成り立つので，特に $x^{\mathrm{cl}}(t_0)=x_0$, $x^{\mathrm{cl}}(t)=x$ をみたす軌道に対してこれを積分して，

$$t - t_0 = \int_{x_0}^{x}dx'\frac{m}{p(x')} = \int_{x_0}^{x}dx'\frac{m}{\sqrt{2m(E-V(x'))}} \tag{2.271}$$

が得られる．この式は，経路の終端 (x, t) と始端 (x_0, t_0) の関数としてのエネルギー $E=E(x, t\,;\, x_0, t_0)$ を定める式と読む．

一方，古典作用 $S^{\mathrm{cl}}[x^{\mathrm{cl}}, \dot{x}^{\mathrm{cl}}]$ は

$$S^{\mathrm{cl}}(x, t\,;\, x_0, t_0) = \int_{t_0}^{t}\left[p^{\mathrm{cl}}(\tau)\dot{x}^{\mathrm{cl}}(\tau) - \left(\frac{1}{2}m[\dot{x}^{\mathrm{cl}}(\tau)]^2 + V(x^{\mathrm{cl}}(\tau))\right)\right]d\tau$$

$$= \int_{x_0}^{x}p(x')dx' - (t-t_0)E(x, t\,;\, x_0, t_0) \tag{2.272}$$

と変形できる．ただし，2段目の式へ移る際，エネルギー保存則(2.269)を用い，E が古典軌道の終端と始端に依存していることを強調した．(2.272)から，

(2.270), (2.271)を用いて

$$\frac{\partial S^{\mathrm{cl}}}{\partial x} = p(x) + \int_{x_0}^{x} \frac{\partial p(x')}{\partial E} dx' \cdot \frac{\partial E}{\partial x} - (t-t_0) \cdot \frac{\partial E}{\partial x} \qquad (2.273)$$

$$= p(x) + \left[\int_{x_0}^{x} \frac{m}{p(x')} dx' - (t-t_0)\right] \frac{\partial E}{\partial x} \qquad (2.274)$$

$$= p(x) \qquad (2.275)$$

というよく知られた結果が得られる.ただし,2行目(2.274)への変形の際,$\partial E/\partial x$ は x' によらないことに注意.

同様にして

$$\frac{\partial S^{\mathrm{cl}}}{\partial x_0} = -p(x_0) \qquad (2.276)$$

$$\frac{\partial S^{\mathrm{cl}}}{\partial t} = -\frac{\partial S^{\mathrm{cl}}}{\partial t_0} = -E(x,t\,;\,x_0,t_0) \qquad (2.277)$$

が成り立つ.

さて,(2.275)を x_0 で微分して

$$\frac{\partial^2 S^{\mathrm{cl}}}{\partial x_0 \partial x} = \frac{\partial p(x)}{\partial x_0} = \frac{\partial p(x)}{\partial E} \frac{\partial E}{\partial x_0} = \frac{m}{p(x)} \frac{\partial E}{\partial x_0} \qquad (2.278)$$

一方,(2.277)から

$$\frac{\partial E}{\partial x_0} = -\frac{\partial^2 S^{\mathrm{cl}}}{\partial x_0 \partial t} = \frac{\partial p(x_0)}{\partial t} = \frac{m}{p(x_0)} \frac{\partial E}{\partial t} \qquad (2.279)$$

と書ける.さらに,(2.271)式の両辺を t で微分すると,等式

$$\left[\frac{\partial E}{\partial t}\right]^{-1} = -\frac{1}{m} \int_{t_0}^{t} \frac{d\tau}{[\dot{x}^{\mathrm{cl}}(\tau)]^2} \qquad (2.280)$$

が成り立つ.(2.279),(2.280)の結果を(2.278)に代入して整理し,(2.266)と比較すると,(2.268)が成り立つことがわかる.

以上をまとめると,(2.265),(2.268)から

$$\tilde{K}(0,t\,;\,0,t_0) = \left[\frac{i}{2\pi\hbar}\left(\frac{\partial^2 S^{\mathrm{cl}}}{\partial x_0 \partial x}\right)\right]^{\frac{1}{2}} \qquad (2.281)$$

が得られる.したがって,Feynman 核に対する WKB 近似の公式は

$$K(x,t\,;\,x_0,t_0) \cong \sqrt{\frac{i}{2\pi\hbar}\left[\frac{\partial^2 S^{\mathrm{cl}}}{\partial x_0 \partial x}\right]} \cdot e^{\frac{i}{\hbar}S^{\mathrm{cl}}(x,t\,;\,x_0,t_0)} \qquad (2.282)$$

となる.

以上は1次元の場合であるが,多次元への拡張は容易である.3次元の場合の結果だけを書いておくと

$$K(\boldsymbol{x},t\,;\,\boldsymbol{x}_0,t_0) \cong \sqrt{\det\left[\frac{i}{2\pi\hbar}\frac{\partial^2 S^{\mathrm{cl}}}{\partial \boldsymbol{x}_0^i \partial \boldsymbol{x}^j}\right]} \cdot e^{\frac{i}{\hbar}S^{\mathrm{cl}}(\boldsymbol{x},t\,;\,\boldsymbol{x}_0,t)} \qquad (2.283)$$

となる.(2.283)に現われる行列式は **Van Vleck 行列式** とよばれている.

公式(2.282)あるいは(2.283)についていくつかの注意をしておく.

(1) 古典軌道(2.253)は1つであることを,暗黙のうちに仮定してきた.しかし,いくつかの古典軌道 $x_1^{\mathrm{cl}}(\tau), x_2^{\mathrm{cl}}(\tau), \cdots$ が存在する場合でも,もしそれらの軌道が互いに十分はなれていれば($[x_i^{\mathrm{cl}}(\tau)-x_j^{\mathrm{cl}}(\tau)]^2 \delta^2 S \gg \hbar\ (i \neq j)$),単純に各々の古典軌道からの寄与を公式(2.283)で求めて加え合わせればよい.

(2) 因子 $\tilde{K}(0,t\,;\,0,t_0)$ を求める際,行列 $\tilde{\sigma}\,(\propto \delta^2 S)$ の固有値はすべて正と仮定した.ただし,$\tilde{\sigma}$ は行列 σ (2.209)で $\omega \longleftrightarrow \Omega \equiv \sqrt{V''(x^{\mathrm{cl}})/m}$ とおきかえたものである.もし負の固有値が現われるような場合には,Gauss 積分の際,余分に $e^{i\pi/2}$ という位相が現われる.この場合,公式(2.283)は

$$K(\boldsymbol{x},t\,;\,\boldsymbol{x}_0,t_0) \cong \left[\frac{i}{2\pi\hbar}\right]^{\frac{3}{2}} \sqrt{\left|\det\left[\frac{\partial^2 S^{\mathrm{cl}}}{\partial \boldsymbol{x}_0^i \partial \boldsymbol{x}^j}\right]\right|} \cdot e^{\frac{i}{\hbar}(S^{\mathrm{cl}}-n\hbar\pi/2)} \qquad (2.284)$$

となる.n は $x^{\mathrm{cl}}(\tau)$ に沿って現われる $\delta^2 S[x^{\mathrm{cl}}]$ の負の固有値の数である*.

(3) ラグランジアンが x と $\dot{x}$ の2次形式で与えられている系では,WKB近似は厳密な結果と一致する.自由粒子も含めて,調和振動子の結果((2.116)と(2.226))が公式(2.282)に一致しているのは偶然ではない.

---

* M.C.Gutzwiller: J. Math. Phys. **8** (1967) 1979.

3

角運動量

角運動量(angular momentum)は古典力学において運動量とともに運動の記述にかかせない重要な物理量であった．しかし，量子力学では角運動量の果す役割，およびその取扱い方法は，古典論におけるよりも広範で，かつ教訓的である．この章では，角運動量の基礎的な内容に重点をおいて説明を試みる．

3-1 空間回転と角運動量

3次元 Euclid 空間 E^3 において，空間回転 R はある向きをもつ軸——軸方向の単位ベクトルを n とする——とその軸のまわりの反時計方向の回転角 ϕ で特徴づけられる(巻末文献[3-1])．単位ベクトル n は2つの独立なパラメータ，たとえば極座標で角 θ, φ を与えればきまるので，回転 R は3つの独立なパラメータを指定すれば完全に定まることがわかる．これらの回転は群をつくる．そして，E^3 の回転群が，行列式が1の3次直交行列の群 $SO(3)$ と同型であることはよく知られている．

回転軸として，特に直交座標の x 軸，y 軸，z 軸を選び，それぞれの軸のまわりの回転を R_x, R_y, R_z と表わす．たとえば z 軸のまわりの角度 ϕ の回転は $R_z(\phi)$

である．回転 $R_z(\phi)$ によって位置ベクトル $\boldsymbol{x}$ は

$$\boldsymbol{x} \longrightarrow \boldsymbol{x}' = R_z(\phi)\boldsymbol{x} \tag{3.1}$$

と変換される．$\boldsymbol{x}$ を 3 行 1 列のベクトル ${}^t\boldsymbol{x} = (x, y, z)$ で表わすと，$R_z(\phi)$ は 3×3 の行列

$$R_z(\phi) = \begin{pmatrix} \cos\phi & -\sin\phi & 0 \\ \sin\phi & \cos\phi & 0 \\ 0 & 0 & 1 \end{pmatrix} \tag{3.2}$$

によって表わすことができる．ここで，次の 3×3 反対称行列

$$I_x = \begin{pmatrix} 0 & 0 & 0 \\ 0 & 0 & -1 \\ 0 & 1 & 0 \end{pmatrix}, \quad I_y = \begin{pmatrix} 0 & 0 & 1 \\ 0 & 0 & 0 \\ -1 & 0 & 0 \end{pmatrix}, \quad I_z = \begin{pmatrix} 0 & -1 & 0 \\ 1 & 0 & 0 \\ 0 & 0 & 0 \end{pmatrix} \tag{3.3}$$

を導入する．$I_k (k = x, y, z)$ が，交換関係

$$[I_x, I_y] = I_z \tag{3.4}$$

および，(3.4) の添字 x, y, z を円順列に入れ換えた交換関係をみたすことは容易にわかる．I_k は回転群 $SO(3)$ の Lie 環の基底で，それぞれの軸のまわりの回転のつくる 1 パラメータ群の無限小変換を表わしている．

回転 $R_z(\phi)$ (3.2) は，行列 I_z を用いて

$$R_z(\phi) = e^{\phi I_z} \tag{3.5}$$

と表わすことができる．x 軸，y 軸のまわりの回転についても同様で，それぞれ

$$R_x(\phi) = \begin{pmatrix} 1 & 0 & 0 \\ 0 & \cos\phi & -\sin\phi \\ 0 & \sin\phi & \cos\phi \end{pmatrix} = e^{\phi I_x} \tag{3.6}$$

および

$$R_y(\phi) = \begin{pmatrix} \cos\phi & 0 & \sin\phi \\ 0 & 1 & 0 \\ -\sin\phi & 0 & \cos\phi \end{pmatrix} = e^{\phi I_y} \tag{3.7}$$

が成り立つ．一般に，軸 $\boldsymbol{n}$ のまわりの角度 ϕ の回転は

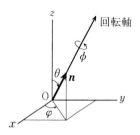

図 3-1 回転 $R_n(\phi)$.

$$R_n(\phi) = e^{\phi n \cdot I} \qquad (0 \leqq \phi \leqq \pi) \qquad (3.8)$$

と表わすことができる(図3-1). ただし, $n \cdot I \equiv n_x I_x + n_y I_y + n_z I_z$. また, $\phi = \pi$ のとき, $R_n(\pi) = R_{-n}(\pi)$ である.

さて, 与えられた系全体に, ある回転 R をほどこしたとしよう. このとき, 空間の等方性を仮定すると, 回転した系の状態は, その系に固定され, 同じ回転 R をうけた座標系を用いて, もとの座標系による記述と同等の記述ができるはずである. 4-2節の Wigner の定理をここで先取りすると, このような場合, 回転前の系の状態 $|\xi\rangle$ と回転後の状態 $|\xi\rangle_R$ との対応は1対1であり, その間には

$$|\xi\rangle_R = \hat{D}(R)|\xi\rangle \qquad (3.9)$$

という関係がつねに成り立つ. ここで, $\hat{D}(R)$ は回転 R によってきまるユニタリー演算子である. $\hat{D}(R)$ は回転 R にのみ依存し, R の群としての性質を反映して

$$\begin{aligned}\hat{D}(R_2)\hat{D}(R_1) &= \hat{D}(R_2 R_1) \\ \hat{D}^\dagger(R) &= \hat{D}(R^{-1})\end{aligned} \qquad (3.10)$$

等の性質がある. すなわち, $\hat{D}(R)$ は回転群 $SO(3)$ のユニタリー表現になっている.

回転 R として, 特に(3.5)~(3.7)の R_x, R_y, R_z を考え, 対応するユニタリー演算子をそれぞれ

$$\hat{D}_x(\phi) = e^{-i\frac{\phi}{\hbar}\hat{J}_x}, \quad \hat{D}_y(\phi) = e^{-i\frac{\phi}{\hbar}\hat{J}_y}, \quad \hat{D}_z(\phi) = e^{-i\frac{\phi}{\hbar}\hat{J}_z} \qquad (3.11)$$

と表わす．ここで J_k ($k=x,y,z$) は古典力学との対応から，**角運動量ベクトル**（の成分）とよばれ，$\hbar$ の次元をもつ Hermite 演算子である．(3.11)を(3.5)～(3.7)と比較し，$\hat{D}(R)$ が回転群の表現になっていることに注意すると，

$$I_k \longleftrightarrow -i\frac{\hat{J}_k}{\hbar} \quad (k=x,y,z) \tag{3.12}$$

という対応がつねに成り立つことがわかる．特に，I_k のみたす交換関係に対応して，**角運動量の交換関係**

$$[\hat{J}_x,\hat{J}_y] = i\hbar\hat{J}_z, \quad [\hat{J}_y,\hat{J}_z] = i\hbar\hat{J}_x, \quad [\hat{J}_z,\hat{J}_x] = i\hbar\hat{J}_y \tag{3.13}$$

が得られる．

$\hat{J}(J_x,J_y,J_z)$ は物理量として角運動量を表わすが，同時に演算子としては(3.11)からわかるように，**無限小回転の生成子**になっている．(3.13)は量子力学における角運動量のみたす基本的な交換関係として知られている．なお，一般の軸 $\bm{n}$ のまわりの角度 ϕ の回転に対しては，(3.8)に対応して

$$\hat{D}_{\bm{n}}(\phi) = e^{-i\frac{\phi}{\hbar}\bm{n}\cdot\hat{\bm{J}}} \tag{3.14}$$

が成り立つ．ただし，回転の方向は反時計まわりを正とする．

(3.14)はまた **Euler 角** (α,β,γ) を用いて次のように表わすことができる．古典力学で知られているように，剛体の任意の回転は z 軸のまわりの角 α の回転，この回転によって回転された y 軸(y' 軸)のまわりの角 β の回転，さらにこの回転によって回転した z 軸(z' 軸)のまわりの角 γ の回転によって表わすことができる(図 3-2 参照)．すなわち

$$R(\alpha,\beta,\gamma) = R_{z'}(\gamma)R_{y'}(\beta)R_z(\alpha) \tag{3.15}$$

ただし，

$$0 \leqq \alpha \leqq 2\pi, \quad 0 \leqq \beta \leqq \pi, \quad 0 \leqq \gamma \leqq 2\pi \tag{3.16}$$

である．

(3.15)に対応するユニタリー演算子が

$$\hat{D}(\alpha,\beta,\gamma) = \hat{D}_{z'}(\gamma)\hat{D}_{y'}(\beta)\hat{D}_z(\alpha) \tag{3.17}$$

$$= \exp\left[-i\frac{\gamma}{\hbar}\hat{J}_{z'}\right]\exp\left[-i\frac{\beta}{\hbar}\hat{J}_{y'}\right]\exp\left[-i\frac{\alpha}{\hbar}\hat{J}_z\right] \tag{3.18}$$

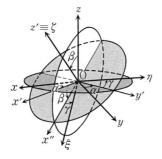

図 3-2　Euler 角 (α, β, γ).
$\text{O-}xyz \xrightarrow[z\text{軸}]{\alpha} \text{O-}x'y'z \xrightarrow[y'\text{軸}]{\beta}$
$\text{O-}x''y'z' \xrightarrow[z'\text{軸}]{\gamma} \text{O-}\xi\eta\zeta$.

で与えられることは明らかであろう. これはまた,

$$\exp\left[-i\frac{\beta}{\hbar}\hat{J}_{y'}\right] = e^{-i\frac{\alpha}{\hbar}\hat{J}_z}e^{-i\frac{\beta}{\hbar}\hat{J}_y}e^{i\frac{\alpha}{\hbar}\hat{J}_z} \tag{3.19}$$

$$\exp\left[-i\frac{\gamma}{\hbar}\hat{J}_{z'}\right] = \exp\left[-i\frac{\beta}{\hbar}\hat{J}_{y'}\right]\exp\left[-i\frac{\gamma}{\hbar}\hat{J}_z\right]\exp\left[i\frac{\beta}{\hbar}\hat{J}_{y'}\right]$$
$$= e^{-i\frac{\alpha}{\hbar}\hat{J}_z}e^{-i\frac{\beta}{\hbar}\hat{J}_y}e^{-i\frac{\gamma}{\hbar}\hat{J}_z}e^{i\frac{\beta}{\hbar}\hat{J}_y}e^{i\frac{\alpha}{\hbar}\hat{J}_z} \tag{3.20}$$

を用いて,

$$\hat{D}(\alpha, \beta, \gamma) = e^{-i\frac{\alpha}{\hbar}\hat{J}_z}e^{-i\frac{\beta}{\hbar}\hat{J}_y}e^{-i\frac{\gamma}{\hbar}\hat{J}_z} \tag{3.21}$$

と表わすことができる.

(3.9)はしたがって,

$$|\xi\rangle_{\alpha\beta\gamma} \equiv \hat{D}(\alpha, \beta, \gamma)|\xi\rangle$$
$$= e^{-i\frac{\alpha}{\hbar}\hat{J}_z}e^{-i\frac{\beta}{\hbar}\hat{J}_y}e^{-i\frac{\gamma}{\hbar}\hat{J}_z}|\xi\rangle \tag{3.22}$$

となる.

3-2　角運動量の固有状態と固有値

角運動量の固有状態と, その固有値について考察しよう. 孤立系を考え, ハミルトニアン $\hat{H}$ は回転不変であるとする. すなわち,

$$\hat{D}^\dagger(R)\hat{H}\hat{D}(R) = \hat{H} \tag{3.23}$$

(3.14)から，(3.23)はハミルトニアン $\hat{H}$ と角運動量の各成分 $\hat{J}_k$ とが互いに可換であること，したがってまた，**角運動量の大きさ** $\hat{\boldsymbol{J}}^2 \equiv \hat{J}_x{}^2 + \hat{J}_y{}^2 + \hat{J}_z{}^2$ **とも可換である**ことを意味している．一方，$\boldsymbol{J}^2$ と J_k の交換関係を，基本交換関係 (3.13) を用いて直接計算してみると，$\hat{\boldsymbol{J}}^2$ と $\hat{J}_k$ は互いに可換であることが容易に確かめられる．(これは $\hat{\boldsymbol{J}}^2$ が回転不変なスカラー量であることの反映であるが，$\hat{\boldsymbol{J}}$ がベクトル量であることを認めればこれは自明である.) まとめると，互いに可換な演算子のセット

$$[\hat{H}, \hat{J}_k] = 0, \quad [\hat{\boldsymbol{J}}^2, \hat{J}_k] = 0, \quad [\hat{H}, \hat{\boldsymbol{J}}^2] = 0 \quad (k = x, y, z) \tag{3.24}$$

が得られる．

$\hat{J}_k$ として特に $\hat{J}_z$ を選ぶと，(3.24)から，$\hat{H}, \hat{\boldsymbol{J}}^2, \hat{J}_z$ は同時対角化ができることがわかる．次に $\hat{\boldsymbol{J}}^2$ と $\hat{J}_z$ の同時固有ケットを求めよう．まず，規格化された固有状態を $|j, m\rangle$ で表わし，

$$\hat{\boldsymbol{J}}^2 |j, m\rangle = a_j \hbar^2 |j, m\rangle \tag{3.25}$$

$$\hat{J}_z |j, m\rangle = m \hbar |j, m\rangle \tag{3.26}$$

とおく．ただし，$\langle j', m' | j, m \rangle = \delta_{jj'} \delta_{mm'}$ で，$a_j \hbar^2, m\hbar$ はそれぞれ $\hat{\boldsymbol{J}}^2$ と $\hat{J}_z$ の固有値を表わす．また，$a_j \geqq 0$ である．ここで**昇降演算子**（ladder operators）

$$\hat{J}_\pm \equiv \hat{J}_x \pm i\hat{J}_y \tag{3.27}$$

を導入しよう．(3.13)から

$$[\hat{J}_+, \hat{J}_-] = 2\hbar \hat{J}_z \tag{3.28}$$

$$[\hat{J}_z, \hat{J}_\pm] = \pm \hbar \hat{J}_\pm \tag{3.29}$$

が得られる．

昇降演算子 $\hat{J}_\pm$ を状態 $|j, m\rangle$ に作用させると，

$$\hat{J}_z \hat{J}_\pm |j, m\rangle = \hat{J}_\pm (\hat{J}_z \pm \hbar) |j, m\rangle$$
$$= (m \pm 1) \hbar \hat{J}_\pm |j, m\rangle \tag{3.30}$$

が成り立つので，規格化因子をのぞいて，状態 $\hat{J}_\pm |j, m\rangle$ は $\hat{J}_z$ の固有値 $m\hbar$ が $\pm\hbar$ だけシフトした状態 $|j, m\pm 1\rangle$ になっていることがわかる．$\hat{\boldsymbol{J}}^2$ は $\hat{J}_\pm$ と可換なので，a_j の値は変わらない．

一方，

$$\hat{\boldsymbol{J}}^2 - \hat{J}_z{}^2 = \frac{1}{2}(\hat{J}_+\hat{J}_- + \hat{J}_-\hat{J}_+) \tag{3.31}$$

と書けることに注意すると，(3.25),(3.26)より

$$(a_j - m^2)\hbar^2 = \langle j,m|(\hat{\boldsymbol{J}}^2 - \hat{J}_z{}^2)|j,m\rangle$$

$$= \frac{1}{2}\langle j,m|[\hat{J}_+\hat{J}_- + \hat{J}_-\hat{J}_+]|j,m\rangle \geqq 0 \tag{3.32}$$

が成り立つ．(3.32)の最後の不等号は状態 $\hat{J}_\pm|j,m\rangle$ のノルムが非負であるという要請から得られる．不等式(3.32)の意味するところは，与えられた $\hat{\boldsymbol{J}}^2$ の固有値 a_j に対して，$\hat{J}_z$ の固有値 m のとりうる値に最大値，および最小値があるということである．その最大値，最小値をそれぞれ $m_{\max}, m_{\min}$ とすると，(3.30)から

$$\hat{J}_+|j,m_{\max}\rangle = 0 \tag{3.33}$$

$$\hat{J}_-|j,m_{\min}\rangle = 0 \tag{3.34}$$

が成り立つ．

次に(3.33)と(3.34)に $\hat{J}_-, \hat{J}_+$ をそれぞれ作用させ，

$$\hat{J}_\mp\hat{J}_\pm = \hat{\boldsymbol{J}}^2 - \hat{J}_z{}^2 \mp \hbar\hat{J}_z \tag{3.35}$$

を用いると，固有値に関する次の関係式

$$a_j - m_{\max}(m_{\max}+1) = 0 \tag{3.36}$$

$$a_j - m_{\min}(m_{\min}-1) = 0 \tag{3.37}$$

が得られる．これから a_j を消去し，$m_{\max} \geqq m_{\min}$ に注意すると

$$m_{\max} = -m_{\min} \tag{3.38}$$

でなければならないことがわかる．

さて，状態 $|j,m_{\max}\rangle$ から出発し，何回か $\hat{J}_-$ を作用させると，その回数に応じて $\hat{J}_z$ の固有値は $\hbar$ ずつ減少し，最後に $m_{\min}\hbar$ に達するはずである．その回数を $2j$ とする．j は正の整数(integer)または半整数(half-integer)で，(3.38)から明らかに

$$m_{\max} = -m_{\min} = j \tag{3.39}$$

である．したがって，(3.36)，あるいは(3.37)から

$$a_j = j(j+1) \tag{3.40}$$

が得られる．以上をまとめると，$\bm{J}^2$ と J_z の同時固有状態 $|j,m\rangle$ の許される j の値は $j = \dfrac{1}{2}, 1, \dfrac{3}{2}, 2, \cdots$ で，与えられた1つの j に対して

$$\hat{\bm{J}}^2 |j,m\rangle = j(j+1)\hbar^2 |j,m\rangle \tag{3.41}$$

$$\hat{J}_z |j,m\rangle = m\hbar |j,m\rangle \tag{3.42}$$

$$m = -j, -j+1, \cdots, j-1, j \tag{3.43}$$

が成り立つ．m は $-j$ から $+j$ まで $2j+1$ 個の異なる値をとる．したがって，j を共有する同時固有状態の数は $2j+1$ である．

ここで，(3.30)にもどって

$$\hat{J}_{\pm} |j,m\rangle = c_{j_{\pm}} |j, m \pm 1\rangle \tag{3.44}$$

とおくと，(3.35)を用いて

$$\begin{aligned}|c_{j_{\pm}}|^2 &= \langle j,m|\hat{J}_{\mp}\hat{J}_{\pm}|j,m\rangle = \langle j,m|(\hat{\bm{J}}^2 - \hat{J}_z^2 \mp \hbar \hat{J}_z)|j,m\rangle \\ &= (j(j+1) - m^2 \mp m)\hbar^2 = (j \mp m)(j \pm m + 1)\hbar^2\end{aligned} \tag{3.45}$$

が得られる．

(3.41), (3.42), (3.45)から，行列要素

$$\begin{aligned}\langle j', m'|\hat{\bm{J}}^2|j,m\rangle &= j(j+1)\hbar^2 \delta_{jj'} \delta_{mm'} \\ \langle j', m'|\hat{J}_z|j,m\rangle &= m\hbar \delta_{jj'} \delta_{mm'} \\ \langle j', m'|\hat{J}_{\pm}|j,m\rangle &= \sqrt{(j \mp m)(j \pm m + 1)}\, \delta_{jj'} \delta_{m, m' \pm 1}\end{aligned} \tag{3.46}$$

が決定できた．

次に，回転 $\hat{D}(R)$ の行列要素を求めよう．$\hat{\bm{J}}^2$ は $\hat{D}(R)$ と可換である((3.21)をみよ)．したがって，その行列要素は j について対角的である．そこで $\hat{D}(R)$ の行列要素を

$$D_{m'm}{}^{(j)}(R) \equiv \langle m', j|\hat{D}(R)|j,m\rangle \tag{3.47}$$

と表わす．すると，(3.10)あるいは $\hat{D}(R)$ のユニタリー性から

$$D_{m'm}{}^{(j)}(R_2 R_1) = \sum_{m''} D_{m'm''}{}^{(j)}(R_2) D_{m''m}{}^{(j)}(R_1) \tag{3.48}$$

$$D_{mm'}{}^{(j)}(R)^* = D_{m'm}{}^{(j)}(R^{-1}) \tag{3.49}$$

$$\sum_{m''} D_{m''m'}{}^{(j)}(R)^* D_{m''m}{}^{(j)}(R) = \sum_{m''} D_{m'm''}{}^{(j)}(R) D_{mm''}{}^{(j)}(R)^* = \delta_{m'm} \quad (3.50)$$

等が成り立つ．

　(3.47),(3.48),(3.50)は $(2j+1)\times(2j+1)$ の行列 $D^{(j)}(R)$ の行列要素の関係としてみると，$D^{(j)}(R)$ が回転群 $SO(3)$ の既約な $2j+1$ 次元ユニタリー表現になっていることを示している．より正確には，ここで求めた $D^{(j)}(R)$ は $SO(3)$ の普遍被覆群 $SU(2)$ の既約表現である．よく知られているように，$SO(3)$ と $SU(2)$ の Lie 環は互いに同型で，その表現行列のつくる代数が角運動量 $\hat{J}_k$ ($k=x,y,z$) のみたす交換関係(3.13)になっている．先に求めた行列要素(3.46)は，実はこの表現行列要素で，状態 $|j,m\rangle$ はその表現（ベクトル）空間の基底になっている．$SO(3)$ あるいは $SU(2)$ の Lie 環のすべての既約表現は，負でない整数または半整数の**最高ウェイト**を与えることでつくされることが知られているが，この最高ウェイトはここでわれわれの求めた角運動量の大きさ j にほかならない．

　一方，$SU(2)$ は群多様体として単連結であるのに対して，回転群 $SO(3)$ は2重連結な空間になっている．この相違のために，われわれの求めた Lie 環の表現はそのまますべて群 $SU(2)$ の微分表現になるのに対して，回転群 $SO(3)$ に対しては，その微分表現に対応しない表現も存在する．負でない半整数 j の表現 $D^{(j)}(R)$ がそれで，これらは回転群の**2価表現**とよばれている．これに対して，整数 j に対応する表現 $D^{(j)}(R)$ は，$SO(3)$ の本来の既約表現をすべてつくしている（巻末文献[3-1]参照）．

　特に回転 $\hat{D}(R)$ を Euler 角を用いて(3.21)のように表わしたとき，(3.47)は

$$D^{(j)}(\alpha,\beta,\gamma) \equiv \langle m',j|\hat{D}(\alpha,\beta,\gamma)|j,m\rangle$$
$$= e^{-i\alpha m'} d_{m'm}{}^{(j)}(\beta) e^{-i\gamma m} \quad (3.51)$$

と表わすことができる．ただし，

$$d_{m'm}{}^{(j)}(\beta) \equiv \langle m',j|e^{-i\frac{\beta}{\hbar}J_y}|j,m\rangle \quad (3.52)$$

とおいた．関数 $d_{m'm}^{(j)}(\beta)$ に対しては，次の諸性質が成り立つ（巻末文献[3-2]参照）．

(1) $d_{mm'}^{(j)}(\beta) = d_{m'm}^{(j)}(-\beta)$

(2) $d_{m'm}^{(j)}(\beta) = (-1)^{m'-m} d_{m'm}^{(j)}(-\beta)$ (3.53)

(3) $d_{m'm}^{(j)}(0) = \delta_{m'm}, \quad d_{m'm}^{(j)}(\pi) = (-1)^{j+m}\delta_{m',-m}$

3-3 軌道角運動量

ある軸のまわりの無限小回転によって粒子の位置を実際に移動させる変化をひき起こす演算子が**軌道角運動量**(orbital angular momentum) $\hat{L}$ である．$\hat{L}$ の具体的な表示を求め，固有状態および固有値を調べよう．粒子の位置を x とし，軸 n のまわりの微小角 $\delta\phi$ の回転 R を考える．図 3-3 から明らかなように，

$$|x\rangle \xrightarrow{R} \hat{D}_n(\delta\phi)|x\rangle = |x+\delta x\rangle \quad (3.54)$$

が成り立つ．ただし，$\delta x = \delta\phi(n \times x)$．

ここで，(3.14)に対応して

$$\hat{D}_n(\delta\phi) = 1 - i\delta\phi n \cdot \hat{L}/\hbar \quad (3.55)$$

とおき，軌道角運動量 $\hat{L}$ を定義する．(3.55)を(3.54)の左辺に代入し，右辺を x のまわりに展開して，両辺の $\delta\phi$ に比例する項を比較すると，

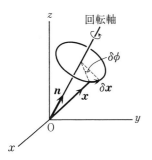

図 3-3 軸 n のまわりの回転 $R_n(\delta\phi)$．

$$\langle x|\hat{L}|\psi\rangle = -i\hbar(x\times\nabla)\langle x|\psi\rangle = (\hat{x}\times\hat{p})\langle x|\psi\rangle \tag{3.56}$$

という表式が得られる．

$\hat{L}$ は角運動量の演算子として交換関係

$$[\hat{L}_x, \hat{L}_y] = i\hbar\hat{L}_z \tag{3.57}$$

をみたしている．これは $\hat{L} = \hat{x}\times\hat{p}$ に注意して，$\hat{x}$ と $\hat{p}$ の正準交換関係(1.47)，(1.56), (1.64)を用いても直接確かめられる．また，

$$[\hat{L}^2, \hat{L}_k] = 0 \tag{3.58}$$

も成り立つので，$\hat{L}^2$ と $\hat{L}_z$ は同時対角化できる．その規格化された同時固有状態を $|l, m\rangle$ と表わすと，(3.41)~(3.43)と同様の関係

$$\hat{L}^2|l, m\rangle = l(l+1)\hbar^2|l, m\rangle \tag{3.59}$$

$$\hat{L}_z|l, m\rangle = m\hbar|l, m\rangle \tag{3.60}$$

$$-l \leq m \leq l \tag{3.61}$$

が得られる．固有値 m は $-l$ から $+l$ まで $2l+1$ の値をとる．

ただし，3-2節で述べた場合と異なり，ここで l のとりうる値は負でない整数に限られる．角運動量の交換関係(3.57)の表現という立場だけからは，その節に述べたように，半整数の l の値も一般に許される．しかし，それらは回転群 $SO(3)$ の1価な表現に対応しない．このため，半整数の l に対しては軌道角運動量の固有関数 $\equiv \langle n|l, m\rangle$ ((3.68)をみよ)が $(\theta, \phi$ の)1価な関数にならなくなる．波動関数 $\psi(x) = \langle x|\psi\rangle$ の1価性については，1-3節で述べたが，ケット $|x\rangle$ の完備性(1.49)を仮定する限り，波動関数 $\langle x|\psi\rangle$ は x について1価である．したがって，固有関数 $\langle n(\theta, \phi)|l, m\rangle$ もまた1価であるとしなければならない．このことから，l の値としては負でない整数値のみが許されることになる*．

さて，(3.56)の $\hat{L}$ を x 表示で表わすと

$$\hat{L} = -i\hbar(x\times\nabla) \tag{3.62}$$

---

* ここの議論は次節で述べる粒子の内部自由度についてのスピン角運動量 $\hat{S}$ に対しては適用できない．スピン角運動量の波動関数の2価性については3-6節で述べる．

となるので,これを極座標 r, θ, ϕ ($r \geq 0$, $0 \leq \theta \leq \pi$, $0 \leq \phi \leq 2\pi$) を用いて表わすと,それぞれの成分に対して

$$\hat{L}_x = -i\hbar\left(-\sin\phi\frac{\partial}{\partial\theta} - \cot\theta\cos\phi\frac{\partial}{\partial\phi}\right) \tag{3.63}$$

$$\hat{L}_y = -i\hbar\left(\cos\phi\frac{\partial}{\partial\theta} - \cot\theta\sin\phi\frac{\partial}{\partial\phi}\right) \tag{3.64}$$

$$\hat{L}_z = -i\hbar\frac{\partial}{\partial\phi} \tag{3.65}$$

が得られる.また,昇降演算子は(3.63),(3.64)から

$$\hat{L}_\pm \equiv \hat{L}_x \pm i\hat{L}_y = \hbar e^{\pm i\phi}\left(\pm\frac{\partial}{\partial\theta} + i\cot\theta\frac{\partial}{\partial\phi}\right) \tag{3.66}$$

と表わせる.さらに,軌道角運動量の大きさ $\hat{L}^2$ を計算すると

$$\hat{L}^2 = -\hbar^2\left[\frac{1}{\sin\theta}\frac{\partial}{\partial\theta}\left(\sin\theta\frac{\partial}{\partial\theta}\right) + \frac{1}{\sin^2\theta}\frac{\partial^2}{\partial\phi^2}\right] \tag{3.67}$$

となる.

ここで,軌道角運動量の固有関数として**球面調和関数**(spherical harmonics,球関数と略称される) $Y_l{}^m(\theta, \phi)$ を次のように定義する.

$$\langle \boldsymbol{n}(\theta, \phi) | l, m \rangle \equiv Y_l{}^m(\theta, \phi) \tag{3.68}$$

ただし,ここで $\boldsymbol{n} \equiv \boldsymbol{x}/|\boldsymbol{x}|$ は (θ, ϕ) 方向の単位ベクトルを表わす.また,ケット $|\boldsymbol{n}(\theta, \phi)\rangle$ は次の規格化条件

$$\int d\Omega \langle \boldsymbol{n}(\theta, \phi) | \boldsymbol{n}(\theta, \phi) \rangle = 1 \tag{3.69}$$

をみたすものとする.(3.69)で,$\delta\Omega \equiv \sin\theta d\theta d\phi$ である.

次に,球関数 $Y_l{}^m(\theta, \phi)$ の主な性質について述べよう.まず,(3.60),(3.65)から

$$\langle \boldsymbol{n} | \hat{L}_z | l, m \rangle = -i\hbar\frac{\partial}{\partial\phi} Y_l{}^m(\theta, \phi) = m\hbar Y_l{}^m(\theta, \phi) \tag{3.70}$$

が成り立つ.したがって,$Y_l{}^m(\theta, \phi) \propto e^{im\phi}$ であることがわかる.また,(3.59)から

$$\langle \bm{n}|\hat{\bm{L}}^2|l,m\rangle = l(l+1)\hbar^2 Y_l{}^m(\theta,\phi) \tag{3.71}$$

となるので，(3.67)と比較すると，$Y_l{}^m(\theta,\phi)$ のみたす微分方程式

$$\left[\frac{1}{\sin\theta}\frac{\partial}{\partial\theta}\left(\sin\theta\frac{\partial}{\partial\theta}\right) + \frac{1}{\sin^2\theta}\frac{\partial^2}{\partial\phi^2} + l(l+1)\right] Y_l{}^m(\theta,\phi) = 0 \tag{3.72}$$

が得られる．

球関数の定義式(3.68)と(3.69)から，規格化の条件は

$$\int d\Omega\, [Y_{l'}{}^{m'}(\theta,\phi)]^* Y_l{}^m(\theta,\phi) = \delta_{ll'}\delta_{mm'} \tag{3.73}$$

となる．また，完備性は

$$\sum_{l=0}^{\infty}\sum_{m=-l}^{l} [Y_l{}^m(\theta',\phi')]^* Y_l{}^m(\theta,\phi) = \frac{\delta(\theta-\theta')\delta(\phi-\phi')}{\sin\theta} \tag{3.74}$$

と表わされる．

条件(3.73), (3.74)をみたす微分方程式(3.70), (3.72)の解は一意的に定まり，$0 \leq m \leq l$（整数）に対して解は

$$Y_l{}^m(\theta,\phi) = \frac{(-1)^l}{2^l l!}\sqrt{\frac{2l+1}{4\pi}\frac{(l+m)!}{(l-m)!}}\, e^{im\phi}\left(\frac{1}{\sin^m\theta}\right)\left(\frac{d}{d\cos\theta}\right)^{l-m}\sin^{2l}\theta \tag{3.75}$$

であることが知られている．m が負の値のときは

$$Y_l{}^{-m}(\theta,\phi) = (-1)^m [Y_l{}^m(\theta,\phi)]^* \tag{3.76}$$

を用いて求めればよい．このような $Y_l{}^m(\theta,\phi)$ の全体は，球面上の1価正則関数として完備正規直交系 $\{Y_l{}^m(\theta,\phi), l=0,1,2,\cdots; -l\leq m\leq l\}$ をなすと同時に，また，回転群 $SO(3)$ の(1価)既約表現のすべての基底をつくすことが示されている．特に $m=0$ のとき，

$$Y_l{}^0(\theta,\phi) = \sqrt{\frac{2l+1}{4\pi}}\, P_l(\cos\theta) \tag{3.77}$$

は **Legendre 多項式**である．

$l=0,1,2$ の場合を具体的に表わしておこう．

$$Y_0{}^0 = \sqrt{\frac{1}{4\pi}}$$

$$Y_1{}^{\pm 1} = \mp\sqrt{\frac{3}{8\pi}}\sin\theta\, e^{\pm i\phi}, \quad Y_1{}^0 = \sqrt{\frac{3}{4\pi}}\cos\theta$$

$$Y_2{}^{\pm 2} = \sqrt{\frac{15}{32\pi}}\sin^2\theta\, e^{\pm 2i\phi}, \quad Y_2{}^{\pm 1} = \mp\sqrt{\frac{15}{8\pi}}\cos\theta\sin\theta\, e^{\pm i\phi}$$

$$Y_2{}^0 = \sqrt{\frac{5}{16\pi}}(3\cos^2\theta - 1)$$

なお，前に述べた軌道角運動量の大きさ l のとりうる値と固有関数の1価性について，次の例は教訓的である(巻末文献[1-4],[5-1])．まず，固有関数を定義する微分方程式(3.70),(3.72)において，たとえば $l=1/2, m=\pm 1/2$ とおいてみる．すると，以下に示す2組の解 $F_{1/2}{}^{(m)}(\theta,\phi), G_{1/2}{}^{(m)}(\theta,\phi)$ ($m=\pm 1/2$) があることがわかる．すなわち，

$$F_{1/2}{}^{(1/2)}(\theta,\phi) = \frac{i}{\pi}\sqrt{\sin\theta}\, e^{i\phi/2}, \quad F_{1/2}{}^{(-1/2)}(\theta,\phi) = \frac{-i}{\pi}\frac{\cos\theta}{\sqrt{\sin\theta}}e^{-i\phi/2} \tag{3.78}$$

$$G_{1/2}{}^{(1/2)}(\theta,\phi) = \frac{1}{\pi}\frac{\cos\theta}{\sqrt{\sin\theta}}e^{i\phi/2}, \quad G_{1/2}{}^{(-1/2)}(\theta,\phi) = \frac{1}{\pi}\sqrt{\sin\theta}\, e^{-i\phi/2} \tag{3.79}$$

上の2組($F_{1/2}{}^{(m)}$ と $G_{1/2}{}^{(m)}$)が実際に方程式(3.70),(3.72)の解になっていることはこれらを直接方程式に代入して確かめることができる．球関数 $Y_l{}^m(\theta,\phi)$ とちがって，$F_{1/2}{}^{(m)}(\theta,\phi)$ ($G_{1/2}{}^{(m)}(\theta,\phi)$ も)は θ についての2価関数で，$\theta=0$ に特異性(singularity)がある．しかし，規格化は可能で，実際

$$\int |F_{1/2}{}^{(m)}(\theta,\phi)|^2 d\Omega = 1 \quad (m=\pm 1/2) \tag{3.80}$$

が成り立つ．

このような「固有関数」はなぜ認められないのだろうか．$F_{1/2}{}^{(m)}(\theta,\phi)$ に昇降演算子 $\hat{L}_\pm$ (3.66)を作用させてみよう．すると，期待通り

$$\hat{L}_+ F_{1/2}{}^{(1/2)}(\theta,\phi) = 0, \quad \hat{L}_- F_{1/2}{}^{(1/2)}(\theta,\phi) = F_{1/2}{}^{(-1/2)}(\theta,\phi) \quad (3.81)$$

が成り立つことが確かめられる.しかし,$F_{1/2}{}^{(-1/2)}(\theta,\phi)$ に $\hat{L}_-$ を作用させてみると,当然ゼロとなるべき式が

$$\hat{L}_- F_{1/2}{}^{(-1/2)}(\theta,\phi) = -i\frac{\hbar}{\pi}\frac{1}{\sqrt{\sin\theta}\sin\theta}e^{-i\frac{3}{2}\phi} \neq 0 \quad (3.82)$$

となってしまい,$\hat{L}$ が Hermite 演算子であることと矛盾する($\{\hat{L}_+ F_{1/2}{}^{(1/2)}\}^* \neq \hat{L}_- F_{1/2}{}^{(-1/2)}$). $G_{1/2}{}^{(m)}(\theta,\phi)$ についても事情は同様である.固有関数を1価関数に制限することによって,$\hat{L}$ の Hermite 性が保証されると考えることができる.

ポテンシャルが球対称な系のハミルトニアンは回転不変で,$\hat{L}$ と可換である.このような系のエネルギー準位の縮退について調べよう.恒等式

$$\hat{p}^2 = (\hat{p}\cdot n)(n\cdot\hat{p}) - (\hat{p}\times n)(n\times\hat{p}) \quad (n \equiv x/|x|) \quad (3.83)$$

において,

$$n\cdot\hat{p} = -i\hbar\frac{\partial}{\partial r}$$

$$\hat{p}\cdot n = -i\hbar\left(\frac{\partial}{\partial r}+\frac{2}{r}\right) \quad (3.84)$$

$$(\hat{p}\times n)(n\times\hat{p}) = -\frac{1}{r^2}\hat{L}^2$$

が成り立つことに注意すると,Schrödinger 方程式は極座標表示を用いて

$$\left[\frac{1}{2m}\hat{p}^2+V(r)\right]\psi(x) = \left[-\frac{\hbar^2}{2m}\left(\frac{\partial^2}{\partial r^2}+2\frac{1}{r}\frac{\partial}{\partial r}-\frac{1}{\hbar^2 r^2}\hat{L}^2\right)+V(r)\right]\psi(x)$$
$$= E\psi(x) \quad (3.85)$$

と表わせる.(3.85)をみると,$\hat{H}$ の角度 (θ,ϕ) に依存する項はすべて $\hat{L}^2$ の項にまとめられることがわかる.波動関数はしたがって次のような**変数分離**の形

$$\psi(x) = R_{nl}(r)Y_l{}^m(\theta,\phi) \quad (3.86)$$

に書ける.ここで n は動径方向の量子数を表わす.実際,(3.86)を(3.85)に代入すると,$R_{nl}(r)$ に対する方程式

$$\left[-\frac{\hbar^2}{2m}\left(\frac{d^2}{dr^2}+2\frac{1}{r}\frac{d}{dr}-\frac{l(l+1)}{r^2}\right)+V(r)\right]R_{nl}(r) = E_{nl}R_{nl}(r) \quad (3.87)$$

が得られる.ただし,(3.71)から

$$\hat{\boldsymbol{L}}^2 Y_l{}^m(\theta,\phi) = l(l+1)\hbar^2 Y_l{}^m(\theta,\phi) \quad (3.88)$$

であることを用いた.

(3.87)は量子数 m によらないので,系のエネルギー E_{nl} は m に依存せず,$2l+1$ 重に縮退していることがわかる.この $2l+1$ 重の縮退は球対称な系であれば必ず存在する縮退である.しかし,エネルギー準位は動径方向の量子数 n にも依存するので,ポテンシャル $V(r)$ の形によっては,さらに高い縮退が得られることがある.水素原子型の Coulomb ポテンシャルの場合はその一例で,このときは n^2 重の縮退がある.ここで n は主量子数あるいは全量子数とよばれる量子数である*.

3-4 スピン角運動量

電子が自転に相当する内部自由度をもっていることは,量子力学の形成期に原子から放射される光のスペクトル構造の研究で明らかになった**.**スピン角運動量**とよばれる純粋に量子力学的自由度がそれで,いまではすべての素粒子はそれぞれ固有の大きさのスピン角運動量をもっていることが知られている.

スピン角運動量(以下,単にスピンと略称する)は「回転軸上に静止している粒子」の回転に伴う自由度に対応するもので,その無限小回転の生成子 $\hat{\boldsymbol{S}}$ として導入される.このとき,粒子の位置は変わらないので,その粒子の軌道角運動量は $\hat{\boldsymbol{L}}=0$ と考えてさしつかえない.位置も変化する一般の無限小回転の生成子 $\hat{\boldsymbol{J}}$ は両者の和,すなわち

$$\hat{\boldsymbol{J}} = \hat{\boldsymbol{L}}+\hat{\boldsymbol{S}} \quad (3.89)$$

で与えられる.$\hat{\boldsymbol{J}}$ を**全角運動量**(total angular momentum)という.

---

* 補章 I 参照.波動関数の動径方向の節の数を表わす動径量子数 n' とは $n=n'+l+1$.
** 朝永振一郎:スピンはめぐる——成熟期の量子力学(中央公論社,1974).

スピン角運動量演算子 $\hat{\boldsymbol{S}}$ の各成分 $\hat{S}_k(k=x,y,z)$ のみたす交換関係は，$\hat{J}_k$ の交換関係(3.13)と同じ

$$[\hat{S}_x, \hat{S}_y] = i\hbar \hat{S}_z, \quad [\hat{S}_y, \hat{S}_z] = i\hbar \hat{S}_x, \quad [\hat{S}_z, \hat{S}_x] = i\hbar \hat{S}_y \quad (3.90)$$

である．

軌道角運動量の取扱いの場合と同様，粒子のスピン状態も $\hat{\boldsymbol{S}}^2$ と $\hat{S}_z$ を同時対角化した状態 $|s, m_s\rangle$ で指定される．ただし，$\hat{\boldsymbol{S}}^2$ の固有値を $s(s+1)\hbar^2$，$\hat{S}_z$ の固有値を $m_s\hbar$ と表わす．s をスピンの大きさという．3-2節の議論を思い出すと，s のとりうる値は j と同様，非負の整数または半整数に限られることがわかる．また，与えられた s に対して，m_s は $-s, -s+1, \cdots, +s$ という $2s+1$ の値をとる．自然界に見出される(素)粒子はそれぞれ整数，あるいは半整数の固有のスピン(の大きさ)をもっている．整数スピンの粒子は**ボソン**(boson)，半整数スピンの粒子は**フェルミオン**(fermion)とよばれる．湯川の予言したパイオン(pion)は $s=0$ のボソンであり，電子や陽子，中性子などは $s=1/2$ の粒子でフェルミオンである．ボソンやフェルミオンの多体系の量子力学的特性については第6章で述べることにする．

スピン1/2の粒子の状態とその物理的性質

スピン1/2をもつ電子や中性子のスピン状態は，一般に $\hat{S}_z$ の固有値として，スピンの上向き($m_s=+1/2$)と下向き($m_s=-1/2$)の2つの状態の重ね合わせで表わすことができる．スピンの上向き，下向きのそれぞれの状態

$$\hat{S}_z \left| \frac{1}{2}, \pm\frac{1}{2} \right\rangle = \pm\frac{1}{2}\hbar \left| \frac{1}{2}, \pm\frac{1}{2} \right\rangle \quad (3.91)$$

を，以下単に $|+\rangle, |-\rangle$ と書くことにする．

$\hat{S}_k(k=x,y,z)$ の表現行列は 2×2 行列で

$$\hat{\boldsymbol{S}} = \frac{1}{2}\hbar \boldsymbol{\sigma} \quad (3.92)$$

と表わす．ただし，

$$\sigma_x = \begin{pmatrix} 0 & 1 \\ 1 & 0 \end{pmatrix}, \quad \sigma_y = \begin{pmatrix} 0 & -i \\ i & 0 \end{pmatrix}, \quad \sigma_z = \begin{pmatrix} 1 & 0 \\ 0 & -1 \end{pmatrix} \quad (3.93)$$

で,
$$[\sigma_i, \sigma_j] = 2i\sigma_k, \quad \{\sigma_i, \sigma_j\} = 2\delta_{ij} \quad (i, j, k = x, y, z) \quad (3.94)$$
という関係をみたす. (3.93)を **Pauli 行列**という.

このとき, 状態 $|+\rangle, |-\rangle$ は, それぞれ
$$|+\rangle = \begin{pmatrix} 1 \\ 0 \end{pmatrix}, \quad |-\rangle = \begin{pmatrix} 0 \\ 1 \end{pmatrix} \quad (3.95)$$
と表わすことができる. 一般のスピン状態は,
$$|\psi\rangle = \phi_+|+\rangle + \phi_-|-\rangle = \begin{pmatrix} \phi_+ \\ \phi_- \end{pmatrix} \quad (3.96)$$
と書ける. (3.96)を **2成分スピノール**とよび, χ で表わす. ただし, $|\phi_+|^2 + |\phi_-|^2 = 1$.

次にスピン 1/2 の回転 $\hat{D}(R)$ の具体的な形を求めよう. Euler 角 α, β, γ の回転は(3.21)に(3.92)を代入して
$$\hat{D}^{(1/2)}(\alpha, \beta, \gamma) = e^{-i\frac{\alpha}{2}\sigma_z} e^{-i\frac{\beta}{2}\sigma_y} e^{-i\frac{\gamma}{2}\sigma_z} \quad (3.97)$$
と表わせる. さらに, 任意の単位ベクトル $\boldsymbol{n}$ に対して成り立つ公式*
$$e^{-i\phi\boldsymbol{\sigma}\cdot\boldsymbol{n}} = (\cos\phi)\mathbf{1} - i(\sin\phi)\boldsymbol{\sigma}\cdot\boldsymbol{n} \quad (3.98)$$
を用いて(3.97)を計算すると,

$$\begin{aligned}\hat{D}^{(1/2)}(\alpha, \beta, \gamma) &= \begin{pmatrix} e^{-\frac{i}{2}\alpha} & 0 \\ 0 & e^{\frac{i}{2}\alpha} \end{pmatrix} \begin{pmatrix} \cos\frac{\beta}{2} & -\sin\frac{\beta}{2} \\ \sin\frac{\beta}{2} & \cos\frac{\beta}{2} \end{pmatrix} \begin{pmatrix} e^{-\frac{i}{2}\gamma} & 0 \\ 0 & e^{\frac{i}{2}\gamma} \end{pmatrix} \\ &= \begin{pmatrix} e^{-\frac{i}{2}(\alpha+\gamma)}\cos\frac{\beta}{2} & -e^{-\frac{i}{2}(\alpha-\gamma)}\sin\frac{\beta}{2} \\ e^{\frac{i}{2}(\alpha-\gamma)}\sin\frac{\beta}{2} & e^{\frac{i}{2}(\alpha+\gamma)}\cos\frac{\beta}{2} \end{pmatrix}\end{aligned} \quad (3.99)$$

という表式が得られる.

---

* $\mathbf{1}$ は 2×2 の単位行列を表わす. $(\boldsymbol{\sigma}\cdot\boldsymbol{n})^2 = 1$ であることに注意((3.94)式). 一般に,
$$(\boldsymbol{\sigma}\cdot\boldsymbol{A})(\boldsymbol{\sigma}\cdot\boldsymbol{B}) = \boldsymbol{A}\cdot\boldsymbol{B} + i\boldsymbol{\sigma}\cdot(\boldsymbol{A}\times\boldsymbol{B})$$
が成り立つ.

回転 $\hat{D}^{(1/2)}(R)$ はまた，軸 $\boldsymbol{n}$ のまわりの角度 ϕ の回転 $\hat{D}_{\boldsymbol{n}}(\phi)$ (3.14)で表わすこともできる．軸 $\boldsymbol{n}$ の極座標を θ, φ とすると，

$$\hat{D}_{\boldsymbol{n}}^{(1/2)}(\phi) = e^{-i\frac{\phi}{2}\boldsymbol{n}\cdot\boldsymbol{\sigma}}$$

$$= \begin{pmatrix} \cos\frac{\phi}{2} - i\cos\theta\sin\frac{\phi}{2} & -ie^{-i\varphi}\sin\theta\sin\frac{\phi}{2} \\ -ie^{i\varphi}\sin\theta\sin\frac{\phi}{2} & \cos\frac{\phi}{2} + i\cos\theta\sin\frac{\phi}{2} \end{pmatrix} \quad (3.100)$$

である．これはまた(3.99)を用いて

$$\hat{D}_{\boldsymbol{n}}^{1/2}(\phi) = \hat{D}^{(1/2)}(\varphi,\theta,0)\hat{D}_z^{(1/2)}(\phi,0,0)\hat{D}^{(1/2)}(\varphi,\theta,0)^{-1} \quad (3.101)$$

と表わせることも容易に確かめられる．

スピンの向きが任意の方向 $\boldsymbol{n}$（および $-\boldsymbol{n}$ の方向）を向いた状態は，それぞれ

$$|\boldsymbol{n}+\rangle \equiv \hat{D}^{(1/2)}(\varphi,\theta,0)|+\rangle \quad (3.102)$$

$$= \begin{pmatrix} e^{-\frac{i}{2}\varphi}\cos\frac{\theta}{2} \\ e^{\frac{i}{2}\varphi}\sin\frac{\theta}{2} \end{pmatrix} \quad (3.103)$$

および

$$|\boldsymbol{n}-\rangle \equiv \hat{D}^{(1/2)}(\varphi,\theta,0)|-\rangle$$

$$= \begin{pmatrix} -e^{-\frac{i}{2}\varphi}\sin\frac{\theta}{2} \\ e^{\frac{i}{2}\varphi}\cos\frac{\theta}{2} \end{pmatrix} \quad (3.104)$$

で与えられる．これらの状態は当然のことながら

$$\hat{\boldsymbol{S}}\cdot\boldsymbol{n}|\boldsymbol{n}\pm\rangle = \frac{1}{2}\hbar\boldsymbol{\sigma}\cdot\boldsymbol{n}|\boldsymbol{n}\pm\rangle$$

$$= \pm\frac{1}{2}\hbar|\boldsymbol{n}\pm\rangle \quad (3.105)$$

をみたしている．

ここで特に軸 $\boldsymbol{n}$ のまわりの $\phi=2\pi$ の回転 $\hat{D}_{\boldsymbol{n}}^{(1/2)}(2\pi)$ を考えると，(3.100)あるいは(3.101)から

$$\hat{D}_{\boldsymbol{n}}^{(1/2)}(2\pi) = -1 \tag{3.106}$$

となることがわかる．すなわち，スピン 1/2 の状態 $|\psi\rangle$ は任意の軸のまわりの 2π の回転に対して，もとの状態にもどらずに

$$|\psi\rangle \longrightarrow \hat{D}_{\boldsymbol{n}}^{(1/2)}(2\pi)|\psi\rangle = -|\psi\rangle \tag{3.107}$$

と符号が変わる．状態がある軸のまわりの 2π の回転ではもとにもどらず，ふたまわりの回転($\phi=4\pi$)ではじめてもとにもどるというこの性質は，回転群 $SO(3)$ のパラメータ空間が 2 重連結になっているためで，この性質のゆえに，$\hat{D}^{(1/2)}(R)$ は $SO(3)$ の **2 価表現**とよばれている．

スピン 1/2 の一般の状態 $|\psi\rangle$ を(3.90)の固有状態で展開して

$$|\psi\rangle = \sum_{\sigma=\pm} |\psi_\sigma\rangle|\sigma\rangle \tag{3.108}$$

と表わすと，波動関数は 2 成分スピノール

$$\begin{aligned}\psi(\boldsymbol{x}) &\equiv \langle \boldsymbol{x}|\psi\rangle \\ &= \sum_{\sigma=\pm} \psi_\sigma(\boldsymbol{x})|\sigma\rangle = \begin{pmatrix} \psi_+(\boldsymbol{x}) \\ \psi_-(\boldsymbol{x}) \end{pmatrix}\end{aligned} \tag{3.109}$$

と書ける．ただし，$\psi_\sigma(\boldsymbol{x}) \equiv \langle \boldsymbol{x}|\psi_\sigma\rangle$．回転 $\hat{D}(R) \equiv \hat{D}_L(R) \cdot \hat{D}^{(1/2)}(R)$ に対しては*

$$\begin{aligned}|\psi\rangle \xrightarrow{R} |\psi'\rangle &= \hat{D}(R)|\psi\rangle \\ &= \hat{D}_L(R)\hat{D}^{(1/2)}(R)|\psi\rangle\end{aligned} \tag{3.110}$$

と変化するので，回転後の波動関数 $\psi'(\boldsymbol{x})$ は(3.47)の記述方法を用いて

$$\begin{aligned}\psi'(\boldsymbol{x}) &\equiv \langle \boldsymbol{x}|\hat{D}_L(R)\hat{D}^{(1/2)}(R)|\psi\rangle \\ &= \sum_{\substack{\sigma=\pm \\ \sigma'=\pm}} \langle \boldsymbol{x}|\hat{D}_L(R)|\psi_\sigma\rangle D_{\sigma'\sigma}^{(1/2)}(R)|\sigma'\rangle\end{aligned} \tag{3.111}$$

と表わせる．

---

* (3.89)を参照．$\hat{D}_L(R)$ は 3-3 節で述べた回転によって粒子の位置を移動させる軌道角運動量演算子を表わす．

したがって，スピノール波動関数は

$$\psi(\boldsymbol{x}) \xrightarrow{R} \psi'(\boldsymbol{x}) \equiv \sum_{\sigma=\pm} \psi_\sigma'(\boldsymbol{x})|\sigma\rangle \tag{3.112}$$

と変換されることになる．ここで

$$\psi_\sigma'(\boldsymbol{x}) = \sum_{\sigma'} D_{\sigma\sigma'}^{(1/2)}(R) \psi_{\sigma'}(R^{-1}\boldsymbol{x}) \tag{3.113}$$

である．ただし，$\langle\boldsymbol{x}|\hat{D}_L(R)|\psi_\sigma\rangle = \langle R^{-1}\boldsymbol{x}|\psi_\sigma\rangle$ に注意しよう．(3.113)はスピン 1/2 の波動関数 $\psi_\sigma(\boldsymbol{x})$ ($\sigma=\pm$) が回転 R に対してどのように変換するかを表わしている．

3-5 スピンの歳差運動——磁気共鳴

固有の磁気モーメント $\boldsymbol{\mu}$ をもつスピン 1/2 の粒子が一様な静磁場の中におかれている系を考えよう．系のハミルトニアンは

$$\hat{H}_0 = -\hat{\boldsymbol{\mu}} \cdot \boldsymbol{B} \tag{3.114}$$

である．$\hat{\boldsymbol{\mu}}$ は磁気モーメントの演算子で，$\boldsymbol{B}$ は一様磁場を表わす．

粒子に固有の磁気モーメント $\hat{\boldsymbol{\mu}}$ はスピン $\hat{\boldsymbol{S}}$ に比例して[*]

$$\hat{\boldsymbol{\mu}} = g\frac{|e|}{2mc}\hat{\boldsymbol{S}} = g\frac{|e|\hbar}{2mc}\cdot\frac{1}{2}\boldsymbol{\sigma} \tag{3.115}$$

と書ける．m は粒子の質量を表わし，g は **g 因子**（g-factor）とよばれる無次元の c 数である．スピン 1/2 の代表的な粒子である電子，μ 粒子，陽子，中性子などの g 因子は，それぞれ

$$g_e = g_\mu \cong -2\left(1+\frac{\alpha}{2\pi}\right), \quad g_p \cong 5.59, \quad g_n \cong -3.84 \tag{3.116}$$

という値をとることが知られている（$\alpha \equiv e^2/4\pi\hbar c$．陽子と中性子の質量差は無

---

[*] 荷電粒子の場合には，運動に伴って生じる磁気モーメント $\hat{\boldsymbol{\mu}}^L = \frac{e}{2mc}\hat{\boldsymbol{L}}$ が一般にこれに加わる．磁気モーメントの自然な単位は $\mu_B = |e|\hbar/2mc$ で，**Bohr 磁子**とよばれている．

視した).以下,スピン 1/2 の粒子として静止している電子を例にとろう.$g_e=-2$ であることに注意して(3.115)を(3.114)に代入し,磁場の方向を z 軸にとると,ハミルトニアン

$$\hat{H}_0 = \frac{1}{2}\hbar\omega_0\sigma_z = \omega_0\hat{S}_z \tag{3.117}$$

が得られる.ただし,$\omega_0 = |e|B/m_ec$ である.$\omega_0/2$ は **Larmor 振動数**とよばれている.

Heisenberg 表示では,スピン $\hat{S}$ の運動方程式は

$$i\hbar\dot{\hat{S}} = [\hat{S}, \hat{H}_0] \tag{3.118}$$

である.(3.118)の解が

$$\begin{aligned}\hat{S}(t) &= e^{i\hat{H}_0 t/\hbar}\hat{S}(0)e^{-i\hat{H}_0 t/\hbar}\\ &= e^{\frac{i}{2}\omega_0 t\sigma_z}\hat{S}(0)e^{-\frac{i}{2}\omega_0 t\sigma_z}\end{aligned} \tag{3.119}$$

であることは容易にわかる.ただし,$t=0$ におけるスピンを $\hat{S}(0)$ とした.(3.119)をスピンの成分に分けて表わすと

$$\begin{aligned}\hat{S}_x(t) &= \cos\omega_0 t\cdot\hat{S}_x(0) - \sin\omega_0 t\cdot\hat{S}_y(0)\\ \hat{S}_y(t) &= \sin\omega_0 t\cdot\hat{S}_x(0) + \cos\omega_0 t\cdot\hat{S}_y(0)\\ \hat{S}_z(t) &= \hat{S}_z(0)\end{aligned} \tag{3.120}$$

と書ける.(3.120)はスピン $\hat{S}(t)$ が反時計まわりに角速度 ω_0 で歳差運動(precession)をしていることを示している(図 3-4).これは **Larmor 歳差運**

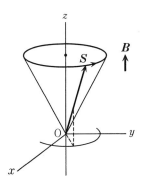

図 3-4 スピンの歳差運動.

動とよばれている.このことはまた,時間推進の演算子 $\hat{U}=\exp(-i\hat{H}_0 t/\hbar)$ が,同時に z 軸のまわりの反時計まわりの方向に角度 $\omega_0 t$ の回転を表わしていることからも理解できる.

次に,この状態において,さらに静磁場 $\boldsymbol{B}$ に垂直方向から一様な振動磁場 $\hat{H}'(t)$ を加えたとしよう.振動磁場の方向を x 軸にとり,その振動数を ω とすると,系のハミルトニアンは

$$\hat{H} = \hat{H}_0 + \hat{H}'(t) \tag{3.121}$$

ただし, $\quad \hat{H}'(t) = 2\lambda\omega_0 \cos \omega t \cdot \hat{S}_x \tag{3.122}$

と表わせる.ここで,λ は振動磁場の大きさを示すパラメータで,一般に $\lambda \ll 1$ と考えてよい.

一方,z 軸のまわりの角 ωt の回転 $\hat{D}_z^{(1/2)}(\omega t)$ が(3.96)を用いて

$$\hat{D}_z^{(1/2)}(\omega t) = e^{-i\frac{\omega t}{2}\sigma_z} \tag{3.123}$$

と書けることに注意すると,(3.122)の $\hat{H}'(t)$ はまた

$$\begin{aligned}\hat{H}'(t) &= 2\lambda\omega_0 \cos \omega t \cdot \hat{S}_x \\ &= \lambda\omega_0 [\hat{D}_z^{(1/2)}(\omega t)\hat{S}_x \hat{D}_z^{\dagger(1/2)}(\omega t) + \hat{D}_z^{\dagger(1/2)}(\omega t)\hat{S}_x \hat{D}_z^{(1/2)}(\omega t)]\end{aligned} \tag{3.124}$$

と表わすことができる.

(3.119)のスピン $\hat{\boldsymbol{S}}(t)$ が z 軸のまわりに反時計まわりの方向に歳差運動していることについてはすでに述べたが,(3.124)の右辺第1項は反時計まわりに,第2項は時計まわりにそれぞれ角速度の大きさ ω で回転する摂動磁場に対応していることがわかる.このうち,歳差運動と同じ反時計まわりに回転している第1項が,時計まわりの回転をしている第2項より重要であることが後にわかるので,第1近似として(3.124)の第2項を無視し,必要に応じて後に摂動項として取り入れることにする(8-4節参照).こうして,系のハミルトニアンは近似的に

$$\hat{H}(t) = \omega_0[\hat{S}_z + \lambda \hat{D}_z^{(1/2)}(\omega t)\hat{S}_x \hat{D}_z^{\dagger(1/2)}(\omega t)] \tag{3.125}$$

で与えられることになる.

スピン状態 $|\psi\rangle$ に対する Schrödinger の運動方程式は, 時間に依存するハミルトニアン(3.125)を用いて

$$i\hbar\frac{\partial}{\partial t}|\psi\rangle = \hat{H}(t)|\psi\rangle \qquad (3.126)$$

と書ける. (3.126)の解を求めよう. まず, $\hat{H}(t)$ が

$$\hat{H}(t) = \omega_0 \hat{D}_z^{(1/2)}(\omega t)[\hat{S}_z + \lambda \hat{S}_x]\hat{D}_z^{\dagger(1/2)}(\omega t) \qquad (3.127)$$

と表わせることに着目し, z 軸のまわりに反時計まわりの方向に ω で回転している回転系のスピン状態

$$|\psi\rangle_R \equiv \hat{D}_z^{\dagger(1/2)}(\omega t)|\psi\rangle \qquad (3.128)$$

を導入する. すると $|\psi\rangle_R$ に対する Schrödinger 方程式は

$$i\hbar\frac{\partial}{\partial t}|\psi\rangle_R = [(\omega_0-\omega)S_z + \lambda\omega_0 S_x]|\psi\rangle_R \qquad (3.129)$$

となる. $t=0$ の状態を $|\psi\rangle_0$ で表わすと(3.129)はただちに積分できて, 解

$$|\psi\rangle_R = e^{-\frac{i}{\hbar}[(\omega_0-\omega)\hat{S}_z + \lambda\omega_0 \hat{S}_x]t}|\psi\rangle_0 \qquad (3.130)$$

が得られる.

ここで, (3.130)の右辺の指数関数は 1 つの回転を表わしていることを示そう.

まず,

$$(\omega_0-\omega)\hat{S}_z + \lambda\omega_0 \hat{S}_x = \Omega\boldsymbol{n}\cdot\hat{\boldsymbol{S}} \qquad (3.131)$$

と書く. ただし,

$$\Omega^2 = (\omega_0-\omega)^2 + \lambda^2\omega_0^2$$
$$\boldsymbol{n} = \boldsymbol{e}_z \cos\delta + \boldsymbol{e}_x \sin\delta, \qquad \boldsymbol{n}^2 = 1 \qquad (3.132)$$
$$\tan\delta \equiv \frac{\lambda\omega_0}{\omega_0-\omega}$$

である. (3.131)を(3.130)の指数部分に代入し, 回転(3.100)と比較すると, (3.130)は

$$|\psi\rangle_R = \hat{D}_{\boldsymbol{n}}^{(1/2)}(\Omega t)|\psi\rangle_0 \qquad (3.133)$$

と書けることがわかる．(3.133)を(3.128)の左辺に代入して，最終的に求める解

$$|\phi\rangle = \hat{D}_z^{(1/2)}(\omega t)\hat{D}_n^{(1/2)}(\Omega t)|\phi\rangle_0 \tag{3.134}$$

が得られる．

$|\phi\rangle_0$ がスピン上向きの状態 $|\phi_0\rangle = |+\rangle$ にあったとしよう．このとき(3.134)から，時刻 t におけるスピンの状態は

$$|\phi\rangle = e^{-\frac{i}{2}\omega t\sigma_z} e^{-\frac{i}{2}\Omega t\boldsymbol{n}\cdot\boldsymbol{\sigma}}|+\rangle \tag{3.135}$$

$$= e^{-\frac{i}{2}\omega t\sigma_z}\Big(\cos\frac{1}{2}\Omega t - i\boldsymbol{n}\cdot\boldsymbol{\sigma}\sin\frac{1}{2}\Omega t\Big)|+\rangle \tag{3.136}$$

である．したがって，時刻 t においてスピンの向きが上向きのまま変わらない遷移確率振幅は

$$f_{\uparrow\uparrow}(\omega, t) \equiv \langle +|\phi\rangle = e^{-\frac{i}{2}\omega t}\Big[\cos\frac{1}{2}\Omega t - i\cos\delta\sin\frac{1}{2}\Omega t\Big] \tag{3.137}$$

また，スピンの向きが下向きに変わる遷移確率振幅は

$$f_{\downarrow\uparrow}(\omega, t) \equiv \langle -|\phi\rangle = e^{\frac{i}{2}\omega t}\Big[-i\sin\delta\sin\frac{1}{2}\Omega t\Big] \tag{3.138}$$

で与えられることがわかる．

特に，スピンの向きが上向き↑から下向き↓にフリップする遷移確率は，(3.132), (3.138)から

$$P_{\downarrow\uparrow}(\omega, t) \equiv |f_{\downarrow\uparrow}(\omega, t)|^2 = \frac{(\lambda\omega_0)^2}{(\omega_0-\omega)^2+(\lambda\omega_0)^2}\sin^2\frac{1}{2}\Omega t \tag{3.139}$$

となり，ω を変化させていくと $\omega \cong \omega_0$ で共鳴型の遷移確率を示す(8-4節参照)．この現象は**磁気共鳴**(magnetic resonance)とよばれ，振動磁場の ω を変化させることにより ω_0 の測定，すなわちミクロの粒子の磁気モーメントや物質の磁気的性質を測定する技術として広く利用されている．

3-6 スピンの2価性——中性子干渉実験

原子炉を中性子源とする，中性子ビームを用いた量子力学の基礎に関する実験が行なわれるようになったのは，比較的最近のことである．特にシリコン単結晶を用いた干渉計の作成によって，これまで思考実験でしかなかった測定が現実に可能になった．その一例として，スピンの2価性に関する実験について説明しよう．スピン1/2の状態が回転の2価表現になっていることについては3-4節で述べたが，その事実を実際に検証してみようというわけである．

図3-5に干渉計を用いた実験装置のスケッチ(a)とその概念図(b)を示した．入射中性子のビームは「耳」とよばれる結晶板のAでBragg散乱され，2つの干渉性のビームI, IIに分けられる．これらのビームは第2の結晶板B_Iと

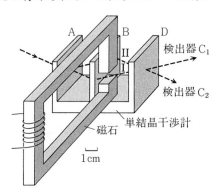

(a) 実験装置のスケッチ

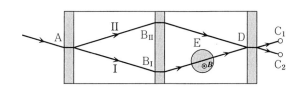

(b) 中性子干渉計の概念図

図 3-5 中性子干渉計によるスピン回転実験．

B_{II}で「屈折」して第3の結晶板 D でふたたび重ね合わされる。途中,ビームIは図に示されているように,$B_I D$ の間で一様磁場 B の領域 E を通り,スピンの歳差運動に相当する状態の位相変化をうける。この領域でのハミルトニアンの磁場 B に依存する部分は,(3.114),(3.115)から

$$\hat{H} = -g_n \frac{|e|}{2m_n c} \hat{S} \cdot B = -\frac{g_n |e| \hbar}{4 m_n c} B \boldsymbol{\sigma} \cdot \boldsymbol{n} \tag{3.140}$$

となる。歳差運動をするスピン 1/2 の状態は磁場の大きさ B を調節して,スピンが1回転してももとの状態にもどらず符号を変えることは 3-4 節で述べた。

点 D に達したビーム I と II の位相差を

$$\frac{\phi_\pm^{(I)}(\beta)}{\phi_\pm^{(II)}(0)} = e^{\mp i\beta + i\delta} \tag{3.141}$$

と表わす。ただし,磁場の方向を z 軸にとり,$\phi_\pm \equiv \langle \pm | \phi \rangle$ とした。β はビーム I の領域 E における歳差運動の結果生ずる位相差,また δ はビーム I とビーム II の点 D における位相差のうち,磁場 B によらないものを表わす。入射中性子のスピンの向きはランダムなので,観測される中性子の強度は,スピンの向きについて平均をとり,

$$\frac{I(\beta)}{I(0)} = \frac{|\phi_+^{(I)}(\beta) + \phi_+^{(II)}(0)|^2 + |\phi_-^{(I)}(\beta) + \phi_-^{(II)}(0)|^2}{|\phi_+^{(I)}(0) + \phi_+^{(II)}(0)|^2 + |\phi_-^{(I)}(0) + \phi_-^{(II)}(0)|^2} \tag{3.142}$$

と書ける。磁場方向の単位ベクトルを $\boldsymbol{n}$ とすると,領域 E を通過中の中性子ビーム I のスピン状態は

$$|\phi\rangle = e^{-\frac{i}{\hbar} \hat{H} t} |\phi\rangle_0$$
$$= e^{-\frac{i}{2} \theta(t) \boldsymbol{n} \cdot \boldsymbol{\sigma}} |\phi\rangle_0 \tag{3.143}$$

で与えられる。ただし,$\theta(t) = -g_n |e| Bt / 2 m_n c$ で,$|\phi\rangle_0$ は領域 E への入射直前のスピン状態を表わす。($g_n \cong -3.84$ (3.116)に注意。)(3.143)はまた,状態 $|\phi\rangle$ が $|\phi\rangle_0$ を軸 $\boldsymbol{n}$ のまわりに角 $\theta(t)$ だけ回転した状態になっていることを示している((3.100)参照)。

磁場領域 E を通過する前後のスピン状態の位相差 β は(3.143)から

$$\beta = \frac{1}{2}\theta\left(\frac{l}{v}\right) = -g_n\frac{|e|B}{4m_nc}\frac{l}{v} \tag{3.144}$$

で与えられる．ただし，中性子の速さを v，領域 E のサイズを l とした．ちなみに，中性子の波長は $\lambda = 2\pi\hbar/m_n v$ である．

(3.142)に(3.143)を代入して

$$I(\beta) = I(0)\left(\frac{1+\cos\delta\cos\beta}{1+\cos\delta}\right) \tag{3.145}$$

が得られる．図 3-6 に $I(\beta)$ の測定の一例を示した．結果は量子力学の予言通り，強度 $I(\beta)$ が β について 2π の周期（したがって回転角 θ については 4π の周期）で変化していることを示している．<u>中性子（のスピン）は 2 回転してはじめてもとにもどる</u>ことが実験で示されたわけである．

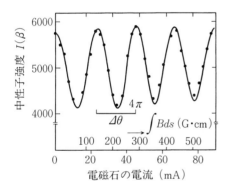

図 3-6　図 3-5 のカウンター C_1 における中性子ビーム強度 $I(\beta)$ の磁場依存性．横軸は磁場の強さ（に比例する量）を表わす．（H. Rauch, A. Zeilinger, G. Badarek, A. Wilfing, W. Bauspiess and U. Bonse: Phys. Lett. **54A**(1975) 425）

3-7　角運動量の合成

多粒子系の角運動量 $\hat{\boldsymbol{J}}$ は各粒子の角運動量 $\hat{\boldsymbol{J}}_k$ ($k=1, 2, \cdots, N$) の和で与えられる．このことは，微小回転の生成子としての角運動量の意味を考えれば明らかであろう．各粒子の状態に作用する角運動量は，もちろん，各々軌道角運動量 $\hat{\boldsymbol{L}}_k$ とスピン角運動量 $\hat{\boldsymbol{S}}_k$ の和で与えられる．

2 粒子系の角運動量について考えてみよう．系の角運動量は

$$\hat{\boldsymbol{J}} = \hat{\boldsymbol{J}}_1 + \hat{\boldsymbol{J}}_2 \tag{3.146}$$

である．ただし，$\hat{\boldsymbol{J}}_1$ と $\hat{\boldsymbol{J}}_2$ はそれぞれ粒子1，粒子2に作用する角運動量で，互いに独立（互いに可換）である．すなわち，

$$[\hat{J}_{1x}, \hat{J}_{1y}] = i\hbar \hat{J}_{1z} \tag{3.147}$$

$$[\hat{J}_{2x}, \hat{J}_{2y}] = i\hbar \hat{J}_{2z} \tag{3.148}$$

等が成り立つが，

$$[\hat{J}_{1k}, \hat{J}_{2l}] = 0 \quad (k, l = x, y, z) \tag{3.149}$$

である．

次に角運動量 $\hat{\boldsymbol{J}}$ の固有状態を求めよう．まず，これまでと同様

$$[\hat{\boldsymbol{J}}^2, \hat{J}_z] = 0 \tag{3.150}$$

である．同時に

$$[\hat{\boldsymbol{J}}^2, \hat{\boldsymbol{J}}_1^2] = 0, \quad [\hat{\boldsymbol{J}}^2, \hat{\boldsymbol{J}}_2^2] = 0 \tag{3.151}$$

が成り立つ．もちろん $[\hat{\boldsymbol{J}}_1^2, \hat{\boldsymbol{J}}_2^2] = 0$ であるが，しかし，$[\hat{\boldsymbol{J}}^2, \hat{J}_{1z}] \neq 0$．これから，$\hat{\boldsymbol{J}}^2, \hat{J}_z, \hat{\boldsymbol{J}}_1^2, \hat{\boldsymbol{J}}_2^2$ が互いに可換なセットとして同時対角化可能であることがわかる．固有状態は，したがって，

$$\hat{\boldsymbol{J}}^2 |j_1, j_2; j, m\rangle = j(j+1)\hbar^2 |j_1, j_2; j, m\rangle \tag{3.152}$$

$$\hat{J}_z |j_1, j_2; j, m\rangle = m\hbar |j_1, j_2; j, m\rangle \tag{3.153}$$

$$\hat{\boldsymbol{J}}_1^2 |j_1, j_2; j, m\rangle = j_1(j_1+1)\hbar^2 |j_1, j_2; j, m\rangle \tag{3.154}$$

$$\hat{\boldsymbol{J}}_2^2 |j_1, j_2; j, m\rangle = j_2(j_2+1)\hbar^2 |j_1, j_2; j, m\rangle \tag{3.155}$$

$$\text{ただし} \quad -j \leq m \leq j \tag{3.156}$$

と表わすことができる．規格直交化の条件は

$$\langle j_1, j_2; j', m' | j_1, j_2; j, m\rangle = \delta_{jj'}\delta_{mm'} \tag{3.157}$$

である．

2粒子系の角運動量の固有状態のもう1つの表し方は，互いに可換な演算子のセットとして $\hat{\boldsymbol{J}}_1^2, \hat{J}_{1z}, \hat{\boldsymbol{J}}_2^2, \hat{J}_{2z}$ を選び，状態を

$$\hat{\boldsymbol{J}}_1^2 |j_1, m_1; j_2, m_2\rangle = j_1(j_1+1)\hbar^2 |j_1, m_1; j_2, m_2\rangle \tag{3.158}$$

$$\hat{J}_{1z} |j_1, m_1; j_2, m_2\rangle = m_1\hbar |j_1, m_1; j_2, m_2\rangle \tag{3.159}$$

$$\hat{\boldsymbol{J}}_2^2 |j_1, m_1; j_2, m_2\rangle = j_2(j_2+1)\hbar^2 |j_1, m_1; j_2, m_2\rangle \tag{3.160}$$

3-7 角運動量の合成

$$\hat{J}_{2z}|j_1,m_1;j_2,m_2\rangle = m_2\hbar|j_1,m_1;j_2,m_2\rangle \tag{3.161}$$

ただし $\quad -j_1 \leqq m_1 \leqq j_1, \quad -j_2 \leqq m_2 \leqq j_2 \tag{3.162}$

のように表わす方法である．規格直交化は

$$\langle j_1,m_1';j_2,m_2'|j_1,m_1;j_2,m_2\rangle = \delta_{m_1m_1'}\delta_{m_2m_2'} \tag{3.163}$$

である．

これら2つの表現方法はもちろん物理的には同等である．特にあとの方法では，固有状態 $|j_1,m_1;j_2,m_2\rangle$ の張る空間の次元が $(2j_1+1)(2j_2+1)$ であることは明らかである．完備性は与えられた j_1, j_2 に対して

$$\sum_{m_1,m_2} |j_1,m_1;j_2,m_2\rangle\langle j_1,m_1;j_2,m_2| = 1 \tag{3.164}$$

である．これに対して，はじめの方法では，同じ空間で完備性は

$$\sum_{j,m} |j_1,j_2;j,m\rangle\langle j_1,j_2;j,m| = 1 \tag{3.165}$$

と表わされる．(3.164)を用いると，状態 $|j_1,j_2;j,m\rangle$ を

$$|j_1,j_2;j,m\rangle = \sum_{m_1,m_2} |j_1,m_1;j_2,m_2\rangle\langle j_1,m_1;j_2,m_2|j_1,j_2;j,m\rangle \tag{3.166}$$

と展開することができる．展開係数の行列 $\langle j_1,m_1;j_2,m_2|j_1,j_2;j,m\rangle$ は **Clebsch-Gordan 係数**(以下 **CG 係数**と略称)とよばれている．

(3.166)の逆の展開もまた成り立つ．すなわち，

$$|j_1,m_1;j_2,m_2\rangle = \sum_{j,m} |j_1,j_2;j,m\rangle\langle j_1,j_2;j,m|j_1,m_1;j_2,m_2\rangle \tag{3.167}$$

(3.157), (3.163)と(3.166), (3.167)から CG 係数のみたすべき条件

$$\sum_{j,m} \langle j_1,m_1';j_2,m_2'|j_1,j_2;j,m\rangle\langle j_1,j_2;j,m|j_1,m_1;j_2,m_2\rangle = \delta_{m_1m_1'}\delta_{m_2m_2'} \tag{3.168}$$

$$\sum_{m_1,m_2} \langle j_1,j_2;j',m'|j_1,m_1;j_2,m_2\rangle\langle j_1,m_1;j_2,m_2|j_1,j_2;j,m\rangle = \delta_{jj'}\delta_{mm'} \tag{3.169}$$

が導かれる．

次に j と m のとりうる値について考えよう．まず，(3.153), (3.159), および (3.161) から CG 係数は，条件

$$\langle j_1, m_1 ; j_2, m_2 | j_1, j_2 ; j, m \rangle = 0 \quad (m \neq m_1 + m_2) \quad (3.170)$$

をみたさなければならない．したがって，可能な m の値としては $m = m_1 + m_2$ の場合だけを考えればよい．これから m のとりうる範囲として

$$-(j_1 + j_2) \leq m \leq j_1 + j_2 \quad (3.171)$$

が得られる．さて，$m = j_1 + j_2$ のとき，可能な j の値は唯 1 つ $j = j_1 + j_2$ であることは明らかである．そこで位相を適当に選んで

$$|j_1, j_2 ; j_1+j_2, j_1+j_2\rangle = |j_1, j_1 ; j_2, j_2\rangle \quad (3.172)$$

とおくことができる．次に $m = j_1 + j_2 - 1$ の場合を考えよう．このときは $m_1 = j_1, m_2 = j_2 - 1$，あるいは $m_1 = j_1 - 1, m_2 = j_2$ の 2 つの独立な状態が可能である．このうちの 1 つは $j = j_1 + j_2$ の状態に対応するはずで，したがってこの状態と直交するもう 1 つの状態の j は $j_1 + j_2 - 1$ でなければならない．同様にして，$m = j_1 + j_2 - 2$ には，3 つの状態 $j = j_1 + j_2, j_1 + j_2 - 1, j_1 + j_2 - 2$ が対応していることがわかる．以下，このようにして順次 m の値を 1 つずつさげていくと，対応する異なる j の状態の数は，はじめ 1, 2, 3 と増加していくが，$m = |j_1 - j_2|$ を境に減少しはじめ，最後の $m = -(j_1 + j_2)$ には，唯 1 つ，$j = j_1 + j_2$ の状態が対応して終了する．このことから，与えられた j_1, j_2 に対して合成角運動量 j のとりうる値は

$$|j_1 - j_2| \leq j \leq j_1 + j_2 \quad (3.173)$$

であることがわかる．これは 2 つの角運動量ベクトルの**合成角運動量ベクトル**の大きさとして知られている．また，状態 $|j_1, j_2 ; j, m\rangle$ の張る空間の次元は

$$\sum_{j=|j_1-j_2|}^{j_1+j_2} (2j+1) = (2j_1+1)(2j_2+1) \quad (3.174)$$

となって*，当然のことながら状態 $|j_1, m_1 ; j_2, m_2\rangle$ の張る空間の次元と一致し

---

* $j_1 > j_2$ とすると，加える項の数は $2j_2 + 1$ である．

表 3-1　CG 係数 $\left\langle j_1, m_1; \dfrac{1}{2}, m_2 \Big| j_1, \dfrac{1}{2}; j, m \right\rangle$

	$m_2 = \dfrac{1}{2}$	$m_2 = -\dfrac{1}{2}$
$j = j_1 + \dfrac{1}{2}$	$\sqrt{\dfrac{j_1 + m_1 + 1}{2j_1 + 1}}$	$\sqrt{\dfrac{j_1 - m_1 + 1}{2j_1 + 1}}$
$j = j_1 - \dfrac{1}{2}$	$-\sqrt{\dfrac{j_1 - m_1}{2j_1 + 1}}$	$\sqrt{\dfrac{j_1 + m_1}{2j_1 + 1}}$

ている．

CG 係数の具体的な形を求めることは省略して，よく利用される $j_2 = 1/2$ の場合を表 3-1 にまとめておく．

3-8　Bell の不等式──スピン相関と EPR 現象

ミクロな世界を記述する体系としての量子力学は，数々の実験事実に支えられて，今ではその正しさについて疑う余地はない．しかし，古典物理学にない量子力学特有の統計的性格，すなわち波動関数の確率解釈が，われわれの日常受け入れている感覚とかけ離れている場合のあることも否定できない事実である．このため，量子力学の記述が完全かどうかをめぐってこれまでにさまざまな議論が行なわれてきた．この節では，このような例として典型的な **Einstein-Podolsky-Rosen 現象**[*]を中心に，量子力学に特有なスピン相関と，その実験的検証について説明する[**]．

まず，スピン 1/2 の 2 粒子から成る系を考え，それぞれの粒子のスピンを $\hat{\boldsymbol{S}}_1, \hat{\boldsymbol{S}}_2$ とする．よく知られているように，系全体のスピン $\hat{\boldsymbol{S}} = \hat{\boldsymbol{S}}_1 + \hat{\boldsymbol{S}}_2$ の固有

---

[*] **Einstein-Podolsky-Rosen** のパラドックスとよばれている．しかし，この現象は本来パラドックスとはいえないので，本書では，最近の提案にしたがって，Einstein-Podolsky-Rosen 現象，略して EPR 現象とよぶことにする．

[**] くわしい解説については，J. F. Clauser and A. Shimony: "Bell's theorem: experimental tests and implications", Rep. Prog. Phys. 41 (1978) を参照．

状態は $s=1$ の 3 重状態（triplet state）と $s=0$ の 1 重状態（singlet state）に分かれる（第 6 章, 式(6.32), (6.33)も参照）. 具体的には, 各々の状態が

$$s=1 \quad |1, m=1\rangle = |\boldsymbol{n}+ ; \boldsymbol{n}-\rangle$$
$$|1, m=0\rangle = \frac{1}{\sqrt{2}}[|\boldsymbol{n}+ ; \boldsymbol{n}-\rangle + |\boldsymbol{n}- ; \boldsymbol{n}+\rangle] \quad (3.175)$$
$$|1, m=-1\rangle = |\boldsymbol{n}- ; \boldsymbol{n}-\rangle$$

$$s=0 \quad |0, m=0\rangle = \frac{1}{\sqrt{2}}[|\boldsymbol{n}+ ; \boldsymbol{n}-\rangle - |\boldsymbol{n}- ; \boldsymbol{n}+\rangle] \quad (3.176)$$

と表わせることは容易にわかる. ただしここで, $\boldsymbol{n}$ は任意の単位ベクトルで, $|\boldsymbol{n}\pm ; \boldsymbol{n}\pm\rangle \equiv |\boldsymbol{n}\pm\rangle^{(1)} \otimes |\boldsymbol{n}\pm\rangle^{(2)}$ である. 各粒子 ($k=1, 2$) に対して

$$\hat{\boldsymbol{S}}_k \cdot \boldsymbol{n} |\boldsymbol{n}\pm\rangle^{(k)} = \pm\frac{1}{2}\hbar |\boldsymbol{n}\pm\rangle^{(k)} \quad (k=1, 2) \quad (3.177)$$

が成り立つことは,（3.105）に示した通りである.

ここで, スピンの 1 重状態にある 2 粒子系に着目しよう. 系のスピン状態は (3.176) である. また, $\boldsymbol{n}$ は任意に選ぶことができる. まず, スピンの z 方向の成分の測定, 例えば **Stern-Gerlach の実験** を行なう. $\boldsymbol{n}=\boldsymbol{e}_z$ とおくと, 状態 (3.176) から明らかなように, 粒子 1 あるいは粒子 2 のスピンについてはスピン上向き $|\boldsymbol{e}_z+\rangle$ の状態とスピン下向き $|\boldsymbol{e}_z-\rangle$ の状態の観測される確率は互いに等しく 50% ずつである. いま, 粒子 1 に対して測定を行ない, その結果スピン $|\boldsymbol{e}_z+\rangle$ の状態が観測されたとしよう. このとき, もし粒子 2 のスピンの z 成分の測定が続いて行なわれたとすれば, 100% の確率で $|\boldsymbol{e}_z-\rangle$ の状態が観測されるはずである. 粒子 1 のスピン測定によって, 測定前の状態 $|0, m=0\rangle$ から測定後の状態 $|\boldsymbol{e}_z+ ; \boldsymbol{e}_z-\rangle$ へと状態の収縮が行なわれたからである（1-4 節参照）. 量子力学の 2 粒子スピン相関についてのこの予言は, 粒子 1 と粒子 2 が空間的に十分離れており, 粒子 1 と粒子 2 のスピン測定が互いに影響を与えることなく独立に行なわれるような場合においても成り立つと考えられる.

ここで量子力学の批判者としての Einstein が登場する. Einstein によれば,

物理学の理論が完全であるためには，次の条件がみたされていなければならない．

（i）理論は次に述べる**物理的実在の要素**(elements of physical reality)のすべてに対応するものをその体系内に含んでいなければならない．ただし，物理的実在の要素とは次の内容を意味する．系を全く乱さずにある物理量の値を確実に予言することができるとき，その物理量に対応する物理的実在の要素がその系に存在するという（**実在性の原理**）．

（ii）空間的に十分離れた2つの系 M_1 と M_2 があり，系 M_1 が系 M_2 からいかなる作用も受けなければ，その限りにおいて系 M_1 の物理的実在の要素は系 M_2 から独立である（**局所性**(locality)**の原理**，あるいは孤立系の分離可能性(separability)の原理ともよばれる）．

古典物理学に従う系がここに述べた原理をみたしていることは明らかであろう．しかし，量子力学的系において，これらの条件のすべてがみたされてはいないこともまた明らかである．互いに十分はなれた1重状態にある2粒子のスピン相関の測定の場合を例にとって考えてみると，粒子1のスピンの z 成分を測定することにより，粒子2の環境を乱すことなく，粒子2のスピンの z 成分について確実な予言をすることができる．すなわち粒子2のスピンの z 成分は物理的実在の一要素である．次に(3.176)において $\boldsymbol{n}$ を x 方向に選び，ふたたび粒子1のスピンの x 成分の測定を行なえば，同様の議論によって粒子2のスピンの x 成分も物理的実在の一要素であることがわかる．しかし，粒子2のスピンの x 成分と z 成分が物理的実在の要素として同時に独立に存在することはありえない（$[\hat{S}_x, \hat{S}_z] \neq 0$）．量子力学においては局所性の原理がみたされていないのである．

1935年，Einstein-Podolsky-Rosen は上に述べたスピン相関の例と本質的に同じ議論を展開し，量子力学による記述は不完全であるとした．以来，この種の量子力学的相関に関する現象は **EPR現象** とよばれ，量子力学の確率解釈を変更しようとする試みの中で，多くの人々の検討の対象になってきた．特に，**隠れた変数**(hidden variables)を導入することによって，局所性の原理をみた

し,かつ,量子力学的相関とも一致するモデルを構成する可能性が指摘された.
このようなときに示されたのが,Bell によるスピン相関不等式の導出である.
以下に述べるように,この不等式は一般に局所性の原理をみたし,隠れた変数
をもつ理論が予言するスピン相関に関する不等式である.不等式の成り立つ範
囲は一般に量子力学の結果と矛盾する領域を含むので,この領域において不等
式が実際成り立つかどうかを実験で確かめ,この種の理論が正しいかどうかを
検証することができる.

　ふたたび1重状態にあるスピン 1/2 の2粒子系を考え,2粒子が互いに反対
方向に飛び去る場面を想像しよう(図 3-7).より現実的には,あるスピン 0 の
粒子がスピン 1/2 の粒子と反粒子へ2体崩壊する場面がこれにあたる.

　ここで,粒子1については単位ベクトル $\boldsymbol{n}_1$ 方向のスピンの向きを,粒子2
については単位ベクトル $\boldsymbol{n}_2$ 方向のスピンの向きを測定したとしよう.測定は
2つの粒子が互いに十分離れてから行なわれるものとする.このとき,2粒子
のスピン相関

$$P(\boldsymbol{n}_1, \boldsymbol{n}_2) \equiv \langle (\hat{\boldsymbol{S}}_1 \cdot \boldsymbol{n}_1)(\hat{\boldsymbol{S}}_2 \cdot \boldsymbol{n}_2) \rangle$$
$$= \langle 0, m=0 | (\hat{\boldsymbol{S}}_1 \cdot \boldsymbol{n}_1)(\hat{\boldsymbol{S}}_2 \cdot \boldsymbol{n}_2) | 0, m=0 \rangle \qquad (3.178)$$

を求めよう.

　状態 $|0, m=0\rangle$ (3.176) の $\boldsymbol{n}$ として $\boldsymbol{n}_1$ を選び,この方向を z 軸にとること
にする.すなわち,

$$|0, m=0\rangle = \frac{1}{\sqrt{2}}[|\boldsymbol{e}_z+ \; ; \boldsymbol{e}_z-\rangle - |\boldsymbol{e}_z- \; ; \boldsymbol{e}_z+\rangle] \qquad (3.179)$$

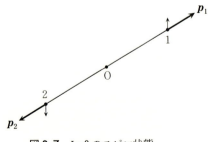

図 3-7　$J=0$ のスピン状態.

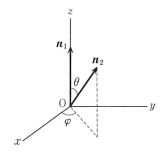

図 3-8 スピンの2体相関.

さらに，粒子2については$\hat{S}_2 \cdot \boldsymbol{n}_2$の固有状態を$|\boldsymbol{n}_2\pm\rangle^{(2)}$と表わすと

$$|\boldsymbol{n}_2\pm\rangle^{(2)} = \hat{D}_z^{(1/2)}(\pm\varphi)\hat{D}_y^{(1/2)}(\pm\theta)|\boldsymbol{e}_z\pm\rangle^{(2)} \quad (3.180)$$

が成り立つ．ただし，単位ベクトル$\boldsymbol{n}_2$の向きを(θ,φ)で表わした(図3-8)．

(3.180)を用いると，たとえば(3.179)の第1項のスピン状態は

$$|\boldsymbol{e}_z+;\boldsymbol{e}_z-\rangle \equiv |\boldsymbol{e}_z+\rangle^{(1)}\otimes|\boldsymbol{e}_z-\rangle^{(2)}$$
$$= |\boldsymbol{e}_z+\rangle^{(1)}\otimes\{e^{-\frac{i}{2}\theta\sigma_y}e^{-\frac{i}{2}\varphi\sigma_z}|\boldsymbol{n}_2-\rangle^{(2)}\} \quad (3.181)$$

と書ける．同様にして，第2項の状態は

$$|\boldsymbol{e}_z-;\boldsymbol{e}_z+\rangle = |\boldsymbol{e}_z-\rangle^{(1)}\otimes\{e^{+\frac{i}{2}\theta\sigma_y}e^{+\frac{i}{2}\varphi\sigma_z}|\boldsymbol{n}_2+\rangle^{(2)}\} \quad (3.182)$$

と表わせる．(3.181),(3.182)を用いて期待値(3.178)を計算すると，量子力学的スピン相関

$$P(\boldsymbol{n}_1,\boldsymbol{n}_2) = -\left(\frac{\hbar}{2}\right)^2 \cos\theta \quad (3.183)$$

が得られる．ここで，θは$\boldsymbol{n}_1$と$\boldsymbol{n}_2$の相対角度を表わす．

一方，これを隠れた変数λを用いた決定論によるモデルで記述してみよう．ただし，λは，隠れた変数を一括して表わしているものとする．まず，粒子1のスピンの向き$\boldsymbol{S}_1\cdot\boldsymbol{n}_1$の測定値を$A$とし，$A$は$\boldsymbol{n}_1$のほかに$\lambda$にも依存するものとする．同様に，粒子2のスピンの向き$\boldsymbol{S}_2\cdot\boldsymbol{n}_2$の測定値$B$は$\boldsymbol{n}_2$と$\lambda$に依存するものと仮定する．$A,B$のとりうる値は，もちろん

$$A(\boldsymbol{n}_1,\lambda) = \pm\frac{1}{2}\hbar, \quad B(\boldsymbol{n}_2,\lambda) = \pm\frac{1}{2}\hbar \tag{3.184}$$

に限られるものとする.ここで,たとえば,粒子1の測定値 A は粒子2の測定値 B と独立,すなわち A は $\boldsymbol{n}_1$ と λ には依存するが $\boldsymbol{n}_2$ にはよらないと仮定する点が重要である.これは局所性の原理からの要請である.

変数 λ についてはある確率分布を仮定し,その確率分布密度を $\rho(\lambda)$ とする.$\rho(\lambda)$ を用いると,2つのスピン測定値についての相関は

$$P(\boldsymbol{n}_1,\boldsymbol{n}_2) \equiv \int d\lambda \rho(\lambda) A(\boldsymbol{n}_1,\lambda) B(\boldsymbol{n}_2,\lambda) \tag{3.185}$$

と書ける.ただし,確率分布密度 ρ は $\rho(\lambda) \geqq 0$ をみたし,

$$\int d\lambda \rho(\lambda) = 1 \tag{3.186}$$

と規格化されている.

さらに,このモデルは $\boldsymbol{n}_1 = \boldsymbol{n}_2$ のときは量子力学的相関 (3.183) に一致して,$P(\boldsymbol{n}_1,\boldsymbol{n}_1) = -(\hbar/2)^2$ が成り立つと仮定しよう.(3.185) をみると,この仮定は任意の λ に対して

$$A(\boldsymbol{n}_1,\lambda) = -B(\boldsymbol{n}_1,\lambda) \tag{3.187}$$

が成り立つことを意味していることがわかる.(ただし $\rho(\lambda)=0$ をみたす λ は例外として除く.) そこで,(3.187) を (3.185) に代入すると

$$P(\boldsymbol{n}_1,\boldsymbol{n}_2) = -\int d\lambda \rho(\lambda) A(\boldsymbol{n}_1,\lambda) A(\boldsymbol{n}_2,\lambda) \tag{3.188}$$

が得られる.

次に新たに第3の単位ベクトル $\boldsymbol{n}_3$ を導入して $P(\boldsymbol{n}_1,\boldsymbol{n}_3)$ を定義し,(3.188) を用いると

$$\begin{aligned}
&P(\boldsymbol{n}_1,\boldsymbol{n}_2) - P(\boldsymbol{n}_1,\boldsymbol{n}_3) \\
&= -\int d\lambda \rho(\lambda) [A(\boldsymbol{n}_1,\lambda) A(\boldsymbol{n}_2,\lambda) - A(\boldsymbol{n}_1,\lambda) A(\boldsymbol{n}_3,\lambda)] \\
&= \int d\lambda \rho(\lambda) A(\boldsymbol{n}_1,\lambda) A(\boldsymbol{n}_2,\lambda) \left[\left(\frac{2}{\hbar}\right)^2 A(\boldsymbol{n}_2,\lambda) A(\boldsymbol{n}_3,\lambda) - 1\right]
\end{aligned} \tag{3.189}$$

が成り立つ．これから，不等式

$$|P(\boldsymbol{n}_1, \boldsymbol{n}_2) - P(\boldsymbol{n}_1, \boldsymbol{n}_3)| \leq \int d\lambda \rho(\lambda) \left[\left(\frac{\hbar}{2}\right)^2 - A(\boldsymbol{n}_2, \lambda) A(\boldsymbol{n}_3, \lambda) \right]$$

$$\leq \frac{1}{4}\hbar^2 + P(\boldsymbol{n}_2, \boldsymbol{n}_3) \qquad (3.190)$$

が導かれる．(3.190)は **Bell の不等式** とよばれている*．

不等式(3.190)が量子力学的相関(3.183)と矛盾する場合のあることを示すために，次の例を考えてみよう．単位ベクトル $\boldsymbol{n}_1, \boldsymbol{n}_2, \boldsymbol{n}_3$ をある平面内にとり，$\theta_{12} = \theta_{23} = \pi/3$，$\theta_{13} = 2\pi/3$ となるように選ぶ（図 3-9）．量子力学的相関は(3.176)から，それぞれ

$$P(\boldsymbol{n}_1, \boldsymbol{n}_2) - P(\boldsymbol{n}_1, \boldsymbol{n}_3) = -\frac{1}{4}\hbar^2(\cos\theta_{12} - \cos\theta_{13})$$

$$= -\frac{1}{4}\hbar^2 \qquad (3.191)$$

$$\frac{1}{4}\hbar^2 + P(\boldsymbol{n}_2, \boldsymbol{n}_3) = \frac{1}{4}\hbar^2(1 - \cos\theta_{23})$$

$$= \frac{1}{2} \cdot \frac{1}{4}\hbar^2 \qquad (3.192)$$

となる．この結果を(3.190)の両辺と比較してみると，Bell の不等式がみたさ

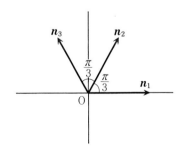

図 3-9 Bell の不等式と量子力学の予言．

---

* この種の不等式の総称を Bell の不等式という．上に導いた(3.190)はその一例である．

れていないことは明らかである．すなわち，適当な条件の下では量子力学的予言と Bell の不等式は互いに両立しないことがわかった．

実際に実験によって不等式の検証を行なうには，まず実験可能な現実的状況に対して成り立つ不等式を導き，次にその不等式が実際成り立っているかどうかを測定によって確かめなければならない．最初に行なわれたのは Ca 原子のエネルギー準位からの光のカスケード崩壊（$J=0 \longrightarrow J=1 \longrightarrow J=0$）の際に放出される2光子の偏極相関に関する実験であった．測定結果は Bell の不等式は確実に破られており，量子力学的相関の正しいことを示した．その後，いくつか異なった種類のテストが行なわれたが，いずれの結果も量子力学的相関の方に軍配が上がっている．（J. F. Clauser and A. Shimony，前掲論文参照．）

なお，以上はスピン1重状態にある2粒子のスピン相関に関するものであるが，3粒子のスピン相関まで考えると，隠れた変数をもつ局所的な理論から導かれるスピン相関と量子力学的相関からの予言とが互いに100%くい違うモデルも構成できる．付録Dにそのようなモデルを紹介しておいた．

3-9　密度行列

ある量子力学的系の状態がケット $|\psi\rangle$ で表わされているとしよう．この状態において，ある物理量 O の測定を行なった場合，量子力学で予言できるのは，ケット $|\psi\rangle$ で表わされる，同一の系の集団（ensemble）を想定し，この集団に属する各系に対して同じ測定をくり返した時に得られる測定値についての（相対）確率である．このような集団は**純粋集団**（pure ensemble）とよばれる．たとえば，スピン1/2の粒子の状態が $|\psi\rangle=c_+|+\rangle+c_-|-\rangle$（$|c_+|^2+|c_-|^2=1$）で表わされる状態にあったとしよう．(3.103)により，この状態はまたスピンがある方向 (θ_0,φ_0)

$$c_+ = e^{-\frac{i}{2}\varphi_0}\cos\frac{1}{2}\theta_0, \quad c_- = e^{+\frac{i}{2}\varphi_0}\sin\frac{1}{2}\theta_0 \qquad (3.193)$$

を向いている状態である．この場合の純粋集団はスピンの向きが (θ_0,φ_0) 方向

にそろった(スピンが偏極している)系の集団である．これに対して，スピンの向きがバラバラになっている系の集団も考えられる．

原子炉から取り出される中性子ビーム(3-6節参照)のスピンの状態がその例である．実際，ある場所で中性子ビームの向きを測定する場合を想定すると，入射中性子はいろいろなスピンの向きのものが勝手に(incoherently)混じり合っている集団になっていると考えられる．このような集団は**混合集団**(mixed ensemble)とよばれる．混合集団にはいろいろなケット $|\psi_j\rangle (j=1, 2, \cdots, N)$ がある**割合**(fraction) u_j ($\sum_{j=1}^{N} u_j = 1; u_j \geqq 0$)で混ざり合ったある「状態」に対応する．このような場合を記述するのが**密度行列**(density matrix)による方法である．

混合集団に対して，**密度行列演算子**(density matrix operator)

$$\hat{\rho} \equiv \sum_{j=1}^{N} u_j |\psi_j\rangle\langle\psi_j| \tag{3.194}$$

を導入する．ここで，$|\psi_j\rangle$ は規格化されており，$u_j \geqq 0$, $\sum_{j=1}^{N} u_j = 1$ であるとする．ただし，$|\psi_j\rangle$ は互いに直交化されていなくてもよい．

$\hat{\rho}$ (3.194)の主な性質を列挙する．

(ⅰ) $\hat{\rho}$ は Hermite である．これは(3.194)から明らかである．

(ⅱ) 任意の状態 $|\phi\rangle$ に対して正定値である．すなわち

$$\langle\phi|\hat{\rho}|\phi\rangle \geqq 0 \tag{3.195}$$

(ⅲ) $\mathrm{Tr}(\hat{\rho}) = 1$ \hfill (3.196)

∵ $\mathrm{Tr}(\hat{\rho}) \equiv \sum_{n} \langle n|\hat{\rho}|n\rangle = \sum_{n}\sum_{j} u_j \langle n|\psi_j\rangle\langle\psi_j|n\rangle$
$= \sum_{j} u_j \langle\psi_j|\psi_j\rangle = \sum_{j} u_j = 1$

(ⅳ) $\hat{\rho}$ の固有値 ρ_n は $0 \leqq \rho_n \leqq 1$ をみたす．

$\hat{\rho}$ の固有値 ρ_n に属する固有ケットを $|\rho_n\rangle$ とし，$|\rho_n\rangle \equiv |\phi\rangle$ とおくと(ⅱ)から $0 \leqq \rho_n$, また $|\rho_n\rangle \equiv |n\rangle$ とおくと(ⅲ)から $\rho_n \leqq 1$ が，それぞれ導かれる．

(ⅴ) 任意の物理量 O の集団平均 $\bar{O}$ に対して

$$\bar{O} \equiv \sum_j u_j \langle \phi_j | \hat{O} | \phi_j \rangle$$
$$= \sum_j u_j \sum_n \langle \phi_j | \hat{O} | n \rangle \langle n | \phi_j \rangle$$
$$= \sum_n \langle n | \hat{\rho} \hat{O} | n \rangle$$
$$= \mathrm{Tr}(\hat{\rho} \hat{O}) \tag{3.197}$$

が成り立つ.

(vi) ある規格化された1つのケット $|\phi\rangle$ で記述される純粋集団に対する $\hat{\rho}$ は

$$\hat{\rho} = |\phi\rangle\langle\phi| \tag{3.198}$$

と表わせる. この $\hat{\rho}$ は明らかに

$$\hat{\rho}^2 = \hat{\rho} \tag{3.199}$$

をみたしている. 一般に(3.199)をみたす演算子は**射影演算子**(projection operator)とよばれる. 純粋集団を記述する $\hat{\rho}$ は射影演算子になっている. このとき, $\hat{\rho}$ の固有値が $\rho_n = 0$ または $\rho_n = 1$ であることは(3.199)から明らかである. 逆に, $\hat{\rho}$ が射影演算子ならば, ある規格化されたケット $|\phi\rangle$ をもつ純粋状態を記述することが示される.

(vii) $\hat{\rho}$ の時間発展は状態 $|\phi_j\rangle$ の時間推進のユニタリー演算子 $\hat{U}$ (2.1)を用いて

$$\hat{\rho}(t) = \hat{U}(t, t_0) \hat{\rho}(t_0) \hat{U}^\dagger(t, t_0) \tag{3.200}$$

と表わせる. (2.9)を用いると, これから密度行列 $\hat{\rho}(t)$ のみたす Schrödinger 方程式

$$i\hbar \frac{\partial \hat{\rho}}{\partial t} = [\hat{H}, \hat{\rho}] \tag{3.201}$$

が得られる. この式は符号をのぞいて Heisenberg の運動方程式(2.23)に一致しているが, Schrödinger 描像にもとづいた方程式である*.

ある時刻 t_0 において $\hat{\rho}(t_0)$ が射影演算子として(3.199)をみたしているとす

---

* 古典統計力学の位相空間の粒子密度 $\rho(q, p)$ のみたす Liouville 方程式 $\partial \rho / \partial t = \{H, \rho\}_{P.B.}$ に対応する.

ると，任意の時刻 t においても

$$\begin{aligned}
\hat{\rho}^2(t) &= \hat{U}(t,t_0)\hat{\rho}(t_0)\hat{U}^\dagger(t,t_0)\hat{U}(t,t_0)\hat{\rho}(t_0)\hat{U}^\dagger(t,t_0) \\
&= \hat{U}(t,t_0)\hat{\rho}^2(t_0)\hat{U}^\dagger(t,t_0) \\
&= \hat{U}(t,t_0)\hat{\rho}(t_0)\hat{U}^\dagger(t,t_0) \\
&= \hat{\rho}(t)
\end{aligned} \tag{3.202}$$

が成り立つ．(vi)を用いると，(3.202)は系の集団が純粋集団であれば，時間発展が Schrödinger 方程式で記述される限り，純粋集団にとどまり，混合集団へ発展することはありえないことを意味している．

密度行列の方法は1つの状態ベクトル，すなわち，1つの波動関数で表わせないような系でも記述できるという点で，量子力学の記述法としては，第2章で述べた記述法に比べてある意味でより一般的といえる．また，1つの閉じた系の部分系に着目し，この部分系のみを記述する際にも密度行列は有効に用いられる．閉じた系自体は1つの波動関数で記述されても，その部分系は一般にいくつか(場合によっては無限)の状態の混合になっているからである．

たとえば，閉じた系がある1つの規格化された波動関数 $\phi(q,Q)$ で表わされるとしよう．ただし，q は系の部分系 S を記述する変数を，Q は系の残りの部分系 S' に対応する変数を，それぞれ表わすものとする．変数 Q に関する部分系 S' の波動関数の完備な正規直交系 $\{\varphi_j(Q)\}$ があるとして，$\phi(q,Q)$ を次のように展開する．

$$\phi(q,Q) = \sum_j \phi_j(q)\varphi_j(Q) \tag{3.203}$$

ただし，展開係数を $\phi_j(q)$ とした．

ここで，次の量

$$\rho(q',q) \equiv \int dQ\, \phi(q',Q)\phi^*(q,Q) \tag{3.204}$$

を導入しよう．(3.203)を(3.204)に代入し，$\varphi_j(Q)$ の直交条件

$$\int dQ\, \varphi_j(Q)\varphi_k^*(Q) = \delta_{jk} \tag{3.205}$$

を用いると，(3.204)の ρ は

$$\rho(q',q) = \sum_j \phi_j(q')\phi_j^*(q) \tag{3.206}$$

と表わせる．

 一方，波動関数 $\psi(q,Q)$ の規格化条件に(3.203)を代入すると

$$\sum_j \int dq |\phi_j(q)|^2 = 1 \tag{3.207}$$

が得られる．そこで，

$$u_j \equiv \int dq |\phi_j(q)|^2 \geqq 0 \tag{3.208}$$

とおき，$\phi_j(q)/\sqrt{u_j}$ をあらためて $\phi_j(q)$ と定義しなおすと，$\phi_j(q)$ は部分系 S の規格化された波動関数となり，(3.206)はこの波動関数を用いて

$$\rho(q',q) = \sum_j u_j \phi_j(q') \phi_j^*(q) \tag{3.209}$$

と表わせる．ただし(3.207),(3.208)から $\sum_j u_j = 1$ である．(3.209)は q 表示における部分系 S の密度行列 $\langle q'|\hat{\rho}|q\rangle$ になっていることがわかる．

 熱溜に接触して熱平衡の状態にある系などが上に述べた記述法の適用される例である．密度行列の方法は量子統計力学においてしばしば用いられ，また観測の理論においても欠かせない記述法になっている．

4
対称性

　対称性という考えは，本来幾何学的イメージと強く結びついている．物質の示すいろいろな形態，たとえば，結晶の示す美しい幾何学模様などを思いうかべればこのことは明らかであろう．

　一般に，ある大きさをもつ物体をそれ自身に重ねるような変位をひきおこす変換を，対称変換という．球対称な物体に対しては，中心を含む軸のまわりの回転や鏡映など，あるいは無限に大きな結晶の場合には，結晶全体を格子間隔1つ分だけずらす平行移動などがそれらの例である．このような対称変換のある組合せ（部分集合），あるいは全体が群をつくる場合，これを対称変換群という．

　対称変換群には，上に述べた例からわかるように，連続パラメータ（たとえば回転角 ϕ）を含む連続群と，離散的なパラメータ（たとえば格子間隔 a）を含む離散群とがある．

　一方，量子力学本来の立場では，このような対称変換は，与えられた系のハミルトニアンを不変にする変換としてとらえる方がより一般的である．物体をそれ自身に移す対称変換は，必然的にハミルトニアンを不変にする座標変換である．しかし，ハミルトニアンを不変にする変換は単なる座標の変換だけでは

ない．物理法則のゲージ不変性や電荷などの保存則と関連して考えられるのは，波動関数の位相変換などを伴うもうすこし広い変換に対する（ハミルトニアンの）不変性であり，対称性である．（このような対称性にもまた，幾何学的意味を与えることは可能である．）

対称性という考え方は古典物理学においても重要であった．Einsteinの重力理論の建設の過程で一般座標変換に対する理論の不変性が基本的要請の1つとして重要な役割を果たしたことはよく知られている．しかし，量子力学では，物理量は演算子としてあらわされ，対称変換の演算自身もまた物理量として保存量になっており，その果たしている役割は多彩であると同時により普遍的である．

この章では，量子力学におけるこのような対称性に関連する基礎的な事柄について説明しよう．

4-1 対称性と保存量

与えられた系のハミルトニアンを不変にする変換を G とする．変換 G によって系の状態 $|\varphi\rangle$ が新しい状態 $|\varphi'\rangle$ に変わったとし，2つの状態を結ぶ演算子を $\hat{S}$ とする．すなわち

$$|\varphi'\rangle = \hat{S}|\varphi\rangle \tag{4.1}$$

さらに，$\hat{S}$ は系の状態のノルムを変えないユニタリー演算子

$$\hat{S}\hat{S}^\dagger = \hat{S}^\dagger\hat{S} = 1 \tag{4.2}$$

であるとする．（この要請は実は強すぎる．次の4-2節参照．）

変換 G によってハミルトニアン $\hat{H}$ が不変であるとは，

$$\hat{S}^\dagger \hat{H} \hat{S} = \hat{H} \tag{4.3}$$

が成り立つことである．このとき，$\hat{S}$ を対称変換の演算子とよび，系は変換 G の対称性をもつという．G が連続変換の場合には，無限小の対称変換を考えて

$$\hat{S} = 1 - i\varepsilon \hat{K} \tag{4.4}$$

とおく．ただし，ε は微小なc数である．$\hat{K}$ は微小対称変換の**生成子**（generator)とよばれる．$\hat{S}$ はユニタリーなので，$\hat{K}$ は Hermite である．また，(4.3)から，$\hat{K}$ とハミルトニアン $\hat{H}$ との交換関係は

$$[\hat{K},\hat{H}] = 0 \tag{4.5}$$

となる．一方，Heisenberg の運動方程式は

$$i\hbar\frac{d\hat{K}}{dt} = [\hat{K},\hat{H}] = 0 \tag{4.6}$$

となるので，$\hat{K}$ は時間的に一定である．すなわち，<u>$\hat{K}$ は無限小の対称変換を生成する演算子であると同時に，物理量としては保存量になっている</u>．

一般に，対称性の存在する系のエネルギー準位には，特有の**縮退**(degeneracy)が期待される．いま，$|n\rangle$ をエネルギー固有値 E_n の固有状態としよう．このとき，対称変換の演算子 $\hat{S}$ を状態 $|n\rangle$ に作用させた状態 $|n\rangle' \equiv \hat{S}|n\rangle$ は

$$\hat{H}|n\rangle' = \hat{H}\hat{S}|n\rangle = \hat{S}\hat{H}|n\rangle$$
$$= E_n|n\rangle' \tag{4.7}$$

となって，$|n\rangle$ と同じエネルギー固有値に属している．状態 $|n\rangle'$ は一般に状態 $|n\rangle$ と異なるので，このような場合にはエネルギー準位に縮退が生じていることになる．例外は $|n\rangle' = e^{i\delta_n}|n\rangle$ (δ_n は実数)の場合である．特に，状態 $|n\rangle$ が対称変換 $\hat{S}$ に対して不変な場合($|n\rangle' = |n\rangle$)には

$$\hat{K}|n\rangle = 0 \tag{4.8}$$

が成り立つ．

対称変換が群 G をなす場合には，群の元 $g, h \in G$ に対応して，変換の演算子 $\hat{S}(g), \hat{S}(h)$ は

$$\hat{S}(g)\cdot\hat{S}(h) = \hat{S}(gh) \tag{4.9}$$

をみたす．これらの演算子を作用させて得られる縮退した状態の集合は，(4.9)に対応して群 G のユニタリー表現の基底をつくる．特に G が連続な線形 Lie 群の場合には，その無限小変換の生成子 $\hat{K}_j$ ($j=1, 2, \cdots, n$)の全体は群 G の Lie 環をつくる．ここで n は群 G の階数(rank)に等しい．これらの生成子たちはすべて Hermite 演算子で，したがって物理量を表わすと考えられる．(4.3)により，これらは物理量として，すべて $\hat{H}$ と可換な保存量である．しか

し，$\hat{K}_j$ 同士は一般には互いに可換でない．それゆえ，それらすべてを同時に対角化することはできない．そこで，$\hat{H}$ を含む，互いに可換な演算子の最大のセットを選び，同時対角化を行なって，縮退した状態を指定する量子数の1組(観測量の最大の組)を与えることができる(1-2節)．第3章で取り扱った3次元空間の回転の場合，対称変換群は $O(3)$ で，角運動量の成分 $\hat{J}_l$ ($l=1,2,3$) はそれぞれの軸のまわりの微小回転の生成子であった．また，これらの生成子たちは $O(3)$ の Lie 環 $o(3) \approx SU(2)$ を形成している．球対称な系の場合，縮退した状態はこの Lie 環 $o(3)$ の既約表現を与える．状態を指定する量子数としては J^2, J_z の固有値 (j, m) が選ばれるのが普通であるが，このとき，j が既約表現を指定する次元(最高ウェイト)に対応していることについては，3-2節で説明した．

物理的には，エネルギー最低の状態，すなわち基底状態 $|\mathcal{G}\rangle$ が対称変換のどのような表現(の基底)になっているかを調べることが重要である．$|\mathcal{G}\rangle$ に縮退がない場合，(4.8)から

$$\hat{K}_j|\mathcal{G}\rangle = 0 \quad (j=1,2,\cdots,n) \tag{4.10}$$

が成り立つ．このとき，基底状態は**対称変換 G に対して不変**で G の1次元表現になっている．これに対して，(4.10)が成り立たない場合も考えられる．この場合は基底状態にも縮退を生じ，$|\mathcal{G}\rangle$ は対称変換に対して不変にならない．自由度の大きな量子系では，これらの縮退した基底状態間の遷移は事実上禁止されることがあり，励起エネルギー準位の様子が著しく異なってみえる．この現象は**対称性の自発的破れ**(spontaneous breakdown)とよばれている(大貫義郎：場の量子論(本講座5)参照)．これについては第8章で再び議論する．

超対称モデル

高い対称性をもつ系の例題として，スピン 1/2 の粒子の1次元運動を記述する次のハミルトニアン

$$\hat{H} = \frac{1}{2m}\left[\hat{p}^2 + \hat{W}^2(x) + \hbar\sigma_3\frac{d\hat{W}}{dx}\right] \tag{4.11}$$

を考えてみよう．ただし，σ_i ($i=1,2,3$) は Pauli 行列(3.93)で，$\hat{W}(x)$ はある

条件(後述)をみたす x の実関数で，運動量の次元をもつ演算子である．

ここで，Hermite 演算子

$$\hat{Q}_1 = \frac{1}{2\sqrt{m}}(\sigma_1 \hat{p} + \sigma_2 \hat{W}(x)) \tag{4.12}$$

$$\hat{Q}_2 = \frac{1}{2\sqrt{m}}(\sigma_2 \hat{p} - \sigma_1 \hat{W}(x)) \tag{4.13}$$

を導入しよう．すると，簡単な計算ののち

$$\hat{Q}_1\hat{Q}_2 + \hat{Q}_2\hat{Q}_1 = 0 \tag{4.14}$$

$$\hat{H} = 2\hat{Q}_1{}^2 = 2\hat{Q}_2{}^2 \tag{4.15}$$

が成り立つことがわかる．

(4.15)から，$\hat{Q}_1, \hat{Q}_2$ は共に $\hat{H}$ と可換

$$[\hat{Q}_1, \hat{H}] = [\hat{Q}_2, \hat{H}] = 0 \tag{4.16}$$

であることは明らかである．すなわち，いま考えている系(4.11)は $\hat{W}(x)$ の詳細な形によらず，$\hat{Q}_1, \hat{Q}_2$ を変換の生成子とするような変換に対して不変になっていることがわかる．この変換は $N=2$ の**超対称変換**とよばれる*．次に，この系のエネルギー準位を調べてみよう．

まず，

$$\hat{Q}_\pm = \frac{1}{\sqrt{2}}(\hat{Q}_1 \pm i\hat{Q}_2) \tag{4.17}$$

とおく．すると，(4.14),(4.15)はまた，

$$\hat{Q}_+{}^2 = \hat{Q}_-{}^2 = 0 \tag{4.18}$$

$$\hat{H} = \hat{Q}_+\hat{Q}_- + \hat{Q}_-\hat{Q}_+ \tag{4.19}$$

とも表わせる．$\hat{Q}_\pm$ ももちろん $\hat{H}$ と可換である．また，(4.12),(4.13)を用いると

---

* 超対称性については，稲見武夫，東島清責任編集：超対称性(新編物理学選集 82；日本物理学会)，ここに述べたモデルについては，E. Witten: Nucl. Phys. **B188** (1981) 513, をそれぞれ参照．

$$\hat{Q}_+ = \left(\frac{\hat{p}-i\hat{W}}{\sqrt{2m}}\right)\left(\frac{\sigma_1+i\sigma_2}{2}\right) \tag{4.20}$$

$$\hat{Q}_- = \left(\frac{\hat{p}+i\hat{W}}{\sqrt{2m}}\right)\left(\frac{\sigma_1-i\sigma_2}{2}\right) \tag{4.21}$$

と表わすことができることに注意しておこう.

$\hat{H}$ と可換な演算子としては, $\hat{Q}_\pm$ のほかにスピン $\hat{S}_z=(\hbar/2)\sigma_3$ がある. しかし, (4.20), (4.21) から明らかなように, $\hat{S}_z$ は $\hat{Q}_\pm$ と可換でない. そこで, $\hat{H}$ と $\hat{S}_z$ を同時対角化する表示を選んで

$$\hat{H}|n,\pm\rangle = E_n^{(\pm)}|n,\pm\rangle \tag{4.22}$$

$$\hat{S}_z|n,\pm\rangle = \pm\frac{\hbar}{2}|n,\pm\rangle \tag{4.23}$$

とおく. ただし, $|n,\pm\rangle$ はエネルギー固有値 $E_n^{(\pm)}$, スピンの z 成分 $\pm\hbar/2$ に属する固有状態で規格化されているとする.

ここで(4.20), (4.21)を思い出すと

$$\hat{Q}_+|n,+\rangle = \hat{Q}_-|n,-\rangle = 0 \tag{4.24}$$

が成り立つことは明らかであろう. 一方, $\hat{Q}_\pm$ は $\hat{H}$ と可換なので

$$\begin{aligned}\hat{H}\hat{Q}_\mp|n,\pm\rangle &= \hat{Q}_\mp\hat{H}|n,\pm\rangle \\ &= E_n^{(\pm)}\hat{Q}_\mp|n,\pm\rangle\end{aligned} \tag{4.25}$$

が成り立つ. そこで $E_n^{(\pm)}>0$ の状態に対して

$$|\widetilde{n,\pm}\rangle \equiv \frac{1}{\sqrt{E_n^{(\pm)}}}\hat{Q}_\pm|n,\mp\rangle \tag{4.26}$$

とおくと, 状態 $|\widetilde{n,\pm}\rangle$ は同じエネルギー準位 $E_n^{(\pm)}$ の規格化された状態になっている.

さらに, $|\widetilde{n,\pm}\rangle$ のスピン状態が, $|n,\pm\rangle$ のスピン状態と逆であることも容易に示すことができる. したがって, (4.25), (4.26)から, この系の $E_n^{(\pm)}>0$ の各準位は

$$E_n^{(+)}: \quad |n,+\rangle, \ |\widetilde{n,+}\rangle \tag{4.27}$$

$$E_n^{(-)}: \quad |n,-\rangle, \ |\widetilde{n,-}\rangle \tag{4.28}$$

のように(少なくとも)2重に縮退していることがわかる.

最後に,系の基底状態を求めてみよう.まず,系のハミルトニアン(4.15),あるいは(4.19)の構造からエネルギー固有値 $E_n^{(\pm)}$ として非負の値しかとることが許されないことに注意しよう.したがって,エネルギー固有値がゼロの規格化された状態が実際に存在すれば,それがすなわち求める基底状態である.基底状態を $|\mathcal{G}\rangle \equiv |0,\sigma\rangle$ で表わそう.ただし, $\sigma = \pm$ はそのスピン状態を指定するものとする.

状態 $|\mathcal{G}\rangle$ に対して

$$\langle \mathcal{G}|\hat{H}|\mathcal{G}\rangle = \langle 0,\sigma|\hat{H}|0,\sigma\rangle = 0 \tag{4.29}$$

すなわち,

$$\langle 0,\sigma|\hat{Q}_+\hat{Q}_- + \hat{Q}_-\hat{Q}_+|0,\sigma\rangle = 0 \tag{4.30}$$

が成り立つ.ここで(4.24)の性質および(4.20),(4.21)を用いると,(4.30)は

$$\hat{Q}_+|0,-\rangle = \left(\frac{\hat{p}-i\hat{W}}{\sqrt{2m}}\right)\left(\frac{\sigma_1+i\sigma_2}{2}\right)|0,-\rangle = 0 \tag{4.31}$$

あるいは

$$\hat{Q}_-|0,+\rangle = \left(\frac{\hat{p}+i\hat{W}}{\sqrt{2m}}\right)\left(\frac{\sigma_1-i\sigma_2}{2}\right)|0,+\rangle = 0 \tag{4.32}$$

と等価で,これが基底状態の満たすべき条件であることがわかる.

そこで,(4.31)あるいは(4.32)の左からブラ $\langle x|$ を作用させると,基底状態の波動関数 $\psi_\sigma(x) \equiv \langle x|0,\sigma\rangle$ のみたす微分方程式

$$\frac{d\psi_\sigma(x)}{dx} = \frac{1}{\hbar}\hat{W}(x)\sigma_3\psi_\sigma(x) \tag{4.33}$$

が得られる.(4.33)は形式的に積分できて,その解は

$$\psi_\sigma(x) = \exp\left[\int_0^x \frac{\hat{W}(x')}{\hbar}\sigma_3 dx'\right]\psi_\sigma(0) \tag{4.34}$$

と表わせる.しかし,(4.34)が本当の基底状態の波動関数であるためには, $\psi_\sigma(x)$ は規格化可能(normalizable)でなければならない.このために, $\hat{W}(x)$ の $x \to \pm\infty$ での振舞いについて制限が課せられる.例えば

$$\hat{W}(x) \xrightarrow[x \to \pm\infty]{} x^{2n+1} \quad (n は非負の整数) \tag{4.35}$$

であれば，$\varphi_-(x)$ は $x \to \pm\infty$ で $\varphi_-(x) \to 0$ となり，規格化可能である．すなわち，$|\mathcal{G}\rangle = |0, -\rangle$ が基底状態である（図 4-1a）．(4.31) から，$\hat{Q}_+|0,-\rangle = 0$ となるので，この基底状態に縮退はない．<u>基底状態は超対称変換に対して不変な唯一の状態になっている</u>．この場合の系のエネルギー準位の模式図を図 4-2 (a) に示した．

次に，$\hat{W}(x)$ が漸近的に $\hat{W}(x) \sim x^{2n}$ のように振舞う場合を考えよう．この場合はスピンの向きをどちらにとっても $\varphi_\sigma(x)$ を規格化することはできない．したがって，このときはエネルギー固有値ゼロの状態は存在しないことがわかる．超対称性は自発的に破れていることになる（図 4-1b および図 4-2b 参照）．

特別な場合として，(4.35) で $n = 0$ の場合を考え，

$$\hat{W}(x) = m\omega x \tag{4.36}$$

とおいてみよう．すると系のハミルトニアンは調和振動子のポテンシャルにスピンに依存する定数項の加わった

$$\hat{H} = \frac{1}{2m}\hat{p}^2 + \frac{1}{2}m\omega^2 x^2 + \frac{1}{2}\hbar\omega\sigma_3 \tag{4.37}$$

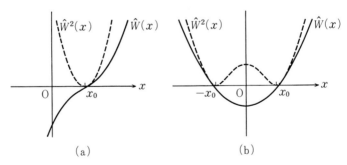

図 4-1 超対称モデルポテンシャル $\hat{W}^2$（点線）．
 (a) $\hat{W}(x) \xrightarrow[x \to \pm\infty]{} x^{2n+1}$：超対称な状態（基底状態）がただ 1 つ存在する．
 (b) $\hat{W}(x) \xrightarrow[x \to \pm\infty]{} x^{2n}$：超対称な基底状態は存在しない（超対称性の自発的破れ）．

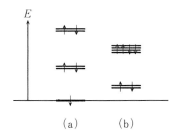

図 4-2　超対称な系のエネルギー準位．超対称な基底状態($E_0 = 0$)が存在する場合(a)と，存在しない場合(b)．

となる．スピンの向き($\pm$)は運動の恒数なので，(4.37)は容易に解ける．

系の基底状態は，調和振動子の基底状態に粒子がスピン下向きに入っている状態である．基底状態のエネルギーは，調和振動子の零点振動のエネルギー $\frac{1}{2}\hbar\omega$ とスピン依存項からくるエネルギー $-\frac{1}{2}\hbar\omega$ とがちょうど打ち消し合って予想通りゼロになっている*．$E_n > 0$ の準位はすべて 2 重に縮退していることも容易にわかるであろう(図 4-1a)．

4-2　対称性の表現 I ── Wigner の定理

前節では，ある対称性に対応したユニタリー演算子 $\hat{S}$ を仮定し，系の状態のエネルギー準位の縮退を対称変換の表現という観点から考察した．この節では，量子力学における対称性の表現について基礎となる Wigner の定理について述べる．なお，Wigner の定理，および関連した事柄の技術的な詳細は付録 A にまとめた．

第 1 章で述べたように，量子力学的な 1 つの(純粋)状態には，Hilbert 空間の規格化された(ケット)ベクトル $|\psi\rangle$ が対応する．しかし，これは正確な言い方ではない．規格化された 1 つのベクトル $|\psi\rangle$ に 1 つの量子力学的な純粋状態が対応する，といった方が正確である．逆は成り立たない．1-2 節で説明

---

* ゼロ点振動のエネルギーがボソン的であるとすれば，スピンによる項のエネルギーはフェルミオン的であるといえる．ボソン的なエネルギーとフェルミオン的なエネルギーが互いに相殺し合う機構は，超対称モデルの特徴である．なお，第 8 章参照．

したように，ある状態ベクトル $|\psi\rangle$ に絶対値が1のc数をかけた状態は，ベクトルとしては異なっても物理的に同じ規格化された状態を表わしているとするからである．与えられた系の状態にはベクトルの集合 $\{e^{i\alpha}|\psi\rangle;\ \alpha\in\mathbf{R}\}$ が1対1に対応すると考えるべきである．このようなベクトルの集合は**射線**（ray）とよばれる．以下，射線を $|\boldsymbol{\phi}\rangle$ と表わすことにする．これまで述べた変換群の表現は，正確には Hilbert 空間上の**ベクトル表現**（vector representation）でなく，**射線表現**（ray representation）である*．

量子力学における対称変換の射線表現については，以下に述べる Wigner の定理が基本である．また，射線表現とベクトル表現の同値関係については Bargmann による詳細な研究が知られている（付録 B, C）．

いま，1つの量子力学的系に対称変換 G をほどこしてみよう．G によって系の状態を表わす射線 $|\boldsymbol{\phi}\rangle$ は，変換された系に対応する射線 $|\boldsymbol{\phi}'\rangle$ に変わる，すなわち，

$$|\boldsymbol{\phi}\rangle \xleftrightarrow{G} |\boldsymbol{\phi}'\rangle \tag{4.38}$$

が成り立つとする．例えば，G が Galilei 変換や Lorentz 変換の場合には，1つの系を互いに異なった2つの慣性系でそれぞれ記述したものが $|\boldsymbol{\phi}\rangle$ および $|\boldsymbol{\phi}'\rangle$ である．G は対称変換なので，変換 G のもとで，すべての観測量は不変に保たれるべきである．このため，任意の遷移確率振幅の2乗である遷移確率は，もとの系 $|\boldsymbol{\phi}\rangle$ で表わされたものと，変換された系 $|\boldsymbol{\phi}'\rangle$ で表わされたものが互いに等しいとする，すなわち，

$$|\langle\boldsymbol{\phi}'|\boldsymbol{\psi}'\rangle|^2 = |\langle\boldsymbol{\phi}|\boldsymbol{\psi}\rangle|^2 \tag{4.39}$$

ただし，射線の内積は，それぞれの射線の代表元のベクトル $|\phi\rangle$ と $|\psi\rangle$ の内積の大きさとして定義する．

$$\langle\boldsymbol{\phi}|\boldsymbol{\psi}\rangle \equiv |\langle\phi|\psi\rangle|;\ \phi\in\boldsymbol{\phi},\ \psi\in\boldsymbol{\psi} \tag{4.40}$$

---

* **射影表現**（projective representation）ともいう．われわれはふつう，両者の区別を意識しないことが多い．これは，その場合の射線表現が通常のベクトル表現と同値になっているからである．しかし，射線表現が本質的な系も存在する．その場合は両者を区別する必要がある．

以上の準備の下で，次の定理が成り立つ．

Wigner の定理　条件(4.39)をみたす射線の対応関係(4.38)は，射線のそれぞれの代表元のベクトルを適当に選んで，ベクトル同士の対応として

$$|\phi\rangle \overset{G}{\longleftrightarrow} |\phi'\rangle = \hat{U}|\phi\rangle \tag{4.41}$$

とすることができる．ただし，任意の c 数 a, b に対して演算子 $\hat{U}$ は

$$\hat{U}(a|\phi\rangle + b|\psi\rangle) = a\hat{U}|\phi\rangle + b\hat{U}|\psi\rangle \tag{4.42}$$

で，かつ

$$\langle \hat{U}\phi | \hat{U}\psi \rangle = \langle \phi | \psi \rangle \tag{4.43}$$

をみたすか，あるいは，

$$\hat{U}(a|\phi\rangle + b|\psi\rangle) = a^*\hat{U}|\phi\rangle + b^*\hat{U}|\psi\rangle \tag{4.44}$$

で，かつ

$$\langle \hat{U}\phi | \hat{U}\psi \rangle = \langle \psi | \phi \rangle = \langle \phi | \psi \rangle^* \tag{4.45}$$

をみたすかの，いずれかである．

(4.42), (4.43)をみたす $\hat{U}$ を**ユニタリー**(unitary)**演算子**，(4.44), (4.45)をみたす場合の $\hat{U}$ を**反ユニタリー**(antiunitary)**演算子**という．証明は付録 A にゆずって，以下いくつか注意を述べる．

（ⅰ）局所因子(local factor)

$\hat{U}$ は一意的にはきまらない．任意の位相因子をかけてもよいからである．このような演算子（$\hat{U}$ に絶対値 1 の因子をかけた演算子の集合）は**射線演算子**(operator ray)とよばれる．以下射線演算子を $\hat{\boldsymbol{U}}$ と表わすことにしよう．

対称変換が群 G のとき，G の元 r, s に対応する射線演算子 $\hat{\boldsymbol{U}}(r), \hat{\boldsymbol{U}}(s)$ の代表元演算子を，それぞれ $\hat{U}(r), \hat{U}(s)$ とする．さらに r と s の積 rs に $\hat{U}(rs)$ を対応させると，

$$\hat{U}(r) \cdot \hat{U}(s) = \omega(r, s)\hat{U}(rs) \quad (|\omega| = 1) \tag{4.46}$$

という関係が一般に成り立つ．$\omega(r,s)$ は群 G の射線表現の**局所因子**とよばれる*.

G として特に Lie 群の場合を考えよう．この場合，付録 A でも述べたが，群 G の恒等変換 e をふくむ部分群に対しては，定理のうちの後半の可能性 (4.44), (4.45) は排除される．すなわち，ユニタリー表現のみがゆるされる．それは次の事情による．e の近傍の任意の元 r に対しては $r=s^2$ となる元 s がつねに存在する．したがって，

$$\hat{U}(r) = \hat{U}(s \cdot s) = \omega^{-1}(s,s)\hat{U}(s) \cdot \hat{U}(s) \tag{4.47}$$

が成り立つ．(4.47) の右辺は，$\hat{U}(s)$ がユニタリーであっても，反ユニタリーであっても，つねにユニタリーである．それゆえ，$\hat{U}(r)$ は実はユニタリーでなければならない．

(ii) 射線表現

局所因子 $\omega(r,s)$ は一般には代表元の選び方に依存する．例えば $\hat{U}'(r) = \phi(r)\hat{U}(r)$ ($|\phi(r)|=1$) という代表元を選ぶと，$\omega(r,s)$ は

$$\omega'(r,s) = \frac{\phi(r)\phi(s)}{\phi(rs)}\omega(r,s) \tag{4.48}$$

と変わる．そこで，適当な $\phi(r)$ によって上の関係で結ばれる 2 つの局所因子は互いに同値であるとみなすことにする．この同値関係によって，$\omega(r,s)$ の全体を互いに同値な局所因子同士ごとにまとめてグループ分けできる．これを，同値類に分類するという．特に，$\phi(r)$ を適当に選んで，$\omega(r,s)=1$ ($^\forall r,s \in G$) にできる場合が，普通のユニタリーベクトル表現

$$\hat{U}(r) \cdot \hat{U}(s) = \hat{U}(rs) \tag{4.49}$$

と同値な場合である．これに対して，$\omega(r,s)$ が 1 と同値にならない場合が，本格的なユニタリー射線表現である．

局所因子 $\omega(r,s)$ のみたすべき性質としては，$|\omega(r,s)|=1$ のほかに，

---

* 以下では G として Lie 群を考え，その射線表現に限定する．このとき，G は恒等元 e の近傍では $U(r)$ を適当に選んで，r について連続にできる (Wigner)．また，$\omega(r,s)$ も e の近傍で r,s について連続になる．このような場合の $\omega(r,s)$ が局所因子の正確な定義である．

$$\omega(r,e) = \omega(e,r) = 1 \tag{4.50}$$

$$\omega(r,s)\omega(rs,t) = \omega(s,t)\omega(r,st) \tag{4.51}$$

等があげられる.これらの性質は群の結合律等を用いて導くことができる.

すでに述べたように,G が Lie 群の場合は,$\hat{U}(r)$ の r についての連続性から,$\omega(r,s)$ は r や s について連続な関数となる.特に恒等変換 e の近傍で考える場合には $\omega \equiv e^{i\xi}$ とおいて実連続関数 ξ を導入するのが便利である.$\xi(r,s)$ を**局所指数**(local exponent)という.局所指数は(4.50),(4.51)に対応して,

$$\xi(e,e) = 0 \tag{4.52}$$

$$\xi(r,s) + \xi(rs,t) = \xi(s,t) + \xi(r,st) \tag{4.53}$$

という関係をみたす.局所因子 ω と同様,ξ もまた同値類に分類される.その同値関係は,(4.48)から

$$\xi'(r,s) = \xi(r,s) + \Delta_{r,s}(\zeta), \quad \Delta_{r,s}(\zeta) \equiv \zeta(r) + \zeta(s) - \zeta(rs) \tag{4.54}$$

と表わされる.ただし,$\zeta(r)$ は $\phi(r) \equiv e^{i\zeta(r)}$ で定義された連続な実関数である.したがって,適当な $\zeta(r)$ を選んで,つねに $\xi'(r,s)=0$ とすることができれば,その場合の射線表現はベクトル表現と「局所的」に等価になる.連続群の局所因子,あるいは局所指数について知られているいくつかの定理を付録 B にまとめておいた.

これらの定理によると,G が $SO(n)$ や $SU(n)$ ($n \geq 2$) などコンパクトな Lie 群の場合は有限次元の連続なユニタリー表現に限られるので,通常のベクトル表現で十分ということになる.ただ,G のパラメータ空間が多重連結の場合には,表現の多価性はさけられない.

ユニタリー射線表現の応用例として重要でかつ微妙なのは,非コンパクトな可換群を含む場合である.3次元 Euclid 空間 E^3 の運動群に含まれる並進群 T_3 などがその例である(次節参照).このような変換群に対しては,ベクトル表現との同値性に関するいずれの定理も適用されない.実際,この場合の射線表現は一般にベクトル表現と同値にならないことが知られている.それにもかかわらず,われわれは T_3 の表現として,ベクトル表現(と同値なもの)を採用していることを次節で示し,その根拠について考えてみることにする.

4-3 対称性の表現 II ──並進対称

a) 運動量

3次元 Euclid 空間 E^3 内の並進群 T_3 を考えよう．T_3 は単連結で，非コンパクトな可換群である．

ある1つの軸，たとえば x 軸に沿って，系全体を Δx だけ移動させる変換を $T(\Delta x)$ とすると，

$$x \xrightarrow{T(\Delta x)} x' = x + \Delta x \tag{4.55}$$

$$|\psi\rangle \longrightarrow |\psi'\rangle = \hat{U}(\Delta x)|\psi\rangle \tag{4.56}$$

が成り立つ．特に微小な Δx に対して

$$\hat{U}(\Delta x) = 1 - i\Delta x \frac{\hat{p}_x}{\hbar} \tag{4.57}$$

とおく．$\hat{U}$ はユニタリーなので，$\hat{p}_x$ は Hermite 演算子である．$\hat{p}_x$ が x 軸に沿う並進の生成子で，物理量としては運動量ベクトル $\hat{\boldsymbol{p}}$ の x 成分を表わしていることは1-3節で述べた通りである．x 表示を選び，$\hat{p}_x = -i\hbar\partial/\partial x$ とすると，(4.56),(4.57)から

$$\begin{aligned}
\langle x'|\psi'\rangle &= \langle x+\Delta x|\hat{U}(\Delta x)|\psi\rangle \\
&\cong \left[\langle x| + \Delta x \frac{\partial}{\partial x}\langle x|\right]\left(1 - i\Delta x \frac{\hat{p}_x}{\hbar}\right)|\psi\rangle \\
&\cong \langle x|\psi\rangle
\end{aligned} \tag{4.58}$$

となり，$\psi'(x) = \psi(x - \Delta x)$ というもっともな結果が得られる．

有限な距離 Δx の並進に対しては

$$\hat{U}(\Delta x) = e^{-i\Delta x \hat{p}_x/\hbar} \tag{4.59}$$

と表わせばよい．1方向（x 軸に沿う方向）のみの並進は T_3 の1パラメータ部分群になっていて，付録Bの定理IIによって，その射線表現はベクトル表現と同値だからである．E^3 の等方性により，y 軸方向，z 軸方向のそれぞれの並

進の演算子 $\hat{U}(\Delta y), \hat{U}(\Delta z)$, および運動量 $\hat{p}_y, \hat{p}_z$ を同様にして導入することができる. しかし, 任意の方向 $\Delta \boldsymbol{x}(\Delta x, \Delta y, \Delta z)$ への並進に対する演算子 $\hat{U}(\Delta \boldsymbol{x})$ に対しては, 一般に射線表現として

$$\hat{U}(\Delta \boldsymbol{x}_1)\cdot \hat{U}(\Delta \boldsymbol{x}_2) = \omega(\Delta \boldsymbol{x}_1, \Delta \boldsymbol{x}_2)\hat{U}(\Delta \boldsymbol{x}_1 + \Delta \boldsymbol{x}_2) \tag{4.60}$$

が成り立つ. ただし,

$$\omega(\Delta \boldsymbol{x}_1, \Delta \boldsymbol{x}_2) = \exp\left[\frac{i}{2}\varepsilon_{ijk}\beta^i(\Delta \boldsymbol{x}_1)^j(\Delta \boldsymbol{x}_2)^k\right] \tag{4.61}$$

で, β^i ($i=1,2,3$) は任意の実パラメータである. また, ε_{ijk} は添字 i,j,k について完全反対称なテンソル ($\varepsilon_{123}=1$) を表わす. (4.61) の $\omega(\Delta \boldsymbol{x}_1, \Delta \boldsymbol{x}_2)$ が局所因子の条件 (4.50), (4.51) をみたしていることは容易に確かめられる.

この場合, 運動量ベクトル $\hat{\boldsymbol{p}}$ の各成分は互いに可換にならない. 実際, $\Delta \boldsymbol{x}_1$, $\Delta \boldsymbol{x}_2$ が微小の場合, (4.60), (4.61) から

$$[\hat{p}_i, \hat{p}_j] = i\hbar^2 \varepsilon_{ijk}\beta^k \qquad (i,j,k=1,2,3) \tag{4.62}$$

が導かれる. これをみると, これまで量子化の際仮定してきた運動量の正準交換関係 (1.56) は, β^k ($k=1,2,3$) $=0$ の場合, すなわち並進演算子 $\hat{U}$ としてはベクトル表現に対応していることがわかる. 一方, 並進の生成子としての運動量を, このような特別な表現 ($\beta^k=0$) に限定する物理的な根拠として考えられるのは, われわれの 3 次元空間の一様・等方性である. このことは次のような考察からわかる. まず, 3 次元空間内の運動群全体 I_3^3 を考えよう. (記号については付録 B, およびそこの参考論文を参照.) 群 I_3^3 は原点を固定する座標系の回転 R と並進 T_3 とからなる非斉次の 1 次変換群である. 座標 $\boldsymbol{x}$ は I_3^3 によって

$$I_3^3: \quad \boldsymbol{x} \longrightarrow \boldsymbol{x}' = w\boldsymbol{x} + \boldsymbol{u} \tag{4.63}$$

と変換される. ただし, w は距離 $\boldsymbol{x}^2 \equiv x^2+y^2+z^2$ を不変にする直交変換群 G_3^3 の元, $\boldsymbol{u}$ は任意の並進のベクトルを表わす.

3 次元空間が一様・等方であるという要請は, 物理法則が変換 I_3^3 によって不変であることを意味する. 一方, T_3 は不変な部分群として I_3^3 に埋めこまれており, T_3 の表現は当然 I_3^3 の表現の中に含まれるもののみに限定される

と考えるべきである．付録Cに示したBargmannの定理[II]の特別な場合として，I_3^3の射線表現は局所的にはベクトル表現と同値であることが示される．したがって，T_3，あるいは運動量の表現もまた(4.62)で$\beta^k=0$の場合に制限されなければならない．E^3内では，単に並進だけでなく，回転も自由にできるのだという要請が，結果的にT_3の表現を制約するのである．

ここで1つ注意をしておこう．付録Cで述べたようにBargmannの定理[II]において，2次元空間($D=2$)は例外として定理の適用外におかれている．2次元空間の運動群I_2^2は実際特別で，その表現にはベクトル表現と同値でないものが存在する．それゆえ，2次元並進群T_2に対しては，3次元並進群T_3に関してここに述べたような理由づけは当てはまらない．もちろん，2次元空間もまた3次元空間に埋め込まれているので，2次元空間だけに特別な表現を取り上げる必要はないかも知れない．

しかし，たとえば2次元系に特有な運動，あるいは2次元系にのみ現われる**準粒子**(quasi-particle)の運動などに対しては，表現をベクトル表現に制限する必要はない．射線表現の実現も可能である．次にこれについて説明しよう．

一様磁場中の並進——T_2の射線表現

一様な静磁場中の荷電粒子の運動のうち，磁場に垂直な平面内の並進を例題として考えてみよう．平面内の運動に関しては，荷電粒子はいわゆるサイクロトロン運動を行ない，そのエネルギー準位が離散的な**Landau準位**にたばねられることはよく知られている．

ハミルトニアン*は

$$\hat{H} = \frac{1}{2m}\left(\hat{\boldsymbol{p}} - \frac{q}{c}\boldsymbol{A}\right)^2 \tag{4.64}$$

である．ただし，qは粒子の電荷，$\boldsymbol{A}$は静磁場のベクトルポテンシャルで，位置$\hat{\boldsymbol{x}}$の関数である．磁場の方向をz軸にとり，その強さをBとすると，ベクトルポテンシャル$\boldsymbol{A}$の成分は

---

* Heaviside-Lorentz単位系を採用．第5章参照．

$$\boldsymbol{A}\left(-\frac{1}{2}yB, \frac{1}{2}xB, 0\right) \tag{4.65}$$

と表わせる．(4.65)を，$\boldsymbol{A}$ の**対称ゲージ**による表示という．

磁場は一様なので，磁場と垂直な2次元面（xy 面）内の運動に対して「2次元空間」は一様である．以下，この2次元面の運動のみを考察する．まず，この系の微小並進の2次元ベクトル演算子 $\hat{\boldsymbol{\Pi}}$ を求めよう．$\hat{\boldsymbol{\Pi}}$ は並進の生成子として $\hat{\boldsymbol{p}}$ の1次関数で，かつハミルトニアン（4.64）と可換でなければならない．考えられる $\hat{\boldsymbol{\Pi}}$ の候補は，$\hat{\boldsymbol{p}}=-i\hbar\nabla$ 自身，あるいは共変微分 $-i\hbar\hat{\boldsymbol{D}}\equiv\hat{\boldsymbol{p}}-(q/c)\boldsymbol{A}(\boldsymbol{x})$ であるが（第5章参照），これらはハミルトニアン（4.64）と可換でない．そこで $\hat{H}$ と可換な $\hat{\boldsymbol{\Pi}}$ を探すと，

$$\begin{aligned}\hat{\Pi}_j &= -i\hbar\hat{D}_j - f\hbar\varepsilon_{jk}x^k \\ &= -i\hbar\nabla_j - \frac{1}{2}f\hbar\varepsilon_{jk}x^k \qquad (j,k=x,y)\end{aligned} \tag{4.66}$$

とすればよいことがわかる．ただし，$\varepsilon_{xy}=-\varepsilon_{yx}=1$ で，ベクトルポテンシャル $\boldsymbol{A}$ が(4.65)で表わされることを用い，$f\equiv qB/\hbar c$ とおいた．実際，

$$[\hat{\Pi}_j, \hat{H}] = 0 \tag{4.67}$$

であることは，直接計算して確かめることができる．

一方，$\hat{\Pi}_j$ の交換関係も計算してみると，

$$[\hat{\Pi}_j, \hat{\Pi}_k] = -if\hbar^2\varepsilon_{jk} \qquad (j,k=x,y) \tag{4.68}$$

が得られる．(4.68)の交換関係は T_2 の射線表現になっていることがわかる．このことは，先に求めた T_3 の射線表現(4.62)と比較してみれば明らかであろう．$\hat{\boldsymbol{\Pi}}$ は**磁気的並進演算子**（magnetic translation operator）とよばれることがある．有限な（x 方向へ Δx，y 方向へ Δy）並進は，それぞれ

$$\hat{U}(\Delta x) = e^{-i\Delta x\hat{\Pi}_x/\hbar} = e^{-i\Delta x\hat{p}_x/\hbar + \frac{i}{2}f\Delta xy} \tag{4.69}$$

$$\hat{U}(\Delta y) = e^{-i\Delta y\hat{\Pi}_y/\hbar} = e^{-i\Delta y\hat{p}_y/\hbar - \frac{i}{2}f\Delta yx} \tag{4.70}$$

と表わせる．

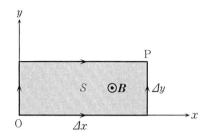

図 4-3 静磁場中の荷電粒子の(平面内の)並進.

公式(2.163)と(4.68)を用いると，(4.60)に対応して，

$$\hat{U}(\Delta x)\hat{U}(\Delta y) = e^{-2\pi i \Phi}\hat{U}(\Delta y)\hat{U}(\Delta x) \tag{4.71}$$

が得られる．ただし，$\Phi \equiv \dfrac{1}{2\pi} f \cdot \Delta x \cdot \Delta y = \dfrac{qB}{hc}\Delta x \cdot \Delta y$ である．(4.71)は $\hat{U}$ が T_2 の射線ユニタリー表現になっていることを示すものである．局所指数は $\xi = -2\pi\Phi$ である．この系において，射線表現が実現する物理的理由は明らかである．いま，図4-3のように，2つの経路に沿って荷電粒子を平行移動させてみよう．移動した後の波動関数には移動の順序のちがいによって面積 S を貫く磁束の分だけの位相の差が現われる(第5章2節参照)．これが(4.71)である．この射線表現 $\hat{U}$ の1つの適用例を次の b 項の後半で取り上げる．

b) 離散的な並進対称——Bloch の定理

結晶内を運動している電子を考える．ハミルトニアンは

$$\hat{H} = -\frac{\hbar^2}{2m}\nabla^2 + \hat{V}(\boldsymbol{x}) \tag{4.72}$$

とする．結晶は十分大きく，ポテンシャル $V(\boldsymbol{x})$ は周期的，すなわち，結晶格子間隔の整数倍の並進 $\boldsymbol{R}$ に対して不変であるとしよう．

$$\hat{V}(\boldsymbol{x}+\boldsymbol{R}) = \hat{V}(\boldsymbol{x}) \tag{4.73}$$

$$\text{ただし} \quad \boldsymbol{R} = n_1\boldsymbol{a}_1 + n_2\boldsymbol{a}_2 + n_3\boldsymbol{a}_3 \tag{4.74}$$

ここで，$\boldsymbol{a}_i$ ($i=1,2,3$) は格子の**基本並進ベクトル**を表わし，n_i ($i=1,2,3$) は任意の整数である．

そこで，系に並進 $\boldsymbol{R}$ をほどこし，対応するユニタリー演算子を $\hat{U}(\boldsymbol{R})$ で表わすと，ポテンシャル $\hat{V}$ に対して

$$\hat{U}^\dagger(\boldsymbol{R})\hat{V}(\boldsymbol{x})\hat{U}(\boldsymbol{R}) = \hat{V}(\boldsymbol{x}+\boldsymbol{R}) = \hat{V}(\boldsymbol{x}) \tag{4.75}$$

4-3 対称性の表現 II ―― 並進対称

あるいは

$$[\hat{U}(\boldsymbol{R}), \hat{V}(\boldsymbol{x})] = 0 \qquad (4.76)$$

が成り立つ．(4.76)を用いると

$$[\hat{H}, \hat{U}(\boldsymbol{R})] = 0 \qquad (4.77)$$

となるので，$\hat{U}(\boldsymbol{R})$ と $\hat{H}$ は同時に対角化できる．

$$\hat{H}|\psi\rangle = E|\psi\rangle \qquad (4.78)$$

$$\hat{U}(\boldsymbol{R})|\psi\rangle = u(\boldsymbol{R})|\psi\rangle \qquad (4.79)$$

ただし，$|u(\boldsymbol{R})|=1$．

一方，$\hat{U}(\boldsymbol{R})$ はベクトル表現で

$$\hat{U}(\boldsymbol{R}_1) \cdot \hat{U}(\boldsymbol{R}_2) = \hat{U}(\boldsymbol{R}_1 + \boldsymbol{R}_2) \qquad (4.80)$$

をみたすので，(4.79), (4.80) から

$$u(\boldsymbol{R}_1) \cdot u(\boldsymbol{R}_2) = u(\boldsymbol{R}_1 + \boldsymbol{R}_2) \qquad (4.81)$$

したがって，

$$(u(\boldsymbol{R}_1))^{n_1} = u(n_1 \boldsymbol{R}_1) \qquad (4.82)$$

が成り立つことがわかる．ここで波動関数に対して**周期境界条件**

$$\begin{aligned}\langle \boldsymbol{x} + N_1 \boldsymbol{a}_1 | \psi \rangle &= \langle \boldsymbol{x} | \psi \rangle \\ \langle \boldsymbol{x} + N_2 \boldsymbol{a}_2 | \psi \rangle &= \langle \boldsymbol{x} | \psi \rangle \\ \langle \boldsymbol{x} + N_3 \boldsymbol{a}_3 | \psi \rangle &= \langle \boldsymbol{x} | \psi \rangle \end{aligned} \qquad (4.83)$$

を課すと，(4.82)の性質を用いて

$$(u(\boldsymbol{a}_1))^{N_1} = (u(\boldsymbol{a}_2))^{N_2} = (u(\boldsymbol{a}_3))^{N_3} = 1 \qquad (4.84)$$

が得られる．

(4.84)をみたす $u(\boldsymbol{a}_i)$ は，l_i $(i=1,2,3)$ を任意の整数として

$$u(\boldsymbol{a}_i) = \exp\left[-i\frac{2\pi l_i}{N_i}\right] \quad (i=1,2,3) \qquad (4.85)$$

で与えられる．これから，(4.79)の固有値 $u(\boldsymbol{R})$ は

$$u(\boldsymbol{R}) = (u(\boldsymbol{a}_1))^{n_1} (u(\boldsymbol{a}_2))^{n_2} (u(\boldsymbol{a}_3))^{n_3} \qquad (4.86)$$

$$= \exp\left[-2\pi i \left(\frac{n_1 l_1}{N_1} + \frac{n_2 l_2}{N_2} + \frac{n_3 l_3}{N_3}\right)\right] \qquad (4.87)$$

となる．ここで波数ベクトル k を，**逆格子ベクトル** b_i ($i=1,2,3$) を用いて

$$k \equiv \frac{l_1}{N_1} b_1 + \frac{l_2}{N_2} b_2 + \frac{l_3}{N_3} b_3 \tag{4.88}$$

と定義する．ただし，$a_i \cdot b_j = 2\pi \delta_{ij}$ である．すると，(4.87)の $u(R)$ は，波数ベクトル k を用いて

$$u(R) = e^{-ikR} \tag{4.89}$$

と表わせる．

一方，波動関数 $\psi(x)$ を

$$\begin{aligned} \psi(x) &\equiv \langle x | \psi \rangle \\ &\equiv e^{ikx} \phi_k(x) \end{aligned} \tag{4.90}$$

とおくと，(4.79), (4.89), (4.90)から

$$\begin{aligned} \langle x+R | \psi \rangle &= e^{ik(x+R)} \phi_k(x+R) \\ &= \langle x | \hat{U}^\dagger(R) | \psi \rangle \\ &= e^{ikR} e^{ikx} \phi_k(x) \end{aligned} \tag{4.91}$$

したがって

$$\phi_k(x+R) = \phi_k(x) \tag{4.92}$$

が成り立つ．

こうして波動関数 $\psi(x)$ は，波数 k の平面波と周期 R の周期関数 $\phi_k(x)$ (4.92)の積の形(4.90)に表わされることがわかった．これは **Bloch の定理**として知られている．電子は理想的な周期ポテンシャルの結晶中では局在せず，結晶全体に広がっていることになる．なお，波数 k は(4.88)から一意的には決まらないことに注意しておこう．$k \to k + \tilde{k}$ (ただし，$\tilde{k} \cdot R = 2\pi n$)としてもよいからである．

逆に，この自由度を利用して，任意の k を逆格子ベクトル b_i ($i=1,2,3$) の張る単位格子(unit cell)内の点に還元して表わすことができる．単純立方格子(格子間隔 a)の場合は

$$a_1 = a n_1, \quad a_2 = a n_2, \quad a_3 = a n_3 \quad (n_i^2 = 1,\ i=1,2,3) \tag{4.93}$$

となるので，逆格子空間(運動量空間)の単位格子の内部の点 k の成分は

$$-\frac{\pi}{a} \leqq k_i \leqq \frac{\pi}{a} \qquad (i = x, y, z) \qquad (4.94)$$

のように選ぶことができる．この領域を(第1)**Brillouin 帯**という．

最後に，a 項で説明した射線表現 $\hat{U}$ の適用例として，一様磁場の中の荷電粒子の 2 次元面内の運動に関して Bloch の定理がどうなるかを調べよう．

一様磁場が印加された結晶内の電子の 2 次元運動を考える．磁場の方向を z 軸にとり，電子の xy 面内の運動のみを考察する．簡単のため正方格子を考え，ハミルトニアンとして，(4.64)の代りに

$$\hat{H} = \frac{1}{2m}\left[\left(\hat{p}_x + \frac{e}{c}A_x\right)^2 + \left(\hat{p}_y + \frac{e}{c}A_y\right)^2\right] + \hat{V}(x,y) \qquad (4.95)$$

をとる．ただし，電子の電荷を $-e(e>0)$ とし，磁場を表わすベクトルポテンシャルは(4.65)で与えられるものとする．また，ポテンシャル $\hat{V}$ は周期的で，x, y 方向の周期をそれぞれ a, b で表わすと，

$$\hat{V}(x+na, y+mb) = \hat{V}(x,y) \qquad (n, m \text{ は整数}) \qquad (4.96)$$

が成り立つものとする．

すると，(4.75)と同様，x 方向，y 方向へのそれぞれの並進 a, b に対応して，ユニタリー演算子 $\hat{U}(a), \hat{U}(b)$ が存在し，

$$\hat{U}^\dagger(a)\hat{V}(x,y)\hat{U}(a) = \hat{V}(x+a, y) = \hat{V}(x,y) \qquad (4.97)$$

$$\hat{U}^\dagger(b)\hat{V}(x,y)\hat{U}(b) = \hat{V}(x, y+b) = \hat{V}(x,y) \qquad (4.98)$$

が成り立つ．ここで，並進 $\hat{U}$ として，a 項で求めた磁気的並進演算子(4.69)，(4.70)を採用し，(4.96)に注意すると，$\Delta x = na, \Delta y = mb$ の離散的な並進 $\hat{U}(na), \hat{U}(mb)$ は，ハミルトニアン $\hat{H}$ (4.95)と可換であることがわかる．

$$[\hat{U}(na), \hat{H}] = [\hat{U}(mb), \hat{H}] = 0 \qquad (4.99)$$

$\hat{U}$ は射線表現になっていて，2 つの並進 $\hat{U}(ma)$ と $\hat{U}(nb)$ は互いに可換でないことに注意しよう((4.71)をみよ)．いまの場合，(4.80)が成り立たないので，したがって，Bloch の定理もそのままの形では成り立たない．

そこで，磁場の大きさ B を調節して，$\Phi_{a,b} \equiv -abeB/2\pi\hbar c$ が有理数になった場合を考えて，$\Phi_{a,b} \equiv p/q, ((p,q)=1)$ とおく．すると，(4.71)から

$$\hat{U}(qa)\hat{U}(b) = \exp[-2\pi i \Phi_{qa,b}]\hat{U}(b)\hat{U}(qa)$$
$$= e^{-2\pi pi}\hat{U}(b)\hat{U}(qa)$$
$$= \hat{U}(b)\hat{U}(qa) \tag{4.100}$$

が成り立つ.

こうして，このような特別な 2 つの並進演算子 $\hat{U}(qa), \hat{U}(b)$ は互いに可換となるので，$\hat{H}$ (4.95)とともに同時対角化できる. すなわち,

$$\hat{H}|\phi\rangle = E|\phi\rangle \tag{4.101}$$
$$\hat{U}(qa)|\phi\rangle = e^{-ik_x qa}|\phi\rangle \tag{4.102}$$
$$\hat{U}(b)|\phi\rangle = e^{-ik_y b}|\phi\rangle \tag{4.103}$$

ただし，波数ベクトル $\boldsymbol{k}(k_x, k_y)$ の成分は単純立方格子の場合の(4.94)にならって，第 1 Brillouin 帯

$$-\frac{\pi}{qa} \leq k_x \leq \frac{\pi}{qa}, \quad -\frac{\pi}{b} \leq k_y \leq \frac{\pi}{b} \tag{4.104}$$

にあるとした. Brillouin 帯は磁場のない場合に比べて $1/q$ 倍にせまくなっている.

ここで波動関数 $\phi(x, y) \equiv \langle x, y|\phi\rangle$ を

$$\langle x, y|\phi\rangle \equiv e^{i(k_x x + k_y y)} \phi_{\boldsymbol{k}}(x, y) \tag{4.105}$$

とおく. すると，(4.69), (4.70)から，$2\pi\Phi_{a,b} = abf = 2\pi p/q$ をつかって,

$$\hat{U}(qa)|x, y\rangle = e^{\frac{i}{2}qayf}|x+qa, y\rangle = e^{i\pi py/b}|x+qa, y\rangle \tag{4.106}$$

$$\hat{U}(b)|x, y\rangle = e^{-\frac{i}{2}bxf}|x, y+b\rangle = e^{-i\pi(p/q)(x/a)}|x, y+b\rangle \tag{4.107}$$

が成り立つので，(4.105)を用いて

$$\langle x+qa, y|\phi\rangle \equiv e^{i(k_x x + k_y y) + ik_x qa}\phi_{\boldsymbol{k}}(x+qa, y)$$
$$= \langle x, y|\hat{U}^\dagger(qa)|\phi\rangle e^{+i\pi py/b}$$
$$= e^{ik_x qa}\langle x, y|\phi\rangle e^{+i\pi py/b}$$
$$= e^{i(k_x x + k_y y) + ik_x qa}\phi_{\boldsymbol{k}}(x, y)e^{+i\pi py/b} \tag{4.108}$$

が得られる. これから $\phi_{\boldsymbol{k}}(x, y)$ は

$$\phi_{\boldsymbol{k}}(x+qa, y) = e^{+i\pi py/b}\phi_{\boldsymbol{k}}(x, y) \tag{4.109}$$

をみたすことがわかる.

同様にして, (4.105), (4.107) から

$$\phi_{\boldsymbol{k}}(x, y+b) = e^{-i\pi \frac{p}{q}\frac{x}{a}}\phi_{\boldsymbol{k}}(x, y) \tag{4.110}$$

が導かれる. (4.105), (4.109), (4.110) が磁場の存在する場合の Bloch の定理である.

4-4 空間反転

離散的な変換として空間反転(space inversion)を考えよう*. 空間反転とは座標系の右手系を左手系に変える変換である(図4-4). **パリティ**(parity)**変換**ともよばれる. 図4-4で, 座標系(I)(x, y, z)を座標系(III)$(-x, -y, -z)$に移す変換が空間反転である. 座標系(II)は座標系(III)をy軸のまわりに180°回転したもので, (I)と(II)が**鏡映**(mirror reflection)の関係にあることは明らかであろう.

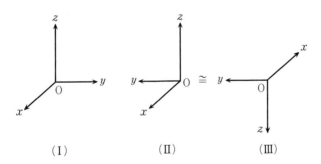

(I) (II) (III)

図 4-4 空間反転と鏡映. (I)↔(II)鏡映, (II)↔(III) y軸のまわりの180°回転, (III)↔(I)反転.

---

* 自然界には空間反転に対して不変でない現象もある. そのような系に対しては空間反転の変換は対称変換にならない.

空間反転をひき起こす変換の演算子を $\hat{P}$ と表わすと

$$\hat{P}|\boldsymbol{x}\rangle = |-\boldsymbol{x}\rangle, \qquad \hat{P}|\boldsymbol{p}\rangle = |-\boldsymbol{p}\rangle \tag{4.111}$$

が成り立つ．ただし，反転された状態の位相を適当に選んだ*．(4.111)から

$$\hat{P}^2 = 1 \tag{4.112}$$

が得られる．

物理量に対しては，(4.111)に対応して

$$\hat{P}^{-1}\hat{\boldsymbol{x}}\hat{P} = -\hat{\boldsymbol{x}}, \qquad \hat{P}^{-1}\hat{\boldsymbol{p}}\hat{P} = -\hat{\boldsymbol{p}} \tag{4.113}$$

が成り立つ．したがって

$$\hat{P}^{-1}\hat{\boldsymbol{L}}\hat{P} = \hat{P}^{-1}(\hat{\boldsymbol{x}}\times\hat{\boldsymbol{p}})\hat{P} = \hat{\boldsymbol{L}} \tag{4.114}$$

となり，軌道角運動量 $\hat{\boldsymbol{L}}$ は空間反転に対して符号を変えないことがわかる．(4.113)の性質をもつベクトルを**極性ベクトル**(polar vector)，(4.114)の性質をもつベクトルを**軸性ベクトル**(axial vector)という．

角運動量 $\hat{\boldsymbol{J}}$ は空間回転の生成子であることはすでに述べたが，たとえば，図4-4の座標系(I)で z 軸のまわりの回転 ϕ について考えると，ϕ だけ回転した後に空間反転した状態は，先に空間反転をした座標系(III)で z 軸のまわりに同じ回転 ϕ をほどこしたものに等しい．すなわち，

$$\hat{P}e^{-i\phi\hat{J}_z/\hbar} = e^{-i\phi\hat{J}_z/\hbar}\hat{P} \tag{4.115}$$

が成り立つ．一般に $\hat{\boldsymbol{J}} = \hat{\boldsymbol{L}} + \hat{\boldsymbol{S}}$ であり，このことと，(4.114)を考慮すると，(4.115)は

$$\hat{P}^{-1}\hat{\boldsymbol{S}}\hat{P} = \hat{\boldsymbol{S}} \tag{4.116}$$

を意味し，また，$\hat{P}$ が反ユニタリーではなく，ユニタリーな演算子であることを同時に示している．

ところで，(4.112)から $\hat{P}$ の固有値は ± 1 である．それぞれの固有状態は**偶**(even)，**奇**(odd)のパリティをもつとよばれる．例えば軌道角運動量 l の状態 $\langle \boldsymbol{n}(\theta,\phi)|l,m\rangle$ は，(4.111)を用いて

---

* 一般には，たとえば $\hat{P}|\boldsymbol{x}\rangle = e^{i\theta}|-\boldsymbol{x}\rangle$ が成り立つ．

$$\langle \boldsymbol{n}(\theta,\phi)|\hat{\mathcal{P}}|l,m\rangle = \langle -\boldsymbol{n}|l,m\rangle$$
$$= Y_l{}^m(\pi-\theta,\phi+\pi)$$
$$= (-1)^l Y_l{}^m(\theta,\phi) \quad (4.117)$$

と変換される.したがって,軌道角運動量の固有状態はパリティ $(-1)^l$ の状態である.

$\hat{\mathcal{P}}$ の固有状態,すなわち特定のパリティをもつ状態間の行列要素に関しては,次の**選択則**(selection rule)が成り立つ.(証明は省略する.)

選択則 反転に対して符号を変えない演算子 $\hat{O}_e$ は同じパリティをもつ状態間にのみゼロでない行列要素をもつ.この行列要素を,$\hat{O}_e$ による遷移確率という.一方,反転に対して符号を変える演算子 $\hat{O}_o$ は,異なるパリティをもつ状態の間でのみゼロでない行列要素をもつ.

ハミルトニアンが空間の反転に関して不変,すなわち
$$[\hat{H},\hat{\mathcal{P}}] = 0 \quad (4.118)$$
であるとし,縮退のないエネルギーの固有状態があるとして,それを $|\phi\rangle$ で表わすことにしよう.たとえば,水素原子の基底状態などがその一例である.この状態は,固有の電気双極子モーメント(permanent electric dipole moment)を持ちえない.理由は次の通りである.まず,状態 $|\phi\rangle$ に縮退はないとしたので,(4.118)から,$|\phi\rangle$ はまた $\hat{\mathcal{P}}$ の固有状態でなければならない.一方,**電気双極子モーメントの演算子は**

$$\hat{D}_1{}^m \equiv \int d^3 x\, r Y_1{}^m(\theta,\phi)\hat{\rho}(\boldsymbol{x}) \quad (m=0,\pm 1) \quad (4.119)$$

で与えられる.ただし,$\hat{\rho}(\boldsymbol{x})$ は系の電荷密度を表わす.

電荷密度 $\hat{\rho}$ に対しては明らかに

$$\hat{\mathcal{P}}^{-1}\hat{\rho}(\boldsymbol{x})\hat{\mathcal{P}} = \hat{\rho}(-\boldsymbol{x}) \quad (4.120)$$

が成り立つ.そこで,(4.120)を(4.119)へ代入し,(4.117)を用いると

$$\hat{P}^{-1}\hat{D}_1{}^m\hat{P} = -\hat{D}_1{}^m \tag{4.121}$$

が得られる．電気双極子モーメントは空間反転に関して符号を変える（極性ベクトルである）ことがわかる．したがって，上に述べた選択則によって

$$\langle \phi | \hat{D}_1{}^m | \phi \rangle = 0$$

となる．また，一般に $\hat{D}_1{}^m$ によってひき起こされる遷移（E0 遷移）はつねに異なったパリティの状態間のみに起こることがわかる．

これに対して，**磁気双極子モーメント $\hat{\mu}$** の方は

$$\hat{\mu} = \frac{1}{2c} \int d^3 x [\boldsymbol{x} \times \hat{\boldsymbol{j}}(\boldsymbol{x})] \tag{4.122}$$

で与えられる．ただし，$\hat{\boldsymbol{j}}(\boldsymbol{x})$ は電流密度を表わす．

$$\hat{P}^{-1}\hat{\mu}\hat{P} = \hat{\mu} \tag{4.123}$$

であることは明らかであろう．選択則によると，磁気的な双極子による遷移（M1 遷移）は同じパリティの状態の間にひき起こされる．

自然界に存在が確認されている相互作用のハミルトニアンには，反転に対して符号を変える奇のパリティのものがある．弱い相互作用ハミルトニアンがそれである．このため，弱い相互作用によってひき起こされる崩壊現象において，パリティは保存量ではなくなる．これを**パリティの非保存**という．例えばある特定のパリティの始状態からの β 崩壊では，その終状態が，一般に2つの異なったパリティの状態の重ね合わせの状態になっている．このため，その遷移振幅の2乗，すなわち遷移確率には，パリティの異なる2つの振幅の積がいわゆる干渉項として現われる．この干渉項は奇のパリティをもっている．たとえば $\boldsymbol{\sigma} \cdot \boldsymbol{p}$ のような項がその例である．ただし，$\boldsymbol{\sigma}$ は崩壊の際放出される電子のスピン行列，$\boldsymbol{p}$ は電子の運動量である．また，逆に $\boldsymbol{\sigma} \cdot \boldsymbol{p}$ のような項が存在するかどうかを実験で確かめることにより，その現象においてパリティが保存されているかどうかを知ることができる．

4-5 時間反転

時間反転(time reversal)の変換とは,任意の時刻において,ある状態と,運動量などが逆向きになった状態とをつなぐ変換のことである.時間反転の変換が,空間反転の場合と同様離散的な変換であることは,2度続けて時間反転を行なうともとの状態に戻ることから明らかであろう.

時刻 $t=0$ において,系の状態を $|\phi\rangle_0$ とし,運動状態を逆にした状態を $|\phi'\rangle_0$ とする.たとえば $|\phi\rangle_0$ が運動量の固有状態 $|\boldsymbol{p}\rangle$ ならば,$|\phi'\rangle_0$ は位相因子をのぞいて $|-\boldsymbol{p}\rangle$ に等しい.時間反転の演算子を $\hat{T}$ とすると,位相因子をのぞいて

$$|\phi'\rangle_0 = \hat{T}|\phi\rangle_0 \tag{4.124}$$

が成り立つ.

時間反転が対称変換のときを考えよう.この場合,Wigner の定理によって,$\hat{T}$ はユニタリー演算子かあるいは反ユニタリー演算子かのいずれかである.時間反転に対して理論が対称であるとは,状態 $|\phi\rangle_0$ と状態 $|\phi'\rangle_0$ との関係 (4.124) が任意の時刻 t において成り立つ,すなわち

$$|\phi'\rangle_t = \hat{T}|\phi\rangle_t \tag{4.125}$$

が成り立つことを意味する.系のハミルトニアン $\hat{H}$ を用いると,$|\phi'\rangle_t$ の時間発展は $|\phi\rangle_t$ の時間発展と逆向きの方向,すなわち,

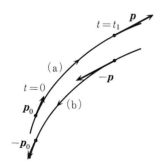

図 4-5 粒子の軌道(a)と時間反転した軌道(b).図面上,軌道(b)は平行移動してある.

$$|\psi\rangle_t = e^{+i\frac{\hat{H}}{\hbar}t}|\psi'\rangle_0 \tag{4.126}$$

でなければならない (図 4-5).

(4.124), (4.125), および (4.126) から

$$e^{i\frac{\hat{H}}{\hbar}t}\hat{T}|\psi\rangle_0 = \hat{T}e^{-i\frac{\hat{H}}{\hbar}t}|\psi\rangle_0 \tag{4.127}$$

が, 任意の状態 $|\psi\rangle_0$ に対して成り立つ. したがって,

$$e^{i\frac{\hat{H}}{\hbar}t} = \hat{T}e^{-i\frac{\hat{H}}{\hbar}t}\hat{T}^{-1} \tag{4.128}$$

でなければならない. $\hat{T}$ は対称変換としたので, $\hat{H}$ と可換である. 一方, これが (4.128) と矛盾しないためには, $\hat{T}$ はユニタリーではなく反ユニタリーな演算子でなければならない. この事実は Wigner によってはじめて指摘された.

運動量 $\hat{p}$, および位置座標 $\hat{x}$ に対して, それぞれ

$$\hat{T}^{-1}\hat{p}\hat{T} = -\hat{p} \tag{4.129}$$

$$\hat{T}^{-1}\hat{x}\hat{T} = \hat{x} \tag{4.130}$$

となるべきことは明らかであろう. したがって, $\hat{L} = \hat{x} \times \hat{p}$ は $\hat{T}$ と反可換となる. そこで角運動量は, 一般にスピンも含めて

$$\hat{T}^{-1}\hat{J}\hat{T} = -\hat{J} \tag{4.131}$$

と変換されるものとする.

角運動量の交換関係 (3.13) や $\hat{x}$ と $\hat{p}$ の正準交換関係 (1.64) などは $\hat{T}$ の反ユニタリー性を考慮してはじめて矛盾のない関係になっている. たとえば, 角運動量の交換関係 (3.13) については, (4.131) から

$$\hat{T}^{-1}\{[\hat{J}_i, \hat{J}_j]\}\hat{T} = [\hat{J}_i, \hat{J}_j]$$

$$\hat{T}^{-1}\{i\varepsilon_{ijk}\hat{J}_k\}\hat{T} = -i\varepsilon_{ijk}(-\hat{J}_k)$$

$$= i\varepsilon_{ijk}\hat{J}_k$$

となって, 交換関係 (3.13) は保存される. 正準交換関係についても同様である.

時間反転の演算子 $\hat{T}$ は, <u>特定の表示による完備正規直交系を指定した上で</u>運動の反転した状態へのユニタリー変換 $\hat{U}$ と, c 数を複素共役へ移す変換 $\hat{K}$

との積

$$\hat{T} = \hat{U}\hat{K} \qquad (\hat{T}^{-1} = \hat{K}\hat{U}^\dagger) \qquad (4.132)$$

に分解することができる．このとき，完備正規直交系を変えると$\hat{U}$の表示も変わることに注意する必要がある．

完備正規直交系を$\{|a_n\rangle\}$とし，運動を反転した状態のそれを$\{|\bar{a}_n\rangle\}$としよう．たとえば，$|a_n\rangle = |\bm{p}_n\rangle$ならば，$|\bar{a}_n\rangle = |-\bm{p}_n\rangle$である．このとき，

$$\hat{U}|a_n\rangle = |\bar{a}_n\rangle, \qquad \hat{U} = \sum_n |\bar{a}_n\rangle\langle a_n| \qquad (4.133)$$

が成り立つ．このようにして導入された$\hat{U}$に対して，$\hat{K}$は

$$\begin{aligned}|\psi'\rangle \equiv \hat{T}|\psi\rangle &= \sum_n \hat{T}\{|a_n\rangle\langle a_n|\psi\rangle\} \\ &= \sum_n \hat{U}|a_n\rangle\hat{K}\langle a_n|\psi\rangle \\ &= \sum_n |\bar{a}_n\rangle\langle a_n|\psi\rangle^* \end{aligned} \qquad (4.134)$$

と作用する．

次に時間を反転した波動関数について考察してみよう．

（ⅰ）スピン 0

スピン 0 の粒子の$t=0$の状態を$|\psi\rangle$，時間反転した状態を$|\psi'\rangle$とすると，(4.134)から

$$\begin{aligned}\psi'(\bm{x}) &\equiv \langle \bm{x}|\psi'\rangle \\ &= \langle \bm{x}|\psi\rangle^* \\ &= \psi^*(\bm{x}) \end{aligned} \qquad (4.135)$$

となる．ただし，位相因子を適当に選んで，$\hat{T}|\bm{x}\rangle = |\bm{x}\rangle$となるようにした．(4.135)は，Schrödinger方程式(2.18)の複素共役の解$\psi^*(\bm{x}, -t)$が，時間反転した状態に対応していることを表わしている．

一方，$\bm{p}$表示では，$\hat{T}|\bm{p}\rangle = |-\bm{p}\rangle$となるように位相因子を選ぶと，

$$\begin{aligned}\psi'(\bm{p}) &\equiv \langle \bm{p}|\psi'\rangle \\ &= \langle \psi|-\bm{p}\rangle \\ &= \psi^*(-\bm{p}) \end{aligned} \qquad (4.136)$$

が得られる．

(ⅱ) スピン 1/2

$\hat{T}$ は状態の空間部分とスピン部分に独立に作用する.空間の部分は(ⅰ)の場合と同じなので,スピンの状態に着目して時間反転を考えてみよう.

単位ベクトル $\boldsymbol{n}$ 方向のスピン状態 $|\boldsymbol{n}+\rangle$ が時間反転 $\hat{T}$ によって状態 $|\boldsymbol{n}-\rangle$ に移り変わることは,(4.131)によって明らかである.そこで

$$\hat{T}|\boldsymbol{n}+\rangle = \eta|\boldsymbol{n}-\rangle \tag{4.137}$$

が成り立つ.ただし,$|\eta|=1$ である.

一方,スピンの向きが z 軸に平行な状態 $|\pm\rangle$ を基底に選ぶと,(3.22)から

$$|\boldsymbol{n}+\rangle = e^{-i\frac{\phi}{\hbar}\hat{S}_z} e^{-i\frac{\theta}{\hbar}\hat{S}_y}|+\rangle \tag{4.138}$$

$$|\boldsymbol{n}-\rangle = e^{-i\frac{\phi}{\hbar}\hat{S}_z} e^{-i\frac{(\theta+\pi)}{\hbar}\hat{S}_y}|+\rangle \tag{4.139}$$

が得られる.(ここで $\boldsymbol{n}$ の向きを極座標 (θ,ϕ) で表わした.)これらを(4.137)に代入し,$\hat{T}$ が反ユニタリーであることに注意すると,

$$\begin{aligned}\hat{T}|+\rangle &= \eta e^{-i\frac{\pi}{\hbar}\hat{S}_y}|+\rangle \\ &= \eta e^{-i\frac{\pi}{2}\sigma_y}|+\rangle \\ &= \eta|-\rangle \end{aligned} \tag{4.140}$$

が得られる.同様にして

$$\hat{T}|-\rangle = -\eta|+\rangle \tag{4.141}$$

が成り立つ.

$\hat{T}$ を $\hat{U}$ と $\hat{K}$ の積で表わすと,(4.133),(4.140)から

$$\hat{T} = \eta e^{-i\frac{\pi}{\hbar}\hat{S}_y}\hat{K} \tag{4.142}$$

となることがわかる.(4.142)から

$$\begin{aligned}\hat{T}^2 &= \hat{T}(\eta e^{-i\frac{\pi}{\hbar}\hat{S}_y}\hat{K}) \\ &= e^{-i\frac{2\pi}{\hbar}\hat{S}_y} \\ &= -1 \end{aligned} \tag{4.143}$$

という結果が導かれる．これは位相因子の選び方や基底のとり方によらない結果である．

N 個のスピン 1/2 の系に対しては

$$\hat{T} = \prod_{i=1}^{N} \eta^{(i)} \exp\left[-i\frac{\pi}{\hbar} S_y^{(i)}\right] \hat{K} \tag{4.144}$$

とする．これから一般に

$$\hat{T}^2 = (-1)^N \tag{4.145}$$

が成り立つことがわかる．

ここで，$N=$ 奇数個 の電子系を考えよう．理論は時間反転に関して不変であるとする．このとき，あるエネルギーの固有状態 $|E\rangle_N$ と $\hat{T}|E\rangle_N$ の状態は互いに等しいエネルギー E をもち，しかも互いに独立である．もし $\hat{T}|E\rangle_N = c|E_N\rangle$ とすると，(4.145)から $\hat{T}^2|E_N\rangle = |c|^2|E_N\rangle = -|E_N\rangle$ となり，矛盾するからである．したがって，奇数個の電子系は，もし時間反転に関して不変であれば，少なくとも 2 重に縮退していなければならない．これは **Kramers の縮退**として知られている．

（ⅲ）スピン j

スピン j の粒子への一般化は容易である．$\hat{T}$ はスピンの向きを反転させるので，

$$\hat{T}|j,m\rangle = \eta_m |j,-m\rangle \tag{4.146}$$

とおくことができる．ただし，$|\eta_m|=1$ である．

そこで，回転 R の演算子 $\hat{D}(R)$ が $\hat{T}$ と可換であることに注意して，状態 $\hat{D}(R)|j,m\rangle$ を時間反転した状態がどうなるかを，2 通りの方法で計算する．まず，

$$\begin{aligned}
\hat{T}\hat{D}(R)|j,m\rangle &= \hat{T} \sum_{m'} |j,m'\rangle\langle j,m'|\hat{D}(R)|j,m\rangle \\
&= \sum_{m'} D_{m'm}^{(j)*}(R) \hat{T}|j,m'\rangle \\
&= \sum_{m'} D_{m'm}^{(j)*}(R) \eta_{m'} |j,-m'\rangle
\end{aligned} \tag{4.147}$$

が得られる．ただし，最後の式の変形で(4.146)を用いた．

次に $\hat{T}$ と $\hat{D}(R)$ の順序を入れ換え,ふたたび(4.146)を用いて計算すると,

$$\hat{D}(R)\hat{T}|j,m\rangle = \hat{D}(R)\eta_m|j,-m\rangle$$
$$= \eta_m \sum_{m'} D_{-m',-m}^{(j)}(R)|j,-m'\rangle$$
$$= \eta_m \sum_{m'} (-1)^{m'-m} D_{m'm}^{(j)*}(R)|j,-m'\rangle \quad (4.148)$$

という結果が得られる.ただし,次の関係式

$$D_{m'm}^{(j)*}(R) = (-1)^{m'-m} D_{-m',-m}^{(j)}(R) \quad (4.149)$$

を用いた.この式は回転 $\hat{D}(R)$ の表式(3.51)と(3.53)の(2)を用いて容易に確かめられる.最後に,(4.147)と(4.148)を比較して

$$(-1)^{-m}\eta_m = (-1)^{-m'}\eta_{m'} \equiv \tilde{\eta} \quad (4.150)$$

したがって,

$$\eta_m = (-1)^m \tilde{\eta} \quad (4.151)$$

が得られる.ただし,$|\tilde{\eta}|=1$ である.

以上をまとめると,(4.146),(4.151)から,公式

$$\hat{T}|j,m\rangle = (-1)^m \tilde{\eta}|j,-m\rangle \quad (4.152)$$

が得られる.この結果を $j=1/2$ の結果(4.140)と比較すると,2つの位相因子の間には $\tilde{\eta}=-i\eta$ という関係があることがわかる.また,(4.152)から

$$\hat{T}^2|j,m\rangle = (-1)^{2m}|j,m\rangle \quad (4.153)$$

が成り立つ.($\hat{T}(-1)^m = (-1)^{2m}(-1)^m \hat{T}$ に注意.)これは(4.143)を一般化したものである.

時間反転が対称変換かどうかを確かめるにはどうすればよいだろうか.

一般に(線形な)Hermite演算子を $\hat{O}$ とすると,(4.134)から

$$\langle \phi|\hat{O}|\psi\rangle = \langle \phi'|\hat{T}\hat{O}\hat{T}^{-1}|\psi'\rangle \quad (4.154)$$

が成り立つ.ただし,

$$|\psi'\rangle = \hat{T}|\psi\rangle, \quad |\phi'\rangle = \hat{T}|\phi\rangle \quad (4.155)$$

である.ここで特に

$$\hat{T}^{-1}\hat{O}\hat{T} = \pm \hat{O} \quad (4.156)$$

と仮定しよう.(4.156)の性質をもつ $\hat{O}$ を,時間反転に対して偶(+の場合),

奇(−の場合)の演算子という．このような演算子 $\hat{O}$ に対しては，(4.154)，(4.156)から，それぞれ偶，奇に対応して

$$\langle\phi|\hat{O}|\psi\rangle = \pm\langle\phi'|\hat{O}|\psi'\rangle \tag{4.157}$$
$$= \pm\langle\phi'|\hat{O}|\psi'\rangle^* \tag{4.158}$$

という関係式が得られる．

特に $|\psi\rangle=|\phi\rangle$ のとき，(4.158)は $\hat{O}$ の期待値，あるいはその位相について制約を与えることがある．例として $|\psi\rangle=|\phi\rangle=|j=1/2,m\rangle$ とし，$\hat{O}$ として電気双極子 $\hat{D}_1^0$ (4.119)を考えよう．$\hat{T}^{-1}\hat{\rho}\hat{T}=\hat{\rho}$ に注意すると，

$$\hat{T}^{-1}\hat{D}_1{}^m\hat{T} = \hat{D}_1{}^{-m} \tag{4.159}$$

が成り立つので，$\hat{D}_1^0$ は時間反転に関して偶の演算子である．したがって，(4.158)，(3.99)から

$$\left\langle\frac{1}{2},m\left|\hat{D}_1^0\right|\frac{1}{2},m\right\rangle = \left\langle\frac{1}{2},-m\left|\hat{D}_1^0\right|\frac{1}{2},-m\right\rangle \tag{4.160}$$
$$= \left\langle\frac{1}{2},m\left|\hat{D}^{(1/2)}(0,\pi,0)\hat{D}_1^0\hat{D}^{(1/2)}(0,\pi,0)\right|\frac{1}{2},m\right\rangle$$
$$= -\left\langle\frac{1}{2},m\left|\hat{D}_1^0\right|\frac{1}{2},m\right\rangle \tag{4.161}$$

となる．ただし，$[\hat{D}^{(1/2)}(0,\pi,0)]^2=-1$ を用いた．それゆえ，もし理論が時間反転に関して不変であれば，スピン 1/2 の粒子の電気双極子モーメントはゼロでなければならない*．自然界には，わずかながら時間反転 $\hat{T}$ と可換でない相互作用が存在する．すなわち，パリティと同様，時間反転も厳密な対称変換ではない．このため，上に述べたことも厳密には成り立たず，スピン 1/2 の粒子はわずかながらも有限な電気双極子モーメントを持ちうると考えられている．中性子はスピン 1/2 の粒子である．そこで極低温の中性子ビームを用いて，中性子の電気双極子モーメントを測定しようとする実験が行なわれている．しかし，現在までのところ，その確定値をうるに至っていない．

---

* 4-4 節で述べたパリティの選択則よりも一般的である．パリティの固有状態であるという仮定はしていないことに注意．

5

ゲージ対称性

荷電粒子が外場としての電場や磁場の中を運動する系は,量子力学の対象として理論的にも,また実用上からも,多彩な量子効果を理解するために欠かせないものである.本章では,これを荷電粒子と電磁場の系のもつゲージ対称性という観点を強調しながら説明する.電場や磁場は外場として取り扱われ,ベクトルポテンシャル $\boldsymbol{A}$ が主役を演ずる.

5-1 ゲージ変換

外場として与えられた電場・磁場の中を運動する荷電粒子について考えよう.
古典論では,系の Lagrange 関数が

$$L = \frac{1}{2}m\dot{\boldsymbol{x}}^2 + \frac{q}{c}\boldsymbol{A}(\boldsymbol{x},t)\cdot\dot{\boldsymbol{x}} - q\phi(\boldsymbol{x},t) \tag{5.1}$$

で与えられることはよく知られている*.ただし,q は粒子の電荷,c は光速を表わす.電子の電荷は $q=-e$ $(e>0,\ e^2/4\pi\hbar c \cong 1/137)$ である.$\boldsymbol{A}(\boldsymbol{x},t)$,

---

* 牟田泰三:電磁力学(本講座2)やランダウ=リフシッツ(恒藤,広重訳):場の古典論(東京図書,1984)などを参照.

$\phi(\boldsymbol{x},t)$ は，電場・磁場を記述する**ベクトルポテンシャル**，および**スカラーポテンシャル**である．(以下，$\boldsymbol{A},\phi$ を単にポテンシャルと略称することがある.)
電場 $\boldsymbol{E}$，磁場 $\boldsymbol{B}$ は $\boldsymbol{A},\phi$ によって

$$E(\boldsymbol{x},t) = -\frac{1}{c}\frac{\partial \boldsymbol{A}(\boldsymbol{x},t)}{\partial t} - \nabla\phi(\boldsymbol{x},t) \tag{5.2}$$

$$\boldsymbol{B}(\boldsymbol{x},t) = \nabla\times\boldsymbol{A}(\boldsymbol{x},t) \tag{5.3}$$

と表わされる．

一方，**Maxwell** 方程式は

$$\nabla\cdot\boldsymbol{E} = \rho(\boldsymbol{x},t) \tag{5.4}$$

$$\nabla\cdot\boldsymbol{B} = 0 \tag{5.5}$$

$$\nabla\times\boldsymbol{E} = -\frac{1}{c}\frac{\partial \boldsymbol{B}}{\partial t} \tag{5.6}$$

$$\nabla\times\boldsymbol{B} = \frac{1}{c}\frac{\partial \boldsymbol{E}}{\partial t} + \frac{1}{c}\boldsymbol{j}(\boldsymbol{x},t) \tag{5.7}$$

と表わせる*．ただし，ρ は電荷密度，$\boldsymbol{j}$ は電流密度を表わす．また，荷電粒子には **Lorentz 力**

$$\boldsymbol{F} = q\left(\boldsymbol{E} + \frac{1}{c}\boldsymbol{v}\times\boldsymbol{B}\right) \tag{5.8}$$

が働く．ここで，$\boldsymbol{v}$ は荷電粒子の速度である．

(5.2),(5.3)から明らかなように，電場 $\boldsymbol{E}$，磁場 $\boldsymbol{B}$ は，ポテンシャル $\boldsymbol{A},\phi$ をきめると一意的に決定される．しかし，逆は成り立たない．$\boldsymbol{A},\phi$ の代りに

$$\begin{aligned}\boldsymbol{A} &\longrightarrow \boldsymbol{A}'=\boldsymbol{A}+\nabla\chi \\ \phi &\longrightarrow \phi'=\phi-\frac{1}{c}\frac{\partial\chi}{\partial t}\end{aligned} \tag{5.9}$$

という変換で結ばれるポテンシャル $\boldsymbol{A}',\phi'$ を用いても，同じ $\boldsymbol{E}$ と $\boldsymbol{B}$ が得られるからである．ただし，$\chi(\boldsymbol{x},t)$ は任意の関数(スカラー場)である．(5.9)は電

---

* Heaviside-Lorentz 単位系を採用する．

磁場の**ゲージ変換**(gauge transformation)とよばれている．Maxwellの方程式(5.4)〜(5.7)やLorentz力(5.8)などは電場 E と B のみで書かれているので，当然ゲージ変換に対して不変である．このことから，逆に，ゲージ変換(5.9)に対して不変な量だけが物理的意味をもつと考えることができる．

Lagrange関数(5.1)はゲージ変換(5.9)によって

$$L \longrightarrow L' = L + \frac{q}{c}\frac{d\chi}{dt} \tag{5.10}$$

と変化する．しかし，(5.10)の右辺第2項は時間について全微分の形をしているので，両端を固定した作用 S の変分には寄与しない．したがって，Lagrange関数(5.1)から導かれる運動方程式はゲージ不変である．

一方，共役運動量は

$$\boldsymbol{p} = \frac{\partial L}{\partial \dot{\boldsymbol{x}}} = m\dot{\boldsymbol{x}} + \frac{q}{c}\boldsymbol{A} \tag{5.11}$$

となるので，Hamilton関数は

$$H = \dot{\boldsymbol{x}} \cdot \boldsymbol{p} - L = \frac{1}{2}m\dot{\boldsymbol{x}}^2 + q\phi$$
$$= \frac{1}{2m}\left(\boldsymbol{p} - \frac{q}{c}\boldsymbol{A}\right)^2 + q\phi \tag{5.12}$$

と表わされる．運動量 $\boldsymbol{p}$ が粒子の**力学的運動量** $m\boldsymbol{v}$ と電磁場の運動量 $(q/c)\boldsymbol{A}$ の和になっている((5.11)式)ことに注意してほしい．

なお，観測量はゲージ変換に対して不変で，ゲージ変換(5.9)で結ばれているどの $\boldsymbol{A}$ や ϕ を用いても，得られる結果(物理)は変わらない．これを利用すると，目的に応じて関数 χ を適当に選び，特定の形のポテンシャル $\boldsymbol{A}$ や ϕ を用いて計算を実行してもかまわないということになる．$\boldsymbol{A}$ や ϕ を特定の形に限定する操作を，一般に**ゲージを固定する**(gauge fixing)という．例えば，与えられたポテンシャル $\boldsymbol{A}, \phi$ の代りに

$$\chi(\boldsymbol{x}, t) \equiv \frac{1}{4\pi}\int \frac{d^3\boldsymbol{x}'}{|\boldsymbol{x}-\boldsymbol{x}'|}\nabla'\boldsymbol{A}(\boldsymbol{x}', t)$$

を用いてゲージ変換(5.9)を行ない，変換後のポテンシャル $\boldsymbol{A}'$ が

$$\nabla \boldsymbol{A}'(\boldsymbol{x}, t) = \nabla(\boldsymbol{A} + \nabla\chi)$$
$$= \nabla \boldsymbol{A} + \Delta\chi$$
$$= 0$$

をみたすようにすることが可能である．このようなポテンシャル $\boldsymbol{A}'$ は **Coulomb ゲージ固定**のゲージポテンシャルとよばれている．本章で以下しばしば用いるポテンシャル $\boldsymbol{A}$ の具体的な形はこのゲージ固定の仕方によっている(「対称ゲージ」(4.65)，「円筒ゲージ」(5.23), (5.24)およびモノポール磁場を与えるゲージ(5.81)をみよ)．なお，Coulomb ゲージ固定をしても，なお

$$\boldsymbol{A}(\boldsymbol{x}, t) \longrightarrow \boldsymbol{A}'(\boldsymbol{x}, t) + \nabla\chi'(\boldsymbol{x}), \qquad \Delta\chi'(\boldsymbol{x}) = 0$$

とするゲージ変換の自由度は残っていることに注意しておこう．ゲージ変換(5.88)はその一例である．

　以上は古典論の話である．量子論に移って考えてみると，(5.12)に対応して，系の時間発展を記述するハミルトニアンは，$\boldsymbol{x}$ 表示をとると

$$\hat{H} = \frac{1}{2m}\left(\hat{\boldsymbol{p}} - \frac{q}{c}\boldsymbol{A}\right)^2 + q\phi + \hat{V} \tag{5.13}$$

$$= -\frac{\hbar^2}{2m}\left(\nabla - i\frac{q}{\hbar c}\boldsymbol{A}\right)^2 + q\phi + \hat{V} \tag{5.14}$$

で与えられる．ただし，$\hat{V}$ は電磁場以外のポテンシャルを表わす．ここで，$\nabla - (iq/\hbar c)\boldsymbol{A} \equiv \hat{\boldsymbol{D}}$ は(ゲージ)**共変微分**(gauge covariant derivative)とよばれ，ゲージ不変な系の微分演算子を表わす．

　古典論では，電磁場のポテンシャル $\boldsymbol{A}$ や ϕ は，電場 $\boldsymbol{E}$ や磁場 $\boldsymbol{B}$ に比べて，一意的に定義できない補助的な量と考えられてきた．しかし，量子力学では，(5.14)のハミルトニアン $\hat{H}$ をみるとわかるように，$\boldsymbol{A}$ や ϕ は他のポテンシャルと同等に寄与し，したがって物理的実在性のある「場」と考えられる．これについては次節以降で説明しよう．

　次に，量子力学において，ゲージ不変性がどのように表わされるかを考えてみよう．ハミルトニアン $\hat{H}$ は(5.13)からわかるように，ゲージ変換(5.9)に対

して不変にならない．そこで，量子力学では系の状態ベクトルの絶対的な位相には意味がないことに着目し，ゲージ変換(5.9)に対して状態ベクトル $|\phi\rangle$ も

$$|\phi\rangle \longrightarrow |\phi'\rangle = \hat{U}|\phi\rangle \tag{5.15}$$

と変換されるとする．ただし，$\hat{U}$ はゲージ変換に対応するユニタリー演算子である．この変換によって，Schrödinger 方程式

$$i\hbar\frac{\partial}{\partial t}|\phi\rangle = \hat{H}|\phi\rangle \tag{5.16}$$

は，これとユニタリー同値な方程式

$$i\hbar\frac{\partial}{\partial t}|\phi'\rangle = \hat{H}'|\phi'\rangle \tag{5.17}$$

へ変換されるとする．ただし，

$$\hat{H}' = \hat{U}\hat{H}\hat{U}^\dagger + i\hbar\frac{\partial \hat{U}}{\partial t}\hat{U}^\dagger \tag{5.18}$$

である．

$\boldsymbol{x}$ 表示で具体的に表わしてみよう．変換 $\hat{U}$ によって，波動関数とハミルトニアンは，それぞれ

$$\phi(\boldsymbol{x},t) \equiv \langle \boldsymbol{x}|\phi\rangle \longrightarrow \phi'(\boldsymbol{x},t) = \langle \boldsymbol{x}|\phi'\rangle$$
$$= \langle \boldsymbol{x}|\hat{U}|\phi\rangle$$
$$= e^{\frac{iq}{\hbar c}\chi(\boldsymbol{x},t)}\phi(\boldsymbol{x},t) \tag{5.19}$$

$$\langle \boldsymbol{x}|\hat{H}|\phi\rangle \longrightarrow \langle \boldsymbol{x}|\hat{H}'|\phi'\rangle = \langle \boldsymbol{x}|\hat{U}\hat{H} + i\hbar\dot{\hat{U}}|\phi\rangle$$
$$= e^{\frac{iq}{\hbar c}\chi(\boldsymbol{x},t)}\left\{\langle \boldsymbol{x}|\hat{H}|\phi\rangle - \frac{q}{c}\dot{\chi}\langle \boldsymbol{x}|\phi\rangle\right\} \tag{5.20}$$

と変換される．ただし，$\langle \boldsymbol{x}'|\hat{U}|\boldsymbol{x}\rangle = e^{\frac{iq}{\hbar c}\chi(\boldsymbol{x},t)}\delta^3(\boldsymbol{x}'-\boldsymbol{x})$ を用いた．

(5.9)と(5.19)を合わせて，量子力学におけるゲージ変換という．ゲージ変換はハミルトニアン $\hat{H}$ を不変に保たないので，4-1節で述べたような対称変換ではない((4.1)をみよ)．しかし，Schrödinger 方程式は実質的に不変に保たれるので，ゲージ変換もまた対称変換の一種とみなされる．このように，拡

張された対称変換としてのゲージ変換は, (5.19)からわかるように任意の時刻 t における波動関数の, x についての局所的な(位相)変換とみなすことができる. それゆえ, この変換はまた**局所変換**(local transformation)とよばれる. そこで逆に, 局所的な任意の位相変換(5.19)に対して理論が不変に保たれるべしという要請をおいてみよう. この要請を**局所ゲージ不変の原理**(principle of local gauge invariance), あるいは**ゲージ対称性**(gauge symmetry)という*. ゲージ対称性を要請すると, ポテンシャル A や ϕ の存在が必要であることが示される. それで, これらのポテンシャルはまた**ゲージ場**とよばれる. ゲージ場を量子系として取り扱うのがゲージ場の量子論である. (藤川和男: ゲージ場の理論(本講座20)参照.)

5-2　Aharonov-Bohm 効果

磁場の中を運動する荷電粒子には, Lorentz 力(5.8)が働く. しかし, 磁場がある領域にのみ局在する場合, 磁場の局在する領域の外を運動する荷電粒子には当然のことながら Lorentz 力は働かず, 磁場の影響をうけないはずである.

　本当だろうか. 量子力学的に考察してみよう. 磁場はさしあたり静磁場とする. 時間的に変動する場合でも, ゆっくり「断熱的」に変化する場合を考える. ハミルトニアンは(5.12)でスカラーポテンシャル $\phi=0$ とおいたものである. ベクトルポテンシャル A は磁場 B と(5.3)で結ばれている.

　荷電粒子は磁場 $B=\nabla\times A=0$ の領域でのみ運動するものとする(図5-1参照). 系のエネルギー準位はどのように磁場 B に依存するだろうか. 粒子の存在する領域では, 磁場は存在しないがベクトルポテンシャル A は存在する. しかし, 与えられた磁場 B に対して, A は一意的にはきまらず, ゲージ変換(5.9)の自由度の分だけ不定である. 一方, 理論はゲージ対称なので, 観測量

---

* 正確には, **可換**ゲージ対称性, あるいは $U(1)$ ゲージ対称性とよばれる. 一方, **非可換**ゲージ対称性の原理に基づいた理論が素粒子の標準理論に登場している. 戸塚洋二: 素粒子物理(本講座10)参照

は A に依存するにしても,それは A のゲージ不変な成分のみに依存するようになっていなければならない.

このように考えると,粒子に全く力を及ぼさない局在磁場の存在がその粒子の運動状態に影響を与えるという可能性は,古典論ではもちろんのことであるが,量子力学的にも考えにくいことではある.しかし,量子力学では,エネルギー準位などの物理量は波動方程式の固有値問題を解いて初めて確定するという事実を思い出してほしい.<u>固有値問題を解くには,方程式の境界条件を具体的に与えなければならない</u>.この境界条件に領域の大域的(global)な情報,すなわち局在磁場の存否についての情報が含まれているのである.具体的な例でみてみよう.

a) 束縛系の Aharonov-Bohm 効果

図 5-1 のような中空円筒形の領域 D 内に閉じ込められた電荷 q をもつ粒子の運動を考える.円筒座標 (ρ, ϕ, z) で表わすと,領域 D は

$$\rho_b \leqq \rho \leqq \rho_a, \quad -d \leqq z \leqq d, \quad 0 \leqq \phi < 2\pi \tag{5.21}$$

である.ただし,$\rho \equiv \sqrt{x^2+y^2}$, $\tan\phi \equiv y/x$.中心の中空部分におかれた z 軸に沿う細長いソレノイドの半径を $\rho_0(\ll \rho_b)$ とし,ソレノイドは十分に長く,ソレノイド内部の磁場はもちろん,外側のもどり磁束(return flux)も D 内では無視できるものとする.したがって,D 内の荷電粒子には磁場による Lorentz 力は働かない.ソレノイド内の軸対称の磁場 $\boldsymbol{B}(\rho, z)$ は z 軸方向を向き,磁束

$$\Phi = \int_0^{\rho_0} B_z(\rho, 0) 2\pi \rho \, d\rho \tag{5.22}$$

が中空部分を貫いている.このとき,「円筒ゲージ」をとると,ベクトルポテンシャル $\boldsymbol{A}(A_\rho, A_\phi, A_z)$ は,次のように表わされる.

ソレノイド内$(0 \leqq \rho < \rho_b)$

$$\begin{aligned} A_\rho(\rho, z) &= A_z(\rho, z) = 0 \\ A_\phi(\rho) &= \frac{1}{2\pi\rho} \int_0^\rho B_z(\rho', 0) 2\pi \rho' \, d\rho' \end{aligned} \tag{5.23}$$

領域 D 内$(\rho_b \leqq \rho \leqq \rho_a)$

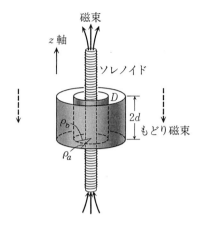

図 5-1　ソレノイドのまわりの荷電粒子の運動.

$$A_\rho(\rho, z) = A_z(\rho, z) = 0$$
$$A_\phi(\rho) = \frac{1}{2\pi\rho}\boldsymbol{\Phi} \tag{5.24}$$

(5.23),(5.24)の表式が正しく磁場を与えることは，公式

$$\nabla\times\boldsymbol{A} = \left(\frac{1}{\rho}\frac{\partial A_z}{\partial \phi} - \frac{\partial A_\phi}{\partial z}\right)\boldsymbol{e}_\rho + \left(\frac{\partial A_\rho}{\partial z} - \frac{\partial A_z}{\partial \rho}\right)\boldsymbol{e}_\phi + \left(\frac{1}{\rho}\frac{\partial}{\partial \rho}(\rho A_\phi) - \frac{1}{\rho}\frac{\partial A_\rho}{\partial \phi}\right)\boldsymbol{e}_z \tag{5.25}$$

を用いて容易に確かめられる．ただし，$\boldsymbol{e}_\rho, \boldsymbol{e}_\phi, \boldsymbol{e}_z$ は互いに直交する単位ベクトルで，x, y, z 成分は各々 $\boldsymbol{e}_\rho(\cos\phi, \sin\phi, 0)$, $\boldsymbol{e}_\phi(-\sin\phi, \cos\phi, 0)$, $\boldsymbol{e}_z(0,0,1)$ である．

領域 D 内において，ハミルトニアン(5.13)を円筒ゲージ(5.24)を用いて具体的に表わすと[*]，

$$\begin{aligned}\hat{H} &= -\frac{\hbar^2}{2\mu}\left(\nabla - i\frac{q}{\hbar c}\boldsymbol{A}\right)^2 \\ &= -\frac{\hbar^2}{2\mu}\left[\frac{1}{\rho}\frac{\partial}{\partial \rho}\left(\rho\frac{\partial}{\partial \rho}\right) + \frac{1}{\rho^2}\left(\frac{\partial}{\partial \phi} - i\frac{q\boldsymbol{\Phi}}{2\pi\hbar c}\right)^2 + \frac{\partial^2}{\partial z^2}\right]\end{aligned} \tag{5.26}$$

---

[*] 以下(5-2, 5-3, 5-4 節)では粒子の質量を μ で表わす．また，領域 D 内では $\hat{V}=0$，スカラーポテンシャル $\phi(\boldsymbol{x}, t)=0$ であるとした．

が得られる．ただし，ここで(5.26)を導く際,

$$\nabla = e_\rho \frac{\partial}{\partial \rho} + e_\phi \frac{1}{\rho}\frac{\partial}{\partial \phi} + e_z \frac{\partial}{\partial z} \tag{5.27}$$

と表わせることを利用した．

ハミルトニアン(5.26)の定常状態の波動関数は，変数分離の形

$$\psi(\rho,\phi,z) = \sin p\pi \frac{z+d}{2d} e^{im\phi} R(\rho) \tag{5.28}$$

に表わせる．ここで p は自然数, $m=0, \pm 1, \pm 2, \cdots$ である．これらは波動関数 ψ に対する z 方向の境界条件, $\psi(\rho,\phi,\pm d)=0$, および，波動関数の1価性, $\psi(\rho,\phi+2\pi,z)=\psi(\rho,\phi,z)$ の条件から導かれる．一方，$R(\rho)$ は(ρ 方向の) Schrödinger 方程式

$$-\frac{\hbar^2}{2\mu}\left[\frac{1}{\rho}\frac{d}{d\rho}\left(\rho\frac{d}{d\rho}\right) - \frac{(m-F)^2}{\rho^2}\right]R(\rho) = \left(E - \frac{p^2\pi^2\hbar^2}{8\mu d^2}\right)R(\rho) \tag{5.29}$$

の解である．ただし，

$$F \equiv \frac{q\Phi}{2\pi\hbar c} = \frac{q}{|e|}\frac{\Phi}{\Phi_0}, \quad \Phi_0 \equiv \frac{2\pi\hbar c}{|e|} \cong 10^{-7} \text{ G·cm}^2 \tag{5.30}$$

とおいた．Φ_0 は磁束の基本単位で，しばしば **London** 単位とよばれている．

$R(\rho)$ の境界条件は，$R(\rho_a)=R(\rho_b)=0$ である．ここで

$$k^2 \equiv \frac{2\mu E}{\hbar^2} - \frac{p^2\pi^2}{4d^2} \tag{5.31}$$

とおき，無次元の変数 $\xi = k\rho$ を導入して整理すると，(5.29)は

$$\left[\frac{1}{\xi}\frac{d}{d\xi}\left(\xi\frac{d}{d\xi}\right) + \left(1 - \frac{(m-F)^2}{\xi^2}\right)\right]R(\xi) = 0 \tag{5.32}$$

となる．これは Bessel の微分方程式にほかならない．これから，(5.32)の解は，Bessel 関数の基本系 $J_\nu(\xi), N_\nu(\xi)$ の重ね合わせの形

$$R(\xi) = AJ_\nu(\xi) + BN_\nu(\xi) \tag{5.33}$$

に表わせることがわかる．ただし，A,B は定数で，$\nu \equiv |m-F|$．解(5.33)が境界条件をみたすための条件は

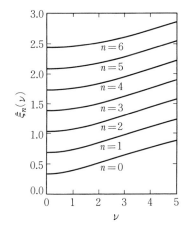

図 5-2　エネルギー準位 $E_{\nu,p}^{(n)}$ の ν 依存性.
$$\nu = \left| m - \frac{q}{|e|}\frac{\Phi}{\Phi_0} \right|$$
$(m = 0, \pm 1, \pm 2, \cdots)$

$$\begin{vmatrix} J_\nu(k\rho_a) & N_\nu(k\rho_a) \\ J_\nu(k\rho_b) & N_\nu(k\rho_b) \end{vmatrix} = 0 \tag{5.34}$$

である．方程式(5.34)の根として許される k の値がきまり，それに対応して(5.31)からエネルギー準位が次のように定まる．

$$E_{\nu,p}^{(n)} = \frac{\hbar^2}{2\mu^2}\left[\frac{\xi_n^2(\nu)}{\rho_a^2} + \frac{\pi^2 p^2}{4d^2}\right] \quad (n=0,1,2) \tag{5.35}$$

ただし，$\xi_n(\nu)$ は変数を $\xi \equiv k\rho_a$ としたときの，方程式(5.34)の n 番目の根を表わす．エネルギー準位がどのように磁束 Φ に依存するかをみるために，一例として $\rho_b = 10\rho_a$ とおいた場合の根 $\xi_n(\nu)$ の ν 依存性についての計算結果を，図 5-2 に示した．図から明らかな通り，エネルギー固有値は実際 $\nu (\equiv |m - F|)$ に，したがって Φ に依存して変化している．これが **Aharonov-Bohm 効果**(略して AB 効果)とよばれるものである．エネルギー準位は $|m - F|$ の形で Φ に依存しているので，$F =$ 整数 のときには，スペクトルに磁束 Φ の影響は現われない．すなわち，エネルギー準位は Φ の偶周期関数で，その周期は London 単位 Φ_0 (簡単のために $q = e$ とおいた)である．この性質は領域 D の形によらず，またポテンシャル $\hat{V}$ が存在していても変わらない．それを保証しているのが次の定理である．

Byers-Yang の定理* 図 5-3 のように穴のあいた多重連結領域 D 内の電子系 $(q=-e)$ を考える.磁場は穴 O の内側,あるいは D の外側にのみ存在し,D 内には存在しないとする.このとき,電子系のエネルギー準位は穴 O を貫いている磁束 Φ に関して周期的で,その周期は Φ_0 である.特に電子間のポテンシャルが Hermite であれば**,エネルギー準位は Φ の偶周期関数である.

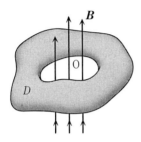

図 5-3 中空超伝導体を貫く磁場.

［証明］ N 個の電子系の波動関数 $\psi(\boldsymbol{x}_1, \boldsymbol{x}_2, \cdots, \boldsymbol{x}_N)$ は,Schrödinger 方程式

$$\sum_j -\frac{\hbar^2}{2\mu}\left(\nabla_j + i\frac{e}{\hbar c}\boldsymbol{A}(\boldsymbol{x}_j)\right)^2 \psi + \hat{V}\psi = E\psi \tag{5.36}$$

をみたす.ただし,$\boldsymbol{x}_j\,(j=1,2,\cdots,N)$ は N 個の電子のそれぞれの位置ベクトル,$\boldsymbol{A}$ は D の表面電流および外部磁場源によってつくられるベクトルポテンシャル,$\hat{V}$ は電子に働くポテンシャルを表わす.

仮定により D 内では $\nabla\times\boldsymbol{A}=0$ である.したがって,D 内の任意の単連結領域で,$\boldsymbol{A}=\nabla\chi$ をみたす関数 $\chi(\boldsymbol{x})$ が存在する (Poincaré の補助定理).領域 D 全体における χ は,このような関数 χ をいくつかはり合わせて定義できる.こうしてつくられる χ は D で一般に多価関数となる.Stokes の定理により,D 内で穴 O を 1 回まわる経路 C に沿って積分するごとに

---

* N. Byers and C. N Yang: Phys. Rev. Lett. 7 (1961) 46.
** 電子のスピンは無視している.スピン相互作用項のあるときでも,ポテンシャルが時間反転に対して不変であればよい.

$$\Delta\chi \equiv \oint_C \boldsymbol{A}\cdot d\boldsymbol{l} = \boldsymbol{\Phi}\ (\neq 0) \tag{5.37}$$

だけ変化しなければならないからである.

このような χ を用いて,新たに

$$\psi' = \exp\left[\sum_j -i\frac{e}{\hbar c}\chi(\boldsymbol{x}_j)\right]\cdot\psi \tag{5.38}$$

とおく. ψ' のみたす方程式は(5.36)から

$$\sum_j -\frac{\hbar^2}{2\mu}\nabla_j^2\psi' + \hat{V}\psi' = E\psi' \tag{5.39}$$

となって,Schrödinger 方程式からポテンシャル $\boldsymbol{A}$ は消去される*.しかし,完全に消えてなくなったわけではない.その影響は波動関数 ψ' の境界条件に現われる.もとの波動関数 ψ は電子のそれぞれの変数 $\boldsymbol{x}_j$ の1価関数であることに注意すると,(5.36)と(5.37)から任意の電子1個だけを穴Oのまわりに1回まわしたとき,ψ は

$$\psi \longrightarrow \psi \tag{5.40a}$$

となってもとの波動関数 ψ にもどるのに対し,ψ' は

$$\psi' \longrightarrow e^{-i\frac{e}{\hbar c}\boldsymbol{\Phi}}\psi' \tag{5.40b}$$

と変換される.これが ψ' のみたすべき境界条件である.境界条件は明らかに $\boldsymbol{\Phi}$ について周期的で,その周期は $\boldsymbol{\Phi}_0 \equiv 2\pi\hbar c/e$ である.

エネルギー準位は,(5.39)を境界条件(5.40b)の下で解くことによって得られる.したがって,エネルギー準位は $\boldsymbol{\Phi}$ の周期関数であるという定理の前半が成り立つ.次にポテンシャル $\hat{V}$ は Hermite であるとし,(5.39)と(5.40b)の複素共役をとる.これから,エネルギー E は $\boldsymbol{\Phi}$ の符号によらないことがわかる.これで定理の後半も証明された.∎

---

* (5.19)と形は同じだが,変換(5.38)は普通のゲージ変換ではない.**特異な(singular)ゲージ変換**といわれることがある.$\chi(\boldsymbol{x})$ が多価であるため,$\psi'(\boldsymbol{x})$ は多価になることに注意.χ の具体的な形については第7章参照.

Byers-Yangの定理の条件をみたすような領域Dは，どのようにすれば実現するのだろうか．それには領域Dの形状の超伝導体をつくり，それを磁場の中におけばよい．すると，超伝導体の表面を電流が流れて，超伝導体中の磁場はゼロになる．この現象は**Meissner**効果とよばれている．こうして，超伝導体中の電子系のエネルギー準位はΦの周期関数となる．磁束Φの量子化については5-3節で述べる．

b）散乱のAB効果

次に電子ビームの干渉によるAB効果について説明しよう．これは散乱のAB効果とよばれている．磁場は図5-4のように，紙面に垂直な無限に長いソレノイドを用意する．磁場はソレノイド内部に閉じ込められて，外には洩れていないものとする．左から位相のそろった電子ビームをソレノイドに向かって入射させ，途中の領域Aでスリットによりビームを2方向に分ける．分かれた2つのビームをそれぞれビームI，ビームIIとする．これらのビームはソレノイドにふれることなく進み，右側に置かれたスクリーン上(F)でふたたび重ね合わせられ，その干渉効果が測定される．電子ビームがソレノイドにふれないよう，ソレノイドは完全に遮蔽されていなければならない．この条件の下で電子には磁場による**Lorentz**力は働かない．しかし，それにもかかわらずスクリーン上の電子ビーム強度にはソレノイドを貫く磁束Φに依存する干渉が現われる．次にそれを示そう．

ハミルトニアンは(5.26)と同じものである．Schrödinger方程式の解のうち，

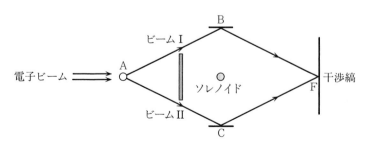

図5-4 散乱のAB効果の概念図．

図5-4のA→B→F（経路Ｉとする）を通るビームＩの解を $\psi_{\rm I}$, A→C→F（経路Ⅱとする）の解を $\psi_{\rm II}$ とする．Fにおける波動関数 ψ は，$\psi_{\rm I}$ と $\psi_{\rm II}$ の重ね合わせの形で，次のように表わされる．すなわち，

$$\psi = \psi_{\rm I} + \psi_{\rm II} \tag{5.41}$$

電子ビームの配位空間は R^3 からソレノイドを囲む領域を取りのぞいた多重連結空間である．しかし，ビームⅠ，ビームⅡはスクリーンに到達するまでよく分離されているので，波動関数 $\psi_{\rm I}, \psi_{\rm II}$ は経路Ｉ，経路Ⅱの単連結な領域でそれぞれ定義されていると考えてよい．そこで，ⅠまたはⅡの経路を通る $A=0$ の自由粒子の解をそれぞれ $\psi_{\rm I}^0(\boldsymbol{x}, t)$，および $\psi_{\rm II}^0(\boldsymbol{x}, t)$ とすると，2つのビームがよく分離されているという条件の下で，

$$\psi_{\rm I} \cong e^{-iS_{\rm I}/\hbar} \psi_{\rm I}^0, \qquad \psi_{\rm II} \cong e^{-iS_{\rm II}/\hbar} \psi_{\rm II}^0 \tag{5.42}$$

と表わすことができる．ただし，作用 $S_{\rm I, II}$ はベクトルポテンシャル $\boldsymbol{A}$ をそれぞれの経路に沿って積分した

$$S_{\rm I, II}(\boldsymbol{x}, t) = \frac{e}{c} \int_{\rm I, II}^{\boldsymbol{x}} \boldsymbol{A}(\boldsymbol{x}') d\boldsymbol{x}' \tag{5.43}$$

である．経路Ⅰ，Ⅱの領域はいずれも単連結で，かつ領域内では $\nabla \times \boldsymbol{A} = 0$ であることに注意すると，(5.43)で定義された作用 $S_{\rm I, II}$ はそれぞれの経路の具体的な道すじによらず，積分の上限の座標 $\boldsymbol{x}$ のみに依存していることがわかる．また，(5.42)が実際領域Ⅰ，Ⅱでそれぞれ

$$-\frac{\hbar^2}{2\mu}(\nabla + i\frac{e}{\hbar c}\boldsymbol{A})^2 \psi_{\rm I, II} = E\psi_{\rm I, II}$$

をみたしていることは，これを上式に直接代入して確かめることができる．

(5.41)と(5.42)から，位相のそろった $\psi_{\rm I}^0, \psi_{\rm II}^0$ に対して，点Fにおける干渉項（$\propto {\rm Re}(\psi_{\rm I}^* \psi_{\rm II})$）は，位相差

$$\frac{S_{\rm I} - S_{\rm II}}{\hbar} = \frac{e}{\hbar c} \oint \boldsymbol{A} \cdot d\boldsymbol{x} = \frac{e}{\hbar c} \boldsymbol{\Phi} \tag{5.44}$$

に依存し，予想通り，ソレノイドを貫く磁束 $\boldsymbol{\Phi}$ に比例している．これはAB効果にほかならない．

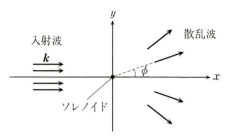

図 5-5 無限に長い直線状ソレノイド (z 軸)による電子の散乱.

最後に,具体的な例として,無限に長い直線状ソレノイドを z 軸上に用意し,その内部の磁束 Φ を一定にしたままソレノイドの半径 ρ_0 を無限に小さくした極限の直線状ソレノイドによる電子の散乱振幅を求めてみよう.

円筒座標 (ρ, ϕ, z) をとり,電子ビームが図 5-5 のように z 軸に垂直に x 軸に沿って左 $(x=-\infty)$ から入射される場合を考える.散乱は z に依存せず,波動関数 $\psi(\rho, \phi)$ は(5.26)から,次の方程式

$$-\frac{\hbar^2}{2\mu}\left[\frac{1}{\rho}\frac{\partial}{\partial\rho}\left(\rho\frac{\partial}{\partial\rho}\right)+\frac{1}{\rho^2}\left(\frac{\partial}{\partial\phi}+i\frac{e\Phi}{2\pi\hbar c}\right)^2\right]\psi(\rho,\phi) = E\psi(\rho,\phi) \quad (5.45)$$

をみたすものとする.

ここで,$\hbar^2 k^2 \equiv 2\mu E$ とおいて整理すると,解くべき方程式は

$$\left[\frac{1}{\rho}\frac{\partial}{\partial\rho}\left(\rho\frac{\partial}{\partial\rho}\right)+\frac{1}{\rho^2}\left(\frac{\partial}{\partial\phi}+i\alpha\right)^2+k^2\right]\psi(\rho,\phi) = 0 \quad (5.46)$$

と表わせる.ただし,$\alpha \equiv e\Phi/2\pi\hbar c$ とおいた*.α が整数のときは $\psi \to e^{-i\alpha\phi}\psi$ と変換すれば,同じ境界条件を保ったまま(5.46)から α を消去できるので,以下 $\alpha \neq$ 整数 の場合を考えよう.

境界条件は

$$\psi \xrightarrow[x\to -\infty]{} \psi_{\text{inc}}(\rho, \phi) \quad (5.47)$$

$$\xrightarrow[x\to +\infty]{} \psi_{\text{inc}}(\rho, \phi) + \psi_{\text{scatt}}(\rho, \phi) \quad (5.48)$$

---

* 磁束の London 単位 Φ_0 で表わすと $\alpha = \Phi/\Phi_0$ である.(5.30)の記号との関係は,$\alpha = (e/q)F$.

である．ただし，ここで，$\psi_{\text{inc}}, \psi_{\text{scatt}}$ はそれぞれ，入射波および散乱波を表わす．

まず入射波 ψ_{inc} を求めよう．ψ_{inc} は(5.46)の解で，$x=-\infty$ の方向から x 軸に沿って右へ進む平面波である．ビームの流れの密度は

$$\boldsymbol{j} = \frac{\hbar}{2i\mu}\left[\psi^*\left(\nabla + i\frac{e}{\hbar c}\boldsymbol{A}\right)\psi - \left(\nabla - i\frac{e}{\hbar c}\boldsymbol{A}\right)\psi^*\psi\right] \tag{5.49}$$

で与えられる．したがって，$\boldsymbol{j}_{\text{inc}}$ の x, y, z 成分は

$$\boldsymbol{j}_{\text{inc}} = N_0^2\left(\frac{\hbar k}{\mu}, 0, 0\right) \quad (k>0) \tag{5.50}$$

でなければならない．N_0 は規格化の定数である．このような ψ_{inc} は

$$\psi_{\text{inc}} = N_0 e^{ik\rho\cos\phi - i\alpha\phi} e^{\pm i\pi\alpha} \quad (|\phi|\leqq\pi) \tag{5.51}$$

で与えられる．このことは，(5.51)を(5.49)に代入して確かめることができる．ただし，(5.51)の定数位相($\pm i\pi\alpha$)の符号は，ϕ の正負に従って選ぶものとする．これは ψ_{inc} の定義されている x 軸上の負の領域($\phi=\pm\pi$)で，ψ_{inc} の1価性を保証するためである．このとき，ψ_{inc} は x 軸上の正の領域($\phi=\pm0$)では不連続になり，1価性は損なわれる．しかし，ψ_{inc} に対する境界条件(5.47)あるいは(5.48)をみると，ψ_{inc} は $x\to-\infty$ の領域で1価であれば十分であることがわかる．ψ 自身はもちろんつねに1価でなければならない．

また，$x\to+\infty$ で(5.48)を

$$\psi \longrightarrow N_0\left[e^{ik\rho\cos\phi - i\alpha\phi \pm i\alpha\pi} + \frac{1}{\sqrt{\rho}}e^{ik\rho}f(\phi)\right] \tag{5.52}$$

と表わす．第1項は入射波 ψ_{inc} (5.51)，第2項は散乱波 ψ_{scatt} の漸近形で，$f(\phi)$ は散乱振幅とよばれている．(5.49)を用いて，入射波，散乱波のビームの流れの密度 $\boldsymbol{j}_{\text{inc}}, \boldsymbol{j}_{\text{scatt}}$ をそれぞれ計算し，散乱の微分断面積を求めると(巻末文献[1-4]第7章参照)，

$$d\sigma = \frac{|\boldsymbol{j}_{\text{scatt}}|^2}{|\boldsymbol{j}_{\text{inc}}|^2}d\Omega = |f(\phi)|^2 d\phi \tag{5.53}$$

となる．

次に $f(\phi)$ を求めてみよう(巻末文献[5-1]). まず, ψ は方程式(5.46)の解であるが, (5.32),(5.33)の例からもわかるように, その一般解は Bessel 関数の基本系 $J_{|m+\alpha|}(k\rho)$ と $N_{|m+\alpha|}(k\rho)$ ($m=$ 整数)の重ね合わせで表わされる. しかし, このうち, 原点(z 軸)に置かれているソレノイドに電子ビームが触れない解として, $\rho \to 0$ でゼロになる正則な $J_{|m+\alpha|}(k\rho)$ の 1 次結合

$$\psi = \sum_{m=-\infty}^{\infty} a_m{}^\alpha J_{|m+\alpha|}(k\rho) e^{im\phi} \tag{5.54}$$

だけが, いまの場合の許される解であるということになる. ここで定数 $a_m{}^\alpha$ は, $\rho \to \infty$ で, 解が境界条件(5.52)をみたすように選ばなければならない. このような $a_m{}^\alpha$ として

$$a_m{}^\alpha = (-1)^m (-i)^{|m+\alpha|} \tag{5.55}$$

とおけばよいことが, 次のようにしてわかる.

まず, $0<\phi<\pi$ の場合を考えて, 入射波 ψ_{inc} を次のように表わす. ($-\pi<\phi<0$ の場合も同様に議論できる.)

$$\psi_{\text{inc}} = N_0 \cdot e^{ik\rho \cos\phi - i\alpha\phi} \cdot e^{i\pi\alpha} \tag{5.56}$$

$$= N_0 \cdot e^{-ik\rho \cos\theta + i\alpha\theta} \quad (\theta \equiv \pi - \phi) \tag{5.57}$$

$$= \frac{N_0}{\pi} \sum_{m=-\infty}^{\infty} e^{-im\theta} \int_0^\pi e^{-ik\rho \cos\theta'} \cos\nu\theta' d\theta' \tag{5.58}$$

ただし, $\nu = m+\alpha$ で, (5.57)から(5.58)に移るときに, 公式

$$\frac{1}{2\pi} \sum_{m=-\infty}^{\infty} e^{im(\theta-\theta')} = \delta(\theta-\theta') \quad (|\theta|,|\theta'|<\pi) \tag{5.59}$$

を利用した. さらに(5.55)と Bessel 関数の積分表示*

$$J_{|\nu|}(k\rho) = \frac{(i)^{|\nu|}}{\pi} \left[\int_0^\pi dt\, e^{-ik\rho \cos t} \cos\nu t - \sin|\nu|\pi \int_0^\infty dt\, e^{-|\nu|t + ik\rho \cosh t} \right] \tag{5.60}$$

を用いて, (5.54)の右辺を次のように変形する.

---

  * 森口繁一, 宇田川銈久, 一松信: 数学公式 III (岩波書店, 1960) 179 ページ. パラメータ $|\alpha| \to \pi/2$ の極限がとれるとした.

5-2 Aharonov-Bohm 効果

$$\psi = N_0 \sum_{m=-\infty}^{\infty} (-1)^m (-i)^{|m+\alpha|} J_{|m+\alpha|}(k\rho) e^{im\phi} \tag{5.61}$$

$$= N_0 \sum_{m=-\infty}^{\infty} (-i)^{|m+\alpha|} J_{|m+\alpha|}(k\rho) e^{-im\theta} \tag{5.62}$$

$$= \frac{N_0}{\pi} \sum_{m=-\infty}^{\infty} \left[\int_0^\pi dt\, e^{-ik\rho \cos t} \cos \nu t - \sin|\nu|\pi \int_0^\infty dt\, e^{-|\nu|t + ik\rho \cosh t} \right] e^{-im\theta} \tag{5.63}$$

これを(5.58)と比較すると，右辺第1項は入射波 ψ_{inc} にほかならないことがわかる．あとは第2項が実際に求める散乱波になっていることを示せばよい．

ここで，$\alpha = s + \alpha'$ ($0 < \alpha' < 1$，$s=$ 整数)とおき，$\nu = m + \alpha$ であったことを思い出して $m+s$ をあらためて m と定義し直すと，(5.63)は

$$\psi - \psi_{\text{inc}} = -\frac{N_0}{\pi} e^{is\theta} \sum_{m=-\infty}^{\infty} \sin|m+\alpha'|\pi \cdot e^{-im\theta} \int_0^\infty dt\, e^{-|m+\alpha'|t + ik\rho \cosh t} \tag{5.64}$$

と書ける．次に m についての和を実行する．これは2つの等比級数の和で書けて

$$\sum_{m=-\infty}^{\infty} \sin|m+\alpha'|\pi \cdot e^{-im\theta - |m+\alpha'|t} = \sin \alpha' \pi \left[\frac{e^{-\alpha' t}}{1+e^{-t-i\theta}} + \frac{e^{\alpha' t}}{1+e^{t-i\theta}} \right] \tag{5.65}$$

が成り立つ．したがって，(5.64)は

$$\psi - \psi_{\text{inc}} = -\frac{N_0}{\pi} e^{is\theta} \sin \alpha' \pi \int_{-\infty}^{\infty} dt\, \frac{e^{-\alpha' t}}{1+e^{-t-i\theta}} e^{ik\rho \cosh t} \tag{5.66}$$

となる．これが高林の公式である(巻末文献[5-1])．

さらに，$\rho \to \infty$ では，(5.66)の右辺の積分のうち主要な寄与が $t \cong 0$ の部分から生じることに注意すると，

$$\int_{-\infty}^{\infty} dt\, \frac{e^{-\alpha' t}}{1+e^{-t-i\theta}} e^{ik\rho \cosh t} \underset{\rho \to \infty}{\cong} \frac{1}{1+e^{-i\theta}} \lim_{\varepsilon \to +0} \int_{-\infty}^{\infty} dt\, e^{i(k\rho + i\varepsilon)\cosh t}$$

$$\underset{\rho \to \infty}{\cong} \frac{e^{i\theta/2}}{\cos(\theta/2)} \lim_{\varepsilon \to +0} K_0(-ik\rho + \varepsilon)$$

$$\underset{\rho \to \infty}{\cong} \frac{e^{i\theta/2}}{\cos(\theta/2)} e^{i\pi/4} \sqrt{\frac{\pi}{2k\rho}} e^{ik\rho} \tag{5.67}$$

となり，(5.66)が予想どおり散乱波としての境界条件(5.52)をみたした波にな

っていることがわかる.(5.67)を(5.66)に代入し,(5.52)と比較し,さらに $\theta \equiv \pi - \phi$, $0 < \phi < \pi$, であったことを思い出すと,散乱振幅

$$f(\phi) = e^{-i(s+1/2)\phi - i\pi/4} \frac{\sin \alpha \pi}{\sqrt{2\pi k}} \frac{1}{\sin(\phi/2)} \qquad (5.68)$$

が得られる.求める微分断面積は,したがって,

$$\frac{d\sigma}{d\phi} = |f(\phi)|^2 = \frac{\sin^2 \alpha \pi}{2\pi k} \frac{1}{\sin^2(\phi/2)} \qquad \left(\alpha \equiv \frac{e\Phi}{2\pi\hbar c}\right) \qquad (5.69)$$

となる.(5.69)からわかるように,散乱断面積はCoulomb散乱の場合のように前方($\phi \cong 0$)に鋭いピークをもっている.これはベクトルポテンシャルが長距離力のポテンシャルのように振舞っているからである((5.24)をみよ).

こうして,磁場が外に洩れない無限に細長いソレノイドによる荷電粒子の散乱は,磁束 Φ に依存していることがわかった.このモデルでは,原点におかれたソレノイドは遮蔽されてはいないが,波動関数 ψ は $\rho \to 0$ の極限でゼロという境界条件をみたしているので,電子は磁場にふれていないと考えられる.このほかに「もどり磁場」の影響など,いろいろな検討も行なわれている(巻末文献[5-1], [5-2]参照).

c) 検証

AB効果はゲージ不変な理論の純粋に量子力学的効果であり,その実験的検証は極めて興味深い.これまでにも実験が試みられ,その結果の解釈をめぐって色々な論争が行なわれた.AB効果を実験的に検証する際,最も重要なポイントの1つは,ソレノイド磁場の外部洩れが完全にないかどうかという点である.最近,外村グループは,半導体素子の微細加工技術,電子線ホログラフィーの技術等を用い,AB効果のほぼ完全な実験的検証に成功した(巻末文献[5-2]).

彼らはまず強磁性体パーマロイで直径数ミクロンのリング状の試料をつくり,この中に磁場を封じ込めた.この試料の表面を超伝導性を示すニオブ(Nb)という金属で覆い,さらに電子ビームが試料内部の磁場に触れることがないようその上を銅薄膜で覆った(図5-6).この試料に電子ビームを入射させ,リングの内側と外側を通る電子波の位相のずれを測定した.測定には電子線ホログラ

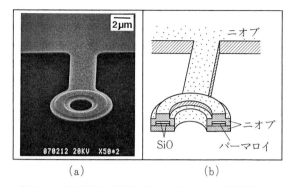

図 5-6　AB効果の検証に用いられたリング状試料(a)とその断面(b).（外村彰氏提供）

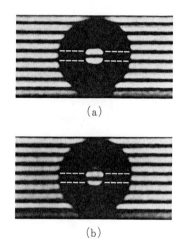

図 5-7　測定結果(a)$T=4.5\,\mathrm{K}$，(b)$T=15\,\mathrm{K}$．（外村彰氏提供）

フィーの技術を用いた干渉顕微鏡が用いられた．

　その実験結果の一例を示したのが図5-7である．黒い円環はリング状試料の影である．電子ビームは銅薄膜によって遮蔽されるからである．円環の内，外の水平な平行縞模様はリングの内側と外側を通過したそれぞれの電子波，すなわち，電子ビームの波動関数の等位相分布を表わす．図には試料をニオブの臨界温度（$T_c=9.2\,\mathrm{K}$）以下に冷した場合(a)と臨界温度をすこし上まわった $T=$

15 K の場合(b)が示してある．

(a)の場合，ニオブは超伝導の状態となっており，ドーナツ状のリング内部に閉じ込められている磁束が量子化されて，円環の内外の電子波の位相のずれがちょうど π になっていることがわかる[*]．これは磁束 $(1/2)\Phi_0$ に相当するAB効果である((5.44)参照)．一方，(b)の場合は温度が高いので磁束の量子化がこわされ，それに応じて位相のずれが変化していることがわかる．いずれの場合も，電子ビームは磁場にふれずに位相のずれを起こしたわけである．特に(a)の場合は，試料内部の磁場は超伝導体ニオブによって完全に閉じ込められている(Meissner 効果)ので，AB効果の完全な検証であると同時に，磁束の量子化(次節参照)をも同時に検証したものになっている．

5-3 磁束の量子化

中空の超伝導体があり，その中空部分を磁束が貫いているとする．外部には別に磁場があってもなくてもよいが，図 5-8 には外部磁場源を取りのぞいた状態を示してある．中空部分を貫く磁束は一定のまま，超伝導体にトラップされ減少できない．磁束 Φ の変化 $\partial\Phi/\partial t$ は超伝導体内部に誘導電場 E を惹起するが，超伝導体内部の電場は常にゼロでなければならないからである．あるいは Meissner 効果によって，磁力線は超伝導体内部に入り込めず，したがって中

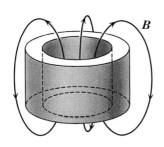

図 5-8　リング状超伝導体にトラップされた磁場．

---

[*] リング外部の縞模様の間隔が位相差 2π に相当する．この場合，ニオブの表面を電流が流れて内部磁束の量子化が実現されている．

を貫いている閉じた磁力線を中空超伝導体から「はずす」ことができないといってもよい.こうしてトラップされた磁束 Φ は勝手な値をとることは許されず,常に $\Phi_0/2$ の整数倍になっている.すなわち,

$$\Phi = \frac{n}{2}\Phi_0 \quad (n=0, \pm 1, \pm 2, \cdots) \tag{5.70}$$

これが**磁束の量子化**である.

超伝導の微視的理論(Bardeen-Cooper-Schrieffer の理論,略して BCS 理論とよばれている)によると,超伝導の状態では,電子はすべて2個ずつ対になって,スピン0(1重項)の束縛状態になっている.束縛された電子対は **Cooper 対**とよばれ,電荷 $-2e(e>0)$,スピン0のボソン(第6章参照)としてふるまう.絶対零度において,これらの電子対はすべて同じ最低のエネルギー状態に落ち込んでいる.これを電子対の **Bose 凝縮**(Bose condensation)とよんでいる.1個の電子対の波動関数を $\phi(\boldsymbol{x})$ で表わそう.<u>$\phi(\boldsymbol{x})$ は超伝導体全体にわたって $\boldsymbol{x}$ の1価関数であるとする</u>.そこで,$\phi(\boldsymbol{x})$ が電荷が $-2e$,スピン0の電子対の波動関数であることに注意して,

$$\phi(\boldsymbol{x}) = \sqrt{\rho(\boldsymbol{x})}\exp[i\theta(\boldsymbol{x})] \tag{5.71}$$

と表わし,電子対の流れの密度

$$\boldsymbol{J} = -\frac{i\hbar}{2\mu}\Big[\phi^*\Big(\nabla+i\frac{2e}{\hbar c}\boldsymbol{A}\Big)\phi - \Big(\Big(\nabla+i\frac{2e}{\hbar c}\boldsymbol{A}\Big)\phi\Big)^*\phi\Big] \tag{5.72}$$

を計算すると,

$$\boldsymbol{J} = \frac{\hbar}{\mu}\Big(\nabla\theta+\frac{2e}{\hbar c}\boldsymbol{A}\Big)\rho \tag{5.73}$$

という結果が得られる.ただし,μ は電子対の有効質量で,$\rho(\boldsymbol{x})=\phi^*(\boldsymbol{x})\phi(\boldsymbol{x})$ は電子対の密度,$\theta(\boldsymbol{x})$ は $\phi(\boldsymbol{x})$ の位相をそれぞれ表わす.$\theta(\boldsymbol{x})$ は $\boldsymbol{x}$ の多価関数でなければならない.なぜなら,超伝導体の**内部**では $\boldsymbol{J}=0$ であり[*],した

---

[*] 超伝導体の内部では,つねに $\boldsymbol{E}=0$ であり,また Meissner 効果により $\boldsymbol{B}$ もゼロである.それゆえ $\boldsymbol{J}=-2e\rho\boldsymbol{v}=0$ でなければならない.これは内部で電子対の速度 $\boldsymbol{v}=0$ を意味する.超伝導体の表面では(永久)電流が流れていてもよい.

がって，(5.73)から

$$\nabla\theta + \frac{2e}{\hbar c}\boldsymbol{A} = 0 \tag{5.74}$$

が成り立つ．

一方，ここで超伝導体内部を通り中空部分を1回まわる閉曲線 C に沿って (5.74)を積分すると

$$\oint_C \nabla\theta \cdot d\boldsymbol{s} = -\frac{2e}{\hbar c}\oint_C \boldsymbol{A}\cdot d\boldsymbol{s} \tag{5.75}$$

$$= -\frac{2e}{\hbar c}\boldsymbol{\Phi} \tag{5.76}$$

となり，$\theta(\boldsymbol{x})$ が1価関数であるとすると，(5.75)の左辺はゼロになって矛盾するからである．しかし，電子対の波動関数 $\varphi(\boldsymbol{x})$ は $\boldsymbol{x}$ の1価関数である．このためには1周する間の $\theta(\boldsymbol{x})$ の変化分 $\Delta\theta$, すなわち(5.76)の右辺は $2\pi n$ ($n=$整数)でなければならない．これから(5.70)が導かれる．磁束の量子化，および量子化される基本単位が $\boldsymbol{\Phi}_0$ でなくその半分であるという事実は実験的にも確認されており*，電子対にもとづく BCS 理論の正しさを実証したものと考えられている．なお，ここで Byers-Yang の定理との関係についてコメントしておこう．磁束 $\boldsymbol{\Phi}$ の貫いている中空超伝導体内部の電子状態は Byers-Yang の定理の条件を満たしており，そのエネルギー準位は磁束 $\boldsymbol{\Phi}$ の偶周期関数(周期 $\boldsymbol{\Phi}_0$)である．したがって分配関数 Z もまた同じ周期の偶周期関数となる．それゆえ，Z は $\boldsymbol{\Phi}$ の関数として少なくとも $\boldsymbol{\Phi}=\boldsymbol{\Phi}_0\times$整数 において極大あるいは極小値をとり，これらの点で $\partial \ln Z/\partial \boldsymbol{\Phi}=0$ となっている．（これ以外にも停留値を与える $\boldsymbol{\Phi}$ はありうる．）

一方，定常状態では，超伝導体内を流れる電流は自由エネルギー $F(=-kT\ln Z(\boldsymbol{\Phi},T))$ を用いて $-c\partial F/\partial \boldsymbol{\Phi}$ と表わされるが，この電流はゼロでなければならない．すなわち，定常状態では $\partial \ln Z/\partial \boldsymbol{\Phi}=0$. このことは平衡状態を実現

---

* Fairbank らによって最初に示された．外村らの実験もこれを検証したものである．

する Φ としては勝手な値は許されず，Z の停留値を与えるような値でなければならないことを意味する．このうち自由エネルギー F の極小値，すなわち $\ln Z$ の極大値を与える Φ だけが安定な平衡状態に対応する．しかし，どのような Φ の値が極大値を与えるのかは，一般論だけからは何もいえない．

最後に，電子対の波動関数 $\phi(\boldsymbol{x})$ に対して，(5.38)で $e \to 2e$ とおきかえた特異なゲージ変換 $e^{-i\frac{2e}{\hbar c}\chi(\boldsymbol{x})}$ を施すと，変換される電子対の波動関数 $\phi'(\boldsymbol{x})$ は磁束が量子化条件をみたしている場合のみ，変換後もその1価性が保たれることに注意しておこう((5.40b)をみよ)．電子対の凝縮，およびその波動関数の1価性の要請が Meissner 効果とともに磁束の量子化条件(5.70)を導くのである．

5-4 モノポール

a) Dirac の量子化条件

モノポール(magnetic monopole)*を最初に量子力学の対象として取り扱ったのは Dirac である．1931年のことで，動機は純粋に理論的なものであった．Maxwell 方程式は，本来，電気と磁気に関して対称な形に書くことができる．式(5.5)の $\nabla \cdot \boldsymbol{B} = 0$ は式(5.4)と対称でないようにみえる．しかし，この式は単にモノポールが見つかっていないという経験則を表わしているのだと読むこともできる．仮にモノポールが存在するとすれば，この式の右辺は磁荷密度 ρ_m を用いて ρ_m に等しい．このとき，磁場に対する式(5.5)と電場に対する式(5.4)との対称性は明らかであろう．同様に磁荷の流れの密度 $\boldsymbol{j}_\mathrm{m}$ を導入して，残りの2式(5.6)と(5.7)も対称な形に表わすことができる．また，電荷 q，磁荷 q_m の粒子に働く Lorentz 力は，(5.9)の代りに

$$\boldsymbol{F} = q\left(\boldsymbol{E} + \frac{1}{c}\boldsymbol{v}\times\boldsymbol{B}\right) + q_\mathrm{m}\left(\boldsymbol{B} - \frac{1}{c}\boldsymbol{v}\times\boldsymbol{E}\right) \tag{5.77}$$

となる．

---
* モノポールとは磁荷のことである．しかし，磁荷をもつ粒子も単にモノポールという．また，電荷と磁荷をあわせもつ粒子を考えることもできる．このような粒子はダイオン(dyon)とよばれている．

モノポールによってつくられる磁場の中を運動する荷電粒子を考えてみよう．原点に静止の状態でおかれた磁荷 $q_\mathrm{m} \equiv g$ のモノポールのつくる磁場は

$$\nabla \cdot \boldsymbol{B} = g\delta(\boldsymbol{x}) \tag{5.78}$$

の解で，

$$\boldsymbol{B}(\boldsymbol{x}) = \frac{g}{4\pi} \frac{1}{|\boldsymbol{x}|^2} \boldsymbol{e}_r \quad \left(\boldsymbol{e}_r \equiv \frac{\boldsymbol{x}}{|\boldsymbol{x}|}\right) \tag{5.79}$$

と表わされる．

一方，与えられた静磁場の中を運動する荷電粒子のハミルトニアンは，(5.13)で $\phi=0$ とおいたものである．まず，モノポール磁場(5.79)を表わすベクトルポテンシャル $\boldsymbol{A}$ を求める必要がある．しかし，これが簡単でない．磁場 $\boldsymbol{B}$ はベクトルポテンシャル $\boldsymbol{A}$ によって式(5.3)で表わされる．これはいわば $\boldsymbol{A}$ の定義式である．しかし，一方で，恒等式

$$\nabla \cdot \boldsymbol{B} = \nabla \cdot (\nabla \times \boldsymbol{A}) \equiv 0 \tag{5.80}$$

が成り立つので，(5.78)と矛盾するからである．モノポール磁場を与えるベクトルポテンシャルは，空間のすべての点で恒等式(5.80)が定義されるわけではないような特異性(singularity)をもっていなければならない．Dirac は次のようなベクトルポテンシャルを考えた．

$$\boldsymbol{A}(\boldsymbol{x}) = \frac{1}{4\pi} \frac{g}{r\sin\theta}(1-\cos\theta)\boldsymbol{e}_\phi \quad (\theta \neq \pi) \tag{5.81}$$

$$= \frac{g}{4\pi}\left(\frac{-y}{r(r+z)}, \frac{x}{r(r+z)}, 0\right) \tag{5.82}$$

ただし，$\boldsymbol{e}_\phi$ は極座標 (r,θ,ϕ) の ϕ 方向の単位ベクトルである*．ここで公式

$$\nabla = \boldsymbol{e}_r \frac{\partial}{\partial r} + \boldsymbol{e}_\theta \frac{1}{r}\frac{\partial}{\partial \theta} + \boldsymbol{e}_\phi \frac{1}{r\sin\theta}\frac{\partial}{\partial \phi} \tag{5.83}$$

---

* 極座標の r 方向，θ 方向，および ϕ 方向の単位ベクトル $\boldsymbol{e}_r, \boldsymbol{e}_\theta,$ および $\boldsymbol{e}_\phi$ は，それぞれの成分が $\boldsymbol{e}_r(\sin\theta\cos\phi, \sin\theta\sin\phi, \cos\theta),\ \boldsymbol{e}_\theta(\cos\theta\cos\phi, \cos\theta\sin\phi, -\sin\theta),\ \boldsymbol{e}_\phi(-\sin\phi, \cos\phi, 0)$ と表わされる．

$$\nabla \times \boldsymbol{A} = \boldsymbol{e}_r \frac{1}{r\sin\theta}\left[\frac{\partial}{\partial\theta}(A_\phi\sin\theta)-\frac{\partial A_\theta}{\partial\phi}\right]$$
$$+\boldsymbol{e}_\theta\frac{1}{r}\left[\frac{1}{\sin\theta}\frac{\partial A_r}{\partial\phi}-\frac{\partial}{\partial r}(rA_\phi)\right]+\boldsymbol{e}_\phi\frac{1}{r}\left[\frac{\partial}{\partial r}(rA_\phi)-\frac{\partial A_r}{\partial\theta}\right] \qquad (5.84)$$

を思い出すと,式(5.81)のベクトルポテンシャル $\boldsymbol{A}$ の与える磁場 $\boldsymbol{B}\equiv\nabla\times\boldsymbol{A}$ が実際モノポール磁場(5.79)になっていることがわかる.ただし,式(5.81)のベクトルポテンシャルは,原点のほかに負の z 軸上($\theta=\pi$)に特異性があり(ストリング状の特異性という),この軸上では,明確な定義が与えられていない.そこで,図5-9に示したように,負の z 軸のまわりに,z 軸をかこむ小さなループ C に沿ってベクトルポテンシャル $\boldsymbol{A}$ (5.81)を線積分してみよう.すると,その積分値は,Stokes の定理により,C をふちとする曲面 Ω を貫く磁束の大きさに等しくなければならない.ループ C の半径を小さくしていくと,曲面 Ω は原点を囲む閉曲面に近づき,従ってその値はモノポールの磁束 g に等しい.すなわち

$$\oint_C \boldsymbol{A}(\boldsymbol{x}')d\boldsymbol{x}' \xrightarrow[\text{ループ}Cの半径\to 0]{} g \qquad (5.85)$$

一方,ループ C の位置は負の z 軸上任意にえらべる.これは図5-9に示したように,z 軸上を下から磁束 g のストリング状磁場が原点に向かって流れ込んでいることを示唆している.このように考えると,ベクトルポテンシャル

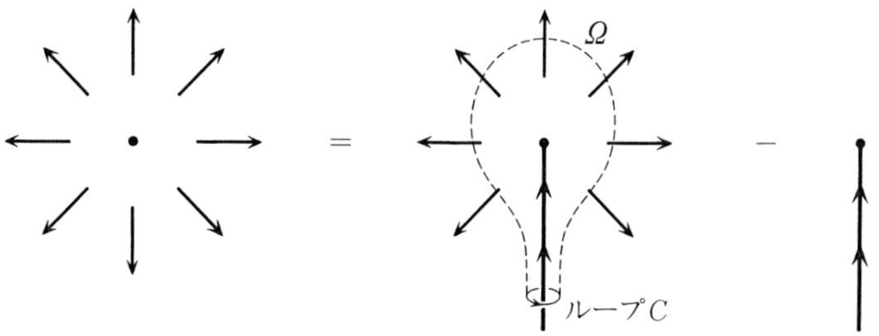

$$g\frac{1}{r^2}\boldsymbol{e}_r \quad = \quad 4\pi(\nabla\times\boldsymbol{A}) \quad - \quad g\delta(x)\delta(y)\theta(-z)\boldsymbol{e}_z$$

図 5-9 モノポール磁場.

A のつくる磁場が恒等式(5.80)と矛盾しないことも明らかである．すなわち，Diracの考えたベクトルポテンシャル(5.81)は負の z 軸に特異性をもち，それをのぞいた領域でモノポール磁場(5.79)をつくり出している．一方，z の負軸上ではその全磁束を打ち消しあうように，下から原点へむけてストリング状の磁束が流れ込んで，恒等式(5.80)が成り立っているのである．本当のモノポール磁場は，式(5.81)のつくる磁場から，ストリング状の磁束をのぞいたものである．図5-9の下部の式は，この関係を模式的に示したものである．

Diracはさらにこのストリング状磁場が観測にかからない，単にみかけのものであるという物理的な要請をおくと，電荷と磁荷の大きさの積に関する制限が得られることを示した．これをモノポール磁荷に関する**Diracの量子化条件**という．以下，**Wu-Yangの方法**(巻末文献[5-3])でこの条件を導いてみよう．

まず，モノポールのおかれている原点をのぞいて，空間を2つの領域に分ける．図5-10に示すように，下部円錐をのぞく部分を領域I(点線で示した領域)，上部円錐をのぞく部分を領域II(実線で示した領域)とする．全空間は領域Iのみに属する領域，領域IIのみに属する領域，および領域Iと領域IIの双方に共通の領域の3つに分けられる．

ここで，それぞれの領域I,IIにおいて特異性のないベクトルポテンシャルを次のように選ぶ．

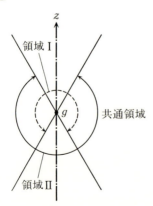

図5-10 モノポール磁場の定義域．

$$\boldsymbol{A}_{\mathrm{I}} = \frac{1}{4\pi}\frac{g}{r\sin\theta}(1-\cos\theta)\boldsymbol{e}_\phi \tag{5.86}$$

$$\boldsymbol{A}_{\mathrm{II}} = \frac{1}{4\pi}\frac{-g}{r\sin\theta}(1+\cos\theta)\boldsymbol{e}_\phi \tag{5.87}$$

$\boldsymbol{A}_{\mathrm{I}}$ は(5.81)のベクトルポテンシャルと同じものである．しかし，領域 I 内では正則な関数であることに注意してほしい．z 軸の負の部分は領域 I に含まれないからである．同様に，$\boldsymbol{A}_{\mathrm{II}}$ (5.87)は領域 II で正則で，かつ同じモノポール磁場をあたえる．実際，これらのベクトルポテンシャルがそれぞれの領域で同じモノポール磁場を与えることは簡単な計算によって確かめることができる．$\boldsymbol{A}_{\mathrm{I}}$ と $\boldsymbol{A}_{\mathrm{II}}$ は同一の磁場を与えるので，領域 I と領域 II の共通領域では，両者は互いにゲージ変換で移り変るはずである．実際，

$$\boldsymbol{A}_{\mathrm{I}} - \boldsymbol{A}_{\mathrm{II}} = \nabla\chi, \quad \chi = \frac{1}{2\pi}g\phi \tag{5.88}$$

が成り立っている．

　領域 I, II における，荷電粒子の運動に対する Schrödinger 方程式は，それぞれ

領域 I: $\quad \left[-\frac{\hbar^2}{2\mu}\left(\nabla-\frac{iq}{\hbar c}\boldsymbol{A}_{\mathrm{I}}\right)^2 + \hat{V}\right]\psi_{\mathrm{I}} = E\psi_{\mathrm{I}} \tag{5.89}$

領域 II: $\quad \left[-\frac{\hbar^2}{2\mu}\left(\nabla-\frac{iq}{\hbar c}\boldsymbol{A}_{\mathrm{II}}\right)^2 + \hat{V}\right]\psi_{\mathrm{II}} = E\psi_{\mathrm{II}} \tag{5.90}$

と表わされる．ただし，$\psi_{\mathrm{I}}, \psi_{\mathrm{II}}$ はそれぞれの領域で 1 価の波動関数である．I と II の共通の領域では $\boldsymbol{A}_{\mathrm{I}}$ と $\boldsymbol{A}_{\mathrm{II}}$ は互いにゲージ変換(5.88)で結ばれているのでこの領域における ψ_{I} と ψ_{II} の関係は

$$\psi_{\mathrm{I}} = S\psi_{\mathrm{II}}, \quad S = \exp\left(i\frac{q\chi}{\hbar c}\right) \tag{5.91}$$

である．S は推移関数(transition function)とよばれている．赤道上($\theta=\pi/2$)は領域 I, II の共通領域である．したがって，ψ_{I} と ψ_{II} はそれぞれこの上の 1 周の移動($\phi\to\phi+2\pi$)に対してもとの値にもどらなければならない．このための

条件は(5.88)と(5.91)から, $S(\phi=2\pi)=1$, すなわち

$$\frac{qg}{\hbar c} = 2\pi n \quad (n=0, \pm 1, \pm 2, \cdots) \tag{5.92}$$

である. 式(5.92)が磁荷に関する Dirac の量子化条件である. $q=e$ とおくと, この条件は

$$\frac{g^2}{4\pi\hbar c} = \frac{4\pi\hbar c}{e^2}\left(\frac{n}{2}\right)^2 \tag{5.93}$$

$$\cong 34.3 n^2 \quad (e^2/4\pi\hbar c \cong 1/137)$$

となる. 磁荷をおびた粒子が自然界に存在するかどうかはそれ自体極めて興味深い問題である*. Dirac の条件は, 将来もしモノポールが発見されるとすればその磁荷は量子化されており, 磁荷の値は電子の電荷の大きさにくらべて非常に大きいことを予言している.

b) 角運動量——モノポール調和関数

Wu-Yang の方法は, モノポール磁場の中の荷電粒子の運動を領域 I, II の2つに分けて考察し, I と II の共通領域では互いにゲージ変換(5.91)で結ばれている波動関数 ψ_{I} と ψ_{II} を1つの対にして考えることであった**. この方法でモノポール磁場の中の運動の角運動量演算子と, その固有関数の性質を調べてみよう.

モノポール磁場中の荷電粒子のハミルトニアンは, (5.13)で $\phi=0$ とおき, A としてモノポール磁場を与える(5.81)あるいは(5.86), (5.87)を代入したものである. このようなハミルトニアンと可換な角運動量演算子は

$$\hat{\boldsymbol{J}} = \hat{\boldsymbol{x}} \times \mu\hat{\boldsymbol{v}} - \hbar\kappa \boldsymbol{e}_r \tag{5.94}$$

$$= \hat{\boldsymbol{x}} \times \left(\hat{\boldsymbol{p}} - \frac{q}{c}\boldsymbol{A}\right) - \hbar\kappa \boldsymbol{e}_r \tag{5.95}$$

---

* 素粒子の大統一理論によると, モノポールは存在しなければならない. しかし, その質量は非常に大きいと考えられているので, モノポール, 反モノポールの対を人工的につくり出すことは望めない. 唯一の可能性はビッグバンによって宇宙初期につくり出されたモノポールの残片を探し出すことである. 残存モノポールの密度は宇宙の発展のモデルにも依存する. モノポール探しは世界各地で行なわれたが, 現在までのところ結果は否定的である.

** 関数 $\psi_{\mathrm{I}}, \psi_{\mathrm{II}}$ のセットは**断面**(section)とよばれている. スピン自由度は無視した.

である．ただし，$\kappa=qg/4\pi\hbar c$ とおいた．(5.95)の右辺第1項は荷電粒子の軌道角運動量を，第2項は電磁場のもつ角運動量をそれぞれ表わしている*．Diracの量子化条件は $\kappa=0, \pm 1/2, \pm 1, \cdots$ である．

ここで1つ注意をしておく．Wu-Yangの方法では，演算子 $\hat{O}$ はそれぞれの領域において ϕ_I，あるいは ϕ_II に作用するものとして定義される．しかし，共通領域では，$\phi_\text{I}, \phi_\text{II}$ のどちらに作用しても同じ期待値を与えるものでなければならない**．このための条件は

$$\text{IとIIの共通領域：} \quad \hat{O}\phi_\text{I} = S\hat{O}\phi_\text{II} \tag{5.96}$$

である．(5.96)をみたす $\hat{O}$ だけが，いまの形式で物理量を表わす演算子とみなされる．具体的な例で考えてみよう．$\hat{x}$ が演算子であることは明らかである．しかし，$\hat{p}$ は条件式(5.96)をみたさないので，本来の演算子とはみなされない．これに対して，ゲージ共変微分を表わす $\hat{p}-\frac{q}{c}A$ は演算子である．共通領域で条件式

$$\left(\hat{p}-\frac{q}{c}A_\text{I}\right)\phi_\text{I} = S\left(\hat{p}-\frac{q}{c}A_\text{II}\right)\phi_\text{II} \tag{5.97}$$

が成り立つからである．もちろんHermiteでなければならない．以上の例から，一般に**ゲージ共変(gauge covariant)な物理量**だけが演算子としての資格

---

* (5.94)の第1項の意味は明らかである．一方，Maxwell理論によると電磁場の角運動量は
$$\boldsymbol{J}_\text{em}(\boldsymbol{x}) = \frac{1}{c}\int d^3\boldsymbol{x}'[\boldsymbol{x}'\times(\boldsymbol{E}(\boldsymbol{x}',\boldsymbol{x})\times\boldsymbol{B}(\boldsymbol{x}'))] \tag{1}$$
である．ただし，いまの場合，$\boldsymbol{B}$ はモノポール磁場，$\boldsymbol{E}(\boldsymbol{x}',\boldsymbol{x})$ は位置 $\boldsymbol{x}$ の荷電粒子が位置 $\boldsymbol{x}'$ につくる電場で，
$$\nabla\cdot\boldsymbol{E}(\boldsymbol{x}') = q\delta(\boldsymbol{x}'-\boldsymbol{x}) \tag{2}$$
の解である．モノポール磁場
$$\boldsymbol{B}(\boldsymbol{x}') = \frac{g}{4\pi}\frac{1}{|\boldsymbol{x}'|^2}\boldsymbol{e}_r' = \frac{g}{4\pi}\frac{1}{|\boldsymbol{x}'|^3}\boldsymbol{x}' \tag{3}$$
を(1)に代入して整理すると，
$$\begin{aligned}\boldsymbol{J}_\text{em}(\boldsymbol{x}) &= \frac{g}{4\pi c}\int d^3\boldsymbol{x}'[\boldsymbol{E}(\boldsymbol{x}',\boldsymbol{x})\boldsymbol{x}'^2-\boldsymbol{x}'(\boldsymbol{E}\cdot\boldsymbol{x}')]/|\boldsymbol{x}'|^3 \\ &= \frac{g}{4\pi c}\int d^3\boldsymbol{x}'(\boldsymbol{E}(\boldsymbol{x}',\boldsymbol{x})\cdot\nabla)\boldsymbol{x}'/|\boldsymbol{x}'| \\ &= -\frac{qg}{4\pi c}\boldsymbol{e}_r = -\hbar\kappa\boldsymbol{e}_r\end{aligned} \tag{4}$$
が得られる．ただし，(4)の後半の結果を導く際に部分積分を行ない，(2)を用いた．

** 内積は同じ κ を共有するペアの波動関数同士の間のみで定義される．共通領域では $\phi_\text{I}^*\phi_\text{I} = \phi_\text{II}^*\phi_\text{II}$ なので，どちらの波動関数を用いてもかまわない．

をもっていることがわかるであろう．ハミルトニアン(5.13)や角運動量(5.94)は，ここで述べた意味で物理量を表わすHermite演算子なのである．

さて，(5.95)を用いて，たとえば，$\hat{J}_x$と$\hat{x}$や$\hat{p}-(q/c)A$との交換関係を計算してみると（領域Ⅰの場合を考えれば十分である），

$$[\hat{J}_x, \hat{x}] = 0, \quad [\hat{J}_x, \hat{y}] = i\hat{z}, \quad [\hat{J}_x, \hat{z}] = -i\hat{y}$$
$$\left[\hat{J}_x, \hat{p}_x - \frac{q}{c}A_x\right] = 0, \quad \left[\hat{J}_x, \hat{p}_y - \frac{q}{c}A_y\right] = i\left(\hat{p}_z - \frac{q}{c}A_z\right) \quad (5.98)$$
$$\left[\hat{J}_x, \hat{p}_z - \frac{q}{c}A_z\right] = -i\left(\hat{p}_y - \frac{q}{c}A_y\right)$$

等の関係が成り立つ．式(5.98)は$\hat{J}_x$がx軸のまわりの無限小回転の生成子であることを示している．また，$\hat{J}$の各成分の間の交換関係は，(5.95), (5.98)を用いて

$$[\hat{J}_x, \hat{J}_y] = i\hbar\hat{J}_z, \quad \text{etc.} \quad (5.99)$$

であることが確認できる．同時に，また

$$[\hat{H}, \hat{J}] = 0 \quad (5.100)$$

であることも直接確かめられる．

次に角運動量の固有状態を求めよう．まず

$$[\hat{J}^2, \hat{J}_z] = 0 \quad (5.101)$$

なので，$\hat{J}^2$と$\hat{J}_z$の同時固有ケットを$|j, m, \kappa\rangle$と表わす．$\kappa \equiv qg/4\pi\hbar c$はある整数あるいは半整数値に固定されているものとする．3-2節の標準的な方法に従うと，

$$\hat{J}^2|j, m, \kappa\rangle = j(j+1)\hbar^2|j, m, \kappa\rangle \quad (j=0, 1/2, 1, \cdots) \quad (5.102)$$
$$\hat{J}_z|j, m, \kappa\rangle = m\hbar|j, m, \kappa\rangle \quad (m=-j, -j+1, \cdots, j) \quad (5.103)$$

と書けることがわかる．

ここで，モノポール磁場のベクトルポテンシャル(5.86)あるいは(5.87)を用いて，領域Ⅰと領域Ⅱにおける角運動量$\hat{J}$の各成分をx表示で明示しておこう．

$$\hat{J}_x = -i\hbar\left(y\frac{\partial}{\partial z} - z\frac{\partial}{\partial y}\right) - \kappa\hbar\frac{x}{r\pm z}$$
$$= i\hbar\left(\sin\phi\frac{\partial}{\partial\theta} + \cot\theta\cos\phi\frac{\partial}{\partial\phi}\right) - \kappa\hbar\frac{\sin\theta\cos\phi}{1\pm\cos\theta} \quad (5.104)$$

$$\hat{J}_y = -i\hbar\left(z\frac{\partial}{\partial x} - x\frac{\partial}{\partial z}\right) - \kappa\hbar\frac{y}{r\pm z}$$
$$= -i\hbar\left(\cos\phi\frac{\partial}{\partial\theta} - \cot\theta\sin\phi\frac{\partial}{\partial\phi}\right) - \kappa\hbar\frac{\sin\theta\sin\phi}{1\pm\cos\theta} \quad (5.105)$$

$$\hat{J}_z = -i\hbar\left(x\frac{\partial}{\partial y} - y\frac{\partial}{\partial x}\right) \mp \kappa\hbar = -i\hbar\frac{\partial}{\partial\phi} \mp \kappa\hbar \quad (5.106)$$

ただし，κ に比例する項に現われている符号 ± (複号同順)はそれぞれ領域 I, II の $\hat{\boldsymbol{J}}$ に対応する．

さらに波動関数
$$\langle\boldsymbol{n}(\theta,\phi)|j,m,\kappa\rangle \equiv Y_{j,\kappa}{}^m(\theta,\phi) \quad (5.107)$$
をそれぞれの領域で定義し($\boldsymbol{n}(\theta,\phi)$ は (θ,ϕ) 方向の単位ベクトル)，(5.106) を考慮して

$$Y_{j,\kappa}{}^m = P_{j,\kappa}{}^m(\theta)e^{i(m+\kappa)\phi} \quad (\boldsymbol{n}\in領域\ I) \quad (5.108)$$
$$Y_{j,\kappa}{}^m = P_{j,\kappa}{}^m(\theta)e^{i(m-\kappa)\phi} \quad (\boldsymbol{n}\in領域\ II) \quad (5.109)$$

とおく．すると(5.106)から

$$\hat{J}_z Y_{j,\kappa}{}^m = \hbar\left(-i\frac{\partial}{\partial\phi} - \kappa\right)Y_{j,\kappa}{}^m = \hbar m\, Y_{j,\kappa}{}^m \quad (\boldsymbol{n}\in領域\ I) \quad (5.110)$$

$$\hat{J}_z Y_{j,\kappa}{}^m = \hbar\left(-i\frac{\partial}{\partial\phi} + \kappa\right)Y_{j,\kappa}{}^m = \hbar m\, Y_{j,\kappa}{}^m \quad (\boldsymbol{n}\in領域\ II) \quad (5.111)$$

が成り立つ．

$P_{j,\kappa}{}^m(\theta)$ は演算子 $\hat{\boldsymbol{J}}$ の共通領域における条件(5.96)から，領域 I と領域 II で同一の関数になることが次のようにしてわかる．まず，(5.104)〜(5.106)を用いて $\hat{\boldsymbol{J}}^2$ を求めてみると

$$\hat{J}^2 = -\hbar^2\left[\frac{1}{\sin\theta}\frac{\partial}{\partial\theta}\left(\sin\theta\frac{\partial}{\partial\theta}\right)+\frac{1}{\sin^2\theta}\frac{\partial^2}{\partial\phi^2}\mp 2i\kappa\frac{1}{1\pm\cos\theta}\frac{\partial}{\partial\phi}-2\kappa^2\frac{1}{1\pm\cos\theta}\right]$$
(5.112)

となることがわかる.これを(5.108),あるいは(5.109)に作用させると,領域 I, II のいずれの場合も $P_{j,\kappa}{}^m(\theta)$ のみたす同じ方程式

$$\left[\frac{1}{\sin\theta}\frac{d}{d\theta}\left(\sin\theta\frac{d}{d\theta}\right)-\frac{1}{\sin^2\theta}(m+\kappa\cos\theta)^2+j(j+1)-\kappa^2\right]P_{j,\kappa}{}^m(\theta)=0$$
(5.113)

が得られる.$\kappa=0$ のとき,これはよく知られた Legendre 陪関数 $P_j{}^m(\cos\theta)$ ($j=$整数)のみたす方程式に帰着する.

なお,波動関数(5.108),あるいは(5.109)の1価性の要求から,$m\pm\kappa=$整数でなければならない*.これから

$$j-\kappa = (j-m)+(m-\kappa) = n \qquad (n\in\mathbf{Z})$$
(5.114)

となる.一方,(5.95)から**

$$\hat{J}^2 = \left[\hat{\boldsymbol{x}}\times\left(\hat{\boldsymbol{p}}-\frac{q}{c}\boldsymbol{A}\right)\right]^2+\hbar^2\kappa^2$$
(5.115)

が成り立つので,

$$j(j+1)\geqq \kappa^2$$
(5.116)

という制限がつく.(5.114),(5.116)から,与えられた $\kappa(\neq 0)$ に対してとりうる j,m の値は

$$\begin{aligned}j &= |\kappa|, |\kappa|+1, |\kappa|+2, \cdots \\ m &= -j, -j+1, \cdots, j\end{aligned}$$
(5.117)

となる.$Y_{j,\kappa}{}^m(\theta,\phi)$ は球面上の各々の領域で1価正則な関数で,**モノポール調和関数**(monopole harmonics),正確にはモノポール調和セクションとよばれている.$Y_{j,0}{}^m(\theta,\phi)$ が球面調和関数(3.68)であることは,これまでの議論から

---

* $m\pm\kappa=$整数 のうち,1つの条件は Dirac の量子化条件と同等である.

** $\left[\hat{\boldsymbol{x}}\times\left(\hat{\boldsymbol{p}}-\frac{q}{c}\boldsymbol{A}\right)\right]\cdot\boldsymbol{e}_r = \boldsymbol{e}_r\cdot\left[\hat{\boldsymbol{x}}\times\left(\hat{\boldsymbol{p}}-\frac{q}{c}\boldsymbol{A}\right)\right]=0$

明らかであろう.

モノポール調和関数の**直交性**(orthogonality)と**完備性**(completeness)も, 通常の球面調和関数の場合と平行して示すことができる(巻末文献[5-3]). $\hat{J}_z$ の固有値 m の上げ, 下げの演算についても

$$(\hat{J}_x \pm i\hat{J}_y) Y_{j,\kappa}{}^m = \sqrt{(j\mp m)(j\pm m+1)}\, \hbar Y_{j,\kappa}{}^{m\pm 1} \qquad (5.118)$$

が成り立つ.

与えられた κ に対して, (5.117)の j をきめた場合, $Y_{j,\kappa}{}^m(\theta,\phi)$ の関数形を具体的に求めるには, まず $Y_{j,\kappa}{}^{-j}(\theta,\phi)$ (あるいは $Y_{j,\kappa}{}^j(\theta,\phi)$)を何らかの方法で求め, 次に(5.118)を用いて他の成分の $Y_{j,\kappa}{}^m$ を計算していくという標準的な方法をとる. まず, $\cos\theta=x$ とおくと, (5.113)は

$$\left[(1-x^2)\frac{d^2}{dx^2} - 2x\frac{d}{dx} - \frac{1}{1-x^2}(m+\kappa x)^2 + j(j+1) - \kappa^2\right] P_{j,\kappa}{}^m(x) = 0 \qquad (5.119)$$

と表わせる.

ここで

$$Y_{j,\kappa}{}^{-j}(x,\phi) = N_{j,\kappa}(1-x)^{(j-\kappa)/2}(1+x)^{(j+\kappa)/2} e^{i(-j\pm\kappa)\phi} \qquad (5.120)$$

$$N_{j,\kappa} \equiv \left[\frac{(2j+1)!}{4\pi 2^{2j}(j-\kappa)!(j+\kappa)!}\right]^{\frac{1}{2}} \qquad (5.121)$$

とおく. $N_{j,\kappa}$ は規格化因子である. (5.120)の指数関数の肩の符号 $\pm$ は, それぞれ領域 I, II における調和関数を表わす. 式(5.120)の $Y_{j,\kappa}{}^{-j}$ が実際求める解になっていることは, これを(5.119)に代入してみるとわかる. あとは公式(5.118)を次々に $Y_{j,\kappa}{}^{-j}$ に適用していけばよい. くわしい導出は Wu-Yang の論文[5-3]をみてもらうことにして, 結果だけをまとめて書いておくと,

$$Y_{j,\kappa}{}^m(x,\phi) = N_{j,\kappa}{}^m (1-x)^{\alpha/2}(1+x)^{\beta/2} P_n{}^{\alpha,\beta}(x) e^{i(m\pm\kappa)\phi} \qquad (5.122)$$

ただし, 式(5.122)の指数関数の肩の符号 $\pm$ はそれぞれ領域 I, 領域 II の波動関数を表わす. また, $\alpha = -\kappa - m$, $\beta = \kappa - m$, $n = j + m$, $x = \cos\theta$ で, 規格化因子は,

表 5-1　モノポール調和関数の例

	j	m	$Y_{j,\kappa}{}^m(\theta,\phi)$（領域 I）	$Y_{j,\kappa}{}^m(\theta,\phi)$（領域 II）
$\kappa=\dfrac{1}{2}$	$\dfrac{1}{2}$	$\dfrac{1}{2}$	$-\dfrac{1}{\sqrt{4\pi}}\sqrt{1-\cos\theta}\,e^{i\phi}$	$-\dfrac{1}{\sqrt{4\pi}}\sqrt{1-\cos\theta}$
	$\dfrac{1}{2}$	$-\dfrac{1}{2}$	$\dfrac{1}{\sqrt{4\pi}}\sqrt{1+\cos\theta}$	$\dfrac{1}{\sqrt{4\pi}}\sqrt{1+\cos\theta}\,e^{-i\phi}$
$\kappa=1$	1	$+1$	$\sqrt{\dfrac{3}{16\pi}}(1-\cos\theta)e^{2i\phi}$	$\sqrt{\dfrac{3}{16\pi}}(1-\cos\theta)$
	1	0	$-\sqrt{\dfrac{3}{8\pi}}\sin\theta\,e^{i\phi}$	$-\sqrt{\dfrac{3}{8\pi}}\sin\theta e^{-i\phi}$
	1	-1	$\sqrt{\dfrac{3}{16\pi}}(1+\cos\theta)$	$\sqrt{\dfrac{3}{16\pi}}(1+\cos\theta)e^{-2i\phi}$

$$N_{j,\kappa}{}^m = 2^m \left[\frac{2j+1}{4\pi} \frac{(j-m)!(j+m)!}{(j-\kappa)!(j+\kappa)!} \right]^{\frac{1}{2}} \tag{5.123}$$

である．また，$P_n{}^{\alpha,\beta}(x)$ は Jacobi 多項式で，Rodrigues 公式とよばれる

$$P_n{}^{\alpha,\beta}(x) = \frac{(-1)^n}{2^n n!}(1-x)^{-\alpha}(1+x)^{-\beta}\frac{d^n}{dx^n}[(1-x)^\alpha(1+x)^\beta(1-x^2)^n] \tag{5.124}$$

で定義される．$\kappa=1/2, 1$ の場合のモノポール調和関数の例を表 5-1 に示した．それぞれの領域で正則な関数になっていることがよくわかるであろう．

c)　モノポール磁場中の Schrödinger 方程式

ハミルトニアンとして (5.14) でスカラーポテンシャルをのぞいたものをとる．ポテンシャル $\hat{V}$ は球対称であるとして，このハミルトニアンを極座標で表わしてみよう．

まず，任意のベクトル $\hat{\boldsymbol{D}}$ に対して成り立つ恒等式

$$\hat{\boldsymbol{D}}^2 = (\hat{\boldsymbol{D}}\cdot\boldsymbol{x})\frac{1}{|\boldsymbol{x}|^2}(\boldsymbol{x}\cdot\hat{\boldsymbol{D}}) - (\hat{\boldsymbol{D}}\times\boldsymbol{x})\frac{1}{|\boldsymbol{x}|^2}(\boldsymbol{x}\times\hat{\boldsymbol{D}}) \tag{5.125}$$

に $\hat{\boldsymbol{D}} \equiv \nabla - (iq/\hbar c)\boldsymbol{A}$ を代入する．$\boldsymbol{A}$ としてモノポール磁場を与える (5.86)，

あるいは(5.87)をとる．すると，$\boldsymbol{x}\cdot\boldsymbol{A}=0$ が成り立つので，

$$\boldsymbol{x}\cdot\hat{\boldsymbol{D}} = \boldsymbol{x}\cdot\nabla = r\frac{\partial}{\partial r}$$
$$\hat{\boldsymbol{D}}\cdot\boldsymbol{x} = \boldsymbol{x}\cdot\hat{\boldsymbol{D}}+3 = r\frac{\partial}{\partial r}+3 \qquad (5.126)$$

これから，

$$(\hat{\boldsymbol{D}}\cdot\boldsymbol{x})\frac{1}{|\boldsymbol{x}|^2}(\boldsymbol{x}\cdot\hat{\boldsymbol{D}}) = \left(r\frac{\partial}{\partial r}+3\right)\frac{1}{r^2}r\frac{\partial}{\partial r} = \frac{\partial^2}{\partial r^2}+2\frac{1}{r}\frac{\partial}{\partial r} \quad (5.127)$$

が得られる．

さらに，

$$\boldsymbol{x}\times\hat{\boldsymbol{D}} = -\hat{\boldsymbol{D}}\times\boldsymbol{x} \qquad (5.128)$$
$$(\hat{\boldsymbol{D}}\times\boldsymbol{x})\cdot|\boldsymbol{x}|^2 = |\boldsymbol{x}|^2(\hat{\boldsymbol{D}}\times\boldsymbol{x}) \qquad (5.129)$$

が成り立つ．ここで(5.115)を思い出すと

$$(\boldsymbol{x}\times\hat{\boldsymbol{D}})^2 = \left[\frac{i}{\hbar}\left(\boldsymbol{x}\times\left(\hat{\boldsymbol{p}}-\frac{q}{c}\boldsymbol{A}\right)\right)\right]^2 = -\frac{1}{\hbar^2}(\hat{\boldsymbol{J}}^2-\hbar^2\kappa^2) \qquad (5.130)$$

が得られる．これから(5.125)の第2項は(5.128)，(5.129)および(5.130)を用いて

$$-(\hat{\boldsymbol{D}}\times\boldsymbol{x})\frac{1}{|\boldsymbol{x}|^2}(\boldsymbol{x}\times\hat{\boldsymbol{D}}) = -\frac{1}{\hbar^2 r^2}(\hat{\boldsymbol{J}}^2-\hbar^2\kappa^2) \qquad (5.131)$$

と表わされる．以上をまとめると，

$$\left(\nabla-i\frac{q}{\hbar c}\boldsymbol{A}\right)^2 = \frac{\partial^2}{\partial r^2}+\frac{2}{r}\frac{\partial}{\partial r}-\frac{1}{\hbar^2 r^2}(\hat{\boldsymbol{J}}^2-\hbar^2\kappa^2) \qquad (5.132)$$

が得られる．したがって，極座標で表わしたハミルトニアンは

$$H = -\frac{\hbar^2}{2\mu}\left[\frac{\partial^2}{\partial r^2}+\frac{2}{r}\frac{\partial}{\partial r}-\frac{1}{\hbar^2 r^2}(\hat{\boldsymbol{J}}^2-\hbar^2\kappa^2)\right]+V(r) \qquad (5.133)$$

である．この表式では領域 I, II の区別は $\hat{\boldsymbol{J}}^2$ の中にかくれて明示的には現われない．波動関数を変数分離の形，

$$\phi = R(r)Y_{j,\kappa}{}^m(\theta,\phi) \qquad (5.134)$$

で与え，モノポール調和関数に関する(5.107), (5.108), あるいは(5.109), および(5.113)を用いると，動径方向の Schrödinger 方程式

$$\left[-\frac{\hbar^2}{2\mu}\left(\frac{d^2}{dr^2}+\frac{2}{r}\frac{d}{dr}\right)+\frac{1}{2\mu r^2}(j(j+1)-\kappa^2)+\hat{V}(r)-E\right]R(r) = 0$$

(5.135)

が得られる．

特別の場合として $\hat{V}=0$ の場合を考えてみよう．$E=\hbar^2k^2/2\mu>0$ とし, $kr\equiv\xi$ とおいて(5.135)を整理すると，

$$\left[\frac{d^2}{d\xi^2}+\frac{2}{\xi}\frac{d}{d\xi}+\left(1-\frac{j(j+1)-\kappa^2}{\xi^2}\right)\right]R(\xi) = 0 \quad (5.136)$$

(5.136)の解は一般に Bessel 関数で表わされる．そのうち，原点で正則な解は

$$R(\xi) = \frac{1}{\sqrt{kr}}J_\nu(kr) \quad (5.137)$$

である．ただし，$\nu=\sqrt{j(j+1)-\kappa^2+1/4}\geq 1/2$．解(5.137)は Tamm によって得られたものである(Ig. Tamm: Z. Phys. 71 (1931) 141).

5-5 幾何学的位相

a) 断熱近似

スケールの異なる2つのエネルギー準位構造をもつ力学系を考えよう．たとえば，2原子分子の系などがその典型的な例である．この場合，電子の自由度に対応する励起エネルギー準位の平均間隔(ΔE_e)は，2つの原子核の相対運動の自由度によるエネルギー準位のそれ(ΔE_N)よりはるかに大きい*．

不確定性関係式 $\Delta E \gtrsim \hbar/\Delta t$ を用いると，電子の自由度に対応する力学変数 x は時間変化の「速い変数」に，原子核の相対運動の自由度に対応する力学変数 R は時間変化の「遅い変数」にそれぞれ対応しているといってもよいだろ

---

* $\Delta E_e/\Delta E_N \cong O(M/m)$．$M$ は原子核の質量，m は電子の質量を表わす．小谷正雄ほか著：原子分子の量子力学(岩波講座現代物理学第2版, 1958)参照．

う*. このような系の標準的な取扱い方は次の通りである. まず, 遅い変数 R の時間変化を無視して, R をパラメータとみなす. 次に, 与えられた R に対して, 系の速い変数 x についての Schrödinger 方程式を解く. 得られた固有エネルギー $\varepsilon_n(R)$ は一般に 2 つの原子核の相対位置 R の関数である. また, その固有関数 $\phi_n(x, R)$ は, 原子核が相対位置 R にある電子の状態のスナップショット(露出時間 ΔT に対する条件は $\hbar/\Delta E_e < \Delta T \ll \hbar/\Delta E_N$)に対応する.

次に, こうして求めた $\varepsilon_n(R)$ を有効ポテンシャルと考え, 遅い変数 R に関する方程式を解いて, 系全体のエネルギー E を求める. もし, 遅い変数の時間変化が十分ゆっくりしていれば, はじめに解いた解 $\phi_n(r, R)$ は近似的に系の(電子準位 n の)定常状態になっているであろう. このような近似は**断熱近似**とよばれる.

具体例として, いま, 2原子分子の1電子 Schrödinger 方程式が

$$\left(-\frac{\hbar^2}{2\mu}\nabla_R^2 - \frac{\hbar^2}{2m}\nabla_x^2 + \hat{V}(x, R)\right)\Psi = E\Psi \tag{5.138}$$

であるとしよう(μ は原子核の換算質量を表わす). 第1項は原子核の相対運動のエネルギー, 第2項はいま考えている電子の運動エネルギーを表わしている. 第3項の $\hat{V}$ は電子と原子核の相互作用を表わす**. ここで波動関数 Ψ を次のように展開する.

$$\Psi(x, R) = \sum_n \Phi_n(R)\phi_n(x, R) \tag{5.139}$$

ただし, $\phi_n(x, R)$ は, R を固定したときの電子の Schrödinger 方程式

$$\left(-\frac{\hbar^2}{2m}\nabla_x^2 + \hat{V}(x, R)\right)\phi_n(x, R) = \varepsilon_n(R)\phi_n(x, R) \tag{5.140}$$

の規格化された解とする. 簡単のため, 以下縮退はないとして話を進めよう.

展開係数 $\Phi_n(R)$ のみたす方程式を求めよう. (5.139)を(5.138)に代入すると

---

* x は原子核からの電子の位置ベクトル, R は2つの原子核の相対位置ベクトルを表わす.
** 実際の $\hat{V}$ はもっと複雑である. 他の変数について積分した平均ポテンシャルと考えよう.

$$\sum_n \left(-\frac{\hbar^2}{2\mu} \nabla_R^2 + \varepsilon_n(\boldsymbol{R}) \right) \Phi_n(\boldsymbol{R}) \phi_n(\boldsymbol{x}, \boldsymbol{R}) = E \sum_n \Phi_n(\boldsymbol{R}) \phi_n(\boldsymbol{x}, \boldsymbol{R})$$

(5.141)

が得られる.ここで,両辺に左から$\phi_m^*(\boldsymbol{x}, \boldsymbol{R})$をかけ,速い変数$\boldsymbol{x}$について積分すると,(5.141)は

$$\sum_n H_{mn} \Phi_n(\boldsymbol{R}) = E \Phi_m(\boldsymbol{R}) \quad (5.142)$$

とまとめることができる.ただし,

$$H_{mn} \equiv -\frac{\hbar^2}{2\mu} \sum_k (\delta_{mk} \nabla_R - i A_{mk}(\boldsymbol{R}))(\delta_{kn} \nabla_R - i A_{kn}(\boldsymbol{R})) + \delta_{mn} \varepsilon_n(\boldsymbol{R})$$

(5.143)

で,

$$\boldsymbol{A}_{mn} \equiv i \int d^3x \phi_m^*(\boldsymbol{x}, \boldsymbol{R}) \nabla_R \phi_n(\boldsymbol{x}, \boldsymbol{R}) \quad (5.144)$$

とおいた.(5.143)を導く際に,$\phi_n(\boldsymbol{x}, \boldsymbol{R})$の直交条件のほかに,完備性から導かれる

$$\sum_k (\nabla_R \phi_k(\boldsymbol{x}, \boldsymbol{R}) \phi_k^*(\boldsymbol{x}', \boldsymbol{R}) + \phi_k(\boldsymbol{x}, \boldsymbol{R}) \nabla_R \phi_k^*(\boldsymbol{x}', \boldsymbol{R})) = 0 \quad (5.145)$$

および,

$$\int d^3x \phi_m^*(\boldsymbol{x}, \boldsymbol{R}) \nabla_R \{ \Phi_n(\boldsymbol{R}) \phi_n(\boldsymbol{x}, \boldsymbol{R}) \}$$
$$= \nabla_R \Phi_n(\boldsymbol{R}) + \int d^3x \phi_m^*(\boldsymbol{x}, \boldsymbol{R}) \nabla_R \phi_n(\boldsymbol{x}, \boldsymbol{R}) \Phi_n(\boldsymbol{R}) \quad (5.146)$$

という式を用いた.

(5.142)がわれわれの求めていた式である.特に,$\boldsymbol{R}$の変化がゆっくりしている場合には,異なる電子状態の準位間の転移は十分小さいと考えられる.もちろん,準位に縮退がない場合である.このとき,(5.144)の非対角成分($m \neq n$)を無視すると,(5.143)を用いて(5.142)は近似的に

$$\left(-\frac{\hbar^2}{2\mu}(\nabla_R - iA_n(R))^2 + \varepsilon_n(R)\right)\Phi_n(R) = E\Phi_n(R) \qquad (5.147)$$

と表わすことができる.ただし,$A_n \equiv A_{nn}$.

ベクトル A_n は電磁場のベクトルポテンシャル A に相当する量で **Berry 接続**(Berry's connection)とよばれる.なお,分子についてここで述べた近似方法は,**Born-Oppenheimer 近似**として知られている.

ところで,$\Phi_n(R)$ のみたす Schrödinger 方程式(5.147)は磁場の中を運動する荷電粒子の Schrödinger 方程式とよく似た構造をしている.このことから,(5.147)は,ゲージ変換と類似の次の(遅い変数 R についての)局所「ゲージ変換」

$$\Phi_n(R) \longrightarrow e^{i\lambda_n(R)}\Phi_n(R) \qquad (5.148)$$

$$A_n(R) \longrightarrow A_n(R) + \nabla_R \lambda_n(R) \qquad (5.149)$$

に対して不変であることがわかる.ただし,$\lambda_n(R)$ は R の任意の関数である.

このような「ゲージ対称性」が生じた理由は明らかである.電子の波動関数 $\phi_n(x, R)$ の(速い変数 x についての)大域的な位相は本来任意にとれるはずである.$\phi_n(x, R) \to \phi_n'(x, R) = e^{-i\lambda_n(R)}\phi_n(x, R)$ という波動関数の位相変化は,波動関数 $\Phi_n(R)$ の逆の位相変換(5.148)で常に打ち消すことにより,全体の波動関数 Ψ (5.139)には全く変化が起こらないようにすることができるからである.遅い変数 R についての Schrödinger 方程式(5.147)はこの性質を反映したものにほかならない.このような「ゲージ対称性」は隠れた局所ゲージ対称性(hidden local gauge symmetry)とよばれることがある.

b) Berry 位相

断熱近似の成り立つ場合に,遅い変数の時間的変化に応じて,速い変数についての状態の位相(の変化)がどのように表わされるか,もうすこし一般的に調べてみよう.

遅い変数 $R(t)$ をパラメータとして含む(速い変数に関する)ハミルトニアン $\hat{H}(R(t))$ が与えられているとする.また,$\hat{H}(R(t))$ は時間 t をあらわに含まないとしよう.状態の時間発展を決める方程式は

である.

$$ i\hbar \frac{\partial}{\partial t} |\phi(t)\rangle = \hat{H}(\boldsymbol{R}(t)) |\phi(t)\rangle \qquad (5.150) $$

一方,時刻 t におけるスナップショットで得られる規格化された固有状態を $|n(\boldsymbol{R}(t))\rangle$ とする.すなわち,

$$ \hat{H}(\boldsymbol{R}(t)) |n(\boldsymbol{R}(t))\rangle = \varepsilon_n(\boldsymbol{R}(t)) |n(\boldsymbol{R}(t))\rangle \qquad (5.151) $$

いま,$t=0$ において系の状態は準位 ε_n の $|n(\boldsymbol{R}_0)\rangle$ に用意されたとする; $|\phi(0)\rangle = |n(\boldsymbol{R}_0)\rangle$.ただし,$\boldsymbol{R}_0 = \boldsymbol{R}(t=0)$ である.その後の系の状態は,断熱近似が成り立つ範囲では他の準位 $m(\neq n)$ への転移は起こらず,はじめに準備された準位 n にとどまり続けるであろう.したがって,時刻 t における状態 $|\phi(t)\rangle$ は(5.151)の固有状態 $|n(\boldsymbol{R}(t))\rangle$ と較べて位相の差しかないはずである*.そこで

$$ |\phi(t)\rangle = \exp\left[\frac{-i}{\hbar}\int_0^t \varepsilon_n(\boldsymbol{R}(t'))dt'\right] \cdot \exp[i\gamma_n(t)] \cdot |n(\boldsymbol{R}(t))\rangle \qquad (5.152) $$

とおく.右辺の位相の第1因子は系が定常状態にあれば当然期待される位相で,**動力学的位相**(dynamical phase)とよばれる.第2因子の位相はパラメータ $\boldsymbol{R}(t)$ の変化によって生ずるものである.$\gamma_n(t)$ を求めよう.

(5.152)を(5.150)へ代入し,(5.151)を用いると

$$ \dot{\gamma}_n(t) = i\left\langle n(\boldsymbol{R}(t)) \left| \frac{d}{dt} \right| n(\boldsymbol{R}(t)) \right\rangle $$
$$ = i\langle n(\boldsymbol{R}(t)) | \nabla_{\boldsymbol{R}} n(\boldsymbol{R}(t))\rangle \cdot \dot{\boldsymbol{R}}(t) \qquad (5.153) $$

が得られる.求める位相 $\gamma_n(t)$ は,これを積分して

$$ \gamma_n(t) = i\int_0^t \langle n(\boldsymbol{R}(t)) | \nabla_{\boldsymbol{R}} n(\boldsymbol{R}(t))\rangle \cdot d\boldsymbol{R} \qquad (5.154) $$

となる.特にパラメータ $\boldsymbol{R}(t)$ が閉じたループ C ($\boldsymbol{R}_0 \to \boldsymbol{R}(t) \to \boldsymbol{R}(T) = \boldsymbol{R}_0$) を描いて変化する場合には,(5.154)は C に沿った線積分

---

* ここでも縮退はないと仮定する.縮退のある場合の取り扱い方については F. Wilczek and A. Zee: Phys. Rev. Lett. 52 (1984) 2111 参照.

$$\gamma_n(C) = i \oint_C \langle n(\boldsymbol{R}) | \nabla_{\boldsymbol{R}} n(\boldsymbol{R}) \rangle \cdot d\boldsymbol{R} \tag{5.155}$$

で表わせる.$\gamma_n(C)$ を**幾何学的位相**(geometrical phase),あるいは**Berry 位相**という*.

ここで,(5.154),あるいは(5.155)の「被積分ベクトル」$\langle n(\boldsymbol{R}) | \nabla_{\boldsymbol{R}} n(\boldsymbol{R}) \rangle$ をよくみると,これは前節で導入した Berry 接続(5.144),あるいは「ゲージポテンシャル」$\boldsymbol{A}_n$ にほかならないことがわかる**.すなわち

$$\boldsymbol{A}_n(\boldsymbol{R}) = i \langle n(\boldsymbol{R}) | \nabla_{\boldsymbol{R}} n(\boldsymbol{R}) \rangle \tag{5.156}$$

である.したがって,(5.155)はまた

$$\gamma_n(C) = \oint_C \boldsymbol{A}_n(\boldsymbol{R}) \cdot d\boldsymbol{R} \tag{5.157}$$

と表わすこともできる.

ポテンシャル $\boldsymbol{A}_n$ は固有状態 $|n(\boldsymbol{R}(t))\rangle$ の位相の選び方に依存して変わる((5.156)をみよ).しかし,Berry 位相(5.157)の値は位相の選び方(電磁場の例ではゲージ固定の仕方)によらない「ゲージ不変」な物理量になっている.このことは「ゲージ」変換によってポテンシャル $\boldsymbol{A}$ が(5.149)のように変化することから明らかであろう.

さらに,Stokes の定理を用いて,(5.157)を

$$\gamma_n(C) = \int_S \boldsymbol{B}_n(\boldsymbol{R}) \cdot d\boldsymbol{S} \tag{5.158}$$

と表わすこともできる.ただし,$\boldsymbol{B}_n \equiv \nabla_{\boldsymbol{R}} \times \boldsymbol{A}_n(\boldsymbol{R})$ で,S はループ C を縁とする任意の曲面,$d\boldsymbol{S}$ はその面素ベクトルを表わす.$\boldsymbol{B}_n$ はパラメータ空間 $\boldsymbol{R}$ における「磁場」に相当する.$\boldsymbol{B}_n$ は「ゲージ不変」量である.曲面 S としては,図 5-11 のようにループ C の向きに応じて上側 S_1 と下側 S_2 の 2 通りの異なった選び方がある.

---

* Berry 位相(5.155)は $\boldsymbol{R}(t)$ がどのような速さでループ C に沿って動いたかによらない.もちろん,周期 T は十分大きく,運動は断熱的でなければならない.

** $\phi_n(\boldsymbol{x}, \boldsymbol{R}) \equiv \langle \boldsymbol{x} | n(\boldsymbol{R}) \rangle$.

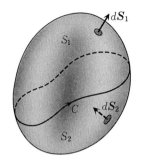

図 5-11 パラメータ空間におけるループ C を縁とする 2 つの曲面 S_1 と S_2. S_1+S_2 は閉曲面 S をつくる. $d\boldsymbol{S}_1$ は S_1 の外向き, $d\boldsymbol{S}_2$ は S_2 の内向きである.

Berry 位相 $\gamma_n(C)$ はこのような選び方によらないはずである.ただ,位相にはもともとつねに mod 2π の不定性があるので,

$$\int_{S_1} \boldsymbol{B}_n(\boldsymbol{R}) \cdot d\boldsymbol{S}_1 = \int_{S_2} \boldsymbol{B}_n(\boldsymbol{R}) \cdot d\boldsymbol{S}_2 + 2\pi l \quad (l=0, \pm 1, \pm 2, \cdots) \quad (5.159)$$

であればよい.曲面 S_2 の面素の向きを逆にとると,(5.159)はまた

$$\int_{S_1+S_2} \boldsymbol{B}_n(\boldsymbol{R}) d\boldsymbol{S} = 2\pi l \quad (5.160)$$

と表わすことができる.ただし,左辺は閉曲面 $S=S_1+S_2$ 上の面積分である(図 5-11 参照).(5.160)は「磁束」の量子化を意味しており,磁荷に関する Dirac の条件(5.92)と本質的に同じものである.

なお,ここで述べた内容を経路積分の方法に基づいて導いたのは,倉辻と飯田である(H. Kuratsuji and S. Iida : Prog. Theor. Phys. 74 (1985) 439).

c) 回転するソレノイドとスピン 1/2 粒子

Berry 位相を具体的な例で求めてみよう.細長いソレノイドが原点を中心にゆっくり回転しており,その中心にスピン 1/2 の粒子がおかれている系を考える(図 5-12).

回転するソレノイド磁場 $\boldsymbol{B}(t)$ の大きさは一定で,$\boldsymbol{B}(t) \equiv B_0 \boldsymbol{n}(t)$,$\boldsymbol{n}^2=1$ とおく($\boldsymbol{n}=(\sin\theta\cos\phi, \sin\theta\sin\phi, \cos\theta)$).磁場の方向を表わす単位ベクトル $\boldsymbol{n}(t)$ が遅い変数に,スピン変数の自由度が速い変数に対応する.ソレノイドの回転が十分おそく,かつソレノイド磁場が強ければ,磁場の回転に伴ってス

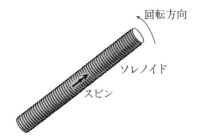

図 5-12 回転するソレノイド磁場の中におかれたスピン 1/2 粒子.

ピンの向きが反転する遷移確率は無視できる(断熱近似).

粒子の磁気モーメントを $\hat{\boldsymbol{\mu}}$ とする.ハミルトニアンは

$$\hat{H}(\boldsymbol{n}(t)) = -\hat{\boldsymbol{\mu}} \cdot \boldsymbol{B}(t)$$
$$= -\lambda \boldsymbol{\sigma} \cdot \boldsymbol{n}(t) \quad (5.161)$$

である.ただし,$\hat{\boldsymbol{\mu}} = \mu \boldsymbol{\sigma}\,(\mu > 0)$ とし,$\lambda \equiv \mu B_0$ とおいた.

スピン状態の時間発展は

$$i\hbar \frac{d}{dt}|\phi(t)\rangle = -\lambda \boldsymbol{\sigma} \cdot \boldsymbol{n}(t)|\phi(t)\rangle \quad (5.162)$$

で与えられる.一方,ハミルトニアン $\hat{H}$ の 2 つの固有状態はスピンの向きが $+\boldsymbol{n}$ 方向の状態 $|\boldsymbol{n}(t)\ +\rangle$ と $-\boldsymbol{n}$ 方向の状態 $|\boldsymbol{n}(t)\ -\rangle$ であることは明らかであろう.$\varepsilon_{\pm} = \mp \lambda$ である.λ が十分大きく,断熱近似が成り立つとして,$t=0$ で系の状態が $|\boldsymbol{n}(0)\ +\rangle$ にあったとしよう.すなわち,$|\phi(0)\rangle = |\boldsymbol{n}(0)\ +\rangle$.その後,磁場方向の単位ベクトル $\boldsymbol{n}(t)$ が周期 T の閉じたループ $C(\boldsymbol{n}(0) \to \boldsymbol{n}(t) \to \boldsymbol{n}(T) = \boldsymbol{n}(0))$ を描いて元にもどったとする.Berry 位相は公式(5.153)により,

$$\gamma_+(T) = i \int_0^T \left\langle +\ \boldsymbol{n}(t') \left| \frac{d}{dt} \right| \boldsymbol{n}(t')\ + \right\rangle dt' \quad (5.163)$$

で与えられる.そこで,固有状態((3.103)式で $\varphi \to \phi$ とおきかえる)

$$|\boldsymbol{n}(t)\ +\rangle = e^{-i\phi/2}\begin{pmatrix} \cos(\theta/2) \\ \sin(\theta/2)e^{i\phi} \end{pmatrix} \quad (5.164)$$

を(5.163)へ代入し,変数を t から ϕ に変えると,Berry 位相は

$$\gamma_+^{(\mathrm{I})}(C) = -\oint_C \frac{1}{2}\left(\frac{1-\cos\theta}{\sin\theta}\right)\sin\theta d\phi \tag{5.165}$$

と表わされる．$\gamma_+^{(\mathrm{I})}(C)$ の上添字の意味はすぐ明らかになる．

一方，この結果をBerry位相のもう1つの表式(5.157)と比較すると，Berry位相(5.165)を与える「ゲージポテンシャル」$\boldsymbol{A}_\mathrm{I}$ は

$$\boldsymbol{A}_\mathrm{I} = -\frac{1}{2}\left(\frac{1-\cos\theta}{R\sin\theta}\right)\boldsymbol{e}_\phi \tag{5.166}$$

で与えられることがわかる*．これは，まさに原点 $\boldsymbol{n}=0$ におかれた「磁荷」-2π のモノポールポテンシャルにほかならない（(5.86)をみよ）．正確には，5-4節a項で示したように遅い変数 $\boldsymbol{n}$ の空間の領域Iにおけるモノポールのベクトルポテンシャルを表わす．(5.165)は $\theta=\pi$ に特異性があるからである．領域IIのポテンシャルを得るには，固有状態(5.164)の代りに，別の表示

$$|\boldsymbol{n}(t)\ +\rangle' \equiv e^{-i\phi/2}|\boldsymbol{n}(t)\ +\rangle \tag{5.167}$$

$$= \begin{pmatrix}\cos(\theta/2)e^{-i\phi}\\ \sin(\theta/2)\end{pmatrix} \tag{5.168}$$

を用いればよい．結果は

$$\gamma_+^{(\mathrm{II})}(C) = -\oint \frac{1}{2}\left(\frac{-1-\cos\theta}{R\sin\theta}\right)\sin\theta d\phi \tag{5.169}$$

となり，ポテンシャル $\boldsymbol{A}_\mathrm{II}$ は

$$\boldsymbol{A}_\mathrm{II} = -\frac{1}{2}\left(\frac{-1-\cos\theta}{R\sin\theta}\right)\boldsymbol{e}_\phi \tag{5.170}$$

である．

ループ C はIとIIの共通領域に選ぶことができるので，このようなループ上では

$$\boldsymbol{A}_\mathrm{I} - \boldsymbol{A}_\mathrm{II} = \nabla\chi, \quad \chi = -\phi \tag{5.171}$$

が成り立つ((5.88)をみよ)．これからBerry位相 $\gamma_+^{(\mathrm{I})}(C)$ と $\gamma_+^{(\mathrm{II})}(C)$ は

---

* $d\boldsymbol{R} = dR\boldsymbol{e}_r + Rd\theta\boldsymbol{e}_\theta + R\sin\theta d\phi\boldsymbol{e}_\phi$ に注意．

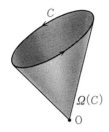

図 5-13 パラメータ $\boldsymbol{n}$ 空間内の閉曲線 C を見込む立体角 $\Omega(C)$.

$$\gamma_+^{(\mathrm{I})}(C) = \gamma_+^{(\mathrm{II})}(C) - 2\pi \quad (5.172)$$

という関係になっていることがわかる．これは前節のモノポール「磁束」に関する量子化条件(5.92)，あるいは(5.160)と同等である($l=-1$)．また，Berry 位相の大きさは，図5-13のように，原点($\boldsymbol{n}=0$)からループ C を見込む立体角 $\Omega(C)$ を用いて，それぞれ

$$\gamma_+^{(\mathrm{I})}(C) = -\frac{1}{2}\Omega(C), \quad \gamma_+^{(\mathrm{II})}(C) = -\frac{1}{2}(\Omega(C) - 4\pi) \quad (5.173)$$

と表わされることがわかる．特にループ C が $\theta = \pi/2$ で，ϕ が 0 から 2π まで変化するときは $\Omega(C) = 2\pi$ なので $\gamma_+^{(\mathrm{I})}(C) = -\pi$ ($\gamma_+^{(\mathrm{II})}(C) = +\pi$) となり，波動関数の符号が変わる．これはスピン 1/2 の粒子の状態が 2π の回転によって符号が変わるという事実(3-5節)に対応している．

d） Berry 位相と Aharonov-Bohm 効果

細長いソレノイドの点 O から $\boldsymbol{R}$ の位置に図5-14のように箱がおかれており，箱の中に電荷 q の粒子が閉じ込められている場合を考えよう．ソレノイド内部の磁束はもちろん箱を貫かないものとする．

いま，ソレノイドの磁束がゼロ（$\boldsymbol{A}=0$）のときの粒子のハミルトニアンを $\hat{H} = \hat{H}(\hat{\boldsymbol{p}}, \hat{\boldsymbol{x}} - \boldsymbol{R})$ としよう．$\hat{\boldsymbol{x}} - \boldsymbol{R}$ は箱に固定された座標系での荷電粒子の相対位置座標を表わす．定常状態の Schrödinger 方程式を

$$\hat{H}(\hat{\boldsymbol{p}}, \hat{\boldsymbol{x}} - \boldsymbol{R})|n(\boldsymbol{R})\rangle_0 = E_n^0 |n(\boldsymbol{R})\rangle_0 \quad (5.174)$$

とする．以下，簡単のために粒子のスピンはないものとし，$\hat{H}$ は実の演算子で縮退はないと仮定する．すると，定常状態の規格化された固有関数

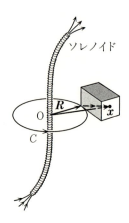

図 5-14 Berry 位相と AB 効果.

$$\phi_n^0(\boldsymbol{x}-\boldsymbol{R}) \equiv \langle \boldsymbol{x} | n(\boldsymbol{R}) \rangle_0 \tag{5.175}$$

は $\boldsymbol{x}-\boldsymbol{R}$ の実関数に選ぶことができる.

一方,ソレノイド磁束がゼロでないとき($\boldsymbol{A} \neq 0$)の Schrödinger 方程式は

$$\hat{H}\left(\hat{\boldsymbol{p}}-\frac{q}{c}\boldsymbol{A}(\hat{\boldsymbol{x}}), \hat{\boldsymbol{x}}-\boldsymbol{R}\right) | n(\boldsymbol{R}) \rangle = E_n | n(\boldsymbol{R}) \rangle \tag{5.176}$$

である.(5.176)の固有関数は,(5.42)あるいは(5.43)のように,磁束がゼロのときの固有関数(5.175)を用いて

$$\langle \boldsymbol{x} | n(\boldsymbol{R}) \rangle = \exp\left(i\frac{q}{\hbar c}\int_{\boldsymbol{R}}^{\boldsymbol{x}} \boldsymbol{A}(\boldsymbol{x}') \cdot d\boldsymbol{x}'\right) \phi_n^0(\boldsymbol{x}-\boldsymbol{R}) \tag{5.177}$$

と表わすことができる.ただし,位相因子の積分の下限は,箱の原点($\boldsymbol{x}=\boldsymbol{R}$)で固有関数が実関数になるように選んだ*.

ここで,箱を図 5-14 のように,ソレノイドのまわりのループ C に沿って移動させる**.ループ C を 1 周したときの Berry 位相を固有関数(5.177)を用いて計算する.(5.154)から,

---

* これは,以下に述べるように,箱をループ C に沿って移動させるときに,箱の異なった位置での波動関数の位相について意味のある比較をするために必要である.
** 移動の仕方は「断熱的」である必要はない.

$$\gamma_n(C) = i\oint_C \langle n(\boldsymbol{R})|\nabla_{\boldsymbol{R}} n(\boldsymbol{R})\rangle \cdot d\boldsymbol{R}$$

$$= i\oint_C \int d^3x \phi_n{}^0(\boldsymbol{x}-\boldsymbol{R})\left\{\frac{-iq}{\hbar c}\boldsymbol{A}(\boldsymbol{R})\phi_n{}^0(\boldsymbol{x}-\boldsymbol{R}) + \nabla_{\boldsymbol{R}}\phi_n{}^0(\boldsymbol{x}-\boldsymbol{R})\right\}\cdot d\boldsymbol{R}$$

$$= \frac{q}{\hbar c}\oint_C \boldsymbol{A}(\boldsymbol{R})\cdot d\boldsymbol{R} \tag{5.178}$$

となり*,結果は n にもループ C の形にもよらない.

この Berry 位相は,ループ C に沿って1周させた箱の中の粒子とはじめの位置に置いたままの箱の中の粒子との干渉効果によって観測されるはずである.これは AB 効果にほかならない.

---

* 形式上,(5.157)と同じであるが,ポテンシャル $\boldsymbol{A}$ の次元も中味も全く異なる.(5.178)の $\boldsymbol{A}(\boldsymbol{R})$ は正真正銘のゲージポテンシャルである.なお,第2項から第3項に移るときに,$\phi_n{}^0(\boldsymbol{x}-\boldsymbol{R})$ の規格化条件と $\phi_n{}^0(\boldsymbol{x}-\boldsymbol{R})$ が実関数であることを用いた.

6 同種粒子

　古典力学では同種の粒子(identical particles)，たとえば2つの電子は，質量，電荷の大きさなどに関しては全く同じ粒子ではあるものの，区別しようとすれば原理的には区別することができるものである．ある時刻において2つの電子の位置と速度を確認し，番号づけをして，あとは各々番号づけられた電子の軌道を追っていけばよい．

　これに対して，量子力学では事情が全く異なる．同種粒子，たとえば2つの電子は，原理的な意味においても区別することはできないと考えられる．

　ある時刻において2つの電子の位置を確認し，番号づけをしたとしよう．そのとき，2つの電子が十分はなれた位置に存在していれば，しばらくの間は各々の電子の波束は局在しているので，2つの電子の軌道は区別できる．しかし，電子が互いに接近するくらい時間が経過したあとでは，各々の軌道を追ってそれらを区別しつづけることはできない．軌道の確認(測定)による位置と運動量の間の不確定な変化による制約がさけられないからである．これは原理的な制約であり，同種粒子の**不可弁別性**(indistinguishability)とよばれている．

　日常の現象との比較としてよく引き合いに出されるのは，電光板の上を動きまわる光点の集まりである．はじめ互いにはなれた位置にあった2つの光点が，

電光板上を移動してある時刻に互いに交差し，ふたたびはなれていったとしよう．このとき，交差前の2つの光点に名前をつけ，そのうちのどちらの光点が交差後の2つの光点のどれに対応するかという設問には意味がないことがわかるだろう．電光板上の光点は数え上げることはできるが，1つ1つに名前をつけて区別できない点で不可弁別な量子的粒子に似ている．

このような同種粒子の不可弁別性のため，量子力学的な対象となる多粒子系は，古典力学に基づく多粒子系の示す統計とは異なった統計に従うことになる．

6-1　粒子の同一性と置換対称性

2個の同種粒子からなる系を考えてみよう．粒子に番号をつけられるものとし，各々の粒子の状態を指定する量子数をそれぞれ ξ_1, ξ_2 とする．(ξ は粒子の位置，あるいは運動量の他に，スピンなどの内部自由度に関する量子数も含むものとする．）2粒子の状態を

$$|\xi_1, \xi_2\rangle \quad \text{あるいは} \quad |\xi_2, \xi_1\rangle \tag{6.1}$$

と表わす．はじめの状態 $|\xi_1, \xi_2\rangle$ は粒子1が ξ_1 の量子数を，粒子2が ξ_2 の量子数をとる状態であり，あとの状態 $|\xi_2, \xi_1\rangle$ は粒子1が量子数 ξ_2 を，粒子2が量子数 ξ_1 をとる状態を表わしている．

ここで粒子1と粒子2を入れ換える演算子 $\hat{P}_{12}$ を導入すると，

$$|\xi_2, \xi_1\rangle = \hat{P}_{12}|\xi_1, \xi_2\rangle \tag{6.2}$$

が成り立つ*．(6.1)の2つの状態は粒子1と粒子2が同種粒子であれば，物理的に同等で区別のつかない縮退した状態を表わしている．これは**交換縮退**(exchange degeneracy)とよばれる．一方，2体の同種粒子の系のハミルトニアン $\hat{H}(1,2)$ は，粒子1と粒子2に対して対称の形に書かれている．すなわち，$\hat{H}(1,2) = \hat{H}(2,1)$ である．したがって，次式が成り立つ．

$$\hat{P}_{12}\hat{H}\hat{P}_{12}^{-1} = \hat{H} \tag{6.3}$$

---

* 演算子 $\hat{P}_{12}$ 自身を物理量——オブザーバブル——と考えることを最初に提案したのは Dirac である（巻末文献[1-1]参照）．

(6.3)から，$\hat{P}_{12}$ は $\hat{H}$ と可換で，したがって，その固有値は一定であることがわかる．$\hat{P}_{12}{}^2=1$ なので，$\hat{P}_{12}$ の固有値 P_{12} は ± 1 である．このことは，もし，はじめに系が粒子1と粒子2の入れ換えに対して $P_{12}=1$ の固有状態，すなわち対称状態にあれば，時間が経過しても対称状態をそのまま保ち続けるし，$P_{12}=-1$ の反対称状態にあれば，そのまま反対称の状態にとどまり続けることを意味している．$\hat{P}_{12}$ の固有状態を(6.1)の状態をつかって表わすと，

$$|\xi_1,\xi_2\rangle_{\pm} = \frac{1}{\sqrt{2}}(|\xi_1,\xi_2\rangle \pm |\xi_2,\xi_1\rangle) \tag{6.4}$$

となることは明らかであろう．ただし，符号 $\pm$ は，それぞれ対称($P_{12}=1$)，および反対称($P_{12}=-1$)の状態を表わす．

以上の議論を N 個の同種粒子から成る系に拡張することは容易である．粒子には1から N まで番号をつけ，粒子1が ξ_1 に，粒子2が ξ_2 に，…，粒子 N が ξ_N にある N 粒子状態を

$$|\xi_1,\xi_2,\cdots,\xi_N\rangle \tag{6.5}$$

と表わす．$N=2$ の場合と異なり，$N(\geqq 3)$ 個の粒子の入れ換えの仕方はたくさんある．一般にその入れ換えの操作は状態(6.5)を指定する N 個の量子数 ξ_i ($i=1,2,\cdots,N$) の**置換**(permutation)に1対1に対応していることは明らかである．

N 個の置換全体は群をつくり，N 次の**対称群** S_N とよばれている．異なる置換の数，すなわち S_N の**位数**(order)は $N!$ である．S_N の任意の元 σ を演算子として $\hat{P}_\sigma$ と表わすと

$$\hat{P}_\sigma|\xi_1,\xi_2,\cdots,\xi_N\rangle = |\xi_{\sigma_1},\xi_{\sigma_2},\cdots,\xi_{\sigma_N}\rangle \tag{6.6}$$

である．ただし，σ は $i\to\sigma_i$ ($i=1,2,\cdots,N$) という置換で，

$$\sigma = \begin{pmatrix} 1, & 2, & \cdots, & N \\ \sigma_1, & \sigma_2, & \cdots, & \sigma_N \end{pmatrix} \tag{6.7}$$

と表わすことにする．

量子数 ξ_i ($i=1,2,\cdots,N$) がすべて異なる場合には，異なる置換に対応して $N!$ 個の交換縮退した状態が(6.6)の操作によってつくられる．こうしてつくら

れた N 粒子状態は S_N の表現の基底を形成するが，このうち物理的に重要なのは基底が S_N の 1 次元ユニタリー表現になっている場合である．

ここで N 次対称群 S_N の基本的な事柄についてごく簡単に述べておこう．S_N の任意の元は 2 つの粒子の入れ換えの操作に相当する**互換**（transposition）の積に分解される．その分解の仕方は一意的ではないが，置換が偶置換のときはつねに偶数個の互換の積へ分解され，奇置換の場合はつねに奇数個の互換の積で表わされる．（互換はつねに奇置換である．）

このうち互換として特別な $N-1$ 個の互換 $\sigma_i \equiv (i, i+1)$ $(i=1, 2, \cdots, N-1)$ を選ぶと*，S_N の任意の元は σ_i（の積）によって生成される．このような互換の集まり $\{\sigma_i ; (i=1, 2, \cdots, N-1)\}$ を S_N の**生成元**とよび，次の基本関係をみたす**．

$$\sigma_i \sigma_j = \sigma_j \sigma_i \qquad (2 \leq i+1 < j \leq N-1) \qquad (6.8)$$

$$\sigma_i \sigma_{i+1} \sigma_i = \sigma_{i+1} \sigma_i \sigma_{i+1} \qquad (1 \leq i \leq N-2) \qquad (6.9)$$

$$\sigma_i^2 = e \qquad (1 \leq i \leq N-1) \qquad (6.10)$$

ただし，e は恒等変換を表わす．

これらの基本関係の意味は明らかであろう．(6.10)により，σ_i に対応する演算子 $\hat{P}_{\sigma_i}$ の固有値は ± 1 である．また，関係式(6.8)，(6.9)からわかるように，σ_i は一般に可換でないので，置換のすべてを同時に対角化することはできない．しかし，例外がある．それは表現が 1 次元の場合である．S_N の 1 次元表現 $\chi(\sigma_i)$ には次の 2 通りしかないことが知られている***．すなわち，

$$\chi(\sigma_i) = \pm 1 \qquad (i=1, 2, \cdots, N-1) \qquad (6.11)$$

である．$\chi(\sigma_i) = 1$ は自明な表現で，σ_i によって生成される任意の置換 σ に対して $\chi(\sigma) = 1$ を与える．一方，$\chi(\sigma_i) = -1$ の場合は，$\chi(\sigma) = \text{sgn}(\sigma)$ となる．ただし，$\text{sgn}(\sigma)$ は σ が偶置換ならば $+1$，奇置換ならば -1 と定義する．これは任意の置換 σ が，偶置換ならば偶数個の，奇置換ならば奇数個の σ_i の積

---

* $(i, i+1) \equiv \begin{pmatrix} 1, 2, \cdots, i, i+1, \cdots, N \\ 1, 2, \cdots, i+1, i, \cdots, N \end{pmatrix}$.

** たとえば，浅野啓三，永尾汎：群論(岩波全書，1983)76ページ．

*** 基本関係式(6.8)，(6.9)および(6.10)から容易に示すことができる．

に，つねに分解されるからである．

$\chi(\sigma)=1$ の場合は，対応する $\hat{P}_\sigma$ の固有値はつねに 1，すなわち，その固有状態は任意の粒子の入れ換えに対して不変な，完全対称の状態である．これに対して，$\chi(\sigma)=\mathrm{sgn}(\sigma)$ の場合は $\hat{P}_\sigma$ の固有値は奇置換に対して -1，つまり，固有状態は任意の 2 個の粒子の入れ換えに対してつねに符号を変える完全反対称の状態になっている．

このような N 粒子状態は(6.5)をつかって，それぞれ，

$$|\xi_1,\xi_2,\cdots,\xi_N\rangle_+ = \frac{1}{\sqrt{N!}}\sum_\sigma |\xi_{\sigma_1},\xi_{\sigma_2},\cdots,\xi_{\sigma_N}\rangle \qquad (6.12)$$

$$|\xi_1,\xi_2,\cdots,\xi_N\rangle_- = \frac{1}{\sqrt{N!}}\sum_\sigma \mathrm{sgn}(\sigma)|\xi_{\sigma_1},\xi_{\sigma_2},\cdots,\xi_{\sigma_N}\rangle \qquad (6.13)$$

と表わすことができる．ただし，和はすべての置換についてとるものとする．

量子数 ξ_i $(i=1,2,\cdots,N)$ のうち等しいものがある場合には，対称状態(6.12)は異なるもののあらゆる置換に対して和をとり，規格化因子 $1/\sqrt{N!}$ を

$$\sqrt{\frac{N_1!N_2!\cdots}{N!}} \qquad (6.14)$$

と変更すればよい．ただし同じ量子数 ξ_i をとる粒子の数を N_i $(N_1+N_2+\cdots=N)$ とする．一方，完全反対称状態はこのようなときには恒等的にゼロになる．

最後に，N 粒子状態を 1 粒子状態 $|\xi_i\rangle$ $(i=1,2,\cdots,N)$ の直積で表現した場合を考えよう．このとき，完全反対称状態(6.13)は，また，行列式

$$\frac{1}{\sqrt{N!}}\begin{vmatrix} |\xi_1\rangle_1 & |\xi_1\rangle_2 & \cdots & |\xi_1\rangle_N \\ |\xi_2\rangle_1 & |\xi_2\rangle_2 & \cdots & |\xi_2\rangle_N \\ \cdots\cdots\cdots\cdots\cdots\cdots\cdots\cdots \\ |\xi_N\rangle_1 & |\xi_N\rangle_2 & \cdots & |\xi_N\rangle_N \end{vmatrix} \qquad (6.15)$$

の形に書くことができる．$|\xi_i\rangle_j$ $(i,j=1,2,\cdots,N)$ は j 番目の粒子の固有値 ξ_i の(1粒子)状態を表わす．2つの粒子の入れ換えは，行列式の2つの列の入れ換えに対応しており，その反対称性は明らかである．(6.15)は **Slater 行列式** として知られている．

6-2 スピンと統計

電子や光子など，量子力学の対象となる同種粒子の多粒子系の状態は，1つのきわだった特徴をもっている．N 個の同種粒子からなる状態はその中の任意の2つの粒子の入れ換えに対してつねに対称であるか，あるいはつねに反対称であるかのいずれかであるという性質がそれである．前者は完全対称の状態であり，後者は完全反対称の状態である．そして，これは粒子数 N によらない普遍的な性質であることが知られている．前節で述べた言葉でいうと，同種粒子の N 粒子状態はつねに S_N の1次元表現として実現しているということになる*．

任意の2つの粒子の入れ換えに対して対称な粒子はボソン(boson)とよばれ，その多粒子系の示す統計的性質は **Bose-Einstein** 統計(**Bose** 統計，あるいは **BE** 統計と略称)とよばれている．これに対して，任意の2つの粒子の入れ換えに対して反対称な粒子はフェルミオン(fermion)とよばれる．フェルミオンの多粒子系の示す統計が **Fermi-Dirac** 統計(略して，**Fermi** 統計，あるいは **FD** 統計)である．フェルミオンの多粒子系では，2つ(i 番目と j 番目)のフェルミオンが同じ量子数($\xi_i = \xi_j$)を取る状態は恒等的にゼロである．すなわち，フェルミオンは同じ量子状態に2個または2個以上入ることはゆるされない．これは **Pauli** の排他律(Pauli's exclusion principle)としてひろく知られている．一方，ボソンに対してはこのような制限はない．同じ量子状態に何個でもボソンをつめこむことができる．同じ状態に入ったボソン同士は互いに全く区別がない．

自然界に見出される粒子のうち，どの粒子がボソンで，どの粒子がフェルミオンかを判定する強力な方法が知られている．粒子のスピンと統計に関する定

---

* ここで述べたことは，これまでのわれわれの経験事実を強調したにすぎない．S_N の高次元表現に従う同種粒子系も理論的には存在してかまわない．くわしいことは Y. Ohnuki and S. Kamefuchi: *Quantum Field Theory and Parastatistics* (University of Tokyo Press, 1982)参照．2次元系の準粒子の示す分数統計については第8章参照．

理がそれで，模式的に表わすと次のようになる．

$$\begin{aligned}\text{整数スピン}(0,1,2,\cdots)\text{をもつ粒子} &\longleftrightarrow \text{ボソン} \\ \text{半整数スピン}(1/2,3/2,5/2,\cdots)\text{をもつ粒子} &\longleftrightarrow \text{フェルミオン}\end{aligned} \quad (6.16)$$

ただし，スピンの大きさは$\hbar$を単位とする．

スピン$1/2$の電子はフェルミオンであり，スピン1の光子はボソンである．粒子は素粒子であってもなくてもよい．たとえば，ヘリウム原子核$^4\text{He}\,(J=0)$はボソンであり，同じヘリウム原子核でも$^3\text{He}\,(J=1/2)$はフェルミオンである．この定理は，相対論的な量子力学の枠内でいくつかの一般的，かつ基礎的な要請の下で証明されている(大貫義郎：場の量子論(本講座5)参照)．しかし，本書で取り扱う非相対論的な量子力学においては，基礎法則の1つとして認めるのが自然である．

フェルミオンとボソンの示す状態のちがいを$N=2$の場合について考えてみよう．簡単のために1粒子の量子数は$\xi_1, \xi_2\,(\xi_1 \neq \xi_2)$の2準位のみとする．このとき，一般の2粒子状態としては

$$|\xi_1, \xi_1\rangle, \quad |\xi_1, \xi_2\rangle, \quad |\xi_2, \xi_1\rangle, \quad |\xi_2, \xi_2\rangle \quad (6.17)$$

と，全部で4つの異なった状態が可能である．このうち，2番目と3番目が交換縮退した状態である．粒子がボソンの場合には，これらの状態のうち，対称な3つの状態

$$|\xi_1, \xi_1\rangle, \quad \frac{1}{\sqrt{2}}(|\xi_1, \xi_2\rangle + |\xi_2, \xi_1\rangle), \quad |\xi_2, \xi_2\rangle \quad (6.18)$$
$$(2,0) \qquad\qquad (1,1) \qquad\qquad (0,2)$$

のいずれかが実現される．これに対して，粒子がフェルミオンの場合には，ただ1つの反対称状態

$$\frac{1}{\sqrt{2}}(|\xi_1, \xi_2\rangle - |\xi_2, \xi_1\rangle) \quad (6.19)$$
$$(1,1)$$

だけが実現する．

これらの状態(6.18)あるいは(6.19)は，また，準位 ξ_1 と ξ_2 をそれぞれ何個ずつの粒子が占めているかによって一意的に指定されることに注意してほしい．準位 ξ_1 と ξ_2 を占める粒子の数をそれぞれ n_1, n_2 とし，そのときの状態を (n_1, n_2) で表わすことにしよう．ボソンの3つの状態(6.18)は，2つの粒子とも準位 ξ_1 を占めている $(2,0)$ の状態，1つの粒子が準位 ξ_1 を，もう1つの粒子が準位 ξ_2 を占めている $(1,1)$ の状態，あるいは2つの粒子とも準位 ξ_2 を占めている $(0,2)$ の状態にそれぞれに対応している．このとき，たとえば $(1,1)$ の状態では，どの粒子が準位 ξ_1 を占め，どの粒子が準位 ξ_2 を占めるかといった区別は意味がない．この点が古典的な粒子の状態のかぞえ方と異なる点である．一方，フェルミオンの場合は，Pauli の排他律により，どの準位にも 0，あるいは高々 1 個の粒子しか入ることがゆるされない．状態 $(1,1)$ はこの条件をみたす可能な唯一の状態として，一意的に(6.19)に対応する．なお，(6.18)と(6.19)には，それぞれの対応関係もあわせて示しておいた．

N 粒子の系についても事情は同じである．一般に量子数 ξ_i ($i=1,2,\cdots$) の準位を占める粒子数を $n_i(\geqq 0)$ とする．ただし，$\sum_i n_i = N$ である．このとき N 粒子状態は $(n_1, n_2, \cdots)$ を指定することによって一意的に決まる．この場合，粒子がボソンかフェルミオンかの差は，量子数 ξ_i の準位を占める粒子数 n_i に対する制約に現われる．ボソンからなる系では，1つの準位に何個でも粒子を入れることができる．したがって，任意の準位について $n_i = 0, 1, 2, \cdots, N$ である．ある条件*の下では，すべての粒子が最低のエネルギー準位 ξ_1 を占めることがある．この現象を **Bose-Einstein 凝縮**(condensation)という．これに対して，フェルミオンの系では，すべての準位に対して $n_i = 0$，または 1 しかゆるされない．それゆえフェルミオン間の相互作用の無視できる，自由なフェルミオンガスの系においても，最低のエネルギー準位をすべてのフェルミオンが占めてしまうことはできない．全系の最低エネルギー状態には，各エネルギー準位を下から順に1個ずつ N 個までつめた状態が対応する**．N 番目のフ

---

* たとえば，極低温 $T < T_c$. ただし，T_c は臨界温度．
** スピンの自由度まで考えれば1つの準位に $2j+1$ 個までつめられる．

ェルミオンの占めるエネルギー準位は一般に**Fermi エネルギー**とよばれている.

長さLの立方体の中を自由にとびまわるN個の電子系のFermi エネルギーを求めてみよう.まず,温度$T=0$におけるN電子系の最低エネルギー状態,すなわち基底状態について考える.1粒子のSchrödinger方程式の解は平面波$e^{i\boldsymbol{k}\cdot\boldsymbol{x}}$で,**周期境界条件**$(\psi(x_i=0)=\psi(x_i=L), i=1,2,3)$をおくと,波数ベクトル$\boldsymbol{k}$の成分は

$$k_x = \frac{2\pi}{L}n_x, \quad k_y = \frac{2\pi}{L}n_y, \quad k_z = \frac{2\pi}{L}n_z \quad (n_x, n_y, n_z = 0, \pm 1, \pm 2, \cdots)$$
(6.20)

をみたさなければならない.エネルギー固有値ε_iは,波数ベクトル$\boldsymbol{k}$の関数として

$$\varepsilon_i \equiv \varepsilon(\boldsymbol{k}) = \frac{\hbar^2}{2m}k^2 \tag{6.21}$$

で与えられる.

$\boldsymbol{k}$空間の格子点(6.20)に各電子の可能な状態が対応することを考えると,N電子系の基底状態では,Pauli原理に従ってエネルギー固有値$\varepsilon(\boldsymbol{k})$の小さな順に格子点を次々にうめていって,$N$番目の電子がちょうど波数ベクトルの大きさ$k_F$の格子点に対応するようになっているはずである.ただし,

$$\varepsilon_F \equiv \frac{\hbar^2}{2m}k_F^2 \tag{6.22}$$

$\boldsymbol{k}$空間の格子点の密度は,(6.20)からわかるように$(L/2\pi)^3$である.したがって,半径k_Fの球の内部を占める電子数は

$$2\cdot\left(\frac{L}{2\pi}\right)^3 \cdot \frac{4}{3}\pi k_F^3 = \frac{V}{3\pi^2}k_F^3 = N \tag{6.23}$$

である.ここで,左辺の数因子2は電子のスピンの自由度,すなわち,$\boldsymbol{k}$空間の格子点にスピン成分$m_s=\pm 1/2$の2つの電子が入ることが許されることを考慮した.半径k_Fの球面を**Fermi面**とよぶ.k_Fは十分大きく,球内に含

まれる格子点の数も十分大きい場合を考えている．(6.23)から

$$k_F = \left(\frac{3\pi^2 N}{V}\right)^{1/3} \tag{6.24}$$

したがって，Fermi エネルギーは

$$\varepsilon_F = \frac{\hbar^2}{2m}\left(\frac{3\pi^2 N}{V}\right)^{2/3} \tag{6.25}$$

となる．ε_F は電子の密度 $\rho \equiv N/V$ だけに依存することがわかる．

ふつうの金属では電子密度は 10^{22} cm^{-3} 程度である．これら金属内電子を自由電子として*，(6.25)から Fermi エネルギーを求めてみると，$\varepsilon_F \cong$ 数 eV となる．あるいは，Fermi 温度 $T_F \equiv \varepsilon_F/k_B$ に換算すると，$T_F \cong 10^4$ K 程度である．

次に温度 $T(\neq 0)$ の熱平衡にある自由電子ガスの系を考えよう．まず，統計力学の一般論に従って，この系の**大分配関数**(grand partition function)

$$Z_G = \sum_{n_j} \exp\left[-\beta\left(\sum_j \varepsilon_j n_j - \mu \sum_j n_j\right)\right] \tag{6.26}$$

を計算する**．ただし，$\beta \equiv 1/k_B T$，ε_j は 1 電子の準位 j のエネルギー，n_j はその準位を占めている電子数で，いまの場合，Pauli 原理によりすべての準位に対して $n_j = 0, 1$ である．また，μ は**化学ポテンシャル**を表わし，一般に温度 β の関数である．

(6.26)で，電子数 n_j についての和は各準位 j について独立にとれることに注意すると，Z_G は

$$\begin{aligned}
Z_G &= \sum_{n_j} \exp\left[-\beta \sum_j (\varepsilon_j - \mu) n_j\right] \\
&= \sum_{n_j} \prod_j \exp[-\beta(\varepsilon_j - \mu) n_j] \\
&= \prod_j (1 + e^{-\beta(\varepsilon_j - \mu)})
\end{aligned} \tag{6.27}$$

となる．準位 j を占める電子数 n_j の平均値 f_j は

---

* 電子ガスが「理想気体」とみなせる条件については巻末文献[1-3](上)212 ページ参照．
** 阿部龍蔵：統計力学(東京大学出版会，1986)．

$$f_j \equiv \langle n_j \rangle = \sum_{n_i} n_j \exp\left[\sum_i \beta(\varepsilon_i - \mu) n_i\right] \bigg/ \sum_{n_i} \exp[-\beta(\varepsilon_i - \mu) n_i]$$

$$= \frac{-1}{\beta} \frac{\partial}{\partial \varepsilon_j} (\ln Z_G) \tag{6.28}$$

と表わすことができるので,(6.27)から

$$f_j = \frac{1}{e^{\beta(\varepsilon_j - \mu)} + 1} \tag{6.29}$$

が得られる.f_j は電子がエネルギー準位 j を占める割合を表わしており,**Fermi 分布**とよばれている.

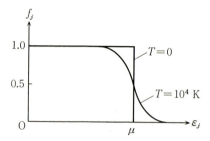

図 6-1 Fermi 分布 ($\mu \cong 1.2\,\mathrm{eV}$).

特に低温極限($\beta \to \infty$)を考えると,f_j は ε_j の関数として

$$\lim_{\beta \to \infty} f_j(\varepsilon_j) = \begin{cases} 1 & (\varepsilon_j < \mu) \\ 0 & (\varepsilon_j > \mu) \end{cases} \tag{6.30}$$

に近づき,$T=0$ では $\varepsilon_j = \mu$ で不連続になる(図 6-1 参照).$T=0$ ではエネルギー $\varepsilon_j < \mu$ 以下のすべての準位に電子が詰まっており,$\varepsilon_j > \mu$ のすべての準位が空になっている.これは正に前に述べた Pauli 原理に従う電子の基底状態にほかならない.このとき化学ポテンシャル μ は Fermi エネルギー ε_F に等しい.$\beta(\varepsilon_j - \mu) \gg 1$ のとき,Fermi 分布(6.28)は **Boltzmann 分布** $e^{-\beta(\varepsilon - \mu)}$ に近づく.

ヘリウム原子の基底状態

同種粒子の示す量子力学的効果の例として,ヘリウム原子のエネルギー準位を考えよう*.ヘリウム原子は正電荷 $+2e$ の原子核(2 個の陽子と 2 個の中性子

---

* ヘリウムなどアルカリ土類のスペクトル線の構造とスピン発見にかかわる興味ある歴史については,朝永振一郎:スピンはめぐる(中央公論社,1974)第 5 話参照.

から構成されている)と2個の電子から成る束縛系である．原子核の自由度をさしあたって無視すると，そのハミルトニアンは

$$\hat{H} = -\frac{\hbar^2}{2m}(\nabla_1^2 + \nabla_2^2) - 2\frac{e^2}{4\pi}\left(\frac{1}{r_1} + \frac{1}{r_2}\right) + \frac{e^2}{4\pi}\frac{1}{r_{12}} \qquad (6.31)$$

ただし，ヘリウム原子核の位置を座標原点にとり，$r_1 = |\boldsymbol{x}_1|$，$r_2 = |\boldsymbol{x}_2|$，および $r_{12} = |\boldsymbol{x}_1 - \boldsymbol{x}_2|$ とした．(6.31)の第3項は2つの電子間のCoulomb斥力のエネルギーを表わす．スピンに依存する相互作用は無視した*．

ヘリウム原子の基底状態および励起状態の定性的な性質を調べよう．このために，まず電子間のCoulomb斥力の項を無視し，あとで摂動項としてとり入れることにする．電子間のCoulomb斥力をのぞくと，のこりの無摂動(unperturbed)ハミルトニアン $H_0 (\equiv H - e^2/4\pi r_{12})$ は，各々の電子が独立にヘリウム核のCoulomb引力をうけて運動している系になっている．したがって，無摂動系のスピンをのぞく波動関数は，各電子の水素型波動関数 $u_{nlm}(\boldsymbol{x})$ の積で与えられる**．ここで n はエネルギー準位を指定する**全量子数**(total quantum number)で，$n = 1, 2, \cdots$ という値をとる．特に基底状態は $u_{100}(\boldsymbol{x}_1) u_{100}(\boldsymbol{x}_2)$ で表わされ，波動関数は $\boldsymbol{x}_1$ と $\boldsymbol{x}_2$ の入れ換えに対して対称である．一方，2電子系の全スピン $\boldsymbol{S}_{\mathrm{tot}} \equiv \boldsymbol{S}_1 + \boldsymbol{S}_2$ はハミルトニアン(6.31)と可換である．$\boldsymbol{S}_{\mathrm{tot}}$ の独立な固有状態は3重状態と1重状態の2つである．それぞれの状態の固有値と固有関数を以下に示した．

	S_{tot}^2	$S_{\mathrm{tot}\,z}$	スピン固有関数	
3重状態	$2\hbar^2$	$\hbar$	$\chi_{1++} = |+, +\rangle$	
	$2\hbar^2$	0	$\chi_{1+-} = \dfrac{1}{\sqrt{2}}(|+, -\rangle + |-, +\rangle)$	(6.32)
	$2\hbar^2$	$-\hbar$	$\chi_{1--} = |-, -\rangle$	
1重状態	0	0	$\chi_0 = \dfrac{1}{\sqrt{2}}(|+, -\rangle - |-, +\rangle)$	(6.33)

---

* スピン-スピン相互作用の影響は事実小さいことが知られている．
** 具体的な形は，補章IのHI-1節参照．

(6.32), (6.33)から明らかなように, 2つの電子のスピンの入れ換えに対して, 3重状態は対称であり, 1重状態は反対称の状態である. 電子はフェルミオンであるから, 2つの電子の入れ換えに対して波動関数は反対称でなければならない. 電子間のCoulomb力を無視したヘリウム原子の基底状態の波動関数は, したがって

$$\psi_0(\boldsymbol{x}_1, \boldsymbol{x}_2) = u_{100}(\boldsymbol{x}_1)u_{100}(\boldsymbol{x}_2)\chi_0 \tag{6.34}$$

$$= \frac{Z^3}{\pi a_0^3} e^{-(Z/a_0)(r_1+r_2)} \chi_0 \tag{6.35}$$

と表わせる. ただし, $Z=2$ で $a_0 \equiv 4\pi\hbar^2/\mu e^2$. また, μ は換算質量で, いまの場合, $\mu = \dfrac{mM_{\mathrm{He}}}{m+M_{\mathrm{He}}} \cong m$ である. 2つの電子の入れ換え(座標 $\boldsymbol{x}$ とスピン変数の入れ換え)に対して実際 ψ_0 は反対称で, Pauli原理をみたしている. スピン相互作用がないのに, 基底状態がスピンの1重状態にきまってしまったのは, Fermi統計の効果である. 基底状態のエネルギーは

$$E_0 = \langle \psi_0 | H_0 | \psi_0 \rangle = \iint \bar{\psi}_0(\boldsymbol{x}_1, \boldsymbol{x}_2) H_0 \psi_0(\boldsymbol{x}_1, \boldsymbol{x}_2) d^3\boldsymbol{x}_1 d^3\boldsymbol{x}_2 \tag{6.36}$$

で, 積分は(6.35)の ψ_0 を代入して容易に評価できる. 結果は

$$E_0 = \frac{e^2}{\pi a_0} - \frac{2e^2}{\pi a_0} \tag{6.37}$$

$$= -\frac{e^2}{\pi a_0} \tag{6.38}$$

ただし, (6.37)式の右辺第1項は運動エネルギー, 第2項はポテンシャルエネルギーにそれぞれ対応している.

次に, 電子間のCoulombエネルギーを摂動の1次(第8章(8.14)参照)で評価しよう. 求めるべき式は

$$\Delta E_0 = \iint \bar{\psi}_0(\boldsymbol{x}_1, \boldsymbol{x}_2) \frac{e^2}{4\pi r_{12}} \psi_0(\boldsymbol{x}_1, \boldsymbol{x}_2) d^3\boldsymbol{x}_1 d^3\boldsymbol{x}_2$$

$$= \left(\frac{Z^3}{\pi a_0^3}\right)^2 \iint \frac{e^2}{4\pi r_{12}} e^{-(2Z/a_0)(r_1+r_2)} d^3\boldsymbol{x}_1 d^3\boldsymbol{x}_2 \tag{6.39}$$

である($Z=2$).

積分を実行するために$1/r_{12}$を次のように展開する.

$$\frac{1}{r_{12}} \equiv \frac{1}{\sqrt{r_1{}^2+r_2{}^2-2r_1r_2\cos\theta}}$$

$$= \begin{cases} \dfrac{1}{r_1}\sum_{l=0}^{\infty}\left(\dfrac{r_2}{r_1}\right)^l P_l(\cos\theta) & (r_1>r_2) \\ \dfrac{1}{r_2}\sum_{l=0}^{\infty}\left(\dfrac{r_1}{r_2}\right)^l P_l(\cos\theta) & (r_1<r_2) \end{cases} \quad (6.40)$$

ただし,θは$\boldsymbol{x}_1$と$\boldsymbol{x}_2$の相対角で,$\boldsymbol{x}_1$と$\boldsymbol{x}_2$の極座標(r_1,θ_1,ϕ_1),(r_2,θ_2,ϕ_2)を用いると,

$$\cos\theta = \cos\theta_1\cos\theta_2 + \sin\theta_1\sin\theta_2\cos(\phi_1-\phi_2) \quad (6.41)$$

と表わせる.ここで,公式

$$P_l(\cos\theta) = P_l(\cos\theta_1)P_l(\cos\theta_2)$$
$$+ 2\sum_{m=1}\frac{(l-m)!}{(l+m)!}P_l{}^m(\cos\theta_1)P_l{}^m(\cos\theta_2)\cos m(\phi_1-\phi_2) \quad (6.42)$$

を利用して,(6.42)を(6.40)の展開式に代入し,その結果をさらに(6.39)に代入して積分を実行する.というと大変な計算のようにみえるが,実際は球面調和関数の性質から,たとえば$\boldsymbol{x}_1$の角度積分をすると,$l=0$,$m=0$ 以外の項からの寄与はすべてゼロになることがわかる.こうして,結局,

$$\Delta E_0 = \left(\frac{Z^3}{\pi a_0{}^3}\right)^2 \cdot \frac{e^2}{4\pi} \cdot (4\pi)^2 \int_0^{\infty}\left[\int_0^{r_1}\frac{1}{r_1}e^{-(2Z/a_0)(r_1+r_2)}r_2{}^2 dr_2\right.$$
$$\left. + \int_{r_1}^{\infty}\frac{1}{r_2}e^{-(2Z/a_0)(r_1+r_2)}r_2{}^2 dr_2\right]r_1{}^2 dr_1$$
$$= \frac{5Ze^2}{32\pi a_0} \quad (6.43)$$

が得られる.

基底状態のエネルギーはこの近似では(6.38)と(6.43)で$Z=2$とおいたものの和で

$$E_0 + \Delta E_0 = -\frac{e^2}{\pi a_0} + \frac{5e^2}{16\pi a_0} = -3.75\frac{e^2}{4\pi a_0} \quad (6.44)$$

という値になる．これに対して，実測値は

$$E_{実測値} = -2.90\frac{e^2}{4\pi a_0} \qquad (6.45)$$

である．

　計算値(6.44)と実測値(6.45)の差は，摂動の1次近似ではまだ十分でなく，高次の補正が必要であることを示唆している．エネルギー準位の計算に実効的でかつ有力な方法として**変分法**があるが，これについては8-3節でふたたび取り上げることにする．

　次に励起状態の準位について考えよう．励起状態のうち，1つの電子が $n=1$, $l=m=0$ の1s状態，もう1つの電子が $n=2$, $l=m=0$ の2s状態にある準位を求めよう．この場合，どちらの電子が1s状態にあるかにより，2通りの状態，$u_{100}(\boldsymbol{x}_1)u_{200}(\boldsymbol{x}_2)$ と $u_{100}(\boldsymbol{x}_2)u_{200}(\boldsymbol{x}_1)$ が交換縮退して存在する．電子間のCoulomb相互作用を考慮すると，この2つの準位の縮退はとける．縮退のある場合(8-2節)の摂動の1次までの近似で考えてみよう．無摂動系の状態は $u_{100}(\boldsymbol{x}_1)u_{200}(\boldsymbol{x}_2)$ と $u_{100}(\boldsymbol{x}_2)u_{200}(\boldsymbol{x}_1)$ の2つである．（スピン波動関数はあとで考慮すればよい．ハミルトニアンにスピンに依存する項はないからである．）対角化すべき行列は

$$\begin{pmatrix} J & K \\ K & J \end{pmatrix} \qquad (6.46)$$

と書けることがわかる．ただし，

$$\begin{aligned} J &= \iint \bar{u}_{100}(\boldsymbol{x}_1)u_{200}(\boldsymbol{x}_2)\frac{e^2}{4\pi r_{12}}u_{100}(\boldsymbol{x}_1)u_{200}(\boldsymbol{x}_2)d^3\boldsymbol{x}_1 d^3\boldsymbol{x}_2 \\ K &= \iint \bar{u}_{100}(\boldsymbol{x}_1)u_{200}(\boldsymbol{x}_2)\frac{e^2}{4\pi r_{12}}u_{100}(\boldsymbol{x}_2)u_{200}(\boldsymbol{x}_1)d^3\boldsymbol{x}_1 d^3\boldsymbol{x}_2 \end{aligned} \qquad (6.47)$$

である．J はCoulombエネルギー，K は**交換エネルギー**(exchange energy)とよばれる．当然，$J>0$ であるが，いまの場合 K もまた正の値をとる．

　行列(6.46)の固有値は $J \pm K$ で，対応する固有関数は，それぞれ $(1/\sqrt{2})[u_{100}(\boldsymbol{x}_1)u_{200}(\boldsymbol{x}_2) \pm u_{100}(\boldsymbol{x}_2)u_{200}(\boldsymbol{x}_1)]$ である．固有値 $J+K$ の状態は電子の位

置の入れ換え $(\boldsymbol{x}_1 \leftrightarrow \boldsymbol{x}_2)$ に対して対称である．したがって，そのスピン状態はスピンの入れ換えに対して反対称，すなわち1重状態 χ_0 でなければならない．一方，固有値 $J-K$ の状態は電子の位置の入れ換えに対して反対称で，したがって，そのスピン状態は3重状態 χ_1 である．

こうして2つの縮退した準位はスピンの1重状態と3重状態に分離する．$K>0$ なので1重状態の方が3重状態より上の準位になる．この結果はスピンに依存した相互作用には無関係で，電子がフェルミオンであるための量子力学的効果である．ヘリウム原子のこのような準位構造は Pauli 原理の重要性をあらためて示し，量子力学の建設期に重要な役割を果たしたのである．

7

配位空間の位相と統計

前章で,同種粒子の従う統計としては,BE統計とFD統計の2つの可能性があり,粒子がどの統計に従うかは,その粒子のスピンの大きさと密接な関係があることを説明した.また,スピンの大きさは$\hbar$を単位として非負の整数および半整数に量子化されており,そのルーツをたどるとスピン角運動の従う交換関係(3.13)にあることを第3章で説明した.この交換関係はLie環$SO(3)$として,3次元回転群の局所構造を決めるものであるが,ここで$SO(3)$が登場する理由は,粒子の運動の実現する空間(1粒子の配位空間)が3次元Euclid空間E^3だったからである.

配位空間の次元や構造がちがえば,ゆるされるスピンの値も異なり,新しい統計の可能性もでてくるのだろうか.スピンや統計の相互の関連を配位空間の位相的構造という観点から考察するのがこの章の目的である.

7-1 配位空間と波動関数の1価性

粒子の運動する配位空間として最も基本的な空間は,3次元Euclid空間E^3である.この空間は実在する物理的空間として特別な意味をもっている.簡単の

ため，粒子のスピンを無視すると，空間 E^3 の中を運動する粒子の状態を指定する物理量としては，粒子の位置，あるいは運動量の演算子 $\hat{x}$ と $\hat{p}$ が基本的である．これらの演算子のみたす正準交換関係はそれぞれ(1.47), (1.56)および(1.64)で与えられる．このうち，$\hat{p}$ は微小平行移動の生成子でもある．$\hat{p}$ の成分同士の交換関係(1.56)は物理的空間としての E^3 の一様・等方性を反映したものであることを 4-3 節で説明した．一方，$\hat{x}$ の固有状態を $|x\rangle$ とし，系の状態ベクトルを $|\psi\rangle$ と表わすと，系を記述する波動関数は $\psi(x) \equiv \langle x|\psi\rangle$ である．$\hat{x}$ の固有値 x は粒子の存在しうる座標値であり，E^3 の点の集合 $\boldsymbol{R}^3$ と 1 対 1 に対応する．ここで，粒子の運動がポテンシャル V の壁によってある領域 D 内に制限され，D の外では粒子の見出される確率ゼロ，すなわち波動関数 $\psi(x)=0 \, (x \notin D)$ といった波動関数に関する動力学的な性質，情報はすべて状態 $|\psi\rangle$ に課せられている．これに対して，いまの場合，固有状態 $|x\rangle$ は $\boldsymbol{R}^3$ に値をとる固有値 x によって一意的に決まる状態，すなわち縮退のない状態であるとした．この条件の下で，波動関数 $\psi(x)$ は x の 1 価関数でなければならない．もし，固有値 x に縮退があったとし，たとえば

$$\hat{x}|x\rangle_1 = x|x\rangle_1, \quad \hat{x}|x\rangle_2 = x|x\rangle_2 \tag{7.1}$$

が成り立ったとしよう．ただし $|x\rangle_i \,(i=1,2)$ は縮退した $\hat{x}$ の固有状態を表わす．また，$|x\rangle_1, |x\rangle_2$ はすでに互いに直交化 $({}_1\langle x|x\rangle_2=0)$ されているものとする．このような場合には，x 表示で，系には 2 つの波動関数 $\psi_i(x) \equiv {}_i\langle x|\psi\rangle$ $(i=1,2)$ が存在する．しかし，$\psi_i(x) \, (i=1,2)$ は各々 x の 1 価関数である．すべての物理量が $\hat{x}$ や $\hat{p}$ だけで表わせる場合には，異なる波動関数 $\psi_1(x)$, $\psi_2(x)$ を結ぶ遷移はないので，波動関数は実質上 1 成分と同じと考えてよい．もし，$\psi_1(x)$ と $\psi_2(x)$ を結ぶ物理量が存在すれば，これは粒子の位置 $\hat{x}$ 以外の内部自由度を表わす量と解釈するのが自然である．このときは 2 成分の波動関数 ${}^t\psi(x) \equiv (\psi_1(x), \psi_2(x))$ を導入すればよい．スピン 1/2 の 2 成分スピノール波動関数がこのような場合に相当する．いずれにしてもそれぞれの成分の波動関数は x の 1 価関数である．以上は**すべての固有値 x に縮退**(7.1)があるとしたが，ある特定の固有値 x_0 にのみ縮退が現われる可能性も考えられる．し

かし，これは E^3 の一様性に矛盾する．

正準交換関係(1.47),(1.56),(1.64)あるいはこれと同等な関係式

$$\hat{U}(\boldsymbol{a})\hat{U}(\boldsymbol{a}') = \hat{U}(\boldsymbol{a}+\boldsymbol{a}') \tag{7.2}$$

$$\hat{V}(\boldsymbol{b})\hat{V}(\boldsymbol{b}') = \hat{V}(\boldsymbol{b}+\boldsymbol{b}') \tag{7.3}$$

$$\hat{U}(\boldsymbol{a})\hat{V}(\boldsymbol{b}) = \exp[-i\boldsymbol{a}\cdot\boldsymbol{b}/\hbar]\hat{V}(\boldsymbol{b})\hat{U}(\boldsymbol{a}) \tag{7.4}$$

ただし，

$$\begin{aligned}\hat{U}(\boldsymbol{a}) &\equiv \exp[-i\boldsymbol{a}\cdot\hat{\boldsymbol{x}}/\hbar] \\ \hat{V}(\boldsymbol{b}) &\equiv \exp[-i\boldsymbol{b}\cdot\hat{\boldsymbol{p}}/\hbar]\end{aligned} \quad (\boldsymbol{a},\boldsymbol{b}\in\boldsymbol{R}^3) \tag{7.5}$$

の既約な表現は，ユニタリー同値なものを同一視すれば一意的であるという**von Neumann の定理**が知られている(巻末文献[1-6])．$|\boldsymbol{x}\rangle$ が固有値 $\boldsymbol{x}$ によって一意的に決まるのは，このような同一視を前提にしてのことである．また，状態 $|\boldsymbol{x}\rangle$ の完備性を(1.49)に与えたが，これは波動関数の1価性を保証している．このように，波動関数の $\boldsymbol{x}$ についての1価性は，粒子の運動しうる物理的空間が E^3 であることが基本であり，取り扱う個々の具体的な配位空間の性質とは無関係に成り立つ性質である．

実際には，実験装置，あるいはポテンシャル V の性質によって，粒子の配位空間が事実上多重連結な空間に制限される場合がある．たとえば，第5章で取り扱ったAB効果では，電子ビームの配位空間は $\boldsymbol{R}^3$ から無限に長いソレノイドの内部をくり抜いた空間になっている．この空間は明らかに多重連結な空間である．しかし，波動関数は $\boldsymbol{x}$ について1価になっている((5.54)参照)．また，5-2節a項で考察した中空の超伝導体の中の多電子系の配位空間 M も多重連結な空間である(図5-3)が，波動関数 $\psi(\boldsymbol{x}_1,\cdots,\boldsymbol{x}_j,\cdots)$ は各々の電子の座標 $\boldsymbol{x}_j$ について1価であった．

なお，特異なゲージ変換(5.38)によって定義された「波動関数」$\psi'(\boldsymbol{x}_j)$ は，磁束 $\boldsymbol{\Phi}$ が $\boldsymbol{\Phi}_0$ の整数倍以外の値をとるときには，$\boldsymbol{x}_j$ について1価になっていない((5.40b)をみよ)．後に述べる分数スピン系の例からわかるように，ψ' は多重連結な配位空間 M 上の波動関数ではなく，むしろ M の**普遍被覆空間** M^* (universal covering space)を配位空間とする(1価な)「波動関数」とみなす

ことができる．この場合，電子を穴 O のまわりに 1 回まわしても，x_j は M^* 上では同一点にもどらない．それゆえ，波動関数 ϕ' にあらわれる位相因子 $\exp[-ie\Phi/\hbar c]$ は ϕ' に課せられた M^* 上での境界条件をきめるパラメータとみなすことができる．波動関数 ϕ も「波動関数」ϕ' も，局所的には位相因子の差しかないので，通常の確率振幅としての役割は物理的に同等である．

ただ，「波動関数」ϕ' は，厳密には正準交換関係(1.75)によって（ユニタリー同値性をのぞいて）一意的にきまる Hilbert 空間の基底 $|x\rangle$ によって表現される本来の波動関数 ϕ には属していないので，取扱いに注意が必要である．

7-2　多重連結な配位空間と経路積分

系の配位空間 M において，時刻 t における粒子の状態を示す配位を点 $q(t)$ で表わすことにしよう．いま，系が時刻 t_I においてある配位 $q_I \equiv q(t=t_I)$ から出発して，時刻 t_F において別の配位 $q_F \equiv q(t=t_F)$ へと時間発展した場合を考える．経路積分の方法(2-7節)によると，Feynman 核 $K(q_F, t_F; q_I, t_I)$ は始点 q_I から終点 q_F に至る配位空間 M 内の経路 (path) $\{q(\tau); t_I \leqq \tau \leqq t_F\}$ に対する**相対確率振幅** $P[q(\tau)]$ をあらゆる可能な経路について足し上げることによって得られる（図7-1）．すなわち，

$$K(q_F, t_F; q_I, t_I) = \int \mathcal{D}[q(\tau)] P[q(\tau)] \tag{7.6}$$

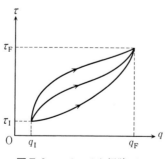

図7-1　いろいろな経路 $q(\tau)$．

ただし，積分の測度(measure) $\mathcal{D}[q(\tau)]$ は(2.188)で定義されるものとする．

ここで，ある1つの経路 $q(\tau)$ に対する相対確率振幅 $P[q(\tau)]$ は，Feynman に従って，作用 S を用いて

$$P[q(\tau)] = c \exp\left\{\frac{i}{\hbar} S[q(\tau), \dot{q}(\tau)]\right\} \tag{7.7}$$

で与えられる((2.186)をみよ)．ただし，c は定数である．また，(2.187)から

$$S[q(\tau), \dot{q}(\tau)] = \int_{t_1}^{t_F} d\tau L(q(\tau), \dot{q}(\tau)) \tag{7.8}$$

は経路 $q(\tau)$ に沿って求めた作用の値で，L は系のラグランジアンを表わす．

相対確率振幅 $P[q(\tau)]$ を表わす(7.7)の右辺に現われる定数 c は通常は経路 $q(\tau)$ によらず，各経路 $q(\tau)$ に共通な定数，すなわち単なる規格化定数にすぎない．これは配位空間 M が単連結な空間で，M 内の経路同士が互いに連続的に変形可能な場合に当然成り立つべき性質である．しかし，M が多重連結な空間で，M 内のいくつかの経路が互いに連結になっていない(disconnected)場合には，それらの経路に同じ定数をもつ相対確率振幅 $P[q(\tau)]$ を考えるべき理由は見あたらない．

一般に，多重連結な配位空間 M 上の可能な経路は M の**基本群** $\pi_1(M)$ によって分類できる(図7-2)(巻末文献[7-1]参照)．$\pi_1(M)$ の同じ元に属する経路同士は互いに連続変形によって移り変わるので，相対確率振幅は同一の係数 c を共有しなければならない．しかし，異なる元に属する経路に対しては，一般

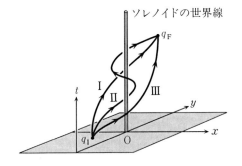

図7-2 2次元空間の配位時空と粒子の経路を表わす世界線．経路Ⅰの巻き数を0とすると，経路Ⅱ，Ⅲにはそれぞれ -1, $+1$ の巻き数が対応する．$\pi_1(M) \cong \mathbf{Z}$ である．

に異なった係数であってもさしつかえない．そこで多重連結な配位空間における経路積分においては，(7.7)を一般化して

$$P[q(\tau)_\alpha] = c(\alpha)\exp\left\{\frac{i}{\hbar}S[q(\tau)_\alpha]\right\} \quad (7.9)$$

とおく．ただし，α は M の基本群 $\pi_1(M)$ の元を指定するパラメータである．$q(\tau)_\alpha$ は α に属する経路を表わす．系の Feynman 核は，(7.6)の代りに，

$$K(q_\mathrm{F}, t_\mathrm{F}\,;\, q_\mathrm{I}, t_\mathrm{I}) = \sum_{\alpha \in \pi_1(M)} c(\alpha) K^{(\alpha)}(q_\mathrm{F}, t_\mathrm{F}\,;\, q_\mathrm{I}, t_\mathrm{I}) \quad (7.10)$$

$$K^{(\alpha)}(q_\mathrm{F}, t_\mathrm{F}\,;\, q_\mathrm{I}, t_\mathrm{I}) = \int \mathcal{D}[q(\tau)_\alpha]\exp\left\{\frac{i}{\hbar}\int_{t_\mathrm{I}}^{t_\mathrm{F}}d\tau L(q(\tau)_\alpha, \dot{q}(\tau)_\alpha)\right\} \quad (7.11)$$

と表わせるとする．記号の意味は明らかであろう．

一方，このような多重連結配位空間 M の経路 $q(\tau)_\alpha$ に対する相対確率振幅に現われる定数 $c(\alpha)$ については，次の簡潔な定理が知られている．

Laidlaw-DeWitt-Schulman の定理　$c(\alpha)$ は $\pi_1(M)$ の1次元ユニタリー表現である*．

証明**は技術的なので省略し，AB 効果を例にとって定理の内容を説明しよう．5-2節で取り扱った AB 効果を表わす系は次のようなものであった．

z 軸上に無限に長いソレノイドがあり，これに向かって遠方から電子を入射させる．電子はソレノイド内部に入らないように遮蔽されているものとする．さらに，電子の入射波を zy 面に平行な波面をもつ平面波とすれば，系の波動関数は z に依存しないと考えてよい．この場合の系の配位空間 M は平面(xy 面)から，原点(ソレノイドの位置)をのぞいた空間になっている(図7-3)．M

---

* 表現の次数が1次元であるのは，系が内部自由度などをもたず，配位空間の1点に対して系の状態が一意的に定まる(縮退がない)という簡単な状況を考えているからである．
** M. G. G. Laidlaw and C. M. DeWitt: Phys. Rev. **D3** (1971) 1375. L. S. Schulman: J. Math. Phys. **12** (1971) 304.

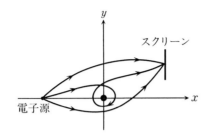

図7-3 配位空間 $R^2-\{(0,0)\}$ と粒子の軌道. 原点黒丸はソレノイドを表わす.

は多重連結な空間 $R^2-\{(0,0)\}\cong R^+\times S^1$ である. ただし, R^+ は原点からの距離, S^1 は原点のまわりの角度の自由度にそれぞれ対応する. これから, $\pi_1(M)\cong\pi_1(S^1)\cong Z$ が導かれる. 電子の経路が $\pi_1(M)\cong Z$ によって分類できることは, 物理的に考えれば明らかである. 経路は反時計まわりを正としたとき, ソレノイドのまわりを何回まわったかを示す整数 n によって分類することができるからである(図7-3).

一方, 加法群 Z の1次元ユニタリー表現は

$$c_\theta(n) = e^{in\theta} \quad (n\in Z) \qquad (7.12)$$

と書ける. ただし, θ は表現を指定するパラメータで $\mathrm{mod}\,2\pi$ できまる任意の実数である. Feynman核(7.10)は, したがって

$$K_\theta(q_\mathrm{F}, t_\mathrm{F}; q_\mathrm{I}, t_\mathrm{I}) = \sum_{n=-\infty}^{\infty} e^{in\theta} K_\theta^{(n)}(q_\mathrm{F}, t_\mathrm{F}; q_\mathrm{I}, t_\mathrm{I}) \qquad (7.13)$$

と表わすことができる. ここで, $K_\theta^{(n)}(q_\mathrm{F}, t_\mathrm{F}; q_\mathrm{I}, t_\mathrm{I})$ はソレノイドのまわりを反時計まわりに n 回まわる経路に対する Feynman 核である. パラメータ θ はソレノイドを貫く磁束の大きさに依存するが, 具体的な θ の値はこのような考察だけからは決められない*.

単連結でない配位空間 M において経路積分を取り扱うもう1つの方法は, M の普遍被覆空間 M^* を導入することである. M^* は単連結である. そこで M^* 上で経路積分を Feynman 流に導入する. このときは(7.9)の比例係数は

---

* 実際は $\theta=e\Phi/\hbar c$ である((5.44)式). Φ は磁束の大きさを表わす. 経路積分に基づく具体的な計算については, 巻末文献[2-3], [5-1]参照.

問題にならない．経路積分は M^* 上の可能な経路についてすべて足し上げるものとする．確率振幅を求める際の作用 S は M 上のものと同じものをとる． M^* 上の経路には，必ず $\pi_1(M)$ のある要素 α に属する M 上の経路が対応する．したがって，M^* 上の経路についての足し上げは，M 上の経路を $\pi_1(M)$ によって分類して，各 α ごとの経路についての足し上げで表現することができる．このとき，M 上で原点をひとまわりする 1 つの経路の作用値を $\theta\hbar$ とおけば，M 上で n 回まわる経路に対応する，M^* 上の経路積分には位相 $n\theta$ が付加されることになる．これが (7.10)，(7.11)，(7.13) および Laidlaw-DeWitt-Schulman の定理の内容である．

7-3　同種粒子の配位空間と統計

これまでは主に 3 次元空間 E^3 の中の粒子の運動を考えてきたが，この節では空間の次元を一般化して D 次元の Euclid 空間，E^D における同種粒子の運動を考察しよう．1 粒子の配位空間は E^D とする（スピンの自由度は考えない）．もし個々の粒子が区別可能であれば，N 体系の配位空間は $(\boldsymbol{R}^D)^N$ となる．すなわち，ある時刻における配位 $(\boldsymbol{x}_1, \boldsymbol{x}_2, \cdots, \boldsymbol{x}_N)$ は $(\boldsymbol{R}^D)^N$ の 1 点で表わされ，対応は 1 対 1 である．ここで，$\boldsymbol{x}_i$ $(i=1, 2, \cdots, N)$ は D 次元ベクトルを表わす．ところが同種粒子の場合は事情が異なる．$(\boldsymbol{R}^D)^N$ のある点 $(\boldsymbol{x}_1, \boldsymbol{x}_2, \cdots, \boldsymbol{x}_N)$ に対して対称群 S_N を作用させた点 $(\boldsymbol{x}_{\sigma_1}, \boldsymbol{x}_{\sigma_2}, \cdots, \boldsymbol{x}_{\sigma_N})$ 全体は全く区別がつかないので，このような点には同種粒子系の状態としてはやはり同一の状態を対応させなければならない．つまり，これらの点は $(\boldsymbol{R}^D)^N$ の中で同一視する必要がある．さらに，ここで物理的要請として任意の時刻においてどの 2 粒子も同一点を占めることはないとしよう．すなわち配位空間 $(\boldsymbol{R}^D)^N$ から対角点の集合 $\Delta_N \{(\boldsymbol{x}_1, \boldsymbol{x}_2, \cdots, \boldsymbol{x}_N) |$ ある $i \neq j$ に対して $\boldsymbol{x}_i = \boldsymbol{x}_j$；ただし，$i, j = 1, 2, \cdots, N\}$ を除いておく．

経路積分という観点から考えると，配位空間 $(\boldsymbol{R}^D)^N$ から対角点の集合 Δ_N を除く理由は，各粒子のえがく経路の「からみ方」がつねに一意的に定まるよ

うにしておくためである．この要請下で，同種粒子の N 体系の配位空間 M_N は

$$M_N = \{(\boldsymbol{R}^D)^N - \Delta_N\}/S_N \tag{7.14}$$

となる．

次に M_N の連結性をみるためには，その基本群 $\pi_1(M_N)$ を求める必要がある．これは空間の次元 D に依存して

$$\pi_1(M_N) = \begin{cases} S_N & (D \geqq 3) \\ B_N(\boldsymbol{R}^2) & (D=2) \end{cases} \tag{7.15}$$

となることが知られている*．ただし，$B_N(\boldsymbol{R}^2)$ は N 次の**組ひも群**(braid group)を表わす**．$B_N(\boldsymbol{R}^2)$ は隣り合う2本のひも(i 番目と $i+1$ 番目)の配置を図7-4に示すように交差させる $N-1$ 個の操作 σ_i ($i=1,2,\cdots,N-1$) によって生成される．B_N の基本関係は S_N の基本関係のうち，(6.10)をのぞいた(6.8)，(6.9)と同じものである．基本関係の1つ(6.10)が除かれるのは，2次元空間の特殊性を反映した結果である．

一般論を始める前に，具体的に $N=2$，すなわち同種粒子の2体系をまず考えてみよう．この場合，2粒子の配位空間は重心の位置座標 $\boldsymbol{x}^D$ と相対位置ベクトルの極座標表示に対応する $\boldsymbol{R}^+ \times \boldsymbol{R}P_{D-1}$ の直積で表わされる．ここで，$\boldsymbol{R}P_{D-1}$ は $D-1$ 次元実射影空間である(巻末文献[7-1]，定理13参照)．この配位空間の，位相的な性質として問題になるのは，相対角の自由度を表わす $\boldsymbol{R}P_{D-1}$ である．これは $D-1$ 次元球面 S^{D-1} において対心点(antipodal point)

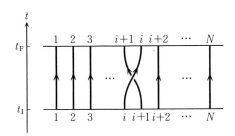

図7-4 B_N の生成子 σ_i．

---

* M.G.G. Laidlaw and C.M. DeWitt，前掲書．
** 浅野・永尾，前掲書74ページ．

を同一視したものに等しい（同種粒子を入れ換えても配位は変わらない）．

ここで $D \geqq 3$ のとき，S^{D-1} は単連結で，S^{D-1} 上のループはつねに1点に可縮となることを思い出そう．これに対して，対心点を同一視する RP_{D-1} の場合は，S^{D-1} 上で閉じたループとして1点に可縮のもののほかに，S^{D-1} の「北極」から「南極」にとぶ経路に可縮なループが可能である．こうして，RP_{D-1} ($D \geqq 3$) の閉じたループは S^{D-1} 上の経路としては1点に可縮なものか，「北極」から「南極」への経路に可縮なもののいずれかに分類されることがわかる．すなわち，$\pi_1(RP_{D-1}) = Z_2$ ($D \geqq 3$) である．1点に可縮なループが2粒子の偶置換に対応し，「北極」から「南極」に至る経路に可縮なものが奇置換に対応していることは，S^{D-1} が相対角の自由度を表わす空間であることを思い出せば明らかであろう．こうして $D \geqq 3$ の場合，$\pi_1(M_2) = S_2$，すなわち(7.15)の前半が成り立つ．

一方，$D=2$ の場合，相対角を表わす空間は RP_1，すなわち対心点を同一視した S^1 であるが，S^1 は単連結でないので事情が異なる．

S^1 上の閉じたループが**巻き数**(winding number) n で特徴づけられることはすでに述べた．対心点を同一視した場合にも，S^1 を半周回る「経路」に対して，時計(反時計)回りを $-1(+1)$ とすれば事情は変わらない．すなわち，$\pi_1(RP_1) = Z$ である．これは2粒子のえがく世界線のからみ方として理解することもできる．図7-5にその対応を示しておいた．このとき，2体の世界線の配位が2次の組ひも群の配位に1対1に対応していることは明らかである．こ

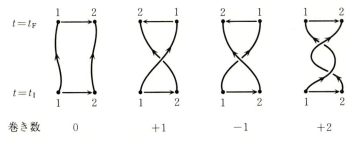

図 **7-5** 同種2粒子の描く軌道と巻き数．

うして，$D=2$ のとき $\pi_1(M_2) \cong \mathbf{Z} \cong B_2(\mathbf{R}^2)$, すなわち, $N=2$ のとき (7.15) の後半も成り立つことがわかった．具体的な例については 7-4 節で議論する．

次に，一般の N 体系について考えよう．まず空間次元 $D \geqq 3$ から始めよう．この場合，(7.15) から $\pi_1(M_N) \cong S_N$ なので，配位空間は $N!$ 個の連結でない部分に分かれる．これは次のように考えるとわかりやすい．

時刻 t_I に配位 $q_\mathrm{I}(\boldsymbol{x}_1, \boldsymbol{x}_2, \cdots, \boldsymbol{x}_N)$ であった状態から，時刻 t_F にふたたび同じ配位 $q_\mathrm{F} = q_\mathrm{I}$ にもどる過程を考えてみる．このとき，始めの状態と終りの状態は配位空間 M_N の同一点に対応するので，考えている過程は M_N 内の 1 つの閉じたループとして表わされる．可能なループとしては，$q_\mathrm{I}(\boldsymbol{x}_1, \boldsymbol{x}_2, \cdots, \boldsymbol{x}_N) \to q_\mathrm{F}(\boldsymbol{x}_1, \boldsymbol{x}_2, \cdots, \boldsymbol{x}_N)$ や $q_\mathrm{I}(\boldsymbol{x}_1, \boldsymbol{x}_2, \cdots, \boldsymbol{x}_N) \to q_\mathrm{F}(\boldsymbol{x}_2, \boldsymbol{x}_1, \cdots, \boldsymbol{x}_N)$ ($\boldsymbol{x}_1$ と $\boldsymbol{x}_2$ が入れ換わる配位)等である．

このようなループにはそれぞれ $(\boldsymbol{x}_1, \boldsymbol{x}_2, \cdots, \boldsymbol{x}_N)$ への S_N の操作 σ (6.7)

$$q_\mathrm{I}(\boldsymbol{x}_1, \boldsymbol{x}_2, \cdots, \boldsymbol{x}_N) \xrightarrow{\sigma} q_\mathrm{F}(\boldsymbol{x}_{\sigma_1}, \boldsymbol{x}_{\sigma_2}, \cdots, \boldsymbol{x}_{\sigma_N}) \tag{7.16}$$

を対応させることができる．異なる σ に対応するループが互いに連続変形によって移り変われないのは，$N=2$ の例からも明らかである．こうして配位空間 M_N の中の閉じたループは $N!$ 個の連結でない部分に分かれる．したがって，時刻 t_I の配位 q_I から，時刻 t_F における別の配位 $q_\mathrm{F} \neq q_\mathrm{I}$ への可能な経路もまた $\pi_1(M_N)$ によって分類され，$N!$ 個の連結していない経路の集合になることがわかる．

一方，経路積分 (7.10) に与えるべき定数 $c(\alpha)$ は，前節の LDS の定理により，$\pi_1(M_N) \cong S_N$ の 1 次元 (ユニタリー) 表現になっている．すでに説明したように，S_N の 1 次元表現は (6.11) に与えた 2 通りの可能性に限られる．すなわち，

$$c_+(\alpha) = 1 \quad (\alpha \in S_N) \tag{7.17}$$

あるいは

$$c_-(\alpha) = \mathrm{sgn}(\alpha) \quad (\alpha \in S_N) \tag{7.18}$$

である．このうち $c_+(\alpha)$ は同種粒子の N 個のどのような入れ換えを伴う経路に対してもつねに同じ重みを与えることを意味するので，BE 統計に従う粒子

系に対応する．これに対して，$c_-(\alpha)$ は α が S_N の奇置換に対して -1，偶置換に対して $+1$ の重みを与えて，FD統計に従う多粒子系を記述する．こうして，$D \geqq 3$ の場合には，配位空間の位相的構造という観点からも，同種多粒子系の従う統計として BE 統計と FD 統計の2通りの可能性しかないことを示すことができた．

最後に，$D=2$ の場合を考えてみよう．$\pi_1(M_N)=B_N(\mathbf{R}^2)$ となることは，N 体の各粒子のえがく軌道を組みひもを構成している N 体のひもに対応させて考えると，組みひものある配位に対して，N 体の配位 $q_\mathrm{I}(\mathbf{x}_1, \mathbf{x}_2, \cdots, \mathbf{x}_N)$ が時間発展してふたたび同じ配位 $q_\mathrm{F}=q_\mathrm{I}$ をとる過程に対応していることは明らかである．粒子の軌道のからみ方の異なる M_N の閉じたループには組みひもの互いに異なる配位，したがって $B_N(\mathbf{R}^2)$ の異なる元が対応していることも，組みひも群の定義から明らかであろう．

経路積分の重みの定数 $c(\alpha)$ を求めるため，$B_N(\mathbf{R}^2)$ の1次元ユニタリー表現を求めよう．$B_N(\mathbf{R}^2)$ の生成子が(6.8)と(6.9)であることはすでに述べたが，特に $\alpha=\sigma_j\,(j=1,2,\cdots,N-1)$ に対して

$$c_\theta(\sigma_j) = e^{i\theta}, \quad c_\theta(\sigma_j^{-1}) = e^{-i\theta} \qquad (j=1,2,\cdots,N-1) \qquad (7.19)$$

とおくと，これが1次元ユニタリー表現になっていることは容易に確かめられる．ただし，θ は $\mathrm{mod}\,2\pi$ の任意の実数である．（θ が任意にとれるのは，B_N の基本関係が(6.8)，(6.9)のみで(6.10)がのぞかれているからである．）一般の α は σ_j と σ_k^{-1} の積の形で表わされるので，経路 α に与える重みの定数は

$$c_\theta(\alpha) = \exp\left[\sum_j \pm i\theta\right] \qquad (7.20)$$

と書ける．ただし，(7.20)の指数の和(j)は α を生成子 σ_j の積で表わしたとき，各生成子の表現(7.19)の指数についての和を意味する．

θ は**統計パラメータ**とよばれている．その理由は(7.19)から明らかで，θ が2粒子の入れ換えに際して現われる波動関数の位相の変化を表わしているからである．特に，$\theta=0$ のときはボソン系に，$\theta=\pi$ のときはフェルミオンの系に対応している．$\theta \neq 0, \pi$ の場合は，ボソンでも，フェルミオンでもない粒子に

対応する.この現象は2次元に特有のもので,一般の θ に対応する粒子はエニオン(anyon)とよばれている.

7-4 エニオン──2次元系のスピンと統計

現実の物理的な空間が3次元であるのはもちろんである.しかし,粒子の運動がある特定の平面内に限られる場合がある.このようなとき,その平面に直交する方向の運動の自由度は事実上凍結されており,粒子の配位空間は2次元Euclid空間と考えられる.

このような系は2次元系とよばれる.金属薄膜やMOS半導体*などの界面に沿う電子の運動は2次元電子系として興味深い研究対象になっている.もちろん,考えている2次元空間にはかならず「端」(edge)があり,また,この空間が3次元空間の中に「埋め込まれている」事実も忘れてしまうことはできない.しかし,2次元系に特有な励起の自由度を準粒子(quasi-particle)として記述するときには,このようなことはすべて忘れて,純粋に2次元Euclid空間の中を運動する粒子とみなすことができる.この節では,このような2次元系の粒子のスピンと統計の新しい関係について考察する.

a) 2次元回転と分数スピン

3次元回転群 $SO(3)$ には x 軸,y 軸,z 軸のまわりのそれぞれの無限小回転のつくる Lie 環 $SO(3)$ が対応している.角運動量の演算子 J(の各成分)は微小回転の生成子として,その交換関係(3.13)が Lie 環 $SO(3)$ をなし,角運動量の固有状態(3.41),(3.42)は $SO(3)$ の既約表現の基底になっている.このとき,既約表現の**最高ウェイト**,すなわち,表現を指定する量子数は整数または半整数に限られることが示される.このことから,また,静止した粒子のもつ内部自由度として導入されたスピン角運動量の大きさも $\hbar$ の整数または半整数に

---

* MOSは金属(metal),酸化物(oxide),および半導体(semiconductor)の薄膜をサンドイッチ状に重ねた(半導体)素子である.MOSの面に垂直方向に電場をかけると,半導体の電子(または正孔)が電場に引かれて酸化物との界面に溜まり,これらの電子は界面に沿って運動する2次元電子系として振舞う.

量子化されることはすでに述べた．もうすこし正確には，上に述べた角運動量の固有状態は $SO(3)$ の普遍被覆群 $SU(2)$ の既約表現になっており，対応は1対1である．状態を指定するスピンの大きさが $\hbar$ の整数(半整数)倍のときが1価(2価)の表現になっている．いずれにしてもスピンの大きさがとびとびの値に量子化されるのは，$SO(3)$ やその普遍被覆群 $SU(2)$ がコンパクトであることによっている．

空間が2次元のときはどうだろうか．2次元回転群 $SO(2)$ は，2次元面に垂直な軸のまわりの回転角 ϕ をパラメータとして

$$R(\phi) = \begin{pmatrix} \cos\phi & \sin\phi \\ -\sin\phi & \cos\phi \end{pmatrix} \quad (0 \leqq \phi < 2\pi) \tag{7.21}$$

と表わすことができる．この群はコンパクトである．しかし，単連結ではない．回転 ϕ に対して $\phi + 2\pi n$ ($n \in \mathbf{Z}$) という可縮でない経路が存在するからである．位相的には S^1 ($z = e^{i\phi}$; $0 \leqq \phi < 2\pi$) と同相である．$R(\phi)$ に対応するユニタリー演算子を $\hat{D}(\phi)$ と表わす．すると，$R(\phi+2\pi) = R(\phi)$ に対応して，

$$\hat{D}(\phi + 2\pi) = \hat{D}(\phi) \tag{7.22}$$

が成り立つ．ここで微小回転の生成子として Hermite な角運動量演算子 $\hat{J}$ を

$$\hat{D}(\phi) = \exp\left(-i\phi\frac{\hat{J}}{\hbar}\right) \tag{7.23}$$

として導入する．$\hat{J}$ の固有状態(固有値 $j\hbar$)は

$$\hat{J}|j\rangle = j\hbar|j\rangle \tag{7.24}$$

をみたす．一方，(7.23)から

$$\hat{D}(\phi)|j\rangle = e^{-i\phi j}|j\rangle \tag{7.25}$$

が得られる．さらに，「周期条件」(7.22)をみたすためには，角運動量の大きさ j は整数でなければならない．すなわち，

$$j = m \quad (m \in \mathbf{Z}) \tag{7.26}$$

上の結果は $SO(2)$ が可換で，かつコンパクトな群であるという性質*を反映し

---

* 周期条件(7.22)は $SO(2)$ のコンパクト性を表わしている．可換群の複素既約表現はすべて1次元である．巻末文献[3-1]57ページ参照．

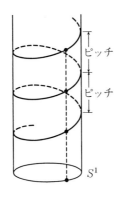

図7-6 群 $SO(2)$ とその普遍被覆群 $\mathbf{R}$.

たものである.

ここで,3次元空間の回転群 $SO(3)$ の場合,その表現空間を普遍被覆群 $SU(2)$ へ広げたことを思い出そう.われわれは $SO(2)$ の場合にも多価な既約表現を考えたいので,$SO(2)$ の普遍被覆群 $\mathbf{R}\{\phi;\ -\infty<\phi<+\infty\}$ を導入し,その既約表現を求めることを考えよう.直観的には,$SO(2) \cong S^1$ 上の軌道をらせん状に円筒に巻きつく $\mathbf{R}$ 上の軌道に対応させることになる.図7-6にその対応関係を示した.

$\mathbf{R}$ は単連結である.しかしコンパクトではない.S^1 上の閉じたループ($\phi \to \phi+2\pi$)は $\mathbf{R}$ 上では閉じたループにならない.したがって,回転 $R(\phi)$ に対応する $\mathbf{R}$ 上のユニタリー演算子 $\hat{V}(\phi)$ に対しては(7.22)のような周期条件を要求する必要はない.その代り,$\phi \to \phi+2\pi$ に対して,$\mathbf{R}$ 上で描かれるらせんのピッチに応じて

$$\hat{V}(\phi+2\pi) = \hat{V}(2\pi)\hat{V}(\phi)$$
$$= e^{i\theta}\hat{V}(\phi) \qquad (7.27)$$

という条件がつく.ここで $\hat{V}(2\pi) \equiv e^{i\theta}$ とおいた.θ は mod 2π で定まる任意の実数でピッチの大きさに対応し,$\hat{V}(\phi)$ を指定するパラメータである.それを以下 $\hat{V}_\theta(\phi)$ と表わす.さらに,(7.23)に対応して,「角運動量」$\hat{J}_\theta$ を

$$\hat{V}_\theta(\phi) = \exp\left(-i\phi\frac{\hat{J}_\theta}{\hbar}\right) \qquad (7.28)$$

として定義する．$\hat{J}_\theta$ の固有状態 $|j_\theta\rangle$ とその固有値 $j_\theta\hbar$ は

$$\hat{J}_\theta|j_\theta\rangle = j_\theta\hbar|j_\theta\rangle \tag{7.29}$$

と書ける．(7.28),(7.29)から

$$\hat{V}_\theta(\phi)|j_\theta\rangle = e^{-i\phi j_\theta}|j_\theta\rangle \tag{7.30}$$

となり，この結果がさらに「境界条件」(7.27)と矛盾しないためには

$$j_\theta = -\frac{\theta}{2\pi} + m \quad (m \in \mathbb{Z}) \tag{7.31}$$

でなければならない．θ は任意の実数($\mathrm{mod}\, 2\pi$)なので，角運動量 $\hat{J}_\theta$ の大きさは $\hbar$ の整数倍または半整数倍からずれることになる．j_θ は**分数スピン**(fractional spin)とよばれている．

こうして，3次元空間の場合と異なり，2次元空間では回転群 $SO(2)$ に対する(多価の)既約表現(の基底)として，分数スピン j_θ の状態が得られた．

b) 磁束と荷電粒子(I)

与えられた磁場の下での荷電粒子の運動は，AB効果を説明する際に取り扱ったが，2次元系に特有な物理という観点からもういちどその運動を考えてみよう．z 軸上に無限に細長い直線状ソレノイドがおかれており，xy 平面内でソレノイドのまわりをまわる荷電粒子という状況を考える(図7-7)．ソレノイド内を貫く磁束を Φ とする．5-2節で説明したように，原点をのぞく平面内でベクトルポテンシャルは「円筒ゲージ」(5.24)で

$$A_r(r,\phi) = 0, \quad A_\phi(r,\phi) = \frac{\Phi}{2\pi r} \tag{7.32}$$

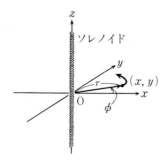

図7-7 ソレノイドのまわりを運動する荷電粒子．

となる*. ただし, $r=\sqrt{x^2+y^2}$, $\tan\phi=y/x$ である. また, ハミルトニアンが

$$\hat{H} = \frac{1}{2m}\left(\hat{\boldsymbol{p}}-\frac{q}{c}\boldsymbol{A}\right)^2 \qquad (7.33)$$

$$= -\frac{\hbar^2}{2m}\left[\frac{1}{r}\frac{\partial}{\partial r}\left(r\frac{\partial}{\partial r}\right)+\frac{1}{r^2}\left(\frac{\partial}{\partial\phi}-i\frac{q\boldsymbol{\Phi}}{2\pi\hbar c}\right)^2\right] \qquad (7.34)$$

と書けることも明らかであろう((5.26)参照).

波動関数 $\psi(r,\phi)$ の1価性の条件は

$$\psi(r,\phi+2\pi) = \psi(r,\phi) \qquad (r>0) \qquad (7.35)$$

である. これから ψ の ϕ 依存性がきまり,

$$\psi(r,\phi) = e^{im\phi}R_m(r) \qquad (m\in\boldsymbol{Z}) \qquad (7.36)$$

が得られる. $\psi(0,\phi)=0$ をみたす Schrödinger 方程式の解は, 一般に

$$\psi(r,\phi) = \sum_{m=-\infty}^{\infty} c_m e^{im\phi} J_{|m-F|}(kr) \qquad \left(k=\frac{\sqrt{2mE}}{\hbar}\right) \qquad (7.37)$$

と書けることはすでに述べた(AB 効果, 5-2 節). ただし, c_m は定数で, $F\equiv q\boldsymbol{\Phi}/2\pi\hbar c$ ((5.30)式)≠整数 とする.

この系の角運動量演算子 $\hat{J}$ は(7.32)のベクトルポテンシャルを用いて

$$\hat{J} \equiv m(\hat{\boldsymbol{x}}\times\dot{\hat{\boldsymbol{x}}})_z \qquad (7.38)$$

$$= -i\hbar\frac{\partial}{\partial\phi}-\frac{\theta}{2\pi} \qquad (7.39)$$

と書ける. ただし, ここであらためて $\theta\equiv q\boldsymbol{\Phi}/\hbar c$ とおいた. $\theta=2\pi F$ である. (7.39)と(7.36)から

$$\hat{J}\psi = \hbar(m-\theta/2\pi)\psi \qquad (7.40)$$

が成り立つ.

(7.40)は磁束のまわりをまわる荷電粒子の角運動量の大きさが**分数化**(fractionalization)されていることを示している. (7.31)と比較すると, これは正に a 項で求めた分数スピン j_θ の固有状態にほかならない.

---

 * この節では2次元の運動のみを考えるので, z 軸からの距離を r で表わすことにする. (3次元の円筒座標では z 軸からの距離を ρ で表わした. (5.21)参照.) $x=r\cos\phi$, $y=r\sin\phi$ である.

次に，ここで，前にも述べた**特異なゲージ変換**(5.38)

$$\psi \longrightarrow \psi' = e^{i\frac{q}{\hbar c}\chi}\psi \qquad (7.41)$$

を行なってみよう．ただし，$\chi(\phi) = -\dfrac{\Phi}{2\pi}\phi$ である．容易に確かめられるように，変換(7.41)によってベクトルポテンシャル $\boldsymbol{A}$ は表面上消去され，波動関数 ψ' に対するハミルトニアン

$$\begin{aligned}\hat{H}' &\equiv e^{i\frac{q}{\hbar c}\chi}\hat{H}e^{-i\frac{q}{\hbar c}\chi} \\ &= \frac{1}{2m}\hat{\boldsymbol{p}}^2 \end{aligned} \qquad (7.42)$$

は磁束 $\Phi = 0$ のときの自由粒子の運動を記述するハミルトニアンとなる．しかし，磁束の影響がなくなってしまったわけではない．$\chi(\phi)$ は多価関数なので，F が整数のとき以外は $\psi'(r,\phi)$ は 1 価とならず，(7.35)の代りに

$$\psi'(r, \phi+2\pi) = e^{-i\theta}\psi'(r,\phi) \qquad (7.43)$$

という「境界条件」をみたさなければならない．これから ψ' の ϕ 依存性

$$\psi'(r,\phi) \propto e^{i(m-\theta/2\pi)\phi} \qquad (m \in \boldsymbol{Z})$$

が得られる．

一方，無限小回転の生成子としての角運動量演算子 $\hat{j}'$ からはゲージ場 $\boldsymbol{A}$ が消去されて

$$\begin{aligned}\hat{j}' &= e^{i\frac{q}{\hbar c}\chi}\hat{j}e^{-i\frac{q}{\hbar c}\chi} \\ &= -i\hbar\frac{\partial}{\partial\phi} \end{aligned} \qquad (7.44)$$

となる．したがって

$$\hat{j}'\psi' = \hbar(m-\theta/2\pi)\psi' \qquad (7.45)$$

が得られ，当然のことながら(7.40)の結果と一致する．

純粋に分数スピン j_θ を記述するという観点からは，波動関数としてゲージ場 $\boldsymbol{A}$ を含む系に対応する波動関数 ψ より，$\boldsymbol{A}$ の消去された系に対応する波動関数 ψ' (7.41)をとる方が自然である．しかし，ψ' は ψ と異なり，一般に ϕ について 1 価関数にはなっていないことに注意すべきである．これは前節にも述

べたが、次のように考えることができる。荷電粒子の配位空間 M は 7-2 節で述べたように、ソレノイドのある原点をのぞいた平面 $M = \mathbf{R}^2 - \{0\}$ で、多重連結な空間である。

波動関数 ψ は M において 1 価で、周期条件 (7.35) をみたしている。一方、ψ' の配位空間は M ではなく、M の被覆空間 $M^* = \mathbf{R}^+ \times \mathbf{R}$ と考える。すなわち、ψ' は M^* において定義されている (1 価の)「波動関数」で、(7.43) は配位空間 M^* における ψ' のみたすべき境界条件とみなすことができる。局所的な観測量に対しては、波動関数 ψ でも、波動関数 ψ' でも同等な記述ができて、両者はつねに同一の結果を与える。これを保証するのが特異なゲージ変換 (7.41) である。

c) 磁束と荷電粒子 (II)

次に、原点に固定されることなく、z 軸と平行のまま平面内を自由に動く磁束 (flux tube) と荷電粒子の系を考察する。動く磁束も荷電粒子もスピンはもたないとする。ラグランジアンとしては

$$L = \frac{1}{2} m_q v_q^2 + \frac{1}{2} m_f v_f^2 + \frac{q}{c} \mathbf{A}(\mathbf{x}_q - \mathbf{x}_f)(\mathbf{v}_q - \mathbf{v}_f) + V(\mathbf{x}_q - \mathbf{x}_f) \quad (7.46)$$

をとることにしよう。$\mathbf{x}_q(\mathbf{x}_f)$, $m_q(m_f)$ はそれぞれ荷電粒子 (磁束) の位置ベクトル、質量を表わす。また、$\mathbf{v}_q \equiv \dot{\mathbf{x}}_q$ ($\mathbf{v}_f \equiv \dot{\mathbf{x}}_f$) で、$\mathbf{A}(\mathbf{x}_q - \mathbf{x}_f)$ は磁束が荷電粒子の位置につくるベクトルポテンシャルである。$V(\mathbf{x}_q - \mathbf{x}_f)$ は磁束と荷電粒子の間に働くポテンシャルを表わす。(7.39) から正準運動量は、それぞれ

$$\begin{aligned} \mathbf{p}_q &= \frac{\partial L}{\partial \dot{\mathbf{x}}_q} = m_q \mathbf{v}_q + \frac{q}{c} \mathbf{A}(\mathbf{x}_q - \mathbf{x}_f) \\ \mathbf{p}_f &= \frac{\partial L}{\partial \dot{\mathbf{x}}_f} = m_f \mathbf{v}_f - \frac{q}{c} \mathbf{A}(\mathbf{x}_q - \mathbf{x}_f) \end{aligned} \quad (7.47)$$

となる。これからハミルトニアン

$$\hat{H} = \frac{1}{2m_q}\left(\hat{\mathbf{p}}_q - \frac{q}{c} \mathbf{A}(\mathbf{x})\right)^2 + \frac{1}{2m_f}\left(\hat{\mathbf{p}}_f + \frac{q}{c} \mathbf{A}(\mathbf{x})\right)^2 + \hat{V}(\mathbf{x}) \quad (7.48)$$

$$= \frac{1}{2M}\hat{\mathbf{P}}^2 + \frac{1}{2\mu}\left(\hat{\mathbf{p}} - \frac{q}{c} \mathbf{A}(\mathbf{x})\right)^2 + \hat{V}(\mathbf{x}) \quad (7.49)$$

が得られる．ただし，$M \equiv m_q + m_f$, $\mu = m_q m_f/(m_q + m_f)$, $\boldsymbol{x} = \boldsymbol{x}_q - \boldsymbol{x}_f$, $\hat{\boldsymbol{P}} = \hat{\boldsymbol{p}}_q + \hat{\boldsymbol{p}}_f$, $\hat{\boldsymbol{p}} = (m_f \hat{\boldsymbol{p}}_q - m_q \hat{\boldsymbol{p}}_f)/(m_q + m_f)$ は2体系の全質量，換算質量，相対位置ベクトル，全運動量，相対運動量をそれぞれ表わす．

この系の**相対運動**の角運動量は

$$\hat{\boldsymbol{L}} = \mu \hat{\boldsymbol{x}} \times \dot{\hat{\boldsymbol{x}}} = \hat{\boldsymbol{x}} \times \left(\hat{\boldsymbol{p}} - \frac{q}{c}\boldsymbol{A}\right)$$

$$= \hat{\boldsymbol{x}} \times \hat{\boldsymbol{p}} - \frac{\theta}{2\pi}\hbar \boldsymbol{e}_z \qquad \left(\theta \equiv \frac{q\Phi}{\hbar c}\right) \qquad (7.50)$$

である．ここで，ベクトルポテンシャル $\boldsymbol{A}$ として，(7.32)と同じ

$$\boldsymbol{A}(\boldsymbol{x}) = \frac{\Phi}{2\pi r}\boldsymbol{e}_\phi \qquad (r > 0) \qquad (7.51)$$

を用いた．ただし，$\boldsymbol{x} \times \boldsymbol{e}_\phi = r\boldsymbol{e}_z$ に注意．

(7.50)は角運動量の分数化の原因がゲージ場 $\boldsymbol{A}$ からの寄与によるものであることを直接示している．(7.50)はゲージ不変な内容であることに注意してほしい．一方，相対運動に関する特異なゲージ変換(7.41)によって，この場合もみかけ上 $\boldsymbol{A}$ を消去することができる．このときは，(7.50)の第2項はあたかも系に固有な(分数)スピンと解釈するのが自然である．

d) エニオンと分数統計

動く磁束と荷電粒子のあいだに十分強い引力ポテンシャル V が働き，束縛状態がつくられる場合を想像しよう．束縛状態がS状態($l = 0$)であるとすると，(7.50)から，動く磁束と荷電粒子の複合系の内部角運動量，すなわちスピンの大きさは $(|\theta|/2\pi)\hbar$ とみなすことができる*．分数スピンをもつ粒子は総称して**エニオン**(anyon)とよばれている．この例では，動く磁束と荷電粒子の束縛系がスピン $|\theta|\hbar/2\pi$ のエニオンである．θ は $\mathrm{mod}\, 2\pi$ できまる任意のパラメータで，磁束 Φ の大きさを調節することにより，スピン0 ($\theta = 0$) の状態にも，スピン1/2 ($\theta = \pi$) の状態にも自由に変えることができる．エニオンの1粒子

---

* 動く磁束も荷電粒子もスピンゼロであるとしたことに注意．

状態は(7.29)で述べた $\hat{J}_\theta$ の固有状態で,固有値として分数スピン j_θ によって指定される.これは $SO(2)$ の(多価の)既約表現になっている*.

エニオンの2体系を考えよう.まずハミルトニアンを求める必要がある.エニオンを動く磁束と荷電粒子のS状態の束縛系(質量 m_a)と考え,このようなエニオンが2個あって,平面内をそれぞれ自由に動き回っているとしよう.

動く磁束と荷電粒子のラグランジアンとしては,(7.46)をとることにすると,エニオン2体系の速度に依存する項は

$$L_\theta \equiv \frac{q}{c}(\boldsymbol{v}_1-\boldsymbol{v}_2)\cdot\boldsymbol{A}(\boldsymbol{x}_1-\boldsymbol{x}_2)+\frac{q}{c}(\boldsymbol{v}_2-\boldsymbol{v}_1)\cdot\boldsymbol{A}(\boldsymbol{x}_2-\boldsymbol{x}_1) \quad (7.52)$$

となることがわかる.ただし,$\boldsymbol{v}_i, \boldsymbol{x}_i\,(i=1,2)$ はそれぞれエニオンの速度と位置を表わす.ゲージ場 $\boldsymbol{A}(\boldsymbol{x})$ は原点におかれた磁束が $\boldsymbol{x}$ につくるもので,(7.51)で与えられているものである.これからエニオン2体系を記述するラグランジアン

$$L_a \equiv \tilde{L}+L_\theta \quad (7.53)$$
$$= \frac{1}{2}m_a\boldsymbol{v}_1{}^2+\frac{1}{2}m_a\boldsymbol{v}_2{}^2-U(|\boldsymbol{x}_1-\boldsymbol{x}_2|)$$
$$+\frac{q}{c}(\boldsymbol{v}_1-\boldsymbol{v}_2)\{\boldsymbol{A}(\boldsymbol{x}_1-\boldsymbol{x}_2)-\boldsymbol{A}(\boldsymbol{x}_2-\boldsymbol{x}_1)\} \quad (7.54)$$

が得られる.m_a はエニオンの質量,$U(\boldsymbol{x})$ はエニオン間の残留相互作用のポテンシャルを表わす.

(7.54)からハミルトニアンは

$$\hat{H}_a = \frac{1}{2m_a}\Big(\hat{\boldsymbol{p}}_1-\frac{q}{c}\boldsymbol{A}(\boldsymbol{x}_1-\boldsymbol{x}_2)+\frac{q}{c}\boldsymbol{A}(\boldsymbol{x}_2-\boldsymbol{x}_1)\Big)^2+\frac{1}{2m_a}\Big(\hat{\boldsymbol{p}}_2-\frac{q}{c}\boldsymbol{A}(\boldsymbol{x}_2-\boldsymbol{x}_1)$$
$$+\frac{q}{c}\boldsymbol{A}(\boldsymbol{x}_1-\boldsymbol{x}_2)\Big)^2+\hat{U}(\boldsymbol{x}_1-\boldsymbol{x}_2) \quad (7.55)$$
$$= \frac{1}{4m_a}\hat{\boldsymbol{P}}^2+\frac{1}{m_a}\Big[\hat{\boldsymbol{p}}-\frac{q}{c}(\boldsymbol{A}(\boldsymbol{x})-\boldsymbol{A}(-\boldsymbol{x}))\Big]^2+\hat{U}(\boldsymbol{x}) \quad (7.56)$$

---
* より正確には $SO(2)$ の普遍被覆群 $\boldsymbol{R}$ の1次元表現.

と書ける. ここで $x=x_1-x_2$, $\hat{P}=\hat{p}_1+\hat{p}_2$, $\hat{p}=(\hat{p}_1-\hat{p}_2)/2$ とした. それぞれの記号の意味は明らかであろう.

特に, $\hat{U}=0$ の場合, すなわち自由エニオンの2体系は, 重心運動を別にすると, 相対運動に関しては, 磁束のまわりを回る荷電粒子のハミルトニアン(7.33)と本質的に同等であることがわかる($A(-x)=-A(x)$ なので磁束 Φ が2倍になった系に等しい).

動く磁束と荷電粒子の束縛系としてのエニオンはボソンである. したがって, ハミルトニアン(7.56)の Schrödinger 方程式の解である波動関数 $\psi(x_1,x_2)$ は, x_1 と x_2 について1価で, かつ2つのエニオンの入れ換え($x_1\leftrightarrow x_2$)に対して,

$$\psi(x_2,x_1)=\psi(x_1,x_2) \tag{7.57}$$

をみたさなければならない. ただし, $x_1=x_2$ で, $\psi(x_1,x_1)=0$ とする.

一方, (7.41)で行なったと同じように, この系に特異なゲージ変換を施して, ハミルトニアン(7.56)からゲージ場 A を消すこともできる. 実際, ゲージ変換として

$$\chi_{12}\equiv-\frac{\Phi}{\pi}\phi_{12} \tag{7.58}$$

と選ぶと, 変換後のゲージ場は

$$(A(x)-A(-x))\longrightarrow A(x)-A(-x)+\nabla\chi_{12}=0 \tag{7.59}$$

となって消去される*. ただし, (7.58)で ϕ_{12} はエニオン1とエニオン2の相対位置ベクトル $x(\equiv x_1-x_2)$ の極座標表示の方位角($\phi_{12}=\tan^{-1}(y_1-y_2)/(x_1-x_2)$)を表わす(図7-8). ($\chi_{12}$ は x_1,x_2 について1価な関数ではないことに注意.)

変換後の波動関数 ψ' は

$$\psi(x_1,x_2)\longrightarrow\psi'(x_1,x_2)=e^{i\frac{q}{\hbar c}\chi_{12}}\psi(x_1,x_2)$$
$$=e^{-i\frac{\theta}{\pi}\phi_{12}}\psi(x_1,x_2) \tag{7.60}$$

---

* $A(x)=\dfrac{\Phi}{2\pi}\dfrac{e_z\times x}{r^2}=\dfrac{\Phi}{2\pi}\nabla\phi$ を思い出せ.

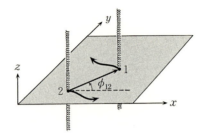

図7-8 エニオンの2体系.

となる.一方,ϕ'の時間推進を記述するハミルトニアン

$$H_a' = e^{i\frac{q}{\hbar c}\chi_{12}} H_a e^{-i\frac{q}{\hbar c}\chi_{12}}$$
$$= \frac{1}{2m_a}(\boldsymbol{p}_1^2 + \boldsymbol{p}_2^2) + U(\boldsymbol{x}_1 - \boldsymbol{x}_2) \qquad (7.61)$$

は予想通りゲージ場 A を含まないものに変わっている.

特異なゲージ変換の結果,ϕ' は $\boldsymbol{x}_1$ と $\boldsymbol{x}_2$ について一般に1価の関数でなくなっていることに注意してほしい.このことは,例えば,図7-8においてエニオン2のまわりに,エニオン1を反時計まわりに1回転させる($\phi_{12} \to \phi_{12} + 2\pi$)と,(7.60)から

$$\phi'(\boldsymbol{x}_1, \boldsymbol{x}_2) \longrightarrow e^{-2i\theta}\phi'(\boldsymbol{x}_1, \boldsymbol{x}_2) \qquad (7.62)$$

となることからも分かる.また,2つのエニオンの入れ換えに対しては

$$\phi'(\boldsymbol{x}_2, \boldsymbol{x}_1) = e^{-i\theta}\phi'(\boldsymbol{x}_1, \boldsymbol{x}_2) \qquad (7.63)$$

である.これは次のようにして示すことができる.まず,エニオンの入れ換えを次の2つのステップに分けて行なう.

(i) エニオン1をエニオン2のまわりに相対距離 $|\boldsymbol{x}_1 - \boldsymbol{x}_2|$ を変えずに反時計まわりに角度 π だけ回転させる(図7-9参照).

(ii) 次いで,2つのエニオン系全体を相対位置を不変のまま ϕ_{12} 方向へ距離 $|\boldsymbol{x}_1 - \boldsymbol{x}_2|$ だけ平行移動させる.2つの操作(i),(ii)によってエニオンの入れ換えが完了するが,正味の変化は $\boldsymbol{x}_1 \leftrightarrow \boldsymbol{x}_2$ のほかに $\phi_{12} \to \phi_{12} + \pi$ の変化が残る.したがって,(7.63)が成り立つ.

このような位相が付加される物理的な理由は,エニオンの構成要素である荷

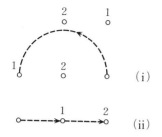

図7-9 2つのエニオンの入れ換え．(i)粒子1を粒子2のまわりに180°回転，(ii)粒子1と粒子2の並進．

電粒子が互いに相手の磁束による AB 効果により，$\theta = q\Phi/\hbar c$ の位相の変化をうけるためである．

一方，(7.63)の関係は，これを同種粒子としてのエニオンの従う統計という観点からみると，$\theta = 0, \pi$ 以外の値に対しては2つの粒子の入れ換えに際して，対称(BE 統計)でもなく，反対称(FD 統計)でもない統計に従っている．このような同種粒子の統計を**分数統計**(fractional statistics)という．エニオンのスピンが $(|\theta|/2\pi)\hbar$ であることを思い出すと，ここで述べたことはスピンと統計に関する定理(第6章)を分数スピンを含む場合に一般化したものと考えることもできる．

なお，分数スピンの波動関数 ψ と ψ' の関係と同様の関係が，2体のエニオンの波動関数 $\psi(\boldsymbol{x}_1, \boldsymbol{x}_2)$ と $\psi'(\boldsymbol{x}_1, \boldsymbol{x}_2)$ についても次のようにして成り立つ．7-3節で考察したように，2次元の同種2体系の配位空間 $M_2 = ((\boldsymbol{R}^2)^2 - \Delta_2)/S_2$ は多重連結空間である．実際，$\pi_1(M_2) = B_2(\boldsymbol{R}^2) \cong \boldsymbol{Z}$ であった．$\psi(\boldsymbol{x}_1, \boldsymbol{x}_2)$ はこの M_2 において導入された1価な波動関数である．これに対して，$\psi'(\boldsymbol{x}_1, \boldsymbol{x}_2)$ は M_2 の被覆空間 M_2^* において定義されるべき(1価の)「波動関数」で，(7.62)は被覆空間 M_2^* における ψ' に課された(時間によらない)境界条件とみなすことができる．

最後に，エニオン2体系のラグランジアン L_a (7.53),(7.54)についてコメントしておこう．L の中でゲージ場 $\boldsymbol{A}$ を含む項 L_θ (7.52)に $\boldsymbol{A}$ の具体的な形(7.51)を代入すると，

$$L_\theta = \frac{q}{c}(\boldsymbol{v}_1-\boldsymbol{v}_2)\cdot\{\boldsymbol{A}(\boldsymbol{x}_1-\boldsymbol{x}_2)-\boldsymbol{A}(\boldsymbol{x}_2-\boldsymbol{x}_1)\}$$

$$= \frac{q\Phi}{\pi c}\dot{\boldsymbol{x}}\cdot\nabla\phi_{12} \quad (\boldsymbol{x}\equiv\boldsymbol{x}_1-\boldsymbol{x}_2,\ \phi_{12}=\tan^{-1}y/x)$$

$$= \hbar\frac{\theta}{\pi}\dot{\phi}_{12} \tag{7.64}$$

となって,時間について全微分の形に表わされる.したがって,最小作用の原理によってきまるエニオンの軌道に L_θ はなんらの影響を与えないことがわかる.すなわち,古典軌道は θ に無関係である.このことは L_θ が $\hbar$ に比例していることからも明らかであるが,荷電粒子には,今の場合 Lorentz 力は働いていないという事実とも一致している.

 一方,量子論ではどうだろうか.量子論では古典論に対応する Heisenberg の運動方程式のほかに,$\hat{\boldsymbol{x}}$ と $\hat{\boldsymbol{p}}$ の正準交換関係が理論の構造を規定している.そして,(7.47)からも明らかなように,$\boldsymbol{p}$ の定義は θ に依存している.こうして量子論の中に θ に依存する効果が入ることになる.一方,これを経路積分の方法による量子論の観点からみると次のようになる.2次元空間内を運動する同種2粒子の配位空間 $M_2\equiv((\boldsymbol{R}^2)^2-\Delta_2)/S_2$ は多重連結空間であった.このことは,2粒子の運動を重心運動の自由度 $\boldsymbol{R}^2$ と相対運動の自由度 $\boldsymbol{R}^+\times\boldsymbol{RP}_1$ ($\boldsymbol{R}^+$ は相対距離,$\boldsymbol{RP}_1$ は相対角 S^1 を同種粒子の性質から S_2 で割った1次元実射影空間)に分けて考えれば明らかである.$M_2=\boldsymbol{R}^2\times\boldsymbol{R}^+\times\boldsymbol{RP}_1$ である.

 M_2 の閉じたループ,すなわち,時刻 t_1 にある配位から出発して,時刻 t_F にふたたび同じ配位にもどる軌道は,相対角の自由度に相当する部分空間 $\boldsymbol{RP}_1$ でも閉じたループになっている.はじめに2粒子の相対角が ϕ_0 であったとしよう.ただし,相対位置ベクトルを $\boldsymbol{x}$ とすると,相対角 ϕ は $\tan\phi=y/x$ である.これがある時間経過した後にふたたび同じ配位にもどったということは,相対角 ϕ が S^1 上を ϕ_0 から出発して,移動をくり返したあとでふたたび ϕ_0,あるいは $\phi_0+\pi$ になったということである.ϕ_0 と $\phi_0+\pi$ は $\boldsymbol{RP}_1$ 上では同一点なので,運動は $\boldsymbol{RP}_1$ 上の閉じたループに対応していることがわかる(図7-10).

 以上のことから,$\boldsymbol{RP}_1$ 上の閉じたループは相対角 ϕ が S^1 のまわりを反時計

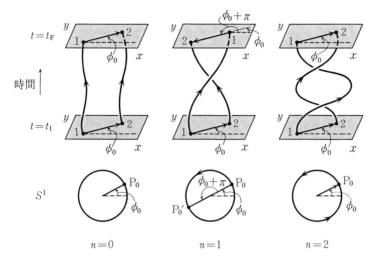

図7-10 2粒子の配位空間 M_2 内の閉じたループと巻き数. 時刻 $t=t_I$ で相対角 ϕ_0 の配位から出発して, $t=t_F$ にふたたび ϕ_0, あるいは $\phi_0+\pi$ の配位をとる2粒子の軌道のからみ方と, 対応する部分空間 S^1 上の運動. S^1 上ではじめ P_0 から運動をはじめ, もとにもどる場合 ($n=0,2$) と P_0 の対心点 P_0' に至る場合 ($n=1$) がある. P_0 と P_0' は RP^1 上では同一点なので, どちらも RP^1 上の閉じたループである.

回りを正とする半周の回転を単位として, 何単位分まわったかによって分類することができる. 例えば, 2粒子の入れ換えは, $\phi \to \phi \pm \pi$ という過程に相当するが, RP^1 上では閉じたループになっており, その「巻き数」(winding number) は ± 1 である. こうして, ふたたび

$$\pi_1(M_2) \cong \pi_1(RP^1) \cong B_2(R^2) \cong Z \tag{7.65}$$

が得られる.

一方, 経路積分の公式(7.10)において経路 $q(\tau)_\alpha$ に与えるべき定数 $c(\alpha)$ は, $\pi_1(M_2)=Z$ の1次元ユニタリー表現である(LDSの定理). Z のユニタリー表現はすでに与えられている. すなわち, $c_\theta(n)$ (7.12)がそれである. $c_\theta(n)$ はまた

$$c_\theta(\Delta\phi) = e^{i\frac{\theta}{\pi}\Delta\phi} \tag{7.66}$$

と表わすこともできる.ただし,$\Delta\phi$は2つのエニオンの相対角ϕの変化分で,閉じたループについては$\Delta\phi = n\pi$($n \in \mathbf{Z}$)である.$\Delta\phi$を**巻き角**(winding angle)という.

パラメータθが統計を表わしていることは明らかである.実際,$\theta=0$のとき$c_0(n)=1$で,2つの粒子を何回入れ換えてもFeynman核に与えるべき重みは1でBE統計に,$\theta=\pi$のときは$c_\pi(n)=(-1)^n$で,nの偶奇性は2つの粒子の入れ換えの偶奇性に相当しているのでFD統計に,それぞれ対応している.

一般のθに関しては,まず(7.66)が

$$c_\theta(\Delta\phi) = \exp\left[i\frac{\theta}{\pi}\int_{t_\mathrm{I}}^{t_\mathrm{F}}\dot\phi dt\right] \tag{7.67}$$

と書けることに注意しよう.ただし,$\Delta\phi = \phi(t_\mathrm{F}) - \phi(t_\mathrm{I})$である.次に(7.67)を(7.10)に代入すると,エニオンに対するFeynman核

$$K(\boldsymbol{x}_\mathrm{F}, t_\mathrm{F}; \boldsymbol{x}_\mathrm{I}, t_\mathrm{I}) = \int_{(\boldsymbol{x}(\tau) \in M_2)} \mathscr{D}[\boldsymbol{x}(\tau)] \exp\left[\frac{i}{\hbar}\int_{t_\mathrm{I}}^{t_\mathrm{F}} d\tau \left(\tilde{L} + \hbar\frac{\theta}{\pi}\dot\phi\right)\right] \tag{7.68}$$

が得られる.ただし,$\tilde{L}$はエニオン2体系のラグランジアン(7.53)((7.54)の1行目)を表わす.また,経路積分は配位空間M_2の$\boldsymbol{x}(t_\mathrm{I})$から$\boldsymbol{x}(t_\mathrm{F})$へ至る任意の可能な経路$\boldsymbol{x}(\tau)$($t_\mathrm{I} \leqq \tau \leqq t_\mathrm{F}$)について行なうものとする.(7.68)を(7.64)と比較すると,経路積分においてエニオンの統計を表わす$c_\theta(\Delta\phi)$がちょうどゲージ場Aを含む相互作用L_θ(7.64)に等しいことがわかる.

L_θが系の運動方程式に影響しないことはすでに述べたが,より正確には,L_θは**位相的な項**(topological term)として分数統計,あるいはθ統計を定める役割を果たしているのである.このことは統計が本来量子効果であることを示すものである.また,(7.68)の結果は,経路積分において$L_a \equiv \tilde{L} + L_\theta$を用いれば,得られる波動関数は$M_2$において1価で,ボソンの周期条件(7.57)をみたす$\psi(\boldsymbol{x}_1, \boldsymbol{x}_2)$であることを意味している.

エニオン2体系のエネルギー準位

エニオン2体系のエネルギー準位が実際に分数スピンあるいは分数パラメータθに，どのように依存するかを調べてみよう．

まず，半径Rの円の内部で運動する自由なエニオン2体系のエネルギー準位を考える．ハミルトニアンは(7.56)で$U=0$ $(r\leq R)$とおいたものである．このとき，相対運動は原点におかれた磁束2Φのまわりを回る質量$m_a/2$の荷電粒子のハミルトニアンと同等である((7.48), (7.49)を参照)．Schrödinger方程式の解が(7.37)で与えられることから，エニオン2体系のエネルギー準位

$$E_\theta(\boldsymbol{K}, n, l) = \frac{\hbar^2 \boldsymbol{K}^2}{4m_a} + \frac{\hbar^2 k_{n,l}^2(\theta)}{m_a} \tag{7.69}$$

が得られる．ただし，$\boldsymbol{K}$は重心運動の波数ベクトル，$k_{n,l}$は相対運動の波数で

$$k_{n,l}(\theta) = \xi_{|n-\theta/\pi|, l}/R \tag{7.70}$$

である．$\xi_{\nu,l}$はBessel関数$J_\nu(\xi)$のl番目の根を表わす．これはr方向の波動関数の$r=R$での境界条件$J_{|n-\theta/\pi|}(kR)=0$から導かれる．ここで，エニオンをBE統計に従う粒子系とみなすと，2つのエニオンの入れ換えの条件$\psi(\phi+\pi)=\psi(\phi)$から$n$は偶数，FD統計に従う粒子系とすると，$n$は奇数でなければならない．

予想通り，エネルギー準位はθの周期関数である．(7.70)から$\theta \to \theta+\pi$に対して

$$k_{n,l}(\theta+\pi) = k_{n-1,l}(\theta) \tag{7.71}$$

が成り立つので，θを断熱的にπだけ変化させると，エネルギー準位は，BE系の準位からFD系の準位へ(あるいはその逆へ)移り変わる．分数スピンj_θの変化についても同様である．エニオン多体系においては，BE統計とFD統計の絶対的な区別はなくなっていることがわかる．

次に$\hat{U}$が(2次元)調和振動子型ポテンシャル

$$\hat{U}(\boldsymbol{x}) = \frac{m_a}{4}\omega_0^2(x^2+y^2) \tag{7.72}$$

の場合を考えよう．ω_0 はポテンシャルの強さを表わすパラメータである．ラグランジアン(7.54)を重心運動の部分と相対運動の部分に分離し，重心運動の部分はこれまでと同様なので省略し，相対運動のみを考えると

$$L_{\rm rel} = \frac{1}{2}\mu\dot{\boldsymbol{x}}^2 - \frac{1}{2}\mu\omega_0^2\boldsymbol{x}^2 + L_\theta \tag{7.73}$$

$$= \frac{1}{2}\mu(\dot{r}^2 + r^2\dot{\phi}^2) - \frac{1}{2}\mu\omega_0^2 r^2 + \hbar\frac{\theta}{\pi}\dot{\phi} \tag{7.74}$$

が得られる．ただし，$\mu \equiv m_a/2$ は換算質量を表わす．(7.74)から得られるハミルトニアンは

$$H_{\rm rel} = -\frac{\hbar^2}{2\mu}\left[\frac{1}{r}\frac{\partial}{\partial r}\left(r\frac{\partial}{\partial r}\right) + \frac{1}{r^2}\left(\frac{\partial}{\partial \phi} - i\frac{\theta}{\pi}\right)^2\right] + \frac{1}{2}\mu\omega_0^2 r^2 \tag{7.75}$$

と表わせる．

波動関数として，変数分離型

$$\psi(\boldsymbol{x}) = R_l(r)e^{il\phi} \tag{7.76}$$

を仮定し，(7.75)を作用させると，r 方向の Schrödinger 方程式

$$\left[-\frac{\hbar^2}{2\mu}\frac{1}{r}\frac{\partial}{\partial r}\left(r\frac{\partial}{\partial r}\right) + \frac{\hbar^2}{2\mu}\frac{1}{r^2}\left(l - \frac{\theta}{\pi}\right)^2 + \frac{1}{2}\mu\omega_0^2 r^2\right]R_l(r) = ER_l(r) \tag{7.77}$$

が得られる．ここで，l はボソン系のエニオンに対して偶数，フェルミオン系のエニオンに対して奇数の整数値をとるものとする．エネルギー固有値を求めるために，(7.77)を無次元変数 ξ をつかって次のように変形する．

$$\left\{\frac{d^2}{d\xi^2} + \frac{1}{\xi}\frac{d}{d\xi} - \frac{1}{\xi^2}\left(l - \frac{\theta}{\pi}\right)^2 - \xi^2 + \lambda\right\}R(\xi) = 0 \tag{7.78}$$

ただし，$\xi = r/r_0$ ($r_0^2 \equiv \hbar/\mu\omega_0$)，$\lambda = 2E/\hbar\omega_0$．

ここで，$\psi(\boldsymbol{x}_1, \boldsymbol{x}_2)|_{\boldsymbol{x}_1 = \boldsymbol{x}_2} = 0$ の「境界条件」すなわち $R(0) = 0$ をみたす解として

$$R(\xi) = \xi^{|l-\theta/\pi|}e^{-\xi^2/2}\chi(\xi) \tag{7.79}$$

とおき，$\chi(\xi)$ が ξ の $2n$ 次多項式であることを要求すると，λ すなわちエネルギー固有値がきまる．結果は

$$E_{n,l}(\theta) = \hbar\omega_0\left(2n+1+\left|l-\frac{\theta}{\pi}\right|\right) \quad (n=0,1,2,\cdots) \quad (7.80)$$

となる．ただし，

$$|l| = \begin{cases} 0,2,4,\cdots & (\text{ボソン}) \\ 1,3,5,\cdots & (\text{フェルミオン}) \end{cases} \quad (7.81)$$

である．(7.80)をみると，エニオン2体系のエネルギー準位はθに依存し，周期2πで変化することがわかる(図7-11)．

図から明らかなように，$\theta=0$のボソン系のスペクトルは，θを少しずつ増加させると，縮退度も含めて$\theta=\pi$においてフェルミオン系のスペクトルへ移行していく．また，$\theta=0,\pi\,(\mathrm{mod}\,2\pi)$以外の値に対してはスペクトルは$\hbar\omega_0$の整数倍になっていない．

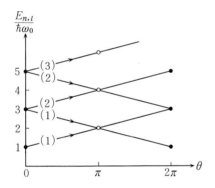

図7-11 調和振動子型ポテンシャルのエニオン2体系のエネルギー準位のθ依存性．縦軸$\theta=0$の黒丸はボソン系のエネルギー準位，縦軸$\theta=\pi$の白丸はフェルミオン系のエネルギー準位を表わす．括弧内の数は準位の縮退度を示す．

近似法

　古典力学と同様,量子力学においても,与えられた系の運動方程式が正確に(解析的に)解けるのは,調和振動子のポテンシャルやCoulombポテンシャルの系など,ごく少数のものに限られている.実際の問題を解くにあたっては,何らかの近似法に頼らざるをえないのが一般的である.

　正確には,「一般的であった」と過去形を用いた方が今では適切かも知れない.最近はコンピュータを使用して方程式を数値的に解くことが容易になり,方程式の解法についてのわれわれの考え方が大きく変わったからである.比較的簡単な系では,Schrödinger方程式を直接数値的に解くことは短時間のうちに行なえるようになり,固有値も望む精度で求められるようになった.このため,従来の近似法では取り扱うことが困難な問題に対しても,これを数値的に正確に解くことによって,系についての新しい物理的知見を得ようという試みがさかんに行なわれるようになった.しかしながら,このことはこれまでの近似法についての重要性が減少したことを意味するものではない.近似法は多くの場合,系についてのたしかな物理的描像を生み出し,問題を近似的に取り扱うことにより,単に数値的に正確に解くよりも物理的理解が深まる場合があるからである.この意味で,解析的な近似法はいまでも「古いが信頼できる武

器」(A. B. Migdal)である.

この章では,このような近似法として最も重要で,かつ有用な摂動論を中心に,他のいくつかの近似法と共に,それらの特徴,適用限界等を比較しながら説明しよう.

8-1 摂動論 I ── 定常的な場合

定常的な系のハミルトニアンが2つの部分の和から成り立っているとする.その主要な部分を $\hat{H}_0$ で表わし,$\hat{H}_0$ に対する Schrödinger 方程式は正確に解くことができると仮定する.一方,もう1つの部分 $\hat{H}'$ は主要項 $\hat{H}_0$ に対して加えられた小さな**摂動**(perturbation)とみなされる.$\hat{H}'$ は時間によらず,パラメータ λ を用いて,$\hat{H}' = \lambda \hat{V}$ と表わされるとする.

系のハミルトニアン $\hat{H}$ と定常状態の Schrödinger 方程式は,それぞれ

$$\hat{H} = \hat{H}_0 + \lambda \hat{V} \tag{8.1}$$

$$\hat{H}|\psi_n\rangle = E_n|\psi_n\rangle \tag{8.2}$$

と書ける.ただし,$|\psi_n\rangle$ はエネルギー固有値 E_n の定常状態を表わす.以下,簡単のため,エネルギー準位は離散的であるとしよう.

$\hat{H}_0$ は**無摂動系**(unperturbed system)を記述するハミルトニアンである.仮定により,無摂動系の Schrödinger 方程式

$$\hat{H}_0|\phi_n\rangle = \varepsilon_n|\phi_n\rangle \tag{8.3}$$

は正確に解けるものとする.ただし,$|\phi_n\rangle$ は(無摂動)エネルギー準位 ε_n に属する規格化された(無摂動)固有状態で,$\{|\phi_n\rangle, n=0,1,2,\cdots\}$ は完備な正規直交系になっている.ε_n もまた離散的であるとする.

a) 縮退のない場合

はじめに,無摂動エネルギー準位 ε_n に縮退がない場合を考えよう.

まず,系の固有状態 $|\psi_n\rangle$ とその固有値 E_n は λ のベキに展開できるとして,

$$|\psi_n\rangle = |\psi_n^{(0)}\rangle + \lambda|\psi_n^{(1)}\rangle + \lambda^2|\psi_n^{(2)}\rangle + \cdots \tag{8.4}$$

$$E_n = E_n^{(0)} + \lambda E_n^{(1)} + \lambda^2 E_n^{(2)} + \cdots \tag{8.5}$$

とおく. $\lambda \to 0$ の極限を考えると, 縮退がないという仮定の下では

$$|\psi_n^{(0)}\rangle = |\phi_n\rangle, \quad E_n^{(0)} = \varepsilon_n \tag{8.6}$$

でなければならない.

一方, $\psi_n^{(m)}$ を無摂動系の完備正規直交系 $\{|\phi_l\rangle, l=0,1,2,\cdots\}$ で展開して

$$|\psi_n^{(m)}\rangle = \sum_l c_{nl}^{(m)} |\phi_l\rangle \tag{8.7}$$

と表わす. (添字 l についての和は, l が連続な場合は積分を表わすものとする.)

(8.4), (8.5), (8.7)を Schrödinger 方程式(8.2)に代入し, λ のベキを比較して

$$\lambda^0: \quad \sum_l c_{nl}^{(0)} \varepsilon_l |\phi_l\rangle = E_n^{(0)} \sum_l c_{nl}^{(0)} |\phi_l\rangle \tag{8.8}$$

$$\lambda^1: \quad \sum_l c_{nl}^{(1)} \varepsilon_l |\phi_l\rangle + \sum_l c_{nl}^{(0)} \hat{V} |\phi_l\rangle = E_n^{(1)} \sum_l c_{nl}^{(0)} |\phi_l\rangle + E_n^{(0)} \sum_l c_{nl}^{(1)} |\phi_l\rangle \tag{8.9}$$

$$\lambda^2: \quad \sum_l c_{nl}^{(2)} \varepsilon_l |\phi_l\rangle + \sum_l c_{nl}^{(1)} \hat{V} |\phi_l\rangle = E_n^{(2)} \sum_l c_{nl}^{(0)} |\phi_l\rangle + E_n^{(1)} \sum_l c_{nl}^{(1)} |\phi_l\rangle$$
$$+ E_n^{(0)} \sum_l c_{nl}^{(2)} |\phi_l\rangle \tag{8.10}$$

$$\lambda^m: \quad \sum_l c_{nl}^{(m)} \varepsilon_l |\phi_l\rangle + \sum_l c_{nl}^{(m-1)} \hat{V} |\phi_l\rangle = \sum_{k=0}^m E^{(k)} \left\{ \sum_l c_{nl}^{(m-k)} |\phi_l\rangle \right\}$$
$$(m \geq 1) \tag{8.11}$$

が得られる.

(8.6)に注意すると, まず(8.8)から

$$c_{nl}^{(0)} = \delta_{nl} \tag{8.12}$$

でなければならない.

次に λ の 1 次の式(8.9)に左から $\langle \phi_l |$ を作用させ, (8.12)を用いると

$$c_{nl}^{(1)} \varepsilon_l + V_{ln} = E_n^{(1)} \delta_{nl} + \varepsilon_n c_{nl}^{(1)} \tag{8.13}$$

が成り立つ. ただし, $V_{ln} \equiv \langle \phi_l | \hat{V} | \phi_n \rangle$. これから,

$$E_n^{(1)} = V_{nn} \tag{8.14}$$

$$c_{nl}^{(1)} = \frac{V_{ln}}{\varepsilon_n - \varepsilon_l} \qquad (l \neq n) \tag{8.15}$$

が得られる．係数 $c_{nn}^{(1)}$ はこの段階では決まらず，未定である．同様の手続きにより，λ の 2 次の式(8.10)から，(8.14), (8.15)を用いて

$$E_n^{(2)} = \sum_{l \neq n} \frac{V_{nl} \cdot V_{ln}}{\varepsilon_n - \varepsilon_l} \tag{8.16}$$

$$c_{nl}^{(2)} = \sum_{l' \neq n} \frac{V_{nl'} \cdot V_{l'l}}{(\varepsilon_n - \varepsilon_l)(\varepsilon_n - \varepsilon_{l'})} - \frac{V_{nl} \cdot V_{nn}}{(\varepsilon_n - \varepsilon_l)^2} + c_{nn}^{(1)} V_{nl} \qquad (l \neq n) \tag{8.17}$$

が得られる．この場合も，$c_{nn}^{(2)}$ は未定である．なお，(8.16)によると基底状態 $n=0$ に対しては，$\varepsilon_l - \varepsilon_0 > 0$ が成り立つので常に $E_0^{(2)} < 0$ である．

$c_{nn}^{(1)}, c_{nn}^{(2)}$ など，一般に展開係数 $c_{nn}^{(m)}$ は，状態 $|\psi_n\rangle$ の規格化の条件から次のようにして求められる．まず，(8.4), (8.7)から，状態 $|\psi_n\rangle$ は

$$\begin{aligned}
|\psi_n\rangle &= \sum_m \lambda^m |\psi_n^{(m)}\rangle = \sum_m \lambda^m \sum_l c_{nl}^{(m)} |\phi_l\rangle \\
&= (1 + \lambda c_{nn}^{(1)} + \lambda^2 c_{nn}^{(2)} + \cdots)|\phi_n\rangle + \sum_{l \neq n}(\lambda c_{nl}^{(1)} + \lambda^2 c_{nl}^{(2)} + \cdots)|\phi_l\rangle \\
&= c_{nn}(\lambda)|\phi_n\rangle + \sum_{l \neq n} d_{nl}(\lambda)|\phi_l\rangle
\end{aligned} \tag{8.18}$$

と表わすことができる．ただし，

$$\begin{aligned}
c_{nn}(\lambda) &\equiv 1 + \lambda c_{nn}^{(1)} + \lambda^2 c_{nn}^{(2)} + \cdots \\
d_{nl}(\lambda) &\equiv \lambda c_{nl}^{(1)} + \lambda^2 c_{nl}^{(2)} + \cdots \qquad (l \neq n)
\end{aligned} \tag{8.19}$$

である．

係数 $c_{nn}(\lambda), d_{nl}(\lambda)$ は一般に複素数である．しかし，状態 $|\psi_n\rangle$ の位相は任意にとれるので，これを調節し，$c_{nn}(\lambda)$ を実数に選ぶことができる．このとき，$c_{nn}(\lambda)$ の λ についての展開係数 $c_{nn}^{(m)}$ ($m \geqq 1$) はすべて実数となる．このように選んだ状態 $|\psi_n\rangle$ の規格化条件は

$$c_{nn}^2(\lambda) + \sum_{l \neq n} |d_{nl}(\lambda)|^2 = 1 \tag{8.20}$$

である．

(8.20)に(8.19)を代入し，λ の 1 次と 2 次の項を取り出すと，それぞれ

$$c_{nn}^{(1)} = 0 \tag{8.21}$$

$$c_{nn}^{(2)} = -\frac{1}{2}\sum_{l \neq n}|c_{nl}^{(1)}|^2 = -\frac{1}{2}\sum_{l \neq n}\frac{|V_{ln}|^2}{(\varepsilon_n - \varepsilon_l)^2} \tag{8.22}$$

が得られる.

以上の結果((8.14)～(8.22))をまとめると，λ の 2 次まで，

$$E_n = \varepsilon_n + \lambda V_{nn} + \lambda^2 \sum_{l \neq n}\frac{V_{nl} \cdot V_{ln}}{\varepsilon_n - \varepsilon_l} + \cdots \tag{8.23}$$

$$|\psi_n\rangle = \left(1 - \frac{\lambda^2}{2}\sum_{l \neq n}\frac{|V_{ln}|^2}{(\varepsilon_n - \varepsilon_l)^2} + \cdots\right)|\phi_n\rangle + \lambda \sum_{l \neq n}\left(\frac{V_{ln}}{\varepsilon_n - \varepsilon_l}\right)|\phi_l\rangle$$

$$+ \lambda^2 \sum_{l \neq n}\left(\sum_{l' \neq n}\frac{V_{nl'} \cdot V_{l'l}}{(\varepsilon_n - \varepsilon_l)(\varepsilon_n - \varepsilon_{l'})} - \frac{V_{nl} \cdot V_{nn}}{(\varepsilon_n - \varepsilon_l)^2}\right)|\phi_l\rangle \tag{8.24}$$

が得られる．これを **Rayleigh-Schrödinger の摂動公式** という．

また，エネルギー準位の次のような展開法も考えられる．状態 $|\psi_n\rangle$ を無摂動系の完備正規直交系 $\{|\phi_l\rangle\}$ で展開して

$$|\psi_n\rangle = \sum_l a_{nl}|\phi_l\rangle \tag{8.25}$$

とする．これを Schrödinger 方程式(8.2)に代入して

$$a_{nl}(E_n - \varepsilon_l) = \lambda a_{nl}V_{ll} + \lambda \sum_{l' \neq l}a_{nl'}V_{ll'} \tag{8.26}$$

が得られる．(8.26)で $l = n$ とおき，$a_{nn} \neq 0$ として

$$E_n - \varepsilon_n = \lambda V_{nn} + \lambda \sum_{l \neq n}\left(\frac{a_{nl}}{a_{nn}}\right)V_{nl} \tag{8.27}$$

と表わす．一方，(8.26)は $l \neq n$ に対して

$$\frac{a_{nl}}{a_{nn}} = \frac{\lambda V_{ln}}{E_n - \varepsilon_l} + \lambda \sum_{l' \neq n}\left(\frac{a_{nl'}}{a_{nn}}\right)\frac{V_{ll'}}{E_n - \varepsilon_l} \tag{8.28}$$

と書ける．(8.28)を用いて，a_{nl}/a_{nn} $(l \neq n)$ を λ について逐次的(successive)に展開し，(8.27)の右辺に代入すると，

$$E_n = \varepsilon_n + \lambda V_{nn} + \lambda^2 \sum_{l \ne n} \frac{V_{nl} \cdot V_{ln}}{E_n - \varepsilon_l} + \cdots \tag{8.29}$$

という展開式が得られる．(8.29)は **Brillouin-Wigner の展開式**とよばれている．(8.23)の公式と比べると，摂動をうけた準位 E_n が右辺の展開式の分母に現われているという違いがある．

b) 縮退のある場合

無摂動ハミルトニアン $\hat{H}_0$ のエネルギー準位に縮退のある場合には，これまで述べた方法はそのままでは適用できない．例えば，準位 n と l ($n \ne l$) に $\varepsilon_l = \varepsilon_n$ という縮退があるとすると（$\langle \phi_l | \phi_n \rangle = 0$ として），(8.13)から，$V_{nl} = 0$ でないとただちに矛盾に陥る．

準位 ε_n が N 重に縮退しているとしよう．すなわち，

$$\hat{H}_0 | \phi_n, j \rangle = \varepsilon_n | \phi_n, j \rangle \quad (j = 1, 2, \cdots, N) \tag{8.30}$$

ただし，$|\phi_n, j\rangle$ は正規直交化されているとする．

$$\langle \phi_n, j | \phi_n, j' \rangle = \delta_{jj'} \tag{8.31}$$

一方，$\lambda \ne 0$ では準位 ε_n の縮退は解けるとして，それらの準位を区別して，$E_{n,s}$ ($s = 1, 2, \cdots, N$) で表わす(図 8-1)．

$\lambda \to 0$ の極限で，準位 $E_{n,s}$ は縮退した準位 ε_n に近づくが，このときの状態は一般に無摂動固有状態 $|\phi_n, j\rangle$ ($j = 1, 2, \cdots, N$) のある1次結合で表わされる状態

$$|\tilde{\phi}_n, s\rangle = \sum_j d_{sj} |\phi_n, j\rangle \quad (s = 1, 2, \cdots, N) \tag{8.32}$$

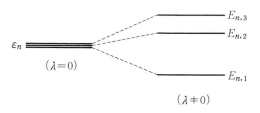

図 8-1 3重($N=3$)に縮退したエネルギー準位($\lambda=0$)とその分離($\lambda \ne 0$)．

に近づくはずである．$|\tilde{\phi}_n, s\rangle$ も規格化されているとする．

そこで，(8.4), (8.5)に代えて

$$|\psi_n, s\rangle = |\phi_n^{(0)}, s\rangle + \lambda |\phi_n^{(1)}, s\rangle + \lambda^2 |\phi_n^{(2)}, s\rangle + \cdots \qquad (8.33)$$

$$E_{n,s} = E_n^{(0)} + \lambda E_{n,s}^{(1)} + \lambda^2 E_{n,s}^{(2)} + \cdots \quad (s=1, 2, \cdots, N) \qquad (8.34)$$

と展開する．ただし，

$$|\phi_n^{(0)}, s\rangle = |\tilde{\phi}_n, s\rangle = \sum_j d_{sj} |\phi_n, j\rangle \qquad (8.35)$$

$$E_n^{(0)} = \varepsilon_n \qquad (8.36)$$

である．さらに，(8.33)の右辺の状態を無摂動系の完備正規直交系 $\{|\phi_n, j\rangle$, $|\phi_l\rangle (l \neq n)\}$ で展開して

$$|\psi_n^{(m)}, s\rangle = \sum_j c_{ns,j}^{(m)} |\phi_n, j\rangle + \sum_{l \neq n} c'_{ns,l}^{(m)} |\phi_l\rangle \quad (m \geq 1) \qquad (8.37)$$

と表わす．

(8.33), (8.34)をSchrödinger方程式(8.2)に代入し，(8.35), (8.37)を用いて λ のベキを比較する．λ の1次の項は

$$\varepsilon_n \sum_j c_{ns,j}^{(1)} |\phi_n, j\rangle + \sum_{l \neq n} c'_{ns,l}^{(1)} \varepsilon_l |\phi_l\rangle + \hat{V} |\tilde{\phi}_n, s\rangle$$
$$= E_{n,s}^{(1)} |\tilde{\phi}_n, s\rangle + \varepsilon_n \sum_j c_{ns,j}^{(1)} |\phi_n, j\rangle + \varepsilon_n \sum_{l \neq n} c'_{ns,l}^{(1)} |\phi_l\rangle \qquad (8.38)$$

と書ける．これから

$$\langle \phi_n, j | \hat{V} | \tilde{\phi}_n, s\rangle = E_{n,s}^{(1)} \langle \phi_n, j | \tilde{\phi}_n, s\rangle \qquad (8.39)$$

$$\varepsilon_l c'_{ns,l}^{(1)} + \langle \phi_l | \hat{V} | \tilde{\phi}_n, s\rangle = \varepsilon_n c'_{ns,l}^{(1)} \quad (l \neq n) \qquad (8.40)$$

が導かれる．

(8.35), (8.31)を用いると，(8.39)はまた

$$\sum_{j'} V_{jj'} d_{sj'} = E_{n,s}^{(1)} d_{sj} \qquad (8.41)$$

と表わせる．ただし，$V_{jj'} \equiv \langle \phi_n, j | \hat{V} | \phi_n, j'\rangle$．ここで，$N \times N$ の行列 $\boldsymbol{V}$ を

$$(\boldsymbol{V})_{jj'} \equiv V_{jj'} \qquad (8.42)$$

で定義すると，(8.41) の d_{sj} がゼロでない解をもつためには

$$\det |V - E_{n,s}^{(1)} \mathbf{1}| = 0 \tag{8.43}$$

でなければならない．(8.43) は**永年方程式**(secular equation)とよばれている．永年方程式 (8.43) の根として，λ についての 1 次の準位のずれ $E_{n,s}^{(1)}$ ($s=1,2,\cdots,N$) の値が求まる．このようにして求められた $E_{n,s}^{(1)}$ に対応して，(8.41) と $|\tilde{\phi}_n,s\rangle$ の規格化条件から係数 d_{sj} がきまる．この手続きは，また，行列 V を対角化する手続きと同等であることがわかる．(8.32) あるいは (8.35) は基底の変換を表わす式であり，基底 $|\tilde{\phi}_n,s\rangle$ でみると，V は対角化されている．実際，

$$\delta_{s's} E_{n,s}^{(1)} = \langle \tilde{\phi}_n, s' | \hat{V} | \tilde{\phi}_n, s \rangle \tag{8.44}$$

が成り立っている．

また，(8.40) から

$$c_{ns,l}^{\prime(1)} = \frac{\langle \phi_l | \hat{V} | \tilde{\phi}_n, s \rangle}{\varepsilon_n - \varepsilon_l} \quad (l \neq n) \tag{8.45}$$

が得られる．$c_{ns,j}^{(1)}$ は未定である．

摂動の結果，一般に無摂動系のエネルギー準位の縮退はとれる．しかし，縮退のとれ方は完全な場合もあり，部分的な場合もある．部分的な場合は，永年方程式 (8.43) が等根をもつ場合に相当する．この場合，縮退をとるにはさらに λ について高次の近似，さしあたって λ の 2 次まで考慮する必要がある．

例えば，準位 n が 2 重に縮退 ($N=2$) していたとしよう．直交する 2 つの状態をそれぞれ $|\phi_n,1\rangle$, $|\phi_n,2\rangle$ で表わす．(8.4), (8.5) に対応して，$\lambda \neq 0$ の状態を λ のベキに展開して

$$\begin{aligned}
|\psi_n,1\rangle &= d_{11}|\phi_n,1\rangle + d_{12}|\phi_n,2\rangle + \lambda|\psi_n^{(1)},1\rangle + \lambda^2|\psi_n^{(2)},1\rangle + \cdots \\
|\psi_n,2\rangle &= d_{21}|\phi_n,1\rangle + d_{22}|\phi_n,2\rangle + \lambda|\psi_n^{(1)},2\rangle + \lambda^2|\psi_n^{(2)},2\rangle + \cdots \\
|\psi_l\rangle &= |\phi_l\rangle + \lambda|\psi_l^{(1)}\rangle + \lambda^2|\psi_l^{(2)}\rangle + \cdots \quad (l \neq n)
\end{aligned} \tag{8.46}$$

とおく．d_{ij} ($i,j=1,2$) は定数である．

(8.46) を (8.2) に代入し，λ のベキを比較する．λ の 1 次の項からは

$$\begin{aligned}
d_{s1}(V_{11} - E_{n,s}^{(1)}) + d_{s2} V_{12} &= 0 \\
d_{s1} V_{21} + d_{s2}(V_{22} - E_{n,s}^{(1)}) &= 0
\end{aligned} \tag{8.47}$$

$$c'_{ns,l}{}^{(1)} = d_{s1}\frac{V_{l,n1}}{\varepsilon_n - \varepsilon_l} + d_{s2}\frac{V_{l,n2}}{\varepsilon_n - \varepsilon_l} \quad (l \neq n) \tag{8.48}$$

という関係式が得られる．ただし，$V_{l,ns} \equiv \langle \phi_l | \hat{V} | \phi_n, s \rangle$; $s = 1, 2$ である．また，(8.46)の右辺の状態 $|\psi_n{}^{(m)}, s\rangle$ $(s = 1, 2)$ と $|\psi_l{}^{(m)}\rangle$ $(l \neq n)$ を完備正規直交系 $\{|\phi_n, s\rangle (s=1,2), |\phi_l\rangle (l \neq n)\}$ で展開して，それぞれ

$$|\psi_n{}^{(m)}, s\rangle = c_{ns,1}{}^{(m)}|\phi_n, 1\rangle + c_{ns,2}{}^{(m)}|\phi_n, 2\rangle + \sum_{l \neq n} c'_{ns,l}{}^{(m)}|\phi_l\rangle$$
$$\qquad\qquad\qquad\qquad\qquad\qquad\qquad\qquad (m \geq 1) \tag{8.49}$$
$$|\psi_l{}^{(m)}\rangle = c_{l,1}{}^{(m)}|\phi_n, 1\rangle + c_{l,2}{}^{(m)}|\phi_n, 2\rangle + \sum_{l' \neq n} c'_{l,l'}{}^{(m)}|\phi_{l'}\rangle$$

とした．係数 $c_{ns,s'}{}^{(1)}, c_{l,s'}{}^{(1)}$ $(s, s' = 1, 2)$ は λ の1次までは未定である．

(8.47)から，λ の1次の摂動の永年方程式(8.43)

$$\begin{vmatrix} V_{11} - E_{n,s}{}^{(1)} & V_{12} \\ V_{21} & V_{22} - E_{n,s}{}^{(1)} \end{vmatrix} = 0 \tag{8.50}$$

が導かれる．ここで，たとえば

$$V_{11} = V_{22}, \quad V_{12} = 0 \tag{8.51}$$

とすると，永年方程式の根は等根 $(E_{n,s}{}^{(1)} = V_{11} = V_{22}, \ s=1,2)$ となり，λ の1次の摂動では準位 n の2重の縮退は解けない．そこで，次に λ の2次の項を求めて比較し，(8.48), (8.50)を用いると，係数 d_{ij} $(i, j = 1, 2)$ についての1次式

$$\left(\sum_{l \neq n}\frac{V_{n1,l}V_{l,n1}}{\varepsilon_n - \varepsilon_l} - E_n{}^{(2)}\right)d_{11} + \left(\sum_{l \neq n}\frac{V_{n1,l}V_{l,n2}}{\varepsilon_n - \varepsilon_l}\right)d_{12} = 0$$
$$\left(\sum_{l \neq n}\frac{V_{n2,l}V_{l,n1}}{\varepsilon_n - \varepsilon_l}\right)d_{11} + \left(\sum_{l \neq n}\frac{V_{n2,l}V_{l,n2}}{\varepsilon_n - \varepsilon_l} - E_n{}^{(2)}\right)d_{12} = 0 \tag{8.52}$$

が得られる．（係数 d_{21}, d_{22} についても同様な式が導かれる．）これから λ の2次の摂動の永年方程式

$$\begin{vmatrix} \sum_{l \neq n}\frac{V_{n1,l}V_{l,n1}}{\varepsilon_n - \varepsilon_l} - E_{n,s}{}^{(2)} & \sum_{l \neq n}\frac{V_{n1,l}V_{l,n2}}{\varepsilon_n - \varepsilon_l} \\ \sum_{l \neq n}\frac{V_{n2,l}V_{l,n1}}{\varepsilon_n - \varepsilon_l} & \sum_{l \neq n}\frac{V_{n2,l}V_{l,n2}}{\varepsilon_n - \varepsilon_l} - E_{n,s}{}^{(2)} \end{vmatrix} = 0 \tag{8.53}$$

が導かれる．(8.53)が λ の 2 次のエネルギー準位のずれを与える式である．

超対称モデル再訪

摂動によるエネルギー準位のシフトの計算例として，4-1 節の超対称モデルをもういちど考えてみよう．ハミルトニアンは

$$\hat{H} = \frac{1}{2m}\left[\hat{p}^2 + \hat{W}^2(x) + \hbar\sigma_3\frac{d\hat{W}}{dx}\right] \tag{8.54}$$

である．

前に説明したように，$x \to \pm\infty$ で条件(4.35)をみたす任意の $\hat{W}(x)$ に対してこの系の基底状態 $|0, -\rangle$ のエネルギー E_0 は，厳密にゼロであった．このような条件をみたす $\hat{W}(x)$ として，特に図 4-1(a)の形を選び，

$$\hat{W}(x) = m\omega(x-a) + \frac{1}{2}\lambda(x-a)^2 + \frac{1}{6}\mu(x-a)^3 \quad (\mu > 0) \tag{8.55}$$

とおいてみよう．ただし，ω, λ, μ は任意のパラメータである．(8.55)から，

$$\frac{d\hat{W}}{dx} = m\omega + \lambda(x-a) + \frac{1}{2}\mu(x-a)^2 \tag{8.56}$$

となる．(8.55), (8.56)を(8.54)に代入して，$\hat{H}$ を次のように無摂動ハミルトニアン $\hat{H}_0$ と摂動項 $\hat{H}'$ に分ける．すなわち，

$$\hat{H} = \hat{H}_0 + \hat{H}' \tag{8.57}$$

ただし，

$$\hat{H}_0 = \frac{1}{2m}\hat{p}^2 + \frac{1}{2}m\omega^2(x-a)^2 + \frac{1}{2}\hbar\omega\sigma_3 \tag{8.58}$$

$$\hat{H}' = \frac{1}{2}\omega\lambda(x-a)^3 + \left(\frac{1}{8m^2}\lambda^2 + \frac{1}{6}\omega\mu\right)(x-a)^4$$

$$+ \frac{1}{12m}\lambda\mu(x-a)^5 + \frac{1}{72m}\mu^2(x-a)^6$$

$$+ \frac{\hbar}{2m}\left[\lambda(x-a) + \frac{1}{2}\mu(x-a)^2\right]\sigma_3 \tag{8.59}$$

$\hat{H}_0$ はスピン依存項のある調和振動子のハミルトニアン(4.37)と同じものである．そこで述べたように，$\hat{H}_0$ の基底状態は調和振動子の基底状態 $|0\rangle$ に，

粒子のスピンが下向きになって入っている状態,$|0,-\rangle$である.このとき実際 $E_0=0$ になっていることはすでに説明した.単に基底状態のみでなく,$\hat{H}_0$ のスペクトルは完全にわかっている.そこで,パラメータ λ, μ は小さいとして,摂動展開で,$\hat{H}$ (8.57)の基底状態のエネルギー準位 $E_0(\lambda, \mu)$ がどうずれるかを計算してみよう.しかし,この場合,実は計算するまでもなく,その答はすでにわかっている.第4章の一般論によると,任意の λ, μ の値に対して,$E_0(\lambda, \mu)=0$ である.したがって,E を λ や μ のベキに展開したとき,それらの各係数はすべてゼロ,すなわち,λ や μ の摂動によって基底状態のエネルギー準位のシフトは起らないはずである.それを確かめるのが以下の計算である.

まず,無摂動系の基底状態に縮退がないことに注意して,摂動の1次の公式(8.14)を適用し,$\hat{H}'$ の期待値を計算すると,

$$E^{(1)} \equiv \langle 0,-|\hat{H}'|0,-\rangle = \langle 0,-|\left[\left(\frac{1}{8m^2}\lambda^2+\frac{1}{6}\mu\omega\right)(x-a)^4\right.$$
$$\left.+\frac{\hbar}{4m}\mu(x-a)^2\sigma_3\right]|0,-\rangle \qquad (8.60)$$
$$= \int_{-\infty}^{\infty} d\eta\, \psi_0^2(\eta)\left[\frac{1}{8m^2}\lambda^2\eta^4+\left(\frac{1}{6}\mu\omega\eta^4-\frac{\hbar}{4m}\mu\eta^2\right)\right]$$
$$= \frac{\lambda^2}{8m}\cdot\frac{3}{4}x_0^4 + \frac{1}{8}\mu\omega x_0^4 - \frac{\hbar}{8m}\mu x_0^2$$
$$= \frac{3}{32}\frac{\lambda^2}{m}x_0^4 \qquad\qquad \underbrace{}_{\text{相殺}} \qquad (8.61)$$

が得られる.ただし,(8.61)で $\langle\eta|0\rangle=\psi_0(\xi)$ は調和振動子の基底状態の波動関数(2.144)を表わし,$\eta\equiv x-a$, $\xi\equiv\eta/x_0$, $x_0\equiv\sqrt{\hbar/m\omega}$ とおいた.また,(8.60)で,(8.59)の $\hat{H}'$ の各項のうち,$x-a$ の奇数次の項からの寄与がゼロになるのは明らかなので省いた.なお,(8.61)の終りから2行目に示したように,μ の1次の項は,$\hat{W}^2$ からの寄与((8.60)の第2項)と $\hbar\sigma_3 d\hat{W}/dx$ からの寄与((8.60)の第3項)が互いに相殺してゼロになっている.$\hat{W}^2$ の項と $\hbar\sigma_3 d\hat{W}/dx$ の項の間のこのような相殺機構は超対称性をもつ系に特有のものである.

$\hat{H}'$ の1次の摂動の寄与(8.61)は λ^2 に比例し,ゼロでないことがわかった.

これは基底状態のエネルギー準位のシフトを意味するだろうか？ (8.59)をよくみると, $\hat{H}'$ には λ^2 の項のほかに, λ の1次の項も含まれている. したがって, $\hat{H}'$ の2次の摂動の寄与の中に λ^2 に比例する項が存在するので, これもあわせて考えなければならない. その寄与は, 公式(8.23)を用いて計算できる. すなわち,

$$E_\lambda^{(2)} = -\sum_{n,\sigma} \frac{|\langle 0, -|\hat{V}'|n,\sigma\rangle|^2}{E_n^{(0)}} \tag{8.62}$$

である. ただし, $\hat{V}'$ は $\hat{H}'$ の λ の1次の項

$$\hat{V}' \equiv \frac{1}{2}\lambda\omega(x-a)^3 + \frac{\lambda\hbar}{2m}(x-a)\sigma_3 \tag{8.63}$$

を表わす. また, (8.62)で $E_n^{(0)} \equiv n\hbar\omega$ である.

(8.62)の右辺の n についての和は, $n=1, 3$ からの寄与だけが残る. それらを調和振動子の波動関数(2.147)を用いて求めると

$$E_\lambda^{(2)} = -\left(\underset{n=1}{\frac{1}{32}} + \underset{n=3}{\frac{1}{16}}\right)\frac{\lambda^2}{m}x_0^4 \tag{8.64}$$

という結果が得られる. これを(8.61)と比べると, $E^{(1)}$ と $E_\lambda^{(2)}$ は互いに相殺して, λ の2次のエネルギーシフトは予想通りゼロになっている. μ の2次のエネルギーシフトについても同様である.

8-2 摂動論 II ── 非定常な場合

ハミルトニアンが時間に依存する場合には, 一般に定常的な状態は存在しないので, Schrödinger 方程式

$$i\hbar\frac{\partial}{\partial t}|\phi\rangle = \hat{H}(t)|\phi\rangle \tag{8.65}$$

を扱う必要がある. ただし,

$$\hat{H}(t) = \hat{H}_0 + \lambda\hat{V}(t) \tag{8.66}$$

で，無摂動系のハミルトニアン $\hat{H}_0$ は時間によらないとする．$\hat{V}(t)$ は外部から系に加えられる，時間に依存する相互作用ポテンシャルを表わす．(8.65)の解を λ についての展開の形で求めることを考えよう．

まず，無摂動系のエネルギー準位 ε_l の固有状態 $|\phi_l\rangle$ の完備な正規直交系を用いて，時刻 t における状態 $|\psi\rangle$ を

$$|\psi\rangle = \sum_l c_l(t)|\phi_l\rangle e^{-i\frac{\varepsilon_l}{\hbar}t} \tag{8.67}$$

と展開する．展開係数 $c_l(t)$ は時間に依存する．しかし，状態 $|\psi\rangle$ のノルムは一定なので，

$$\sum_l |c_l(t)|^2 = 1 \tag{8.68}$$

をみたさなければならない．また，(8.67), (8.68)の l についての和は，これまで通り準位が連続な場合は積分を表わすものとする．展開式(8.67)を(8.65)に代入し，左から $\langle\phi_n|$ を作用させると，$c_n(t)$ のみたす方程式

$$i\hbar\dot{c}_n(t) = \lambda\sum_l V_{nl}c_l(t)e^{i\frac{\varepsilon_{nl}}{\hbar}t} \tag{8.69}$$

が得られる．ただし，

$$V_{nl} \equiv \langle\phi_n|\hat{V}(t)|\phi_l\rangle, \quad \varepsilon_{nl} \equiv \varepsilon_n - \varepsilon_l \tag{8.70}$$

とおいた．(8.69)は厳密な式である．

次に，展開係数 $c_l(t)$ を λ のべキに展開して

$$c_l(t) = c_l^{(0)}(t) + \lambda c_l^{(1)}(t) + \lambda^2 c_l^{(2)}(t) + \cdots \tag{8.71}$$

と表わす．(8.71)を t で微分して(8.69)の左辺に代入し，λ のべキを比較すると，漸化式

$$\dot{c}_n^{(0)} = 0 \tag{8.72}$$

$$\dot{c}_n^{(s)} = \frac{1}{i\hbar}\sum_l V_{nl}c_l^{(s-1)}(t)e^{i\frac{\varepsilon_{nl}}{\hbar}t} \quad (s \geq 1) \tag{8.73}$$

が得られる．これを逐次的に積分すれば，任意の次数の摂動解を求めることができる．

(8.72)から，$c_n^{(0)}$ は時間的に変化しないことがわかる．したがって，摂動が加えられる時刻に系が無摂動系のある1つの準位 m にあったとすると，$c_n^{(0)} = \delta_{nm}$ となる．始状態 $|\psi_i\rangle = |\phi_m\rangle$ から時刻 t における終状態 $|\psi_f\rangle = |\phi_n\rangle$ への遷移確率は

$$P_{i \to f} = |\langle \psi_f | \psi \rangle|^2 = |c_n(t)|^2 \tag{8.74}$$

で与えられる．ただし，$c_n^{(0)} = \delta_{nm}$．

a) 単位時間当りの遷移確率

摂動ハミルトニアンが，特に

$$\lambda \hat{V}(t) = \begin{cases} 0 & (t < 0) \\ \lambda \hat{V} & (t \geq 0) \end{cases} \tag{8.75}$$

である場合，λ の1次の摂動で遷移確率を求めよう*．ただし，$\hat{V}$ は時間によらないとする．$c_n^{(0)} = \delta_{nm}$ を(8.73)で $s = 1$ とおいた式の右辺に代入して積分すると

$$c_n^{(1)}(t) = \frac{1}{i\hbar} \int_0^t V_{nm} e^{i \frac{\varepsilon_{nm}}{\hbar} t'} dt' \tag{8.76}$$

$$= -V_{nm} \frac{e^{i \frac{\varepsilon_{nm}}{\hbar} t} - 1}{\varepsilon_{nm}} \tag{8.77}$$

が得られる．これから，時刻 t において，系を状態 $|\phi_n\rangle$ に見出す確率は

$$P_{nm}(t) = \frac{4\lambda^2}{\hbar^2} |V_{nm}|^2 \left(\frac{\sin \frac{1}{2} \frac{\varepsilon_{nm}}{\hbar} t}{\frac{\varepsilon_{nm}}{\hbar}} \right)^2 \tag{8.78}$$

で与えられる．

遷移確率 $P_{nm}(t)$ の t 依存性をみるために，式(8.78)の右辺括弧内の因子を ε_{nm} の関数として示したのが図8-2である．中央のピークの高さは t^2 に比例し，その幅は t^{-1} に比例するので，中央のピークの下の面積（灰色の部分）は t

---

* $t = 0$ に特別な意味はない．また，摂動が $t = 0$ に突然加えられるという操作は計算の技術上導入されたもので，実際には，$\lambda\hat{V}(t)$ は常に存在しているか，あるいはゆるやかに加えられるのが普通である．いずれにしても，始状態と終状態の間のエネルギーは保存する場合を想定している．

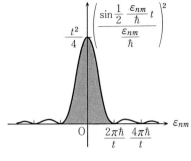

図 8-2 $\left(\dfrac{\sin \frac{1}{2}\frac{\varepsilon_{nm}}{\hbar}t}{\frac{\varepsilon_{nm}}{\hbar}}\right)^2$ の ε_{nm} 依存性.

に比例することがわかる.もし,始状態 $|\phi_m\rangle$ とエネルギーのほぼ縮退した一群の終状態 $|\phi_n\rangle$ ($\varepsilon_{nm}\cong 0$) が存在すると,遷移確率 $P_{nm}(t)$ はそれらの状態についての和,すなわち ε_{nm} の $\varepsilon_{nm}\cong 0$ の付近の状態の和をとることになるので,V_{nm} がそれらの終状態の間であまり変わらないとすると,上に述べた理由により,遷移確率は t に比例することが期待される.そこで,**単位時間当りの遷移確率**(transition probability per unit time) w_{nm} を

$$w_{nm} = \frac{1}{t}\sum_{\substack{n\\ \varepsilon_n\cong\varepsilon_m}} P_{nm}(t) \qquad (8.79)$$

として定義する*.

具体的に w_{nm} の表式を求めよう.系を 1 辺の長さ L の立方体の中に入れ,周期境界条件をつける.こうしてエネルギーが離散的になった状態を体積 V ($=L^3$) で規格化する (box normalization).さらに,始状態 $|\psi_i\rangle=|\phi_m\rangle$ のエネルギー ε_m とほぼ縮退しているエネルギー準位を持つ一群の終状態の ε_n と $\varepsilon_n+d\varepsilon_n$ の間の状態数を $\rho(\varepsilon_n)d\varepsilon_n$ とする.ただし,$\rho(\varepsilon_n)$ はエネルギー ε_n の終状態の状態密度を表わす.L が十分大きいとき,(8.79) の終状態 n についての和は ε_n についての積分でおきかえられ,その積分への主な寄与は $\varepsilon_{nm}\cong 0$ の

---

* 単位時間当りの遷移確率 w_{nm} に物理的意味があるのは λ が十分小さく,始状態が時間 t の間に少しずつ変化していく場合である.時間 t は十分大きくとる.

状態からくることに注意しよう．それらの終状態に対しては，$|V_{nm}|$ や $\rho(\varepsilon_n)$ がほぼ一定であると考えられるので積分の外へ出し，w_{nm} に対する公式，

$$\begin{aligned} w_{nm} &= \frac{1}{t}\int P_{nm}(t)\rho(\varepsilon_n)d\varepsilon_n \\ &\cong \frac{1}{t}\cdot\frac{4\lambda^2}{\hbar^2}|V_{nm}|^2\rho(\varepsilon_m)\int_{-\infty}^{\infty}\left(\frac{\sin\frac{1}{2}\frac{\varepsilon_{nm}}{\hbar}t}{\frac{\varepsilon_{nm}}{\hbar}}\right)^2 d\varepsilon_{nm} \\ &\cong \frac{2\pi}{\hbar}\cdot\lambda^2|\hat{V}_{nm}|^2\rho(\varepsilon_m) \end{aligned} \qquad (8.80)$$

が得られる*．ただし，$\varepsilon_n \cong \varepsilon_m$．(8.80)は応用範囲の広い摂動公式として知られている．

b) 調和振動による摂動（harmonic perturbation）

次に，摂動ハミルトニアンが振動数 ω で振動する場合，

$$\lambda\hat{V}(t) = \begin{cases} 0 & (t<0) \\ \lambda\hat{V}_0\sin\omega t & (t\geq 0) \end{cases} \qquad (8.81)$$

を考えよう．ただし，$\hat{V}_0$ は時間的に一定であるとする．

始状態は $|\phi_i\rangle = |\phi_m\rangle$ として，時刻 t における振幅 $c_n^{(1)}(t)$ を (8.76) と同様にして求めると，

$$\begin{aligned} c_n^{(1)}(t) &= \frac{1}{i\hbar}\int_0^t V_{0,nm}\sin\omega t'\, e^{i\frac{\varepsilon_{nm}}{\hbar}t'}dt' \\ &= -\frac{1}{2i}\cdot V_{0,nm}\left[\frac{1}{\varepsilon_{nm}+\hbar\omega}\left\{e^{i\left(\frac{\varepsilon_{nm}+\hbar\omega}{\hbar}\right)t}-1\right\}\right. \\ &\qquad\left. -\frac{1}{\varepsilon_{nm}-\hbar\omega}\left\{e^{i\left(\frac{\varepsilon_{nm}-\hbar\omega}{\hbar}\right)t}-1\right\}\right] \end{aligned} \qquad (8.82)$$

が得られる．ただし，$V_{0,nm}\equiv\langle\phi_n|\hat{V}_0|\phi_m\rangle$．

前項(a)の場合と同様，系を状態 $|\phi_n\rangle$ に見出す有限な確率が得られるのは，(8.82)の2つの項のどちらかの分母がゼロに近い場合，すなわち

$$\varepsilon_n \cong \varepsilon_m \pm \hbar\omega \qquad (8.83)$$

---

* $\int_{-\infty}^{\infty}x^{-2}\sin^2 x\,dx = \pi$．積分の範囲は $\pm\infty$ とした．時間 t を十分大きくとれば，この近似は許される．

の場合である．有限な ω に対しては2つの項の間の干渉はつねに小さく無視できるのが普通である．このとき，(8.82)は

$$\varepsilon_{nm} \longleftrightarrow \varepsilon_{nm} \pm \hbar\omega \tag{8.84}$$

というおきかえによって，前項(a)の場合に帰着する．いまの場合，求めた単位時間当りの遷移確率は，系が摂動によって外部から $\hbar\omega$ のエネルギーを**吸収**(absorption)する過程($\varepsilon_n = \varepsilon_m + \hbar\omega$)，あるいは**放出**(emission)する過程($\varepsilon_n = \varepsilon_m - \hbar\omega$)の割合をそれぞれ表わしている．これは原子や分子などが光を吸収あるいは放出する過程を記述する際の基礎になっている．

8-3 変分法

変分法(variational method)は摂動的な近似法に代る有力な方法として，系の基底状態のエネルギー準位の計算をはじめとして，広い分野に応用されている．

系のハミルトニアン $\hat{H}$ の基底状態を $|\psi_0\rangle$, そのエネルギー準位を E_0 とする．ここで，E_0 を求める目的で，試行的に，ある状態 $|\phi_0\rangle$ を用いて $\hat{H}$ の期待値

$$\bar{E}_0 = \frac{\langle \phi_0 | \hat{H} | \phi_0 \rangle}{\langle \phi_0 | \phi_0 \rangle} \tag{8.85}$$

を計算する．$|\phi_0\rangle$ を基底状態 $|\psi_0\rangle$ の**試行状態**(trial state)という．$\bar{E}_0$ に関して次の定理が成り立つ．

定理8.1 $\bar{E}_0$ はつねに基底状態 E_0 の上限を与える．すなわち，$\bar{E}_0 \geqq E_0$.

[証明] 試行状態 $|\phi_0\rangle$ を $\hat{H}$ の固有状態

$$\hat{H}|\psi_n\rangle = E_n|\psi_n\rangle \quad (n = 0, 1, 2, \cdots) \tag{8.86}$$

の完備正規直交系 $\{|\psi_n\rangle\}$ で展開して

$$|\phi_0\rangle = \sum_n |\psi_n\rangle\langle\psi_n|\phi_0\rangle \tag{8.87}$$

とする.ただし,$n=0$ は基底状態を表わす.

(8.87)を用いると,

$$\begin{aligned}\langle\phi_0|\hat{H}|\phi_0\rangle &= \sum_n E_n|\langle\psi_n|\phi_0\rangle|^2 \\ &= E_0\sum_n |\langle\psi_n|\phi_0\rangle|^2 + \sum_n (E_n-E_0)|\langle\psi_n|\phi_0\rangle|^2 \\ &\geqq E_0\sum_n |\langle\psi_n|\phi_0\rangle|^2 \\ &\geqq E_0\langle\phi_0|\phi_0\rangle \end{aligned} \tag{8.88}$$

が得られる.ただし,2 行目から 3 行目に移るところで $E_n-E_0\geqq 0$ を用いた.等号は $|\phi_0\rangle=|\psi_0\rangle$,すなわち,試行状態 $|\phi_0\rangle$ が真の基底状態に等しい場合に限られる.∎

試行状態 $|\phi_0\rangle$ としてはいくつかのパラメータを含むものを選ぶのが普通である.そして,(8.85)から $\bar{E}_0$ を計算し,次にパラメータについて変分をとって最低値 $\bar{E}_{0,\min}$ を求める.変分法の特徴は,こうして求めた近似値が厳密に E_0 の上限を与えるという点である.また,試行状態 $|\phi_0\rangle$ と真の基底状態 $|\psi_0\rangle$ のずれを

$$|\phi_0\rangle = |\psi_0\rangle + \varepsilon|\delta\psi_0\rangle \quad (\langle\delta\psi_0|\psi_0\rangle=0) \tag{8.89}$$

と表わすと,

$$\bar{E}_0 = E_0 + O(\varepsilon^2) \tag{8.90}$$

となって,$\bar{E}_0$ は ε の 2 次のオーダーであることがわかる.したがって,変分法による計算では,かなり雑な試行状態を用いても,比較的よい精度の E_0 の上限値が得られることが多い.これに対して,基底状態 $|\psi_0\rangle$ そのものを変分法で求めるメリットは少ない.

例題として,第 6 章で取り扱ったヘリウム原子の基底状態のエネルギーの計算に変分法を応用して,その上限値を求めてみよう.試行波動関数 $\langle x|\phi_0\rangle$ としては水素原子型波動関数 $u_{nlm}(x)$ の積(6.35)を選ぶことにする.ただし,今回は Z を変分パラメータとして考える.第 6 章の(6.36)から(6.44)までの

計算をくり返すと,

$$\bar{E}_0 = \langle \phi_0 | H | \phi_0 \rangle = \left(Z^2 - \frac{27}{8} Z \right) \frac{e^2}{4\pi a_0} \tag{8.91}$$

が得られる($\langle \phi_0 | \phi_0 \rangle = 1$).

$\bar{E}_0$ (8.91)は $Z=27/16$ のときに極小値

$$\bar{E}_0 = -\left(\frac{27}{16} \right)^2 \frac{e^2}{4\pi a_0} = -2.85 \frac{e^2}{4\pi a_0} \tag{8.92}$$

をとる. 実測値は $-2.90 e^2/4\pi a_0$ であった. これを摂動計算の結果(6.44)と比較すると, 変分法のすぐれていることがわかる.

8-4 非摂動的方法

摂動計算はパラメータ λ が小さなときは非常に有効な方法で, 収束性もよいのが一般的である. λ がそれほど小さくないときには, 摂動の高次の項まで求める必要があり, 計算労力は飛躍的にふえる. このため, 高次の項を効果的に計算するいろいろな技法が考案されている. 一方, パラメータ λ が大きな系に対しては摂動論は適用できない. また, λ が小さくても, 摂動計算が使えない系もある. このような系に対しては, λ のベキ展開以外の近似法を考える必要がある. このようなアプローチを一般に**非摂動的方法**(non-perturbative method)とよぶことにしよう. 非摂動的アプローチは系を正確に解くのと同じ程度にむずかしい場合が多く, 一般的な方法として確立されているとはいえない. 以下, 摂動計算の適用できない系のいくつかの例を示そう.

a) 共鳴現象

一般に, 共鳴は小さな摂動が系全体に大きな効果をひき起こす現象である. したがって, 共鳴を含む系に対しては, 摂動計算は注意が必要である. 3-5節の磁気共鳴はその例である.

摂動ハミルトニアン $\hat{H}'$ は x 方向にかけられた振動磁場である. $\hat{H}'$ は z 軸のまわりを互いに反対方向に回転する磁場の和に分解された((3.124)をみよ).

摂動パラメータは λ で，$\lambda \ll 1$ である．2つの摂動項のうち，時計まわりに回転する第2項については摂動計算が有効に適用できる．これに対して，反時計まわりに回転している第1項には摂動展開が有効に使えない．なぜだろうか．

第2項を無視したハミルトニアンは(3.125)である．(3.125)以下に示したように，この系は正確に解ける．その結果，スピンの向きがフリップする遷移確率は(3.139)で与えられる．この式をみると，$\omega \cong \omega_0$，すなわち，振動磁場の振動数が Larmor 振動数の2倍の ω_0 に近づくと，遷移確率は共鳴を起こし，その大きさは λ によらないことがわかる．したがって，この場合，λ がどんなに小さくても有限次数の摂動計算は無力である．すべての次数についての足し上げをしない限り，摂動計算によって共鳴現象を説明することはできないことがわかる．

一方，摂動ハミルトニアンの第2項は，第1項の ω を $-\omega$ におきかえたものに等しい．もし，第2項の代りに第1項を無視した系を解くと，(3.139)の代りに，スピンの向きのフリップする遷移確率として，

$$P_{\downarrow\uparrow}(\omega, t) = \frac{(\lambda\omega_0)^2}{(\omega+\omega_0)^2+(\lambda\omega_0)^2} \sin^2 \frac{1}{2}\bar{\Omega}t \qquad (8.93)$$

が得られる．ただし，$\bar{\Omega}^2 = (\omega_0+\omega)^2+(\lambda\omega_0)^2$．遷移確率(8.93)の $P_{\downarrow\uparrow}(\omega, t)$ は共鳴を含まないので，(3.139)と異なり，任意の $\omega(>0)$ に対して，つねに λ のベキについての展開がよい近似になっている．実際，小さな λ に対して，1次の摂動計算

$$P_{\downarrow\uparrow}^{(1)}(\omega, t) \cong \lambda^2 \frac{\omega_0^2}{(\omega+\omega_0)^2} \sin^2 \frac{1}{2}(\omega+\omega_0)t \qquad (8.94)$$

を(8.93)と比較してみると，そのことがよくわかる．

b) トンネル効果

2-4節で述べた WKB 法は作用関数 S を $\hbar$ のベキに展開する方法であった．これは $\hbar$ を小さなパラメータとする摂動展開の一種とみなすことができる．しかし，単なる摂動展開ではない．波動関数の位相が $S/\hbar$ の形をしているからである．

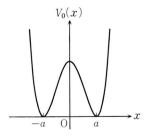

図 8-3 2連井戸型ポテンシャル.

たとえば,準古典近似で得られるトンネル効果の公式(2.90)をみると,透過率 $T(E)$ は $\hbar$ のベキに展開できない形になっている.実際,$\hbar \to 0$ の極限で(2.90)の右辺は,$\hbar$ のいかなるベキよりもはやくゼロに近づく.トンネル効果は $\hbar$ についての非摂動的効果,すなわち純粋に量子力学的効果ということができる.一方,透過率 $T(E)$ の大きさはポテンシャル $\hat{V}$ に依存する.例として,2連井戸型(double well)のポテンシャル

$$V(x) = \frac{1}{g^2} V_0(gx) \tag{8.95}$$

ただし $$V_0(x) = \frac{m\omega^2}{8a^2}(x^2-a^2)^2 \tag{8.96}$$

を考えてみよう.$V_0(x)$ の様子を図8-3に示した.a はポテンシャルの2つの底の位置,ω はその付近の調和振動子ポテンシャルの曲率,g^2 は中央のポテンシャルの山の高さ($V(0)=m\omega^2a^2/8g^2$)をそれぞれきめるパラメータである.

一方,系のラグランジアンは

$$L(x,\dot{x}) = \frac{1}{2}m\dot{x}^2 - V(x) \tag{8.97}$$

である.ここで,変数変換

$$\xi = gx \tag{8.98}$$

を行ない,(8.96)を用いると

$$L(x,\dot{x}) = \frac{1}{g^2}\left[\frac{1}{2}m\dot{\xi}^2 - V_0(\xi)\right] \tag{8.99}$$

となって，パラメータ g^2 はくくり出される．これから

$$\frac{S}{\hbar} = \frac{1}{g^2\hbar}\int\left[\frac{1}{2}m\dot{\xi}^2 - V_0(\xi)\right]dt \qquad (8.100)$$

という表式が得られる．ここで，経路積分の公式を思い出すと，(8.100)の結果はこの系の $\hbar$ 依存性は実は $g^2\hbar$ の依存性と同じであり，したがって，小さな $\hbar$ による展開は，小さな g^2 による展開と等価であることがわかる．すなわち，この2連井戸型ポテンシャルによるトンネル効果は，g^2 についての非摂動的効果によるものであるということができる．

g^2 が小さいとき，ポテンシャル V の中央の山は十分高くなり，左右の2つのポテンシャルの井戸は実質上分離する．この極限で，系の基底状態としては，左右それぞれの調和振動子の井戸の基底状態 $|L\rangle$, $|R\rangle$ に粒子が局在する状態が第0近似として得られる．エネルギー準位は $E_L^{(0)} = E_R^{(0)} = \frac{1}{2}\hbar\omega$ となって，2つの状態は縮退している．実際には，$V(x)$ の中央の山は有限なので，トンネル効果により，それぞれの波動関数は山をすり抜けて互いにつながる．この効果によって，$E_L^{(0)}$ と $E_R^{(0)}$ の縮退はとれ，2つの準位に分かれる．基底状態には，左右対称な状態

$$|S\rangle = \frac{1}{\sqrt{2}}[|L\rangle + |R\rangle] \qquad (8.101)$$

が対応することはよく知られている．基底状態 $|S\rangle$ のエネルギーを求めると*，

$$E_S = \frac{1}{2}\hbar\omega\left[1 - \sqrt{\frac{m\omega a^2}{\pi g^2\hbar}}e^{-2m\omega a^2/3g^2\hbar}\right] + O(g^2) \qquad (8.102)$$

という結果が得られる．第2項がトンネル効果によるエネルギーのシフトである．g^2 の非摂動的効果は明らかであろう．

---

* 残念ながら，2-4節のWKB法の公式は，そのままでは接続条件をみたしていないので定量的な推定には使えない．接続条件について工夫が必要である．紙面の都合で計算は省略する．
S. Coleman: The Uses of Instantons, in *Aspects of Symmetry* (Cambridge Univ. Press, 1985)，および巻末文献[2-2], [2-3]参照．

補章 I
Coulomb 場の中のエネルギー準位と $O(4)$ 対称性

球対称な中心力のなかでも，Coulomb 場は特別である．この補章 I では，Coulomb 引力の下で運動する粒子の束縛状態のエネルギー準位，特に，その縮退構造について考察しよう．ポテンシャルを

$$V(r) = -\frac{A}{r} \quad (A>0) \tag{H1.1}$$

とする．ただし，A は正の定数で，たとえば中心に正電荷 Ze をもつ水素型原子では，$A = Ze^2/4\pi \equiv Z\alpha\hbar c$ である．

Schrödinger 方程式は，したがって

$$\begin{aligned}\hat{H}u(\boldsymbol{x}) &\equiv \left(-\frac{\hbar^2}{2m}\nabla^2 - \frac{A}{r}\right)u(\boldsymbol{x}) \\ &= Eu(\boldsymbol{x})\end{aligned} \tag{H1.2}$$

で与えられる．

HI-1 エネルギー準位と波動関数

(H1.2)のハミルトニアン $\hat{H}$ を，3-3 節の手法を用いて極座標で表わすと，

$$\hat{H} \equiv -\frac{\hbar^2}{2m}\nabla^2 - \frac{A}{r}$$
$$= -\frac{\hbar^2}{2m}\frac{1}{r^2}\frac{\partial}{\partial r}\Big(r^2\frac{\partial}{\partial r}\Big) + \frac{\hat{\boldsymbol{L}}^2}{2mr^2} - \frac{A}{r} \qquad (\text{H1.3})$$

となる．ここで，$\hat{\boldsymbol{L}}$ は軌道角運動量(3-3節)である．

波動関数に変数分離の形
$$u = R(r)Y_l{}^m(\theta,\phi) \qquad (\text{H1.4})$$
を仮定し，(H1.2)に代入して，(H1.3)および(3.68)，(3.71)を用いると，動径方向の波動関数 $R(r)$ のみたす方程式
$$-\frac{\hbar^2}{2m}\frac{1}{r^2}\frac{d}{dr}\Big(r^2\frac{dR}{dr}\Big) + \frac{l(l+1)\hbar^2}{2mr^2}R - \frac{A}{r}R = ER \qquad (\text{H1.5})$$
が得られる．

ここで，束縛状態に対しては $E<0$ であることに注意して，無次元の変数
$$\rho \equiv \sqrt{\frac{8m|E|}{\hbar^2}}r \qquad (\text{H1.6})$$
を導入し，方程式(H1.5)を整理すると，
$$\frac{1}{\rho^2}\frac{d}{d\rho}\Big(\rho^2\frac{dR}{d\rho}\Big) + \Big[-\frac{1}{4} + \frac{\lambda}{\rho} - \frac{l(l+1)}{\rho^2}\Big]R = 0 \qquad (\text{H1.7})$$
となる．ただし，
$$\lambda \equiv \frac{A}{\hbar}\sqrt{\frac{m}{2|E|}} \qquad (\text{H1.8})$$

まず，(H1.7)より $R(\rho)$ の原点($\rho=0$)，および無限遠($\rho\to\infty$)における漸近形が，
$$R(\rho)\begin{cases}\xrightarrow{\rho\to 0}\rho^l \quad \text{あるいは} \quad \rho^{-(l+1)} \\ \xrightarrow{\rho\to\infty} e^{\pm\rho/2}\end{cases} \qquad (\text{H1.9})$$
であることがわかる．このうち，$R(\rho)$ が原点で正則，かつ無限遠($\rho\to\infty$)でゼロになるような解を求めたい．そこで，
$$R(\rho) = \rho^l e^{-\rho/2}f(\rho) \qquad (\text{H1.10})$$

とおき，これを(HI.7)に代入すると，$f(\rho)$ のみたす方程式

$$\rho f''(\rho)+(2l+2-\rho)f'(\rho)+(\lambda-l-1)f(\rho) = 0 \quad \text{(HI.11)}$$

が得られる．さらに，(HI.10)の形から，$R(\rho)$ が境界条件をみたすためには，$f(\rho)$ は $\rho=0$ で有界，かつ $\rho\to\infty$ では高々 ρ の有限のベキ程度に発散する関数でなければならないことがわかる．

方程式(HI.11)は合流型超幾何関数のみたす微分方程式である*．方程式の2つの基本解のうち，$\rho=0$ において有界な解は

$$f(\rho) = F(1+l-\lambda, 2l+2; \rho) \quad \text{(HI.12)}$$

と表わせる．ただし，F は Kummer の合流型超幾何関数である**．一方，F を ρ のベキ級数に展開すると，

$$\begin{aligned}f(\rho) &= 1+\frac{1+l-\lambda}{2l+2}\rho+\frac{(1+l-\lambda)(1+l-\lambda+1)}{(2l+2)(2l+3)}\frac{\rho^2}{2!}+\cdots \\ &= 1+\sum_{k=1}^{\infty}\frac{(1+l-\lambda)(1+l-\lambda+1)\cdots(1+l-\lambda+k-1)}{(2l+2)(2l+3)\cdots(2l+2+k-1)}\frac{\rho^k}{k!}\end{aligned} \quad \text{(HI.13)}$$

が得られる．

(HI.13)の展開式を調べると，$f(\rho)$ の $\rho\to\infty$ における境界条件は，展開式が有限の項で終りになるとき，すなわち，$f(\rho)$ が ρ の多項式の場合にのみ，みたされることがわかる．この条件はまた(HI.13)から $1+l-\lambda$ がゼロまたは負の整数である場合にのみみたされる．すなわち，λ は

$$\lambda \geqq l+1 \quad \text{(HI.14)}$$

をみたす正の整数でなければならない．そこで，λ をあらためて $\lambda \equiv n > 0$ とおくと，λ の定義(HI.8)から，エネルギー準位

$$E_n = -\frac{A^2 m}{2\hbar^2}\frac{1}{n^2} \quad (n=1,2,3,\cdots) \quad \text{(HI.15)}$$

が得られる．ここで，n は(HI.14)より $n \geqq l+1$ をみたす自然数で，**全量子数**（total quantum number），あるいは**主量子数**（principal quantum number）

---

* 森口繁一，宇田川銈久，一松信：数学公式 III（岩波書店，1960）67 ページ．
** 同上書，75 ページ．

とよばれる量子数である.

特に,水素原子型Coulombポテンシャルの場合($A = Z\alpha\hbar c$)には,エネルギー準位(HI.15)は

$$E_n = -\frac{Z^2\alpha\hbar c}{2a_0}\frac{1}{n^2} \quad (n = 1, 2, 3, \cdots) \tag{HI.16}$$

と表わせる.ただし,$a_0 \equiv \hbar/mc\alpha$ は Bohr 半径である.(HI.16)は,Bohrのエネルギー準位の公式として量子力学の建設にあたって重要な役割を果たした.

なお,公式(HI.15)をみると,1つの準位 E_n に対して球対称ポテンシャルに共通の縮退(99ページ参照)に加えて,さらに条件(HI.14)をみたす軌道角運動量の大きさ

$$l = 0, 1, 2, \cdots, n-1 \tag{HI.17}$$

の状態が縮退している.この高い縮退は Coulomb 場に特有のもので,後にその原因についてあらためて考える.その前に,波動関数を求めよう.

$\lambda = n$ のとき,式(HI.13)からわかるように,$f(\rho)$ は $n-l-1$ 次の多項式となる.この多項式は定数因子をのぞき **Laguerre 陪多項式**(associated Laguerre polynomials)とよばれている.$f \equiv L_{n+l}^{2l+1}(\rho)$ と表わす.

ただし,Laguerre 陪多項式の定義は*

$$\begin{aligned} L_{n+l}^{2l+1}(\rho) &= (-1)^{2l+1}\frac{[(n+l)!]^2}{(2l+1)!(n-l-1)!}F(1+l-n, 2l+2; \rho) \\ &= \frac{(n+l)!}{(n-l-1)!}e^{\rho}\frac{d^{n+l}}{d\rho^{n+l}}[e^{-\rho}\rho^{n-l-1}] \\ &= (-1)^{2l+1}\frac{(n+l)!}{(n-l-1)!}e^{\rho}\rho^{-(2l+1)}\frac{d^{n-l-1}}{d\rho^{n-l-1}}[e^{-\rho}\rho^{n+l}] \end{aligned} \tag{HI.18}$$

である.

動径方向の波動関数 R_{nl} は,したがって,

$$R_{nl}(r) = \text{const.}\,\rho^l e^{-\rho/2}L_{n+l}^{2l+1}(\rho) \tag{HI.19}$$

と表わせる.さらに,規格化条件

---

* 巻末文献[1-3] 358ページに従った.「一般化 Laguerre 多項式」と同じ.

$$\int_0^\infty R_{nl}{}^2(r) r^2 dr = 1 \tag{HI.20}$$

および，Laguerre 陪多項式の満たす性質*

$$\int_0^\infty e^{-\rho} \rho^{2l} [L_{n+l}^{2l+1}(\rho)]^2 \rho^2 d\rho = \frac{2n[(n+l)!]^3}{(n-l-1)!} \tag{HI.21}$$

などを用いると最終的に，エネルギー準位 E_n (HI.15)に属する規格化された波動関数は

$$u_{nlm}(\boldsymbol{x}) = R_{nl}(r) Y_l{}^m(\theta, \phi) \tag{HI.22}$$

ただし，

$$R_{nl}(r) = -\left\{ \left(\frac{2mA}{n\hbar^2}\right)^3 \frac{(n-l-1)!}{2n[(n+l)!]^3} \right\}^{1/2} e^{-\rho/2} \rho^l L_{n+l}^{2l+1}(\rho) \tag{HI.23}$$

と表わせる．ただし，$\rho = \dfrac{2mA}{\hbar^2 n} r$．

たとえば，水素型原子で $A = Z\alpha\hbar c$ の場合，基底状態($n=1$)およびそのすぐ上の準位($n=2$)の波動関数を具体的に表わすと，それぞれ

$$u_{100}(\boldsymbol{x}) = R_{10}(r) Y_1{}^0(\theta, \phi)$$
$$= \left(\frac{Z}{a_0}\right)^{3/2} 2 e^{-Zr/a_0} \sqrt{\frac{1}{4\pi}} \tag{HI.24}$$

$$\begin{aligned} u_{200}(\boldsymbol{x}) &= \left(\frac{Z}{2a_0}\right)^{3/2} \left(2 - \frac{Zr}{a_0}\right) e^{-Zr/2a_0} \sqrt{\frac{1}{4\pi}} \\ u_{211}(\boldsymbol{x}) &= -\left(\frac{Z}{2a_0}\right)^{3/2} \frac{Zr}{a_0\sqrt{3}} e^{-Zr/2a_0} \sqrt{\frac{3}{8\pi}} \sin\theta\, e^{i\phi} \\ u_{210}(\boldsymbol{x}) &= \left(\frac{Z}{2a_0}\right)^{3/2} \frac{Zr}{a_0\sqrt{3}} e^{-Zr/2a_0} \sqrt{\frac{3}{4\pi}} \cos\theta \\ u_{21-1}(\boldsymbol{x}) &= \left(\frac{Z}{2a_0}\right)^{3/2} \frac{Zr}{a_0\sqrt{3}} e^{-Zr/2a_0} \sqrt{\frac{3}{8\pi}} \sin\theta\, e^{-i\phi} \end{aligned} \tag{HI.25}$$

となる．この形の波動関数を 6-2 節(220 ページ)で用いた．

---

* 巻末文献[1-4] 457 ページ．

HI-2 縮退の構造——$O(4)$ 対称性

最後に，Coulomb 場のエネルギー準位の示す対称性について考えてみよう．すでに述べたように，主量子数 n のエネルギー準位 E_n には，軌道角運動量 $l=0,1,2,\cdots,n-1$ の状態が縮退している．これらの各々の l の状態には，当然 $\hat{L}_z$ の固有値 m の異なる $2l+1$ 重の縮退がある．それゆえ，準位 E_n に縮退している状態の総数は

$$\sum_{l=0}^{n-1}(2l+1) = 2\cdot\frac{n(n-1)}{2}+n = n^2 \tag{HI.26}$$

である．

このような準位の縮退は，この系が単なる球対称以上に高い対称性をもっているのではないかという予感をいだかせる(第4章129ページ参照)．この予感が実際正しいものであることを以下に示そう．まず，3次元空間において，球対称な系のもつ対称性は，中心のまわりの回転対称群 $O(3)$ であることに着目しよう．スピンの自由度を無視すると，軌道角運動量 $\hat{\boldsymbol{L}}$ が無限小回転の生成子であり，$\hat{\boldsymbol{L}}$ の各成分のみたす交換関係(3.57)が $O(3)$ の Lie 環 $o(3)$ を形成している．また，$O(3)$ の既約表現が軌道角運動量の大きさ $\hat{L}^2$ と z 成分 $\hat{L}_z$ の同時固有値 (l,m) に属する固有ケット $|l,m\rangle$ によって指定されることについては 3-2 節(92ページ)で説明した．

ポテンシャルが Coulomb 場(HI.1)の場合には，さらにもう1つ，この場に特有の対称性が存在し，それに伴う保存量がある．**Lenz ベクトル**とよばれる保存ベクトルがそれである．Lenz ベクトルは古典力学において見出されていたものである．

Coulomb 場(HI.1)の中を運動する質量 m の質点に対する Newton の運動方程式は

$$m\dot{\boldsymbol{v}} = -A\frac{\boldsymbol{x}}{r^3} \tag{HI.27}$$

と書ける．ただし，$\boldsymbol{v} \equiv \dot{\boldsymbol{x}}$で，$|\boldsymbol{x}| \equiv r$．一方，ここで，$r$方向の単位ベクトル $\boldsymbol{e}_r \equiv \boldsymbol{x}/r$の時間微分を直接計算してみると，

$$m\frac{d}{dt}\boldsymbol{e}_r = \frac{\boldsymbol{L} \times \boldsymbol{x}}{r^3} \qquad (\boldsymbol{L} \equiv \boldsymbol{x} \times \boldsymbol{p}) \tag{HI.28}$$

となるので，運動方程式(HI.27)を用いて(HI.28)は次の形に書き換えられる．

$$\begin{aligned}
m\frac{d}{dt}\boldsymbol{e}_r &= -\frac{1}{A}\boldsymbol{L} \times m\dot{\boldsymbol{v}} \\
&= -\frac{1}{A}\frac{d}{dt}(\boldsymbol{L} \times \boldsymbol{p}) \quad \left(\text{中心力なので}\frac{d\boldsymbol{L}}{dt}=0\right)
\end{aligned} \tag{HI.29}$$

上式を積分すると，ベクトル

$$\boldsymbol{e} \equiv \boldsymbol{e}_r + \frac{1}{mA}\boldsymbol{L} \times \boldsymbol{p} \tag{HI.30}$$

は保存ベクトルであることがわかる．これが Lenz ベクトルである*．

量子力学でも事情はそれほど変わらない．(HI.30)にならって，量子力学的 Lenz ベクトルを

$$\hat{\boldsymbol{E}} \equiv \frac{\hat{\boldsymbol{x}}}{r} + \frac{1}{mA}\frac{1}{2}\{\hat{\boldsymbol{L}} \times \hat{\boldsymbol{p}} - \hat{\boldsymbol{p}} \times \hat{\boldsymbol{L}}\} \tag{HI.31}$$

と定義する．すると，$\hat{\boldsymbol{E}}$ は Hermite 演算子**で，ハミルトニアン(HI.3)と可換なベクトルであることが示せる．すなわち，この系には，保存ベクトル $\hat{\boldsymbol{L}}$ のほかに，もう1つ保存ベクトル $\hat{\boldsymbol{E}}$ が存在するのである．

次に，$\hat{\boldsymbol{E}}$ の各成分の間の交換関係を具体的に計算する．この計算は面倒であるが，結果は

$$[\hat{E}_i, \hat{E}_j] = -i\hbar\varepsilon_{ijk}\frac{2}{mA^2}\hat{H}\hat{L}_k \qquad (i,j,k=1,2,3) \tag{HI.32}$$

---

* Lenz ベクトル $\boldsymbol{e}$ の主な性質は，(i) $\boldsymbol{L}\cdot\boldsymbol{e}=0$, (ii) $\boldsymbol{x}\cdot\boldsymbol{e}=r-\frac{1}{mA}L^2$, (iii) $A^2(e^2-1)=2mEL^2$ などである．ただし，$E=\frac{1}{2}mv^2+V$．これらのいずれの性質も定義式(HI.30)から簡単に導くことができる．なお，性質(ii)と(iii)から質点の運動は円錐曲線軌道であることが示せる．

** $(\hat{\boldsymbol{A}} \times \hat{\boldsymbol{B}})^\dagger = \hat{\boldsymbol{B}}^\dagger \times \hat{\boldsymbol{A}}^\dagger$ に注意．

と簡潔に表わせる. $\hat{H}$ はハミルトニアン(HI.3)である.

束縛状態に対しては, $\hat{H}$ を $E(<0)$ でおきかえられるので, Lenz ベクトルをあらためて

$$\hat{\boldsymbol{E}} \equiv \sqrt{\frac{2|E|}{mA^2}}\hat{\boldsymbol{M}} \tag{HI.33}$$

と規格化しなおすと, $\hat{\boldsymbol{M}}$ は $\hat{\boldsymbol{L}}$ と同じ次元の Hermite 演算子で, 交換関係 (HI.32) は

$$[\hat{M}_i, \hat{M}_j] = i\hbar\varepsilon_{ijk}\hat{L}_k \qquad (i,j,k=1,2,3) \tag{HI.34}$$

と表わせる.

ここで, ハミルトニアン $\hat{H}$ と可換な2つのベクトル $\hat{\boldsymbol{L}}$ と $\hat{\boldsymbol{M}}$ の各成分の間に成り立つ交換関係(3.57)や(HI.34)をあらためてまとめて表わしてみると

$$\begin{aligned}[\hat{L}_i, \hat{L}_j] &= i\hbar\varepsilon_{ijk}\hat{L}_k \\ [\hat{M}_i, \hat{L}_j] &= i\hbar\varepsilon_{ijk}\hat{M}_k \qquad (i,j,k=1,2,3) \\ [\hat{M}_i, \hat{M}_j] &= i\hbar\varepsilon_{ijk}\hat{L}_k\end{aligned} \tag{HI.35}$$

となるが*, これは4次元 Euclid 空間の回転対称群 $O(4)$ の Lie 環と同型であることがわかる**. Coulomb 場の束縛状態には, $O(3)$ より一段高い対称性をもつ $O(4)$ 不変性が存在して, これが準位 E_n に高い縮退度(HI.26)を生み出す原因になっているのである. このことは次のようにして示せる.

$\hat{\boldsymbol{L}}, \hat{\boldsymbol{M}}$ の代りに,

$$\hat{\boldsymbol{J}}^{(\pm)} \equiv \frac{1}{2}(\hat{\boldsymbol{L}} \pm \hat{\boldsymbol{M}}) \tag{HI.36}$$

を用いて(HI.35)を書き直すと

$$\begin{aligned}[\hat{J}_i^{(+)}, \hat{J}_j^{(+)}] &= i\hbar\varepsilon_{ijk}\hat{J}_k^{(+)} \\ [\hat{J}_i^{(-)}, \hat{J}_j^{(-)}] &= i\hbar\varepsilon_{ijk}\hat{J}_k^{(-)} \qquad (i,j,k=1,2,3) \\ [\hat{J}_i^{(+)}, \hat{J}_j^{(-)}] &= 0\end{aligned} \tag{HI.37}$$

---

* 2番目の式は $\hat{\boldsymbol{M}}$ がベクトルであれば当然成り立つ式である.
** たとえば, 巻末文献[4-1] 307 ページ.

が得られる．これは $O(4)$ が局所的に 2 つの $O(3)$ の直積であることを示すものである．

また，「Lenz ベクトル」$\hat{M}$ が，定義式(H1.31)より
$$\hat{M}\cdot\hat{L} = \hat{L}\cdot\hat{M} = 0 \tag{H1.38}$$
をみたすことに注意すると，(H1.36),(H1.37)，および 3-2 節の議論から
$$\hat{J}^{(+)2} = \hat{J}^{(-)2} = \frac{1}{4}(\hat{L}^2+\hat{M}^2) = j(j+1)\hbar^2 \tag{H1.39}$$
が成り立つことがわかる．ただし，$j=0, 1/2, 1, 3/2, \cdots$ である．

一方，$\hat{M}^2$ を定義式(H1.31),(H1.33)を用いて直接計算する．これも面倒な計算だが，結果として
$$\hat{M}^2 = -(\hat{L}^2+\hbar^2) - \frac{mA^2}{2E} \tag{H1.40}$$
が得られる．(H1.39)と(H1.40)を組み合わせると
$$-\frac{mA^2}{8\hbar^2 E} = \frac{1}{4} + j(j+1) = \frac{1}{4}(2j+1)^2 \tag{H1.41}$$
となるので，$2j+1 \equiv n$ ($n=1,2,3,\cdots$)とおくと，前に微分方程式を解いて求めたエネルギー準位の式(H1.15)がふたたび得られる．そのとき，全量子数，あるいは主量子数とよんだ量子数はこの n である．

ハミルトニアン $\hat{H}, \hat{L}^2, \hat{L}_z$ を同時対角化した状態では，l の異なる状態に縮退が生じて，与えられた $n(\equiv 2j+1)$ に対して縮退度が $(2j+1)^2 = n^2$ になる．このことは，まず，(H1.36)より
$$\hat{L} = J^{(+)} + J^{(-)} \tag{H1.42}$$
が成り立つこと，および(H1.39)と角運動量の合成則(3.174)より，可能な l の値は $2j, 2j-1, \cdots, 1, 0$ であって，
$$\sum_{l=0}^{2j(=n-1)} (2l+1) = (2j+1)^2 = n^2$$
が成り立つことから理解できる．

補章 II

補足説明

HII-1 時間とエネルギーとの不確定性関係再論

粒子の位置と運動量との間に存在する Heisenberg 不確定性関係(1.81)は，位置の演算子 $\hat{x}$ とそれに共役な運動量 $\hat{p}_x$ との交換関係(1.64)に基づいて導出できることを 1-5 節に示した．この不確定性関係は任意の時刻 t における測定値のばらつきに対して成り立つものであることに注意しよう*．

これに対して，時間とエネルギーとの間の不確定性関係(1.88)では，そのもつ物理内容は異なっている．エネルギーは系の力学変数 $\hat{H}$ の固有値であるのに対して，時間 t は状態を指定するパラメータにすぎないからである**．ある時刻における系のエネルギーの測定値のばらつき ΔE とその系に固有な時間的

---

* 測定をある時刻 t に完了してしまうためには，同一の系を多数用意しておいて，それらの各々に対して一斉に時刻 t に測定を行ない，後にデータを集めて処理して，平均値，分散等を求めればよい．

** $\hat{H}$ はオブザーバブルとして，その測定は原理的には任意の時刻に望む精度で行なうことができると考えられる．その際，エネルギーの測定値のばらつき ΔE とその測定に要した時間 Δt との間には，一般には(1.88)のような拘束条件はつかない．たとえば，Y. Aharonov and L. Safko: Ann. of Physics 91 (1975) 279, Yu. I. Vorontsov: Sov. Phys. Usp. 24 (2) (1981) 150 などを参照．

HⅡ-1 時間とエネルギーとの不確定性関係再論

変化 $\varDelta t$ とに対して成り立つのが不確定性関係(1.88)である．しかし，系に固有の時間的変化といっても，状況によっていろいろな場合が考えられる．波束が定位置 x_1 を通過する時間間隔 $\varDelta t$ もその1例であるが，このほかに，ある準位を占めていた粒子が光を放出して別の準位に転移する時間，あるいはトンネル効果によって外へしみ出す時間，それに不安定粒子の寿命なども考えられる．

このように，系が非定常な場合に対して成り立つエネルギーと時間との関係については，これまでにいろいろな観点から議論されている[*]．

1-5節で取り扱った波束の通過時間 $\varDelta t$ と波束のエネルギーの拡がり $\varDelta E$ とに関する不確定性関係については，Wigner によるより精密な導出がある[**]．これに対して，系に固有な時間変化を定義して不確定性関係を導いたのは，Mandelstam と Tamm である[***]．次にその内容を説明しよう．

系のハミルトニアン $\hat{H}$ は時間 t をあらわに含まないものとし，ある物理量 $\hat{O}$ の期待値 $\langle\hat{O}\rangle$ の時間的変化を考えよう．Heisenberg の運動方程式(2.23)を用いると，期待値 $\langle\hat{O}\rangle$ に対して

$$i\hbar\frac{d}{dt}\langle\hat{O}\rangle = \langle[\hat{O},\hat{H}]\rangle \qquad (\text{HⅡ}.1)$$

が成り立つ[†]．

ここで，演算子 $\hat{O}$ と $\hat{H}$ とに対して，それぞれ分散[††]

$$\begin{aligned}\langle(\varDelta\hat{O})^2\rangle &= \langle\hat{O}^2\rangle - \langle\hat{O}\rangle^2 \\ \langle(\varDelta\hat{H})^2\rangle &= \langle\hat{H}^2\rangle - \langle\hat{H}\rangle^2\end{aligned} \qquad (\text{HⅡ}.2)$$

を定義すると，定理1.3(24ページ)により，不等式

$$\langle(\varDelta\hat{O})^2\rangle\cdot\langle(\varDelta\hat{H})^2\rangle \geq \frac{1}{4}|\langle[\hat{O},\hat{H}]\rangle|^2 \qquad (\text{HⅡ}.3)$$

---

[*] P. Pfeifer and J. Fröhlich: 'Generalized time-energy uncertainty relations and bounds on lifetimes of resonances', Rev. Mod. Phys. **67**(4)(1995)759, およびそこに引用されている論文参照．
[**] E. P. Wigner: in *Aspects of Quantum Theory* (Cambridge Univ. Press, 1972) p. 237.
[***] L. Mandelstam and Ig. Tamm: J. Phys. (Moscow) **9**(1945)249.
[†] 以下の式は期待値のみを取り扱うので，Heisenberg 表示でも，Schrödinger 表示でもどちらでも成り立つ．
[††] 24ページ参照．

が成り立つ．(HII.1)と(HII.3)から

$$\langle(\varDelta\hat{O})^2\rangle\cdot\langle(\varDelta\hat{H})^2\rangle \geqq \frac{1}{4}\left|i\hbar\frac{d}{dt}\langle\hat{O}\rangle\right|^2 \qquad (\text{HII}.4)$$

が得られるので，それぞれ

$$\varDelta O \equiv \sqrt{\langle(\varDelta\hat{O})^2\rangle}, \quad \varDelta E \equiv \sqrt{\langle(\varDelta\hat{H})^2\rangle} \qquad (\text{HII}.5)$$

とおくと，(HII.4)は

$$\varDelta O \cdot \varDelta E \geqq \frac{1}{2}\hbar\left|\frac{d}{dt}\langle\hat{O}\rangle\right| \qquad (\text{HII}.6)$$

と書けるが，この式はまた

$$\varDelta t_O \cdot \varDelta E \geqq \frac{1}{2}\hbar \qquad (\text{HII}.7)$$

とも表わせる．ただし，

$$\varDelta t_O \equiv \frac{\varDelta O}{\left|\dfrac{d}{dt}\langle\hat{O}\rangle\right|} \qquad (\text{HII}.8)$$

である．

$\varDelta E$ は，系のハミルトニアン $\hat{H}$，すなわち系のエネルギーの測定値の分布の，中心 $\langle\hat{H}\rangle$ のまわりのばらつきの大きさを表わす．これに対して，(HII.8)で定義される $\varDelta t_O$ は，物理量 $\hat{O}$ の測定値の統計分布の変化が，その分布の期待値 $\langle\hat{O}\rangle$ のまわりのばらつきの大きさ $\varDelta O$ の程度になる時間間隔，すなわち，考える物理量に依存して，系が実質的に変化したとみなせる時間間隔を表わしている．そこで，いろいろな物理量に対してこのように定められた時間 $\varDelta t_O$ のうちで最小のものを

$$\varDelta t \equiv \min.\{\varDelta t_O\}_{\hat{O}} \qquad (\text{HII}.9)$$

とすると，$\varDelta t$ は系そのものの変化に特有な時間とみなすことができる*．ある

---

* 厳密にいうと，$\varDelta t$ は測定の時刻 t にも依存するかも知れない．このようなときには，いろいろな時刻で求めた $\varDelta t$ のうち最小のものをえらべばよい．

物理量に関する測定が異なる2つの時刻 t_1 と t_2 とに行なわれたとして,もし $|t_1-t_2|\lesssim \Delta t$ であれば,この2つの時刻に行なわれた測定結果の統計分布に有意な差は生じないと考えられる.このことは,系は時間 Δt 以内であれば実質的に変化せず,変化は,少なくとも Δt 以上を経て現われることを意味している.以上をまとめると,(HII.7),(HII.9)から,上に述べた意味での系に固有な時間間隔 Δt に関して,不等式

$$\Delta t \cdot \Delta E \geqq \frac{1}{2}\hbar \tag{HII.10}$$

が得られる.これを **Mandelstam-Tamm の不等式** という.

なお,系が定常状態であれば $\Delta E=0$ とすることができるが,このときは任意の $\hat{O}$ に対して

$$\frac{d}{dt}\langle \hat{O} \rangle = 0 \tag{HII.11}$$

が成り立つので,(HII.6)あるいは(HII.8)より $\Delta t=\infty$ となって,(HII.10)に矛盾しない.また,系が非定常な場合でも,保存量に対しては(HII.11)が成り立つので,保存量は(HII.9)の Δt を決めるのに有効にはたらかないことがわかる.

最後に,(HII.7)の応用として不安定準位を占めている粒子の寿命 τ とエネルギーの準位幅 ΔE との不確定性関係を求めよう.

$t=0$ における系の状態を $|\phi_0\rangle$ とする.物理量 $\hat{O}$ としては,系の始状態 $|\phi_0\rangle$ への射影演算子 $\hat{P}\equiv |\phi_0\rangle\langle\phi_0|$ をえらぶ.すると,時刻 $t(\geqq 0)$ における $\hat{P}$ の期待値 $\langle \hat{P} \rangle$ と分散 $\langle (\Delta \hat{P})^2 \rangle$ に対して,(HII.6)は

$$\Delta P \cdot \Delta E \geqq \frac{1}{2}\hbar \left| \frac{d}{dt}\langle \hat{P} \rangle \right| \tag{HII.12}$$

となる.ここで,$\langle \hat{P} \rangle$ と $\langle (\Delta \hat{P})^2 \rangle$ の平方根 ΔP はそれぞれ

$$\langle \hat{P} \rangle \equiv \langle \phi(t)|\hat{P}|\phi(t)\rangle = |\langle \phi_0|\phi(t)\rangle|^2 \equiv S(t) \tag{HII.13}$$

$$\Delta P \equiv \sqrt{\langle \hat{P}^2 \rangle - \langle \hat{P} \rangle^2}$$
$$= \sqrt{\langle \hat{P} \rangle - \langle \hat{P} \rangle^2} = \sqrt{S(t)-S^2(t)} \tag{HII.14}$$

と表わせる．ただし，(HⅡ.14)の2行目へ移るときに，射影演算子に対して成り立つ性質，$\hat{P}^2=\hat{P}$ を用いた．また，(HⅡ.13)より，

$$0 \leqq S(t) \leqq 1, \quad S(t=0) = 1 \qquad (\text{HⅡ}.15)$$

が成り立つ．$S(t)$ は定義により，時刻 t に，もとの準位(始状態 $|\psi_0\rangle$)に粒子を見出す生き残り確率を表わしている．(HⅡ.13),(HⅡ.14)を(HⅡ.12)に代入して，$\dfrac{dS}{dt}<0$ の範囲で積分すると，不等式

$$\varDelta E \cdot \int_0^t dt \geqq \frac{1}{2}\hbar \int_1^{S(t)} \frac{-dS}{\sqrt{S-S^2}} \qquad (\text{HⅡ}.16)$$

が得られる．そこで，$S(t=\tau)=1/2$ により，「粒子の寿命」τ を定義すると，上の式から，不確定性関係

$$\varDelta E \cdot \tau \geqq \frac{\pi}{4}\hbar \qquad (\text{HⅡ}.17)$$

が得られる．

HⅡ-2　無限に高いポテンシャルの壁再訪

図2-5(74ページ)に示したような，$x \leqq 0$ の領域に無限に高いポテンシャルの壁がそびえる系の Feynman 核に対する経路積分を2-7節で求めた．この系では，P_0 から P への古典経路は，P_0 から直線で P へ至る直接経路(Ⅰ)と，一度ポテンシャルの壁ではね返ってから P に至るはね返り経路(Ⅱ)と2つあった．Feynman 核はこれら2つの経路の寄与から成り立っているが，2つの経路積分の位相に π だけずれが生じて，結果は2つの経路積分からの寄与の和ではなく差になっていた((2.242)式)．なぜ2つの経路積分の和ではなくて差になるのだろうか．

　この原因を，7-2節で述べた多重連結な配位空間の経路積分に関する **Laidlaw-DeWitt-Schulman の定理**(229ページ)の観点から考え直してみようというのが，この補章の目的である．

　この問題ではポテンシャルの壁によって，粒子の配位空間が半直線($0 \leqq x <$

∞)に制限されている．この配位空間を $\tilde{R}$ としよう．$\tilde{R}$ は，ポテンシャルのない場合の粒子の配位空間 $R(-\infty<x<\infty)$ を，原点 $x=0$ を中心に折りたたんだ空間とみなすことができる．すなわち，$\tilde{R}$ は R の2点 $(x,-x)$ を同一視した空間である．このような $\tilde{R}$ は単連結な空間ではない．なぜなら，$\tilde{R}$ 上で閉じたループには R 上で1点に可縮なもののほかに，もう1つ，その点（たとえば，$x>0$）から，符号を変えた点 $-x$ を結ぶ経路に可縮なものが存在するからである．すなわち，$\tilde{R}$ は2重連結な空間になっていて，

$$\pi_1(\tilde{R}) = Z_2 \tag{HII.18}$$

である．

ここで，図2-5に与えられている P_0 から P への2つの経路をもう一度眺めてみよう．すると，P_0 から P への直接経路(I)は，点 P_0 に可縮な経路に対応していることがわかる．これに対して一度ポテンシャルの壁ではね返って P に至るはね返り経路(II)は，P_0 と P' を結ぶ経路に対応し，P_0 と $-P_0$ を結ぶループに可縮な経路になっている．

一方，LDSの定理によれば，経路積分において配位空間 $\tilde{R}$ の経路に与えるべき定数 $c(\alpha)$ は，基本群 $\pi_1(\tilde{R})=Z_2$ の1次元ユニタリー表現になっている．すなわち，

$$\begin{aligned} c(経路(\text{I})) &= 1 \\ c(経路(\text{II})) &= -1 \end{aligned} \tag{HII.19}$$

この内容が，経路積分表示(2.242)において，第2項からの寄与に位相 π が付加される結果になって現われている．

付録

A Wignerの定理

ある与えられた量子力学的系を，2つの互いに異なった観測系O, O′において記述する場合を考える．この場合，2つの観測系O, O′が物理的に同等であるということは

(i) 観測系Oにおける系の状態を表わす射線 $|\phi\rangle$ には，観測系O′の対応する射線 $|\phi'\rangle$ がつねに存在する．逆もまた成り立つ．

(ii) 対応する状態の間の遷移確率は等しい．すなわち，

$$|\langle \phi | \psi \rangle| = |\langle \phi' | \psi' \rangle| \tag{A.1}$$

が任意の射線 $|\psi\rangle$, $|\phi\rangle$ に対して成り立つことである．

このとき，状態ケットの位相を適当に選ぶと，$|\psi\rangle \leftrightarrow |\psi'\rangle$ ($|\phi\rangle \leftrightarrow |\phi'\rangle$) の対応は，任意のc数，$c_1, c_2$ に対して，つねに

[I] $$c_1|\psi\rangle + c_2|\phi\rangle \leftrightarrow (c_1|\psi\rangle + c_2|\phi\rangle)' = c_1|\psi'\rangle + c_2|\phi'\rangle \tag{A.2}$$

$$\langle \phi | \psi \rangle = \langle \phi' | \psi' \rangle \tag{A.3}$$

あるいは，

[II] $$c_1|\psi\rangle + c_2|\phi\rangle \leftrightarrow (c_1|\psi\rangle + c_2|\phi\rangle)' = c_1^*|\psi'\rangle + c_2^*|\phi'\rangle \tag{A.4}$$

$$\langle \phi | \psi \rangle = \langle \phi' | \psi' \rangle = \langle \phi' | \psi' \rangle^* \tag{A.5}$$

のいずれかが成り立つ．

証明は次のように行なう．まず，系Oにおける完備な正規直交系を $\{|a_n\rangle\}$, 系O′のこれに対応する完備正規直交系を $\{|a_n'\rangle\}$ とする．すなわち，

$$\langle a_n | a_m \rangle = \langle a_n' | a_m' \rangle = \delta_{nm} \tag{A.6}$$

$$\sum_n |a_n\rangle\langle a_n| = \sum_n |a_n'\rangle\langle a_n'| = 1 \tag{A.7}$$

が成り立つとする．次に状態 $|a_n\rangle$，あるいは $|a_n'\rangle$ の位相はまだ任意に選ぶことができることに注意して，状態 $|\varphi_n\rangle \equiv |a_1\rangle + |a_n\rangle$ に対応する O' の状態 $|\varphi_n'\rangle$ はつねに

$$|\varphi_n\rangle = |a_1\rangle + |a_n\rangle \longleftrightarrow |\varphi_n'\rangle = |a_1'\rangle + |a_n'\rangle \tag{A.8}$$

と表わすことができることを示そう．

(A.7)を用いると

$$|\varphi_n'\rangle = \sum_m |a_m'\rangle\langle a_m'|(|a_1\rangle + |a_n\rangle)' \tag{A.9}$$

と書ける．一方，基本仮定(ⅱ)および(A.6)から

$$\langle a_m'|(|a_1\rangle + |a_n\rangle)' = e^{i\delta_m}\langle a_m|(|a_1\rangle + |a_n\rangle)$$
$$= e^{i\delta_m}(\delta_{m1} + \delta_{mn}) \tag{A.10}$$

である．したがって，

$$|\varphi_n'\rangle = e^{i\delta_1}|a_1'\rangle + e^{i\delta_n}|a_n'\rangle \tag{A.11}$$

が成り立つ．そこで $\{|a_n'\rangle\}$ の位相を(A.11)の δ_n を吸収して再定義すると，任意の n に対して対応(A.8)が成り立つ．

系 O の任意の状態を $|\psi\rangle$ とし，系 O' の対応する状態を $|\psi'\rangle$ とすると，(A.6), (A.7)を用いて，それぞれ

$$|\psi\rangle = \sum_n c_n|a_n\rangle, \quad c_n = \langle a_n|\psi\rangle \tag{A.12}$$

$$|\psi'\rangle = \sum_n c_n'|a_n'\rangle, \quad c_n' = \langle a_n'|\psi'\rangle \tag{A.13}$$

と展開できる．一般の展開係数 c_n と c_n' の関係は基本仮定(ⅱ)から

$$|c_n| = |c_n'| \tag{A.14}$$

であるが，$|\psi\rangle$ の位相は任意に選べるので，展開係数 c_n のうち c_1 が正の実数になるように選ぶことができる．$|\psi'\rangle$ についても同様で，展開係数 c_1' が正の実数になるように $|\psi'\rangle$ の位相を選ぶことにする．このようにすると，(A.14)から $c_1 = c_1'$ が成り立つ．

一方，(A.8)から

$$\langle \varphi_n|\psi\rangle = c_1 + c_n, \quad \langle \varphi_n'|\psi'\rangle = c_1' + c_n' \tag{A.15}$$

なので，ふたたび基本仮定により

$$|c_1 + c_n|^2 = |c_1' + c_n'|^2 \tag{A.16}$$

が成り立たなければならない．

c_1 と c_1' が正の実数であること，および(A.14)を用いると，(A.16)は

$$c_n^* + c_n = c_n'^* + c_n' \tag{A.17}$$

を意味するので，結局

$$c_n' = c_n \quad \text{または} \quad c_n^*$$

のいずれかが，すべての n について成り立たなければならない．すなわち，

$$|\psi'\rangle = \sum_n c_n |a_n'\rangle \tag{A.18}$$

あるいは，

$$|\psi'\rangle = \sum_n c_n^* |a_n'\rangle \tag{A.19}$$

のいずれかが成り立つ．(A.18)がユニタリー変換に，(A.19)が反ユニタリー変換に対応していることは明らかであろう．

ここでいくつかのコメントをしておこう．

まず，ある特定の O と O' の対応を考えたときに，状態の対応関係はユニタリー変換か，あるいは反ユニタリー変換かのいずれかであるが，その変換はすべての状態の対応に関して共通のものでなければならない．たとえば，ある状態 $|\psi\rangle$ に対してユニタリー変換の対応

$$|\psi\rangle = \sum_n c_n |a_n\rangle \longleftrightarrow |\psi'\rangle = \sum_n c_n |a_n'\rangle \tag{A.20}$$

が成り立っているとしよう．このとき，別の状態 $|\phi\rangle$ に対して，たとえば反ユニタリー変換の対応

$$|\phi\rangle = \sum_n d_n |a_n\rangle \longleftrightarrow |\phi'\rangle = \sum_n d_n^* |a_n'\rangle \tag{A.21}$$

を仮定することは許されない．(A.20),(A.21)から，

$$|\langle \phi'|\psi'\rangle| = \left|\sum_n d_n c_n\right| \neq \left|\sum_n d_n^* c_n\right| = |\langle \phi|\psi\rangle| \tag{A.22}$$

となって，基本仮定(ⅱ)と矛盾するからである．すなわち，状態はすべてユニタリー変換されるか，あるいはすべて反ユニタリー変換されるかのいずれかである．

次に，O と O' との関係が，空間回転のように，恒等変換を含む連続群 G で結ばれる場合を考えよう．G の元を g とし，g によって結ばれた O と O' における完備な正規直交系 $\{|a_n\rangle\}$ と $\{|a_n'\rangle\}$ をつなぐ演算子

$$\hat{\Lambda}_g |a_n\rangle = |a_n'\rangle, \quad \hat{\Lambda}_g^{-1} |a_n'\rangle = |a_n\rangle \tag{A.23}$$

を導入する．ただし，2つの完備系 $\{|a_n\rangle\}$, $\{|a_n'\rangle\}$ の位相は(A.23)が成り立つように選んであるものとする．このとき，$\hat{\Lambda}_g$ の任意の状態 $|\psi\rangle$ への作用は，対応がユニタリー変換のときは

$$|\psi'\rangle = \hat{\Lambda}_g |\psi\rangle = \sum_n \hat{\Lambda}_g |a_n\rangle\langle a_n|\psi\rangle = \sum_n |a_n'\rangle\langle a_n|\psi\rangle \tag{A.24}$$

反ユニタリー変換のときは

$$|\psi'\rangle = \hat{\Lambda}_g |\psi\rangle = \sum_n \hat{\Lambda}_g |a_n\rangle\langle a_n|\psi\rangle^* = \sum_n |a_n'\rangle\langle \psi|a_n\rangle \tag{A.25}$$

である．

いま，$O \xrightarrow[g_1]{} O' \xrightarrow[g_2]{} O''$ によって O から O'' に移ったとすると，
$$\hat{\Lambda}_{g_2 g_1} = \hat{\Lambda}_{g_2} \cdot \hat{\Lambda}_{g_1} \tag{A.26}$$
が成り立つ．特に恒等変換の近傍，すなわち微小な変換 g に対しては $g = g_{1/2} \cdot g_{1/2}$ となる変換 $g_{1/2}$ がつねに存在する．したがって，$\hat{\Lambda}_g$ は
$$\hat{\Lambda}_g = \hat{\Lambda}_{g_{1/2}} \cdot \hat{\Lambda}_{g_{1/2}} \tag{A.27}$$
と表わせる．(A.27) の $\hat{\Lambda}_g$ はユニタリーである．$\hat{\Lambda}_{g_{1/2}}$ がたとえ反ユニタリーであっても $\hat{\Lambda}_{g_{1/2}}{}^2$ はユニタリー演算子になるからである．それゆえ，すべての $\hat{\Lambda}_g$ はユニタリーでなければならない．こうして，恒等変換を含む連続変換の場合，反ユニタリーの可能性は排除される．

これに対して，離散的な変換の場合には反ユニタリーになる可能性がある．事実，本文で述べたように，時間反転の変換 $\hat{T}$ は反ユニタリーな変換になっている．

いま，
$$|\psi'\rangle = \hat{T}|\psi\rangle, \quad |\phi'\rangle = \hat{T}|\phi\rangle \tag{A.28}$$
とすると
$$\langle \phi'|\psi'\rangle = \langle \phi|\psi\rangle^* = \langle \psi|\phi\rangle \tag{A.29}$$
$$\hat{T}(\lambda_1|\psi\rangle + \lambda_2|\phi\rangle) = \lambda_1^*|\psi'\rangle + \lambda_2^*|\phi'\rangle \tag{A.30}$$
が成り立つ．$\hat{T}$ は線形な演算子ではないので，共役なブラ状態へ作用させるときは注意が必要である．(A.30) から，$\hat{T}(\lambda_1|\psi\rangle + \lambda_2|\phi\rangle)$ に共役な状態は $\langle \psi'|\lambda_1 + \langle \phi'|\lambda_2$ である．そこで，反線形な $\hat{T}$ に対しては
$$\langle \psi|\hat{T} = \langle \psi'|, \quad \langle \phi|\hat{T} = \langle \phi'| \tag{A.31}$$
$$(\langle \psi|\lambda_1 + \langle \phi|\lambda_2)\hat{T} = \langle \psi'|\lambda_1^* + \langle \phi'|\lambda_2^* \tag{A.32}$$
とする．このとき
$$\langle \phi|\psi'\rangle = \langle \phi'|\psi\rangle^* \tag{A.33}$$
が成り立つ．

一般に，演算子 $\hat{O}$ に対して，次の公式が重要である．
$$\langle \phi|\hat{O}|\psi\rangle = \langle \psi'|\hat{T}\hat{O}^\dagger \hat{T}^{-1}|\phi'\rangle \tag{A.34}$$
まず，
$$|\varphi'\rangle = \hat{T}|\varphi\rangle \tag{A.35}$$
とする．ただし，$|\varphi\rangle \equiv \hat{O}^\dagger|\phi\rangle$．これから，
$$\langle \psi'|\varphi'\rangle = \langle \psi'|\hat{T}\hat{O}^\dagger \hat{T}^{-1}\hat{T}|\phi\rangle$$
$$= \langle \psi'|\hat{T}\hat{O}^\dagger \hat{T}^{-1}|\phi\rangle \tag{A.36}$$
となる．一方，(A.36) の左辺は (A.29) により $\langle \varphi|\psi\rangle = \langle \phi|\hat{O}|\psi\rangle$ に等しい．これで (A.34) が証明された．

B 射線表現とベクトル表現の同値性

射線表現とベクトル表現の局所的な同値関係は，連続群 G の局所因子，あるいは局所指数の同値関係によって決定される．この付録 B では，これに関連するいくつかの定理をまとめておく（巻末文献[4-1]参照）．なお，群 G の表現の大域的な同値性を調べるには，G の単位元を含む連結成分 G' の普遍被覆群 G^*(universal covering group)を考えればよい．G^* は単連結である．そして，単連結な Lie 群に対しては，局所指数はそのまま群全体に拡張される(Bargmann, 1952)[*]からである．G'，あるいは G^* の局所指数がすべてゼロであれば，G が G^* によって何回覆われるかに応じて表現の多価性を導入することにより，普通のベクトル表現だけで話はすむことになる．

まず，G のユニタリー表現 $U(r)$ が n 次元表現である場合を考える．$U(r)$ は $n \times n$ のユニタリー行列で，その行列式を $D(r)$ と表わすと，$D(r)$ は r について連続で，かつ $|D(r)|=1$ である．

次に(4.46)の両辺の行列式を計算すると

$$D(r)D(s) = e^{in\xi(r,s)}D(rs) \tag{B.1}$$

そこで，

$$U'(r) \equiv \frac{U(r)}{[D(r)]^{1/n}} \tag{B.2}$$

とおく．ただし，r,s は e の近傍で $[D(r)]^{1/n}$ の多価性が現われないような領域にあるとする．このとき $U'(r)$ は連続なユニタリー演算子で，(B.1), (B.2)から

$$U'(r) \cdot U'(s) = U'(rs) \tag{B.3}$$

が成り立つ．こうして次の定理 I (Weyl)が得られる．

....

定理 B.I 連続群 G の連続な有限次元ユニタリー射線表現のすべての局所因子は 1 と同値である．

....

次に Lie 群の 1 パラメータ部分群を考える．パラメータ t を

$$r(0) = e, \quad r(t_1)r(t_2) = r(t_1+t_2) \tag{B.4}$$

となるように選び，$r=r(t)$ の $U(r)$ を $U(t)$ と表わすことにすると，(4.46)は

$$U(t_1)U(t_2) = \omega(t_1,t_2)U(t_1+t_2) \tag{B.5}$$

と表わされる．ここで Hermite 演算子 u を

---

[*] V. Bargmann: "On Unitary Ray Representations of Continuous Groups", Ann. of Math. 59 (1954) 1.

$$iu \equiv \left.\frac{dU(t)}{dt}\right|_{t=0} \tag{B.6}$$

と定義する．

(B.5)の両辺を t_1 で微分して $t_1=0$ とおくと

$$iuU(t_2) = \left.\frac{\partial\omega(t_1,t_2)}{\partial t_1}\right|_{t_1=0} U(t_2) + \omega(0,t_2)\frac{dU(t_2)}{dt_2} \tag{B.7}$$

一方，(B.5)から $\omega(0,t_2)=1$ である．これと，

$$\frac{\partial\omega}{\partial t_1} = i\frac{\partial\xi}{\partial t_1}\omega(t_1,t_2) \tag{B.8}$$

から

$$\left.\frac{\partial\omega}{\partial t_1}\right|_{t_1=0} = \left.i\frac{\partial\xi(t_1,t_2)}{\partial t_1}\right|_{t_1=0}$$
$$\equiv if(t_2) \tag{B.9}$$

が成り立つ．ただし，f は実関数である．(B.8)と(B.9)を(B.7)に代入し，$t_2=t$ とおいて，

$$\frac{dU(t)}{dt} + if(t)U(t) = iuU(t) \tag{B.10}$$

が得られる．

(B.10)は積分することができる．まず，

$$U'(t) \equiv \exp\left(-i\int_0^t f(t')dt'\right) \cdot U(t) \tag{B.11}$$

とおくと，(B.10)より，

$$\frac{dU'(t)}{dt} = iuU'(t) \tag{B.12}$$

すなわち

$$U'(t) = e^{iut} \tag{B.13}$$

となって，

$$U'(t_1)U'(t_2) = U'(t_1+t_2) \tag{B.14}$$

をみたす．これから次の定理 II が得られる．

定理 B.II Lie 群の1パラメータ部分群の射線表現の局所因子は，1と同値である．

最後に，非コンパクト群の場合にも適用できる次の定理をあげておこう．

定理 B.III　半単純 Lie 群のすべての局所因子は 1 と同値である.

証明は省略する．興味のある読者は Bargmann（前掲論文 43 ページ）をみていただきたい．

C　Bargmann の定理

D 次元空間の運動群を考察する（V. Bargmann, 前掲論文）．計量を g_{ij} ($i, j = 1, 2, \cdots, D$) とする．ただし，$g_{ij} = g_{ji}$ をみたすものとする．この空間内で距離 $x_i x^i = g_{ij} x^i x^j$ を不変にする**斉次 1 次変換群**を G_b^D と表わす．座標 x^i ($i = 1, 2, \cdots, D$) は G_b^D によって

$$G_b^D: \quad x^i \longrightarrow x'^i = w_k^i x^k \quad \text{（あるいは単に } x' = Wx \text{ と表わす）} \qquad (C.1)$$

と変換される．ただし，W は G_b^D の元で，G_b^D は計量 g_{ij} が対角化された座標系では

$$x_i x^i = \sum_{i=1}^{p} (x^i)^2 - \sum_{i=p+1}^{D} (x^i)^2 \qquad (C.2)$$

を不変にする**疑直交変換群**（pseudo-orthogonal transformation group）になっている．

G_b^D の例には，3 次元回転群 $SO(3)$ はもちろん，Lorentz 群（の連結成分）$SO(3.1)$ など，非コンパクトな群も特別な場合として含まれていることに注意してほしい．G_b^D の恒等変換 $W = 1$ を含む連結成分を $G_b^{D\prime}$，その普遍被覆群を G_b^{D*} などと表わすことにする．

さらに，並進群 T_D を加え，次の非斉次 1 次変換群 I_b^D も考える．

$$I_b^D: \quad x^i \longrightarrow x'^i = w_k^i x^k + u^i \qquad (C.3)$$

ただし，u^i ($i = 1, 2, \cdots, D$) は**並進群** T_D の元である．

これらの群 G_b^D, I_b^D のユニタリー射線表現について，Bargmann の定理 C.I, C.II が成り立つ．

定理 C.I　G_b^D ($D \geq 2$) の射線表現のすべての局所因子は 1 と同値である．
定理 C.II　I_b^D ($D > 2$) の射線表現のすべての局所因子は 1 と同値である．

定理 C.I, C.II の内容は，Lorentz 群や Poincaré 群の表現に関する Wigner の結果を一般化したものである．証明の粗筋を述べよう．まず局所的な表現を調べるので，G_b^D あるいは I_b^D の恒等変換の近傍で群のパラメータ空間に適当な座標を導入し，スタンダードな方法で Lie 環の基底 a_{ij} ($a_{ij} = -a_{ji}$), b_i ($i, j = 1, 2, \cdots, D$) を構成する．a_{ij} と b_i のみたす Lie 環が，それぞれ

$G_b{}^D$ および $I_b{}^D$: $[a_{ij}, a_{kl}] = g_{jk}a_{il} - g_{ik}a_{jl} + g_{il}a_{jk} - g_{jl}a_{ik}$ (C.4)

$I_b{}^D$ のみ: $[a_{ij}, b_k] = g_{jk}b_i - g_{ik}b_j$, $[b_i, b_j] = 0$ (C.5)

となることはよく知られている.

群 $G_b{}^D$ あるいは $I_b{}^D$ の局所表現は対応する Lie 環の表現とその無限小局所指数を調べればよいことが分かっている. まず, $G_b{}^D$ ($D \geqq 3$) の場合を考えよう. Lie 環の表現の局所指数を $\varXi(a, a')$ と表わす. $\varXi$ は a_{ij} の反対称2次形式で, Jacobi の恒等式

$$\varXi([a, a'], a'') + \varXi([a', a''], a) + \varXi([a'', a], a') = 0 \quad (C.6)$$

をみたす. ここで

$$\xi_{ij, kl} \equiv \varXi(a_{ij}, a_{kl}) \quad (C.7)$$

とおくと, a_{ij}, $\varXi$ それぞれの定義から

$$\xi_{ij, kl} = -\xi_{kl, ij}, \quad \xi_{ji, kl} = \xi_{ij, lk} = -\xi_{ij, kl} \quad (C.8)$$

が成り立つ.

一方, (C.4)と(C.5)をつかって, (C.8)をみたす $\varXi$ は実は交換関係 $[a_{ij}, a_{kl}]$ の1次式しかありえないことを示すことができる. (C.4)を考慮すると, これは $\varXi$ が a_{ij} の1次式であること, すなわち, $G_b{}^D$ の Lie 環の局所指数がゼロと同値であることを意味している.

上の証明には $D=2$ の場合は除外されている ($D=2$ の場合は(C.4)は意味がない). しかし, この場合にも, 付録Bの定理B.IIの場合と同じようにして, ベクトル表現と同値であることを示すことができる. これで定理C.Iが証明された. 定理C.II も証明の方法は同じなので省略する. しかし, このとき $D=2$ は例外としてそのまま残る.

定理C.IIによって $I_3{}^3$ の表現は, 多価性は別にしてベクトル表現に同値である. したがって T_3 もまた通常の表現でよいことが示された. 定理C.IIで $D=2$ の場合が除外されていることの物理的な意味と射線表現の実現の可能性は本文(第4章と第7章)で述べた通りである.

D 3体スピン相関と EPR 現象——GHZ モデル*

3-8節で述べたように, スピン相関に関する Bell の不等式を用いて Einstein の局所性の原理が成り立つかどうかを, 実験的に確かめることが可能である. しかし, このためには, 一般に実験をくり返し行ない, 不等式がみたされているかどうかを数値的にチェックする必要があった. 以下に述べるモデルは, 局所性の原理をみたす理論からの予言と, 量子力学の予言とのちがいが Bell の不等式による検証よりも鮮明に示されるものとして興味がある.

---

* D.M.Greenberger, M.A.Horne and A.Zeilinger: in *Bell's Theorem, Quantum Theory and Concepts of the Universe*, edited by *Kafatos* (1989); N.D.Mermin: Am.J.Phys. **58** (1990) 731 等参照.

D 3体スピン相関とEPR現象——GHZモデル

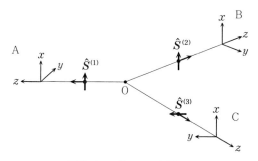

図D-1 3体スピン相関.

スピン1/2の粒子の3体系を考え,それらの3体スピン相関を考察する.まず,3個の粒子はある時刻に1点Oから平面内(coplanar)で放射線状に飛び去り,空間的に十分離れた領域A, B, Cに達したとき,それぞれスピンの向きについての測定が行なわれるものとしよう.このため,各粒子の運動量方向を,それぞれz軸に選び,平面に垂直方向にx軸,平面内にy軸を選んで座標系を設置し,それぞれの領域でスピンのx成分あるいはy成分を測定する(図D-1).

以下,簡単のため$\hbar/2=1$とする.するとスピン演算子は$\hat{S}^{(i)}=\boldsymbol{\sigma}^{(i)}$ ($i=1,2,3$)と表わせる.系の全スピンは

$$\hat{S} = \boldsymbol{\sigma}^{(1)}+\boldsymbol{\sigma}^{(2)}+\boldsymbol{\sigma}^{(3)} \tag{D.1}$$

である.ここで,次のHermite演算子

$$\begin{aligned}\hat{Q}_1 &= \sigma_x^{(1)}\sigma_y^{(2)}\sigma_y^{(3)} \\ \hat{Q}_2 &= \sigma_y^{(1)}\sigma_x^{(2)}\sigma_y^{(3)} \\ \hat{Q}_3 &= \sigma_y^{(1)}\sigma_y^{(2)}\sigma_x^{(3)}\end{aligned} \tag{D.2}$$

を導入すると,簡単な計算によって

$$[\hat{S}^2, \hat{Q}_i] = 0 \quad (i=1,2,3) \tag{D.3}$$

$$[\hat{Q}_i, \hat{Q}_j] = 0 \quad (i,j=1,2,3) \tag{D.4}$$

$$\hat{Q}_i^2 = 1 \quad (i=1,2,3) \tag{D.5}$$

であることが分かる.$[\boldsymbol{\sigma}^{(i)}, \boldsymbol{\sigma}^{(j)}]=0$ ($i\neq j$)に注意しよう.

(D.3), (D.4)により,$\hat{S}^2, \hat{Q}_1, \hat{Q}_2, \hat{Q}_3$の同時対角化が可能である.そこで系の状態$|\psi\rangle$として,スピンの大きさ$s=3/2$の固有状態の1つ

$$\begin{aligned}\hat{S}^2|\psi\rangle &= 15|\psi\rangle \\ \hat{Q}_i|\psi\rangle &= |\psi\rangle \quad (i=1,2,3)\end{aligned} \tag{D.6}$$

を選ぶことにしよう.すなわち,

$$|\psi\rangle = \frac{1}{\sqrt{2}}[|+,+,+\rangle - |-,-,-\rangle] \tag{D.7}$$

表 D-1 3体スピン相関

粒子1(A)		粒子2(B)		粒子3(C)		
スピン成分	測定値	スピン成分	測定値	スピン成分	測定値	
x	$+$	y	$+$	y	$+$	
x	$+$	y	$-$	y	$-$	$Q_1 \equiv \sigma_x^{(1)} \sigma_y^{(2)} \sigma_y^{(3)}$
x	$-$	y	$+$	y	$-$	$Q_1 \lvert \phi \rangle = \lvert \phi \rangle$
x	$-$	y	$-$	y	$+$	
y	$+$	x	$+$	y	$+$	
y	$+$	x	$-$	y	$-$	$Q_2 \equiv \sigma_y^{(1)} \sigma_x^{(2)} \sigma_y^{(3)}$
y	$-$	x	$+$	y	$-$	$Q_2 \lvert \phi \rangle = \lvert \phi \rangle$
y	$-$	x	$-$	y	$+$	
y	$+$	y	$+$	x	$+$	
y	$+$	y	$-$	x	$-$	$Q_3 \equiv \sigma_y^{(1)} \sigma_y^{(2)} \sigma_x^{(3)}$
y	$-$	y	$+$	x	$-$	$Q_3 \lvert \phi \rangle = \lvert \phi \rangle$
y	$-$	y	$-$	x	$+$	

ただし,$\lvert \pm, \pm, \pm \rangle \equiv \lvert \pm \rangle^{(1)} \otimes \lvert \pm \rangle^{(2)} \otimes \lvert \pm \rangle^{(3)}$ で,$\lvert \pm \rangle$ はそれぞれの z 軸方向のスピンの上向き,下向きの状態を表わす.$\sigma_x \lvert \pm \rangle = \lvert \mp \rangle$,$i\sigma_y \lvert \pm \rangle = \mp \lvert \mp \rangle$ である.

この状態において,領域 A においては粒子1のスピンの x 成分 $\sigma_x^{(1)}$,領域 B では粒子2のスピンの y 成分 $\sigma_y^{(2)}$,領域 C では粒子3のスピンの y 成分 $\sigma_y^{(3)}$ を,独立に測定したとしよう.各々のスピン値としてはそれぞれ ± 1 のいずれかが得られるが,系の状態は $Q_1 = +1$ の固有状態にあるので,例えば $\sigma_x^{(1)} = +1$,$\sigma_y^{(2)} = +1$ ならば,$\sigma_y^{(3)} = +1$ でなければならない.すなわち,それぞれの測定値の積はつねに $+1$ である.同様の測定を Q_2, Q_3 に相当するスピン成分について行なう.その結果得られるスピン3体相関を表 D-1 にまとめておいた.

以上がこのモデルに対する量子力学的スピン相関である.一方,Einstein の局所性の原理に基づく理論によって,表 D-1 の3体スピン相関を再現しようとすれば,次のように考えればよい.

各々の領域ではスピンの x 成分,あるいは y 成分の測定が行なわれる.そこで,x 成分を測定すれば必ず $+$,y 成分を測定すれば必ず $+$ という性質をもつ粒子を考え,$(\hat{x}+, \hat{y}+)$ と表わす.同様にして,$(\hat{x}+, \hat{y}-), (\hat{x}-, \hat{y}+), (\hat{x}-, \hat{y}-)$ という合計4種類の性質をもつ粒子を導入する.この仮定は局所性の原理をみたし,かつ測定はどちらかの成分のみについて行うので量子力学とも矛盾しない.これらのいずれかの性質をもった粒子1,2,3が,ある時刻に O から A, B, C に向けて飛び散ると考えるわけである.こ

表 D-2 局所性の原理と3体相関
（表 D-1）をみたす組合せ

	粒子1		粒子2		粒子3
I	$(\hat{x}+,\hat{y}+)$	⟷	$(\hat{x}+,\hat{y}+)$	⟷	$(\hat{x}+,\hat{y}+)$
II	$(\hat{x}+,\hat{y}+)$	⟷	$(\hat{x}-,\hat{y}-)$	⟷	$(\hat{x}-,\hat{y}-)$
III	$(\hat{x}-,\hat{y}-)$	⟷	$(\hat{x}+,\hat{y}+)$	⟷	$(\hat{x}-,\hat{y}-)$
IV	$(\hat{x}-,\hat{y}-)$	⟷	$(\hat{x}-,\hat{y}-)$	⟷	$(\hat{x}+,\hat{y}+)$
V	$(\hat{x}+,\hat{y}-)$	⟷	$(\hat{x}+,\hat{y}-)$	⟷	$(\hat{x}+,\hat{y}-)$
VI	$(\hat{x}+,\hat{y}-)$	⟷	$(\hat{x}-,\hat{y}+)$	⟷	$(\hat{x}-,\hat{y}+)$
VII	$(\hat{x}-,\hat{y}+)$	⟷	$(\hat{x}+,\hat{y}-)$	⟷	$(\hat{x}-,\hat{y}+)$
VIII	$(\hat{x}-,\hat{y}+)$	⟷	$(\hat{x}-,\hat{y}+)$	⟷	$(\hat{x}+,\hat{y}-)$

のとき，表 D-1 の結果を得るためには，粒子 1, 2, 3 が O を出発するときに，これら4種類の性質をもつ粒子の特定な組合せになっていなければならないことは明らかである．

たとえば，粒子 1, 2, 3 がすべて性質 $(\hat{x}+,\hat{y}+)$ の粒子として O から同時放出されれば，表 D-1 の相関と矛盾しない．しかし，たとえば，粒子1が $(\hat{x}+,\hat{y}+)$，粒子2が $(\hat{x}+,\hat{y}+)$，粒子3が $(\hat{x}-,\hat{y}+)$ という組合せでは，表 D-1 の第9行目の相関と矛盾する．こうして，許される組合せをすべて求めてみると，全部で8つの組合せがあることがわかる．それをまとめたのが表 D-2 である．ただし，組合せ I～VIII は同じ頻度で現われるものとする．

こうして，局所性の原理に基づいて表 D-1 の量子力学的予言と一致する3体スピン

表 D-3 x 方向の3体スピン相関

測 定			頻 度	
$\sigma_x^{(1)}$	$\sigma_x^{(2)}$	$\sigma_x^{(3)}$	量子力学	EPR
+	+	+	0	1/4
+	+	−	1/4	0
+	−	+	1/4	0
−	+	+	1/4	0
+	−	−	0	1/4
−	+	−	0	1/4
−	−	+	0	1/4
−	−	−	1/4	0
			$\hat{Q}_0|\psi\rangle=-|\psi\rangle$	$\hat{Q}_0|\psi\rangle=|\psi\rangle$

相関が得られることが分かった．そこでこんどは，粒子 1, 2, 3 のスピンの x 成分 $\sigma_x^{(1)}$, $\sigma_x^{(2)}$, $\sigma_x^{(3)}$ の測定に関する相関がどうなるかを調べてみよう．まず，量子力学の予言を求める．演算子

$$\hat{Q}_0 = \sigma_x^{(1)} \cdot \sigma_x^{(2)} \cdot \sigma_x^{(3)} \tag{D.8}$$

を導入すると，(D.2) から

$$\hat{Q}_0 = -\hat{Q}_1 \cdot \hat{Q}_2 \cdot \hat{Q}_3 \tag{D.9}$$

が成り立つので，(D.6) を用いると

$$\hat{Q}_0 |\psi\rangle = -|\psi\rangle \tag{D.10}$$

が得られる．いま考えている系は，$\hat{Q}_0$ の固有値 -1 の固有状態になっていることになる．したがって，3粒子のスピンの x 成分の測定についての可能な相関とその頻度は，表 D-3 のようになる．

一方，同じ相関を局所性の原理をみたすモデルで，表 D-2 に基づいて求めた結果を，同じ表 D-3 に量子力学の予言と比較してまとめた．両者の予言が互いに 100% くい違っていることがわかる．量子力学は系の状態 $|\psi\rangle$ が $\hat{Q}_0$ の固有値 -1 の固有状態でなければならないことを主張するのに対し，局所性の原理に基づくモデルは，$\hat{Q}_0$ の固有値 $+1$ の固有状態を予言しているのである．これは Bell による 2 体のスピン相関に関する解析の思想を極限まで押し進めた結果と考えられる．

参考書・文献

第1章および量子力学全般

量子力学の基礎的な内容に関しては，内外を通じ，多数の優れた教科書が出版されている．ここではその中で，世界的名著とされている次の3冊をあげておく．

[1-1] P. A. M. Dirac: *The Principles of Quantum Mechanics*(Oxford University Press, 1978)[朝永振一郎ほか訳：ディラック量子力学(原書第4版)(岩波書店, 1968)]

[1-2] 朝永振一郎：量子力学(I, II)；角運動量とスピン――「量子力学」補巻(亀淵迪，原康夫，小寺武康編)(みすず書房, 1953；1989)

[1-3] 佐々木ほか訳：ランダウ=リフシッツ量子力学(全2巻)(東京図書, 1983)

最近の教科書としては，

[1-4] J. J. Sakurai: *Modern Quantum Mechanics*(Benjamin/Cummings, 1985) [桜井明夫訳：現代の量子力学(上, 下)(吉岡書店, 1989)]

[1-5] 猪木慶治，川合光：量子力学(I, II)(講談社サイエンティフィク, 1994)

をすすめたい．また，量子力学の基礎概念に関する数学的定式化については，

[1-6] 湯川秀樹，豊田利幸編：量子力学 II(岩波講座現代物理学の基礎(第2版)第4巻)(岩波書店, 1978)

がある．

量子力学の内容を理解するには，具体的な例題や問題を時間をかけて自分で解くことが大切である．上記教科書に与えられている例題のほか，演習書としては，たとえば

[1-7] コンスタンチネスキュ・マギアリ(波田野彰訳)：量子力学演習(上, 下)(共立出版, 1977)

がある.
なお,本書では取り上げる機会がなかったが,散乱の理論については
  [1-8] R.G.Newton: *Scattering Theory of Waves and Particles*(McGraw-Hill, 1982)
がすぐれている.また,観測の理論については,
  [1-9] B.デスパーニア(町田茂訳):量子力学における観測の理論(岩波書店,1980)
および
  [1-10] R.Omnès: *The Interpretation of Quantum Mechanics*(Princeton Univ. Press, 1994)
がある.量子力学の基礎的な問題に興味のある人には一読をすすめたい.

第2章

第1章にあげた教科書のほかに,経路積分によるアプローチとして,
  [2-1] R.P.Feynman and A.R.Hibbs: *Quantum Mechanics and Path Integrals* (McGraw-Hill, 1965)[北原和夫訳:ファインマン経路積分と量子力学(マグロウヒル,1990)]
  [2-2] 崎田文二,吉川圭二:径路積分による多自由度の量子力学(岩波書店,1986)
がある.また,より技術的な詳細および応用については
  [2-3] 大貫義郎,鈴木増雄,柏太郎:経路積分の方法(本講座第12巻,1992),
  [2-4] L.S.Schulman: *Techniques and Application of Path Integration*(Wiley-Interscience, 1981)
  [2-5] H.Kleinert: *Path Integrals in Quantum Mechanics, Statistics and Polymer Physics*(World Scientific, 1990)
がある.

第3章

回転群の表現に関しては,多くのすぐれた参考書が出版されている.ここでは簡潔な小冊子
  [3-1] 山内恭彦,杉浦光夫:連続群論入門(培風館,1984)
と,時代物だが,角運動量の標準的教科書
  [3-2] M.E.Rose: *Elementary Theory of Angular Momentum*(John Wiley & Sons, 1957)
をあげておく.

第4章

対称群の表現については

[4-1] M. Hammermesh: *Group Theory and its Application to Physical Problems* (Addison-Wesley, 1962)
が参考になる．Wignerの古典的労作についての文献もこれに載っている．

第5章

AB効果については

[5-1] 大貫義郎：アハラノフ・ボーム効果(物理学最前線9)(共立出版, 1987)
にすぐれた解説がある．また，理論と実験の綜合報告として

[5-2] M. Peshkin and A. Tonomura: *The Aharonov-Bohm Effect*(*Lecture Notes in Physics 340*)(Springer-Verlag, 1989)
がある．

モノポールについての本書の解説は

[5-3] T. T. Wu and C. N. Yang: "Dirac Monopoles without Strings: Monopole Harmonics", Nucl. Phys. **B107**(1976)365
によるところが大きい．

幾何学的位相については，解説を兼ねた論文集

[5-4] A. Shapere and F. Wilczek: *Geometric Phases in Physics*(*Advanced Series in Mathematical Physics vol.5*)(World Scientific, 1989)
が参考になる．本書の記述もこれによっている．

第7章

群の位相についてのこの章の説明は，多分に物理的直観に基づいている．より正確な定義と説明については，たとえば

[7-1] 横田一郎：群と位相(基礎数学選書)(裳華房, 1985)
を参考にしてほしい．

エニオンについては，参考文献[5-3]の後半に解説と関連する文献が載っている．実際の物理への応用については，たとえば

[7-2] Y.-H. Chen, F. Wilczek, E. Witten and B. Halperin: "On Anyon Superconductivity", Int. J. Mod. Phys. **B3**(1989)1001
をみるとよい．

第8章

非摂動的な経路積分の方法に関しては，文献[2-2]が参考になる．

第2次刊行に際して

 本書の目的の1つは，量子力学を本格的に学ぼうとする人達に，現代的要素を取り入れた量子力学の基礎的内容を説明し，あわせて量子力学の全体的な枠組についての理解を一層深めてもらうことだった．このたび，第2次刊行をするに際して，前回いろいろな制約のため説明を省略した二，三の事柄について，補章として加筆して内容の充実を図った．

 補章Iは，Coulombポテンシャルの中を運動する荷電粒子のエネルギー準位についての説明にあてた．Coulombポテンシャルの下で運動する電子のエネルギー準位，すなわち水素（型）原子のエネルギー準位構造は，Bohrの原子模型とともに，量子力学の形成に際して最も重要な情報をわれわれに提供してくれたものである．また，理論的には，この系は解析的に正確に解ける数少ない例題でもあり，Schrödinger方程式を解いてその束縛状態のエネルギー準位と固有関数を求める方法は，通常の量子力学の教科書に必ずといってよいほど取り上げられる重要項目になっている．

 補章Iの前半では，固有値問題のごく標準的な解法について述べた．後半では，水素原子のエネルギー準位にある特有の縮退構造が，この系の隠れた対称性——$O(4)$対称性——を反映したものであることを説明した．この部分は，

1925 年，Pauli が当時生まれたばかりの Heisenberg の新しい量子力学——行列力学——を用いて水素原子の問題を初めて解いた手法と本質的に同じものである．後に，Born は，彼の Nobel 賞受賞講演の中で特に Pauli のこの仕事の意義についてふれ，Pauli の論文が発表されてから後は，量子力学の正しさについての疑いはもはや一切なくなったと述べている．ハミルトニアンの形と，$\hat{x}$ と $\hat{p}$ の正準交換関係だけを頼りにしたこの計算を実際にたどってみると，この論文が，当時の人々にそれだけの大きなインパクトを与えうる内容のものであったことが納得できる．

　補章 II-1 節では，時間とエネルギーとの間の不確定性関係についてやや詳しく述べた．この関係式に関しては，式自身のもつ意味とその導出方法に関して，量子力学が確立した後も折にふれて議論がくり返されてきた．その理由は，1-5 節(27 ページ)でも述べたように量子力学では時間 t が演算子ではなく，状態を指定するパラメータであり，かつ測定過程にも密着した量だからである．したがって，この問題を取り扱う際には，単に Schrödinger 方程式からの帰結だけでなく，測定過程も含めた議論が必要になってくる．つまり，観測問題を完全には切り放してこの問題を取り扱うことができないのである．その中で，1960 年代にはエネルギー準位 E の測定値のばらつき ΔE と，その準位の測定に要する時間 Δt とに不確定性関係が成立するか否かをめぐって，Aharonov-Bohm の二人組と Fock との間で論争がくり返し行なわれた(引用文献参照のこと)．この補章 II-1 節では，いろいろな状況に対して広く成り立つと思われる Mandelstam-Tamm の不等式とその応用について述べた．

　最後に補章 II-2 節では，本文 2-7 節の例題で得られた結果と 7-2 節の LDS の定理との関係について簡単に説明した．

1997 年 2 月

著　者

> # 索引

A

AB 効果　→Aharonov-Bohm 効果
Aharonov-Bohm 効果　165, 169
　散乱の——　172
　束縛系の——　166
アイコナール　43

B

Bargmann の定理　142, 299
ベクトル表現　297
Bell の不等式　115, 121, 300
Berry 位相　199, 201
Berry 接続　199
Bessel の微分方程式　168
BE 統計　→Bose-Einstein 統計
微小並進の生成子　20
Bloch の定理　144
Bohr 磁子　104
Boltzmann 分布　218
Born-Oppenheimer 近似　199
Bose-Einstein 凝縮　181, 215
Bose-Einstein 統計　213
Bose 凝縮　→Bose-Einstein 凝縮
Bose 統計　→Bose-Einstein 統計
ボソン　100, 213
Brillouin 帯　147
Brillouin-Wigner の展開式　259
分配関数　54
分離可能性の原理　117
分散　24
分数スピン　236, 239
分数統計　247
ブラ空間　7
物理的実在の要素　117
Byers-Yang の定理　170

C

Campbell-Baker-Hausdorff の公式　62
遅延選択実験　4
置換　210
置換対称性　209
超対称モデル　130, 263
超対称変換　131
調和振動による摂動　269

312　索　引

調和振動子　56
中性子干渉実験　109
中性子の電気双極子モーメント　159
Clebsch-Gordan 係数　113
Cooper 対　181
Coulomb ゲージ固定　163

D

大分配関数　217
断面　188
断熱近似　196
de Broglie 波長　43
電磁場の運動量　162
電気双極子モーメント　151
　中性子の——　159
伝搬関数　51
Dirac の量子化条件　183
動力学的位相　200
同種粒子　208
　——の不可弁別性　208

E

Ehrenfest の定理　41
永年方程式　261
Einstein-de Broglie の関係式　21, 28
Einstein の局所性の原理　302
Einstein-Podolsky-Rosen 現象　115, 300
Einstein-Podolsky-Rosen のパラドックス　115
エネルギーの固有状態　38
エニオン　236, 243
エニオン2体系　251
円筒ゲージ　239
演算子順序　37
EPR 現象　→Einstein-Podolsky-Rosen 現象
Euclid 化の方法　53
Euler 角　87

F

FD 統計　→Fermi-Dirac 統計
Fermi 分布　218
Fermi-Dirac 統計　213
Fermi エネルギー　216
Fermi 面　216
Fermi 統計　→Fermi-Dirac 統計
フェルミオン　100, 213
Feynman-Kac の公式　54
Feynman 核　51
Feynman の経路積分表示　68
普遍被覆空間　226
不可弁別性(同種粒子の)　208
不確定性関係　23
　Heisenberg の——　25

G

ゲージ
　——を固定する　162
　円筒——　239
　対称——　143
ゲージ変換　162
　特異な——　171, 241
ゲージ対称性　165
GHZ モデル　300
疑直交変換群　299
互換　211
合流型超幾何関数　279
Green 関数　54
逆格子ベクトル　146

H

波動関数　18, 33
　——の1価性　224
配位空間　224
　——における経路積分表示　68
Hamilton-Jacobi の方程式　44
反ユニタリー演算子　137

索引   313

反ユニタリー変換   295
波束の収縮   22
Heisenberg
　——の不確定性関係   25
　——の運動方程式   36
Heisenberg 描像   34
並進群 T_D 299
並進対称   140
変分法   222, 270
変換行列   11
変換関数   21
ヘリウム原子の基底状態   218
Hermite 演算子   8
Hermite 共役演算子   8
Hermite 多項式   60
非摂動的方法   272
保存量   128

I, J

位相空間における経路積分表示   66
位相的な項   250
Jacobi の恒等式   36
Jacobi 多項式   194
時間反転   153
時間推進の演算子   31
磁気共鳴   104
磁気モーメント(固有の)   104
磁気双極子モーメント   152
磁気的並進演算子   143
軸性ベクトル   150
磁束の量子化   181
実在性の原理   117
状態   5
　——の重ね合わせの原理   6
　——の収縮   22
準古典近似   44
　経路積分による——   78
準粒子   142
純粋集団   122

K

回帰点   43, 47
化学ポテンシャル   217
可換   12
隠れた変数   117
隠れた局所ゲージ対称性   199
確率振幅   15
角運動量   84
　——の合成   111
　——の交換関係   87
完備   7, 10
観測の理論   23
観測量の最大の組   14
経路積分   63
　——による準古典近似   78
経路積分表示
　Feynman の——   68
　配位空間における——   68
　位相空間における——   66
ケット空間   7
軌道角運動量   93
基本群 $\pi_1(M)$ 228
基本並進ベクトル   144
幾何学的位相   196
基底状態   38
　ヘリウム原子の——   218
コヒーレント状態   62
交換関係   12
　角運動量の——   87
交換子   12
交換縮退   209
混合集団   123
固有状態   9
　エネルギーの——   38
Kramers の縮退   157
空間反転   149
空間回転   84
組ひも群 $B_N(\boldsymbol{R}^2)$ 232

——の基本関係　232
鏡映　149
共変微分　163
極性ベクトル　150
局所ゲージ不変の原理　165
局所ゲージ対称性(隠れた)　199
局所因子　137
局所性の原理　117
局所指数　139
共鳴現象　272
共立　12
球関数　95
球面調和関数　95

L

Laguerre 陪多項式　280
Laidlaw-DeWitt-Schulman の定理　229, 249, 290
Landau 準位　142
Larmor 歳差運動　105
Larmor 振動数　105
LDS の定理　→Laidlaw-DeWitt-Schulman の定理
Legendre 陪関数　192
Legendre 多項式　96
Lenz ベクトル　282
London 単位　168
Lorentz 力　161

M

前因子　80
巻き角　250
巻き数　233, 249
Mandelstam-Tamm の不等式　289
Maxwell 方程式　161
Meissner 効果　172
密度行列　122
密度行列演算子　123
モノポール　183

モノポール調和関数　188
無限に高いポテンシャルの壁　73
無限小回転の生成子　87
無摂動系　255

N

内積　7
2次元回転　236
2次元回転群 $SO(2)$　237
2価表現　92, 103
2連井戸型のポテンシャル　274
2成分スピノール　101
ノルム　7

O, P

$O(4)$ 対称性　277
オブザーバブル　6
パリティ変換　149
パリティの非保存　152
Pauli 行列　101
Pauli の排他律　213
Poisson 括弧　36
ポテンシャルの壁(無限に高い)　73

R

Rayleigh-Schrödinger の摂動公式　258
力学的運動量　162
量子化　36
　　磁束の——　181
量子化条件(Dirac の)　183
量子的ゆらぎ　70
粒子数演算子　58

S

最高ウェイト　92, 236
歳差運動(スピンの)　104
最小不確定波束　29, 63
3次元 Euclid 空間　84

3次元回転群 $SO(3)$　236
散乱の Aharonov-Bohm 効果　172
3体スピン相関　300
Schrödinger 描像　30
Schrödinger の運動方程式　32
Schwarz の不等式　24
正準交換関係　20
正準量子化の方法　36
正規直交系　9
生成演算子　59
生成子
　微小並進の——　20
　無限小回転の——　87
遷移確率　15
　単位時間当りの——　267
遷移確率振幅　15
線形演算子　6
選択則　151
摂動(調和振動による)　269
摂動論　255
射影演算子　124
射線　136
射線演算子　137
射線表現　136, 297
　T_2 の——　142
試行状態　270
昇降演算子　89
消滅演算子　59
周期境界条件　145, 216
収縮
　波束の——　22
　状態の——　22
縮退　9
　Kramers の——　157
主量子数　279
Slater 行列式　212
相対確率振幅　227
Stern-Gerlach の実験　116
推移関数　187

スピン
　——の2価性　109
　——の歳差運動　104
　——と統計　213
　——と統計に関する定理　247
スピン角運動量　99
スピン 1/2 の粒子　100
スピン相関　115, 118
　3体——　172
ストリング状の特異性　185
束縛系の Aharonov-Bohm 効果　166

T

対心点　232
対称ゲージ　143
対称群 S_N　210
　——の基本関係　211
対称性　128
　——の自発的破れ　130
高林の公式　177
単位時間当りの遷移確率　267
定常状態　38
統計パラメータ　235
特異なゲージ変換　171, 241
トンネル効果　49, 273
外村らの実験　182
Trotter の積公式　65

U, V, W

動く磁束　242
Van Vleck 行列式　83
von Neumann の定理　226
Weyl の定理　297
Wigner の定理　135, 293
WKB 近似　41, 79
　——の接続公式　48
Wu-Yang の方法　186

Y, Z

ユニタリー演算子　137
ユニタリー変換　295

全角運動量　99
全量子数　219
ゼロ点振動のエネルギー　59

■岩波オンデマンドブックス■

現代物理学叢書
量子力学

2001年2月15日　第1刷発行
2017年10月11日　オンデマンド版発行

著　者　河原林 研
発行者　岡本 厚
発行所　株式会社 岩波書店
　　　　〒101-8002　東京都千代田区一ツ橋2-5-5
　　　　電話案内　03-5210-4000
　　　　http://www.iwanami.co.jp/

印刷／製本・法令印刷

Ⓒ 河原林俊子 2017
ISBN 978-4-00-730685-3　　Printed in Japan